全本全注全译丛书

中华经典名著

杜　斌◎译注

茶　经　下册
续茶经

中華書局

卷下

五之煮

【题解】

本章共搜集文献一百三十一则，内容较为丰富，主要论述了自唐以来煎煮茶汤所用的水，以及在煎煮茶汤的过程中需要掌握的火候、茶与水的比例、煎煮所用的器具、茶汤的调制、燃料的选择等方面。

本章多次论及水的重要性。如唐苏廙《仙芽传·作汤十六法》记载："水，是掌管茶的命运之神。"明熊明遇《岕山茶记》记载："烹茶时水的功劳最大。"明顾元庆《茶谱》记载："煎茶的四个要诀，第一就是选择水。"因为水在煎煮茶汤的过程中所占的重要地位，于是便产生一系列名人与水的故事。如南宋祝穆《事文类聚》记载：唐李德裕在朝当政时，有亲知出使京口，因为醉酒忘记取水，便从石头城下汲水以替代扬子江南零水，经李德裕品饮后而察觉的故事。

"汤有三大辨：一曰形辨，二曰声辨，三曰捷辨。"关于烹茶煮水火候的把握，有三种辨别的方法：一是通过水性加以鉴别，称为内辨；二是通过水声加以鉴别，称为外辨；三是通过水气加以鉴别，称为气辨。

"投茶有序，无失其宜。先茶后汤，曰下投；汤半下茶，复以汤满，曰中投；先汤后茶，曰上投。夏宜上投，冬宜下投，春秋宜中投。""夏先贮水入茶，冬先贮茶入水。"讲述了煮茶时茶与汤投放的先后顺序以及适宜的饮茶季节。

“三人以上，止热一炉。如五六人，便当两鼎炉，用一童，汤方调适。”即三个人以上，只需要加热一炉火即可。如果是五六个人，就应当用两个鼎炉，每一炉专用一名童子，调和烹煮和点茶。说明饮茶人数与火炉的数量之比。

煮水的火，不宜使用贱劣的树木、破败的器具，必须用坚实的木炭所烧的火才最好。

茶叶不适宜靠近阴暗的房间、厨房、喧哗的闹市、小儿啼哭的地方、性格粗野的人、奴仆相互吵闹的地方、酷热的书斋。说明贮茶的场所要不受外界影响。

唐陆羽《六羡歌》：“不羡黄金罍[①]，不羡白玉杯；不羡朝入省，不羡暮入台；千羡万羡西江水[②]，曾向竟陵城下来[③]。”

【注释】

①黄金罍（léi）：古酒器。罍，古代一种盛酒的容器。小口，广肩，深腹，圈足，有盖，多用青铜或陶制成。

②西江水：水名。陆羽故乡的河流名称，指湖北天门姜家河到截河口的汉水河段，古称“西江”。

③竟陵城：古地名。今湖北天门。

【译文】

唐陆羽《六羡歌》写道：“不羡黄金罍，不羡白玉杯；不羡朝入省，不羡暮入台；千羡万羡西江水，曾向竟陵城下来。”

唐张又新《水记》[①]：故刑部侍郎刘公讳伯刍[②]，于又新丈人行也[③]。为学精博，有风鉴称[④]。较水之与茶宜者，凡七等：扬子江南零水第一，无锡惠山寺石水第二，苏州虎丘寺石水第三，丹阳县观音寺井水第四，大明寺井水第五[⑤]，吴淞江水第六[⑥]，淮水最下第七[⑦]。余尝具瓶于舟中，亲挹而比之[⑧]，诚如其说也。客有熟于两浙者[⑨]，言搜访未尽，余尝志之。及刺永嘉，过桐庐江[⑩]，至严濑[⑪]，溪色至清，水味甚冷，煎以佳茶，不可名其鲜馥也[⑫]，愈于扬子南零殊远。及至永嘉，取仙岩瀑布用之，亦不下南零[⑬]，以是知客之说信矣。

【注释】

①张又新《水记》：即《煎茶水记》，一卷，唐张又新撰。这是一部关于评品水质的茶书。张又新，字孔昭。深州陆泽（今河北深州）人。累官左司郎中。嗜茶，工诗。

②刘公讳伯刍：即刘伯刍（758？—818？），字素芝。洺州广平（今河北永年）人。元和十年（815）任刑部侍郎，知吏部选事。著有《刘伯刍集》。

③丈人行：犹言父辈，长辈。《史记·匈奴列传》："单于初立，恐汉袭之，乃自谓：'我儿子，安敢望汉天子。汉天子，我丈人行也。'"

④风鉴：风度和鉴识。

⑤大明寺：在今江苏扬州西北蜀岗中峰上，东邻观音山。相传寺建于南朝宋大明间，故名。

⑥吴淞江：古称吴江、松江，北宋后称吴淞江。鸦片战争后，上海开为通商港埠，上海境内的吴淞江称为苏州河。

⑦淮水：淮河古称。古人称淮河为淮，或称淮水。

⑧挹（yì）：舀，酌。把液体盛出来。

⑨两浙：浙东和浙西的合称。唐肃宗时析江南东道为浙江东路和浙江西路，钱塘江以南简称浙东、以北简称浙西。宋代有两浙路。地辖今江苏长江以南及浙江全境。

⑩桐庐江：指今浙江钱塘江干流自建德市梅城镇至桐庐县城一段。

⑪严濑：即严陵濑，又称严子濑、严光濑。在今浙江桐庐西南富春山下钱塘江上。相传东汉严光（子陵）隐居于此，有严子钓台（严陵台）。

⑫鲜馥：清新香淳。

⑬不下：不次于，不亚于。

【译文】

唐张又新《煎茶水记》记载：原刑部侍郎刘伯刍先生，是我尊敬的长辈。他的学问博大精深，有风度和见识。他曾经比较了天下适合泡茶的水，共分为七等：扬子江南零水第一，无锡惠山寺石水第二，苏州虎丘寺石水第三，丹阳县观音寺井水第四，扬州大明寺井水第五，吴淞江水第六，淮河水最下品名列第七。我曾经携带水瓶乘船汲取这七种水，亲自品尝比对，确实像刘伯刍先生所言。有熟悉浙江水泉状况的朋友，说我搜访的不全，我曾记录下来。等我做永嘉刺史时，路过桐庐江，到严陵濑时，山溪水色非常清澈，水味特别寒冷，用来烹煎好茶，茶汤清新香醇无法用语言来形容，超过扬子江南零水多了。等到了永嘉，汲取仙岩瀑布的水煮茶，也不次于扬子江南零水，因此才知道朋友的说法确实可信。

陆羽论水，次第凡二十种：庐山康王谷水帘水第一，无锡惠山寺石泉水第二，蕲州兰溪石下水第三，峡州扇子山下虾蟆口水第四[①]，苏州虎丘寺石泉水第五，庐山招贤寺下方桥潭水第六，扬子江南零水第七，洪州西山瀑布泉第八，唐州桐柏县淮水源第九[②]，庐州龙池山岭水第十[③]，丹阳县观音寺水第十一，扬州大明寺水第十二，汉江金州上游中零水第十三，水苦[④]。归州玉虚洞下香溪水第十四[⑤]，商州武关西洛水第十五[⑥]，吴淞江水第十六，天台山西南峰千丈瀑布水第十七[⑦]，柳州圆泉水第十八，桐庐严陵滩水第十九，雪水第二十。用雪不可太冷。

【注释】

①峡州：又作硖州。北周武帝改拓州置，治夷陵县（今湖北宜昌夷陵区）。因扼三峡之口得名。隋大业初改置夷陵郡。唐武德二年（619）复为硖州。

②唐州：唐贞观九年（635）改显州置，治比阳县（今河南泌阳）。天宝初改置淮安郡，乾元初复名唐州。

③庐州：隋开皇初改合州置，治合肥县（今安徽合肥）。大业初改为庐江郡。唐武德三年（620）复为庐州，天宝元年（742）复改庐江郡，乾元元年（758）又改庐州。

④金州：西魏废帝三年（554）改东梁州置，治西城县（今陕西安康）。因其地产金得名。

⑤归州：唐武德二年（619）析夔州秭归、巴东两县置，治秭归县（今湖北秭归）。天宝初改为巴东郡，乾元初复为归州。

⑥商州：北周宣政元年（578）改洛州置，治上洛县（今陕西商洛商州区）。隋大业三年（607）改为上洛郡。唐武德元年（618）复为商州。天宝、至德时复为上洛郡。乾元元年（758）复为商州。

⑦天台山：山名。位于今浙江天台县城北，西南连仙霞岭，东北遥接舟山群岛。

【译文】

陆羽论水的等级，按照次序共分为二十种：庐山康王谷水帘水第一，无锡惠山寺石泉水第二，蕲州兰溪石下水第三，峡州扇子山下虾蟆口水第四，苏州虎丘寺石泉水第五，庐山招贤寺下方桥潭水第六，扬子江南零水第七，洪州西山瀑布泉水第八，唐州桐柏县淮水源第九，庐州龙池山岭水第十,丹阳县观音寺水第十一,扬州大明寺水第十二,汉江金州上游中零水第十三,水苦。归州玉虚洞下香溪水第十四,商州武关西洛水第十五,吴淞江水第十六,天台山西南峰千丈瀑布水第十七,柳州圆泉水第十八,桐庐严陵滩水第十九,雪水第二十。用雪不可以太冷。

唐顾况《论茶》[①]:煎以文火细烟,煮以小鼎长泉。

【注释】

①顾况(约727—约820):字逋翁,自号华阳山人,行十二。苏州(今属江苏)人。唐诗人。另著有《顾况诗集》等。

【译文】

唐顾况《论茶》记载:煎茶要用小火细烟,煮茶要用小鼎长泉。

苏廙《仙芽传》第九卷载《作汤十六法》谓[①]:汤者,茶之司命[②]。若名茶而滥汤,则与凡味同调矣。煎以老嫩言,凡三品;注以缓急言,凡三品;以器标者,共五品;以薪论者,共五品。一得一汤[③],二婴汤[④],三百寿汤[⑤],四中汤[⑥],五断脉汤[⑦],六大壮汤[⑧],七富贵汤[⑨],八秀碧汤[⑩],九压一汤[⑪],十缠口汤[⑫],十一减价汤[⑬],十二法律汤[⑭],十三一面汤[⑮],十四宵人汤[⑯],十五贱汤[⑰],十六魔汤[⑱]。

【注释】

①苏廙(yì):唐代茶人。著有《十六汤品》,约成书于唐昭宗光化三年(900),是我国古代记述茶叶知识的重要文献。

②司命:指掌管生命的神。

③得一汤:指唐宋时煎茶恰到好处的茶汤。《清异录》卷四:“火绩

已储，水性乃尽……盖一而不偏杂者也，天得一以清，地得一以宁，汤得一可建汤勋。”

④婴汤：指刚沸腾就断火，像婴儿未长成一样，还未到火候的沸水。《清异录》卷四：“薪火方交，水釜才炽，急取旋倾，若婴儿之未孩，欲责以壮夫之事，难矣哉。”

⑤百寿汤：煎茶煮汤太久的过熟茶汤。《清异录》卷四：“百寿汤（一名白发汤），人过百息，水逾十沸，或以话阻，或以事废，始取用之，汤已失性矣。敢问皤鬓苍颜之大老，还可执弓挟矢以取中乎？还可雄登阔步以迈远乎？”

⑥中汤：指注汤时缓急相宜不徐不疾煎成的茶汤。《清异录》卷四：“亦见夫鼓琴者也，声合中则意妙；亦见磨墨者也，力合中则色浓；声有缓急则琴亡，力有缓急则墨丧，注汤有缓急则茶败。欲汤之中，臂任其责。”

⑦断脉汤：煎茶时断断续续注汤，不能一气呵成煮成的茶汤。《清异录》卷四：“断脉汤，茶已就膏，宜以造化成其形。若手颤臂亸，惟恐其深；瓶嘴之端，若存若忘，汤不顺通，故茶不匀粹。是犹人之百脉，气血断续，欲寿奚苟，恶弊宜逃！”

⑧大壮汤：指汤多茶少注汤急泻之茶汤。《清异录》卷四：“大壮汤，力士之把针，耕夫之握管，所以不能成功者，伤于粗也。且一瓯之茗，多不二钱，茗盏量合宜，下汤不过六分。万一快泻而深积之，茶安在哉！”

⑨富贵汤：以金银为茶具煎煮而成的茶汤。《清异录》卷四：“以金银为汤器，惟富贵者具焉。所以策功建汤业，贫贱者有不能遂也。汤器之不可舍金银，犹琴之不可舍桐，墨之不可舍胶。”

⑩秀碧汤：以玉石雕琢为茶具煎煮成的茶汤，因汤色秀碧而得名。《清异录》卷四：“秀碧汤，石凝结天地秀气而赋形者也，琢以为器，秀犹在焉，其汤不良，未之有也。”

⑪压一汤:以陶瓷茶具煮成之茶汤,其汤品质优良。《清异录》卷四:“压一汤,贵欠金银,贱恶铜铁,则瓷瓶有足取焉。幽士逸夫,品色尤宜。岂不为瓶中之压一乎?然勿与夸珍炫豪臭公子道。”

⑫缠口汤:不择茶具煎就的劣质茶。《清异录》卷四:“缠口汤,猥人俗辈炼水之器,岂暇深择?铜铁铅锡,取热而已。夫是汤也,腥苦且涩。饮之逾时,恶气缠口而不得去。”

⑬减价汤:未上釉陶制茶具煮成之茶汤。茶的品质再优良,也因茶具渗出土腥味而损害茶汤。《清异录》卷四:“减价汤,无油之瓦,渗水而有土气。虽御胯宸缄,且将败德销声,谚曰:‘茶瓶用瓦,如乘折脚骏登高。’好事者幸志之。”

⑭法律汤:按一定之规煎成的茶汤,如沃茶须用炭,水忌停沸,柴忌烟熏之类。《清异录》卷四:“法律汤,凡木可以煮汤,不独炭也。惟沃茶之汤非炭不可,在茶家亦有法律,水忌停,薪忌薰。犯律逾法,汤乖则茶殆矣!”

⑮一面汤:指用烧剩的木柴或浮炭烧的茶汤,性浮而不实。《清异录》卷四:“一面汤,或柴中之麸火,或焚余之虚炭,木体虽尽而性且浮。性浮则汤有终嫩之嫌。炭则不然,实汤之友。”

⑯宵人汤:以干粪之类作燃料煎煮成的茶汤,严重影响茶味。《清异录》卷四:“宵人汤,茶本灵草,触之则败。粪火虽热,恶性未尽,作汤泛茶,减耗香味。”

⑰贱汤:以竹枝、树枝之类作燃料煎煮成的茶汤。茶汤品质不良,一名贱汤。《清异录》卷四:“竹篆、树梢,风日干之,燃鼎附瓶,颇甚快意。然体性虚薄,无中和之气,为茶之残贼也。”

⑱魔汤:用冒烟的燃料煎煮成的茶汤。古人以为烟最害茶味,为烹茶之大忌。《清异录》卷四:“魔汤,调茶在汤之淑慝,而汤最恶烟。燃柴一枝,浓烟蔽室,又安有汤耶?苟用此汤,又安有茶耶?所以为大魔。”

【译文】

苏廙《仙芽传》第九卷中所载《作汤十六法》写道：水，是掌管茶的命运之神。如果名茶用平常的水来煎煮，就与一般的茶味道一样了。煎茶如果以过与不过而言，共有三品；以注水的缓慢与急切而言，共有三品；以茶具为标准，共有五品；以煎茶所用的柴薪而言，共有五品。与之相应有：一得一汤，二婴汤，三百寿汤，四中汤，五断脉汤，六大壮汤，七富贵汤，八秀碧汤，九压一汤，十缠口汤，十一减价汤，十二法律汤，十三一面汤，十四宵人汤，十五贱汤，十六魔汤。

丁用晦《芝田录》[①]：唐李卫公德裕[②]，喜惠山泉，取以烹茗。自常州到京，置驿骑传送[③]，号曰“水递”。后有僧某曰：“请为相公通水脉。盖京师有一眼井与惠山泉脉相通，汲以烹茗，味殊不异。”公问：“井在何坊曲[④]？”曰：“昊天观常住库后是也[⑤]。”因取惠山、昊天各一瓶，杂以他水八瓶，令僧辨晰[⑥]。僧止取二瓶井泉，德裕大加奇叹[⑦]。

【注释】

①丁用晦《芝田录》：一卷，唐丁用晦撰，笔记小说集。《郡斋读书志》云“总六百条”，今存仅四十余条。多为帝王、后妃、名臣、文人的轶事珍闻，往往褒其德政，显其仁义，如《粜米救旱》《兄弟讼财》。所记以人事为主，少有神怪，篇章短小而文风平实。丁用晦，唐末或五代时人。

②李卫公德裕：李德裕（787—850），字文饶。因封卫国公，世称李卫公。赵郡赞皇（今属河北）人。著有《次柳氏旧闻》《文武两朝献替记》《会昌伐叛记》等。

③驿骑：驿马。

④坊曲：泛指街巷。

⑤昊天观：道观名。位于唐长安城保宁坊。唐高宗显庆元年(656)为太宗追福而立此观。常住：僧、道称寺舍、田地、什物等为常住物，简称常住。

⑥辨晰：辨别清楚。

⑦奇叹：惊奇赞叹。

【译文】

丁用晦《芝田录》记载：唐李德裕喜欢惠山泉水，不远千里汲取烹茶。从常州到京城长安，设置驿马进行传送，号称“水递”。后来有个僧人说：“我恳请为相公打通水脉。京城有一眼井与惠山泉脉相通，这样从京师井中汲水烹茶，味道与惠山泉水没有差别。”李德裕问：“井在哪个街巷？”僧人回答说：“昊天观常住库后面就是。”李德裕于是就取来惠山泉水、昊天观的井水各一瓶，混杂以其他地方的泉水八瓶，令僧人辨别清楚。僧人只取了惠山泉水、昊天观的井水，李德裕大加赞叹。

《事文类聚》①：赞皇公李德裕居廊庙日②，有亲知奉使于京口③，公曰：“还日，金山下扬子江南零水与取一壶来。”其人敬诺④。及使回举棹日⑤，因醉而忘之，泛舟至石城下方忆，乃汲一瓶于江中，归京献之。公饮后，叹讶非常⑥，曰：“江表水味有异于顷岁矣⑦，此水颇似建业石头城下水也⑧。”其人即谢过⑨，不敢隐。

【注释】

①《事文类聚》：类书，宋祝穆撰。祝穆将平生读书笔记，仿《艺文类聚》《初学记》体例，整理成此书。前集六十卷，后集五十卷，续集二十八卷，别集三十二卷。每集各分总部，而附以子目，凡

分四十八部，八百八十五子目。祝穆，原名丙，字和父，一作和甫。建宁崇安（今福建武夷山）人。另著有《性理大全》《方舆胜览》等。

②赞皇公李德裕：因李德裕为赞皇（今河北赞皇）人，故称。廊庙：殿下屋和太庙。此指朝廷。

③亲知：亲戚朋友。京口：古地名。今江苏镇江。

④敬诺：恭谨应答之词。犹言遵命。

⑤举棹（zhào）：乘船。

⑥叹讶：惊叹。

⑦顷岁：往年。

⑧建业：古地名。今江苏南京。

⑨谢过：承认错误，表示歉意。

【译文】

祝穆《事文类聚》记载：唐赞皇公李德裕在朝当政时，有亲知奉命出使京口，李德裕说："回来的时侯，请给我取一壶金山下扬子江南零水。"那个人恭敬答应。等到出使完乘船回乡的那天，因为醉酒而忘记了，行船到南京石头城下才想起来，于是从长江中汲取了一瓶水，回到京城献给李德裕。李德裕品饮后，非常惊讶，说："江表的水味跟往年不一样了，此水很像南京石头城下的水。"那个人当即表示歉意，不敢有所隐瞒。

《河南通志》[①]：卢仝茶泉在济源县[②]。仝有庄，在济源之通济桥二里余，茶泉存焉。其诗曰："买得一片田，济源花洞前。"自号玉川子，有寺名玉泉。汲此寺之泉煎茶，有《玉川子饮茶歌》，句多奇警[③]。

【注释】

①《河南通志》:河南地方志。

②济源县:隋开皇十六年(596)析轵县置,属怀州。治所即今河南济源。大业初属河内郡。唐属孟州。

③奇警:指文字或言论含义新颖、深切。

【译文】

《河南通志》记载:卢仝茶泉在济源县。卢仝有一处住宅,在济源县通济桥二里多的地方,茶泉就保存在那里。卢仝《将归山招冰僧》诗写道:"买得一片田,济源花洞前。"他自号玉川子,有寺名叫玉泉。卢仝汲取玉泉寺的泉水煎茶,有《玉川子饮茶歌》,诗句文字大多新颖、深切。

《黄州志》:陆羽泉在蕲水县凤栖山下[①],一名兰溪泉,羽品为天下第三泉也。尝汲以烹茗,宋王元之有诗[②]。

【注释】

①蕲水县:唐天宝元年(742)改兰溪县置,属蕲春郡。治所即今湖北浠水。乾元元年(758)属蕲州。

②宋王元之有诗:即宋王禹偁《陆羽泉茶》诗。王元之,即王禹偁(chēng,954—1001),字元之。济州钜野(今山东巨野)人。历任右拾遗、左司谏、知制诰、翰林学士等。后贬至黄州,故世称王黄州。著有《小畜集》等。

【译文】

《黄州志》记载:陆羽泉在蕲水县凤栖山下,又叫兰溪泉,陆羽品评为天下第三泉。我曾汲取此泉水来烹茶,宋王禹偁有《陆羽泉茶》诗记述。

无尽法师《天台志》[①]:陆羽品水,以此山瀑布泉为天下第十七水。余尝试饮，比余豳溪、蒙泉殊劣[②]。余疑鸿渐但得至瀑布泉耳。苟遍历天台，当不取金山为第一也。

【注释】

①无尽法师《天台志》：即无尽法师《天台山方外志》，三十卷。首有王孙熙、虞淳熙、屠隆、顾起元序及传灯自序，下列山名考、山源考、山体考、形胜考、山寺考等，体例简略，记述颇为详备。无尽法师(1553—1627)，又名释传灯，俗姓叶，号无尽，别号有门。衢州龙游(今属浙江)人。明代名僧，后定居幽溪高明寺，为佛教天台宗第十九世祖师。另著有《幽溪别志》等。

②豳(bīn)溪：水名。在今浙江金华至括苍山道上。蒙泉：泉名。应在浙江天台山附近，具体不详。

【译文】

无尽法师《天台志》记载：陆羽品评天下泉水，以天台山瀑布泉为天下第十七水。我曾试饮，觉得比豳溪、蒙泉的水质差很多。我怀疑陆羽只到过瀑布泉而已。如果他遍游天台山，应当不会取金山下扬子江南零水为天下第一了。

《海录》[①]：陆羽品水，以雪水第二十，以煎茶滞而太冷也。

【注释】

①《海录》：即《海录碎事》，二十二卷，宋叶廷珪撰。每条标目一至四字，其注亦不过三数语，故原名《一四录》，后改今名。《四库全书总目》称其事多新奇，博观约取，简而有要，虽随笔记录不免疏误，终较他本为善。叶廷珪，一作庭珪，字嗣忠，号翠岩。崇安

（今福建武夷山）人，一说瓯宁（今福建建瓯）人。绍兴中，累官太常寺丞，迁兵部郎中。另著有《尚香谱》等。

【译文】

叶廷珪《海录碎事》记载：陆羽品评天下泉水，把雪水列为第二十，因为用雪水来煎茶易凝滞而且太冷。

陆平泉《茶寮记》[①]：唐秘书省中水最佳[②]，故名秘水。

【注释】

①陆平泉《茶寮记》：一卷，明陆树声撰。又称《煎茶七类》，全书约五千余字，分人品、品泉、烹点、尝茶、茶候、茶侣、茶勋七则。陆树声（1509—1605），本姓林，字与吉，号平泉。松江华亭（今属上海）人。历官编修，太常寺卿，官至礼部尚书。善诗文，工书法。另著有《平泉题跋》《汲古丛语》《耄余杂识》《长水日钞》《陆学士杂著》《陆文定公集》等。

②秘书省：官署名，南北朝时梁置秘书省，监掌经籍图书等事，领著作局。

【译文】

陆树声《茶寮记》记载：唐代秘书省中的泉水最好，所以称为秘水。

《檀几丛书》：唐天宝中[①]，稠锡禅师名清晏，卓锡南岳涧上[②]，泉忽迸石窟间，字曰真珠泉。师饮之，清甘可口，曰："得此瀹吾乡桐庐茶[③]，不亦称乎！"

【注释】

①天宝：唐玄宗年号（742—756）。

②卓锡：卓，植立。锡，锡杖，僧人外出所用。因谓僧人居留为卓锡。

③桐庐茶：浙江桐庐县所产茶叶的统称。唐陆羽《茶经》云："睦州生桐庐县山谷，与衡州同。"

【译文】

王晫《檀几丛书》记载：唐天宝年间，有一位稠锡禅师，名叫清晏，居住在南岳衡山涧上，泉水忽然从石窟间迸发出来，有字为真珠泉。禅师品饮之后，感觉清凉甘甜，十分可口，说："用此泉水冲泡我家乡的桐庐茶，不是很适合吗！"

《大观茶论》：水以轻清甘洁为美，用汤以鱼目、蟹眼连络迸跃为度[①]。

【注释】

①鱼目：古人将烹茶煮汤将沸时水中冒出的气泡称"鱼目"。连络迸跃：指气泡连缀在一起不断冒出。

【译文】

宋徽宗《大观茶论》记载：品评泉水以轻盈、清澈、甘甜、洁净为好，烹煮茶水以刚烧开沸腾如鱼目、蟹眼般连缀在一起不断冒出气泡为最好。

《咸淳临安志》[①]：栖霞洞内有水洞，深不可测，水极甘冽。魏公尝调以瀹茗[②]。又莲花院有三井，露井最良，取以烹茗，清甘寒冽[③]，品为小林第一。

【注释】

①《咸淳临安志》：原一百卷，今存九十六卷，宋潜说友撰，南宋地方

志。前十五卷为行在所录,记载皇城及中央官署。十六卷以下为府志,分列疆域、山川、诏令、御制等二十门。以《乾道临安志》《淳祐临安志》为基础,加以扩充。征材宏富,考辩精审,叙述详明,附以皇城、京城、府署、浙江(钱塘江)、西湖、各县境、山川等地图,为南宋地方志中佳作。潜说友(? —1277),字君高。处州缙云(今属浙江)人。宋方志学家。

②魏公:即苏颂(1020—1101),字子容。泉州同安(今福建厦门)人,后徙丹阳(今属江苏)。宋徽宗时进太子太保,封赵郡公,卒,赠魏国公。于文学、天文、药物、机械制造等方面均有造诣。著有《苏魏公集》《新仪象法要》《图经本草》等。

③寒洌:极冷。

【译文】

潜说友《咸淳临安志》记载:栖霞洞内有个水洞,深不可测,泉水极为甘美清澄。苏颂曾用此水煎茶。另外莲花院中有三口井,其中露井水质最好,汲取用来煮茶,清甜甘美寒凉,被品评为小林第一。

《王氏谈录》[①]:公言茶品高而年多者,必稍陈[②]。遇有茶处,春初取新芽轻炙,杂而烹之,气味自复在。襄阳试作[③],甚佳,尝语君谟,亦以为然。

【注释】

①《王氏谈录》:一卷,宋王洙述、其子王钦臣录。该书凡九十九则,多论经史,间及杂事。其考经史疑义,多有识见。末附嘉祐前人所作《编录观览书目》一篇,系王洙所录而跋之。王洙(997—1057),字原叔。应天宋城(今河南商丘)人。官至侍读学士兼侍讲学士。

②陈:时间久。

③襄阳：即米芾（1051—1107），一作米黻，字元章，自号无碍居士等，世称米南宫、米襄阳。祖籍太原（今属山西），后徙襄阳（今属湖北），晚年移居润州（今江苏镇江）。擅篆、隶、楷、行、草等书体，与蔡襄、苏轼、黄庭坚合称“宋四家”。

【译文】

王洙《王氏谈录》记载：先生谈及名茶品质高而年代久的，必须贮藏时间稍微长一些。遇到出产茶叶的地方，开春采摘刚萌发的茶芽轻轻烘焙，与陈茶放到一起烹煮，香味自然还在。米芾以此方法试验，效果很好，曾告诉蔡襄，蔡襄也认为是这样。

欧阳修《浮槎水记》[①]：浮槎与龙池山皆在庐州界中[②]，较其味不及浮槎远甚。而又新所记，以龙池为第十，浮槎之水弃而不录，以此知又新所失多矣。陆羽则不然，其论曰：“山水上，江次之，井为下，山水、乳泉、石池漫流者上[③]。”其言虽简，而于论水尽矣。

【注释】

①欧阳修《浮槎水记》：即《浮槎山水记》，宋代茶文，欧阳修撰，见《居士集》卷四〇。

②浮槎：即浮槎山，又名浮阇山、浮巢山。在今安徽肥东县东，与巢湖接界。《太平寰宇记》卷一二六“慎县”条：“浮阇山亦名浮槎山，在县东南四十五里。”

③乳泉：甘美而清洌的泉水。漫流：随意流淌。

【译文】

欧阳修《浮槎山水记》记载：浮槎山与龙池山都在庐州境内，龙池山水的味道远不如浮槎山的。而张又新《煎茶水记》以龙池山的水为第十，浮槎山的水却被舍弃而没有记录，由此可见张又新《煎茶水记》缺漏很多。陆羽就不是这样，他品评天下水说：“山水最好，江水其次，井水最差，山水、甘美而清洌的泉水、石池随意流淌的水最好。”其言语虽然简略，然而对于品评水已经比较全面了。

蔡襄《茶录》：茶或经年，则香色味皆陈。煮时先于净器中以沸汤渍之，刮去膏油，去声。一两重即止。乃以钤钳之，用微火炙干，然后碎碾。若当年新茶，则不用此说。

【译文】

蔡襄《茶录》记载：茶饼如果贮存一年以上，那香气、色泽、味道都陈旧了。烹煮时先放到干净的器皿中用沸汤浸泡，刮去表面的膏油，油，去声。刮掉一两层即可停止。用茶钤夹起，用微火烤干，然后碾成碎末。如果是当年的新茶，就不用这种方法了。

碾时，先以净纸密裹捶碎，然后熟碾。其大要旋碾则色白，如经宿则色昏矣。

【译文】

碾茶时，先用干净的纸紧密包扎起来捶碎，然后放入茶碾中反复压碾。其要领在于刚碾出的茶末色泽鲜白，如果是隔夜碾出的茶末，则色泽昏暗。

碾毕即罗。罗细则茶浮，粗则沫浮。

【译文】

碾茶完毕立即用茶罗筛成碎末。茶罗过细，烹茶时茶末就浮于水面;茶罗过粗,烹茶时水沫就会浮在茶上。

候汤最难,未熟则沫浮,过熟则茶沉。前世谓之蟹眼者,过熟汤也。沉瓶中煮之不可辨,故曰候汤最难。

【译文】

烹茶时煮水最难把握,水温达不到火候,投入茶末后就会漂浮在水面;火候过了,茶末就会沉底。前人所谓的蟹眼,就是火候过了。况且水在茶瓶中烹煮水温变化难以辨别,所以说候汤最难。

茶少汤多则云脚散,汤少茶多则粥面聚。建人谓之云脚、粥面。钞茶一钱匕,先注汤,调令极匀。又添注入,环回击拂。汤上盏,可四分则止,视其面色鲜白,着盏无水痕为绝佳。建安斗试,以水痕先退者为负,耐久者为胜,故校胜负之说,曰相去一水两水[①]。

【注释】

①相去:相差,相距。

【译文】

点茶时茶和水要保持一定比例,如果茶少水多,就会使云脚涣散;水少茶多,就会使茶汤表面凝聚。建安人称点茶后茶汤表面的幻象为云脚、粥面。用茶匙取茶末一钱放入茶盏,先注入开水调和均匀。再添开水,同时用茶筅来回搅动。茶盏中注水四分就停止,看其面色鲜白,着盏处没有水痕最好。建安人斗茶时,以水痕先退的为负,水痕耐久的为胜,所以比较胜负的说法,叫做相差一水两水。

茶有真香，而入贡者微以龙脑和膏，欲助其香。建安民间试茶，皆不入香，恐夺其真也。若烹点之际，又杂以珍果香草，其夺益甚，正当不用。

【译文】

茶叶有天然的香味，然而进贡的茶叶往往添加少量的龙脑香和茶膏，想增加茶的香味。建安民间的斗茶品茗，都不添加香料，担心会侵夺茶叶原有的香味。如果是烹煮点茶时，又掺杂以珍贵果品、香草，那么侵夺茶叶原有的香味就更加严重，的确不应当使用。

陶穀《清异录》：馔茶而幻出物象于汤面者，茶匠通神之艺也。沙门福全生于金乡[①]，长于茶海，能注汤幻茶成一句诗[②]，如并点四瓯，共一首绝句，泛于汤表。小小物类，唾手办尔[③]。檀越日造门[④]，求观汤戏。全自咏诗曰："生成盏里水丹青，巧画工夫学不成。却笑当时陆鸿渐，煎茶赢得好名声。"

【注释】

①沙门：出家佛教徒的总称。此指僧人。

②幻茶：古代一种冲茶的技术。

③唾手：比喻极易。

④檀越：施主。造门：登门造访。

【译文】

陶穀《清异录》记载：注汤点茶时能够使茶水表面幻化出各种物象，这是茶匠通于神灵的技艺。僧人福全生于山东金乡，成长于盛产茶叶的地方，能在注汤时将茶幻化成一句诗，如果同时注四盏茶，合成一首绝句，浮于茶汤的表面。幻化其他小物件，唾手而得。每天都有施主登门造访，请求观赏汤戏。福全自己咏诗道："生成盏里水丹青，巧画工夫学不成。却笑当时陆鸿渐，煎茶赢得好名声。"

茶至唐而始盛。近世有下汤运匕，别施妙诀，使汤纹水脉成物象者，禽兽、虫鱼、花草之属，纤巧如画，但须臾即就散灭[1]，此茶之变也。时人谓之茶百戏。

【注释】

①须臾：瞬间。

【译文】

茶事到唐朝而开始兴盛。近代有人在点汤击拂时运用茶匙，另外施展决妙窍门，使茶汤表面茶纹水脉幻化成各种物象，如禽兽、虫鱼、花草之类，精致小巧如同绘画，但瞬间就散失净尽，这就是茶的变化。当时人称为茶百戏。

又有漏影春法[1]。用镂纸贴盏，糁茶而去纸[2]，伪为花身。别以荔肉为叶，松实、鸭脚之类珍物为蕊[3]，沸汤点搅。

【注释】

①漏影春法：五代、宋初以干果、蜜饯之类入茶煎点的茶艺。

②糁（sǎn）：散落，洒上。

③鸭脚：银杏树的别名。树叶似鸭掌状，故称。此指银杏的果实，白果。

【译文】

还有一种漏影春的煮茶方法。用剪好的缕纸贴到茶盏上，把茶洒上，然后把纸去掉，伪装成花的样子。另外用荔枝的果肉为叶，松子、白果之类珍贵物品为花蕊，点汤击拂。

《煮茶泉品》：予少得温氏所著《茶说》[1]，尝识其水泉之目，有二十焉。会西走巴峡[2]，经虾蟆窟；北憩芜城[3]，汲蜀冈井[4]；东游故都[5]，绝扬子江[6]；留丹阳，酌观音泉[7]；过无锡，㪺慧山水[8]。粉枪末旗[9]，苏兰薪桂[10]，且鼎且缶，以饮以歠[11]，莫不瀹气涤虑[12]，蠲病析酲[13]，祛鄙悋之生心[14]，招神明而还观[15]。信乎！物类之得宜，臭味之所感[16]，幽人之佳尚[17]，前贤之精鉴，不可及已。

【注释】

①温氏所著《茶说》：即温庭筠《采茶录》。全书一卷，现只存辨、嗜、易、苦、致五类六则。温庭筠（约812—约870），一作廷筠，又作庭云，本名岐，字飞卿，行十六。太原祁（今属山西）人。相貌奇丑，人称“温钟馗”。才思敏捷，每入试，押官韵作赋，凡八叉手而八韵成，时号“温八叉”“温八吟”。另著有《乾𦠆子》《学海》《握兰集》《金筌集》《汉南真稿》等。

②会：恰巧，正好。巴峡：指巴县以东江面的石洞峡、铜锣峡、明月峡，即《华阳国志·巴志》所称的巴郡三峡。

③憩：休息。芜城：汉广陵城的别称。在今江苏扬州西北之蜀冈。秦、汉于此置广陵县，汉为广陵国治。晋以后因竟陵王诞之乱，城邑荒芜，故曰芜城。

④蜀冈井：古代名井。在今扬州大明寺。宋苏轼《归宜兴，留题竹西寺三首》之二：“剩觅蜀冈新井水，要携乡味过江东。”王注引次公曰：“竹西寺，山上有井，其水味如蜀江，号曰蜀冈，故先生谓之为乡味。”

⑤故都：昔日的国都。此指金陵，即今江苏南京。

⑥绝：横渡。

⑦酌：舀取。

⑧斞(jū)：汲取。

⑨粉枪末旗：茶叶的一种。茶叶初生如针且有白毫，谓之粉枪；渐长而展开如旗，则曰末旗。

⑩苏兰薪桂：把木兰和桂树作为柴火。苏，薪草，柴火。

⑪歠(chuò)：饮，喝。

⑫瀹(yuè)：疏导。

⑬蠲(juān)病：驱除疾病。析酲(chéng)：醒酒，解酒。

⑭鄙悋(lìn)：即鄙吝。形容心胸狭窄。生心：出自内心，产生于心中。

⑮神明：谓人的精神、心思。

⑯臭味：气味。

⑰佳尚：赞美。

【译文】

叶清臣《煮茶泉品》记载：我年轻时得到温庭筠所著《采茶录》，曾记得他谈到泉水的名目大约有二十种。后来恰巧碰上向西游历到达巴峡，经过虾蟆窟；向北游历曾在芜城小住，汲取蜀冈井水；向东游历金陵故都，横渡扬子江；在丹阳逗留时，酌取丹阳观音寺泉水；经过无锡时，汲取惠山寺泉水。将茶叶碾成细末，把木兰和桂树作为柴火，用鼎或者缶作为茶器，烹点品饮，我们无不疏导气息，清除烦扰，除病解酒，祛除发自内心的卑鄙吝啬的想法，招致神明正确达观的精神。应当相信！万物的相得益彰，气味的感应而发，幽雅隐士的赞美，以往贤人高明的品鉴，我们实在是无法企及。

昔郦元善于《水经》①，而未尝知茶；王肃癖于茗饮②，而言不及水。表是二美，吾无愧焉③。

【注释】

①郦元善于《水经》：即郦道元《水经注》，四十卷。为注释《水经》并记述全国河道水系的历史地理专著。郦道元（？—527），字善长。范阳涿县（今河北涿州）人。另著有《本志》《七聘》等。

②王肃（464—501）：字恭懿。琅邪郡临沂（今属山东）人。北魏名臣。

③无愧：谓比较起来并不逊色。

【译文】

从前郦道元精于注《水经》，然而不曾通晓茶事；王肃嗜好饮茶，然而却没有谈论水品。通晓茶事、谈论水品这两种美事我都不逊色。

魏泰《东轩笔录》[①]：鼎州北百里有甘泉寺[②]，在道左，其泉清美，最宜瀹茗。林麓回抱[③]，境亦幽胜[④]。寇莱公谪守雷州[⑤]，经此酌泉，志壁而去。未几丁晋公窜朱崖[⑥]，复经此，礼佛留题而行[⑦]。天圣中[⑧]，范讽以殿中丞安抚湖外[⑨]，至此寺睹二相留题，徘徊慨叹，作诗以志其旁曰："平仲酌泉方顿辔，谓之礼佛继南行。层峦下瞰岚烟路，转使高僧薄宠荣。"

【注释】

①魏泰《东轩笔录》：十五卷，宋魏泰撰。所述内容涉及北宋前六朝的史事及人物轶闻。魏泰，字道辅，号溪上丈人，又号临汉隐居。襄阳（今湖北襄樊）人。另著有《括异志》《志怪集》《倦游录》等。

②鼎州：北宋大中祥符五年（1012）改朗州置，治所在武陵县（今湖南常德）。

③林麓回抱：犹山林环抱。

④幽胜：幽静而优美。

⑤寇莱公：即寇准(961—1023)，字平仲。华州下邽(今陕西渭南)人。官至宰相，封莱国公。仁宗时追谥“忠愍”。著有《寇忠愍诗集》等。谪守：因罪贬谪流放，出任外官或守边。

⑥窜：放逐。朱崖：地名。今海南琼山东南。后泛指边疆地区。

⑦礼佛：顶礼于佛，拜佛。

⑧天圣：宋仁宗年号(1023—1032)。

⑨范讽：字补之。齐州(今山东济南)人。曾献《东封赋》，被任为平阴知县。举进士，又通制淄州、郓州等地。后升天章阁待制知青州，又召至京师任龙图阁直学士，权三司使。殿中丞：宋殿中省丞简称，元丰改制前为文臣寄禄官；元丰新制易为奉议郎，然殿中丞未及复职；至徽宗朝崇宁始复其职。正八品。安抚：即安抚使。官名。宋代为掌管一方军民两政之官，称安抚使，或称经略安抚使。常由知州、知府兼任。以二品以上大臣充任，时称安抚大使。

【译文】

魏泰《东轩笔录》记载：鼎州北一百里处有甘泉寺，在道路左边，泉水清澈甘美，最适合烹茶。这里山林环抱，环境幽静而优美，最适合煮茶。寇准被贬雷州时，经过此地，品饮了泉水，题壁后离去。不久丁谓被放逐到朱崖，又经过此地，祭拜佛像后留下题记而行。天圣年间，范讽以殿中丞的身份出任湖南安抚使，到甘泉寺看见二位丞相留下的题诗，徘徊良久，感慨万分，作诗题在旁边道：“平仲酌泉方顿辔，谓之礼佛继南行。层峦下瞰岚烟路，转使高僧薄宠荣。”

张邦基《墨庄漫录》[①]：元祐六年七夕日[②]，东坡时知扬州[③]，与发运使晁端彦、吴倅晁无咎[④]，大明寺汲塔院西廊井，与下院蜀井二水校其高下，以塔院水为胜。

【注释】

①张邦基《墨庄漫录》：十卷，宋张邦基撰。书前自序称"归耕山间……性喜藏书，随所寓榜曰'墨庄'，故题其首曰《墨庄漫录》"。该书记杂事，诸如异闻传说、文物古器、奇花异草乃至朝廷经济、国家户口，随笔而记，不分门类。张邦基，字子贤。宋高邮（今属江苏）人。

②元祐六年：1091年。元祐，宋哲宗年号（1086—1094）。

③知扬州：任扬州知府。

④晁端彦（1035—1095）：字美叔。济州钜野（今山东巨野）人。仁宗嘉祐四年（1059）与苏轼同登进士第，与苏轼交好。吴：苏州。倅（cuì）：副，辅助的。晁无咎：即晁补之（1051—1110），字无咎，号归来子。济州钜野（今山东巨野）人。"苏门四学士"之一。著有《鸡肋集》《琴趣外编》等。

【译文】

张邦基《墨庄漫录》记载：元祐六年七夕那天，苏东坡正担任扬州知府，与发运使晁端彦、苏州同知晁补之，在大明寺汲取塔院西廊的井水，与下院蜀井的井水比较高下，结果以塔院西廊的井水为好。

华亭县有寒穴泉[①]，与无锡惠山泉味相同，并尝之不觉有异，邑人知之者少[②]。王荆公尝有诗云："神震冽冰霜，高穴雪与平。空山渟千秋[③]，不出呜咽声。山风吹更寒，山月相与清。北客不到此，如何洗烦酲[④]。"

【注释】

①华亭县：古县名。唐天宝十载（751）析嘉兴、海盐、昆山三县地置。即今上海松江区。

②邑人：同邑的人。此指当地人。

③渟(tíng)：止，不动。

④烦酲(chéng)：形容内心烦躁或激动，有如酒醉。

【译文】

华亭县有寒穴泉，与无锡惠山泉水味相同，一同品尝不觉得有什么不同，当地人知道的很少。王安石曾有诗写道："神震冽冰霜，高穴雪与平。空山渟千秋，不出呜咽声。山风吹更寒，山月相与清。北客不到此，如何洗烦酲。"

罗大经《鹤林玉露》[①]：余同年友李南金云[②]：《茶经》以鱼目、涌泉、连珠为煮水之节[③]。然近世瀹茶，鲜以鼎鍑，用瓶煮水，难以候视。则当以声辨一沸、二沸、三沸之节。又陆氏之法，以未就茶鍑，故以第二沸为合量而下[④]。未若今以汤就茶瓯瀹之，则当用背二涉三之际为合量也[⑤]。乃为声辨之诗曰："砌虫唧唧万蝉催[⑥]，忽有千车捆载来。听得松风并涧水，急呼缥色绿磁杯[⑦]。"其论固已精矣。然瀹茶之法，汤欲嫩而不欲老。盖汤嫩则茶味甘，老则过苦矣。若声如松风涧水而遽瀹之，岂不过于老而苦哉。惟移瓶去火，少待其沸止而瀹之，然后汤适中而茶味甘。此南金之所未讲也。因补一诗云："松风桂雨到来初，急引铜瓶离竹炉。待得声闻俱寂后，一瓯春雪胜醍醐。"

【注释】

①罗大经《鹤林玉露》：史料笔记，十八卷，宋罗大经撰。罗大经在《鹤林玉露·序》中自谓："余闲居无营，日与客清谈鹤林之下。或欣然会心，或慨然兴怀，辄令童子笔之。久而成编，因曰《鹤林

玉露》。”取杜甫诗“爽气金天豁，清谈玉露繁”之意，定书名为《鹤林玉露》。该书分条记事，包括朝野典故、名人轶事、历史事件、街谈巷议、诗文品评等，大体详于议论而略于考证。

②同年：古代科举考试同科中式者之互称。李南金：字晋卿，自号三豁冰雪翁。乐平(今属江西)人。

③节：关键环节。

④合量：适当。

⑤背二涉三：古代点茶法。即当水烧过二沸刚到三沸时，立即停火冲茶。

⑥砌虫：台阶下面的虫、蝉。

⑦缥色：淡青色。

【译文】

罗大经《鹤林玉露》记载：我同年考中进士的好友李南金说：陆羽《茶经》分别以鱼目、涌泉、连珠为煮水的关键步骤。然而近来煎茶煮水，很少用鼎和鍑，改用茶瓶煮水，难以观察把握。应以煮水的声音来辨别一沸、二沸、三沸。又按陆羽的煮水方法，没有把茶投入茶鍑，所以第二沸投入茶末最为适当。如果按照今天的泡茶方法，就应当在水烧过二沸刚到三沸时停火冲茶最为适当。于是写下一首专为声辨的《茶声》诗：“砌虫唧唧万蝉催，忽有千车捆载来。听得松风并涧水，急呼缥色绿磁杯。”其论述固然已经很精到了。然而泡茶的方法，煮水要嫩不要老。因为水嫩而茶味甘甜，水老则茶味苦涩。如果煮水声如松风声起、涧水流淌时立即泡茶，岂不是水又老而茶味又苦涩吗？只有立即移走茶瓶，熄火，等待水沸停止后再冲泡，然后煮水老嫩适中而茶味甘甜。这是李南金所没有讲到的。因而我又补充一首《茶声》诗写道：“松风桂雨到来初，急引铜瓶离竹炉。待得声闻俱寂后，一瓯春雪胜醍醐。”

赵彦卫《云麓漫钞》[①]：陆羽别天下水味，各立名品[②]，有石刻行于世。《列子》云孔子“淄渑之合，易牙能辨之”[③]。易牙，齐威公大夫[④]。淄渑二水，易牙知其味，威公不信，数试皆验。陆羽岂得其遗意乎[⑤]？

【注释】

①赵彦卫《云麓漫钞》：十五卷，宋赵彦卫著。该书是赵彦卫佐吴门幕时所作，初刻本十卷，名《拥炉闲纪》。开禧二年(1206)，赵彦卫知新安郡时重刻，增补五卷。当时因为《避暑录话》刚刚出版，此书名“似与之为对”，所以改名为《云麓漫钞》。内容主要为典章、名物、经史杂考及宋代掌故遗事。其中所记宋代迎送金使的经费，及韩世忠、岳飞士兵抗金情况，较有史料价值。赵彦卫，字景安，宋宗室。浚仪(今河南开封)人。

②名品：名位品级。

③《列子》：八卷。相传战国时列御寇撰。原书已佚，今所见《列子》八卷是经晋人张湛整理注释后所传。该书内容多为民间故事、寓言和神话传说。列御寇，亦作列圄寇、列圉寇，后人尊称为列子，或称为子列子。淄渑：淄水和渑水的并称。皆在今山东。相传二水味各不同，混合之则难以辨别。易牙：人名。又称狄牙、雍巫。春秋时齐桓公宠臣，长于调味，善逢迎，传说曾烹其子为羹以献桓公。后多以指善烹调者。

④齐威公：即齐桓公，春秋时齐国国君。前685—前643年在位。春秋五霸之一。宋人因钦宗名桓，故改“齐桓公”为“齐威公”。

⑤遗意：前人或古代事物留下的意味、旨趣。

【译文】

赵彦卫《云麓漫钞》记载：陆羽辨别天下水味，各立名位品级，各地都有石刻传世。《列子》记载：孔子说“淄水与渑水混合放在一块儿，易牙能够辨别”。易牙是齐桓公时大夫。淄水和渑水，易牙能分辨出水味的差别，齐桓公不相信，经过数次试验，结果都是如此。陆羽难道也得到了易牙留下的旨趣吗？

《黄山谷集》：泸州大云寺西偏崖石上[①]，有泉滴沥，一州泉味皆不及也。

【注释】

①泸州大云寺：在今四川泸州市郊忠山滴乳崖下。始建于宋，元代废圮，清代重修。现存殿宇两重，有木桥相连。旁有清光绪年间书法家黄云鹄凿建的石室寺，后名“云谷洞”，竖碑刊“涪翁小像”并题记，壁上原塑有“文王百子图”。寺前有瀑布，从崖顶泻下，形成弯曲溪流，风景清幽。西偏：西侧。

【译文】

黄庭坚《黄山谷集》记载：泸州大云寺西侧的崖石上，有泉水滴沥，一州所有泉水的味道都比不上此泉。

林逋《烹北苑茶有怀》[①]：“石碾轻飞瑟瑟尘，乳花烹出建溪春[②]。人间绝品应难识，闲对《茶经》忆故人。”

【注释】

①林逋（bū，967—1028）：字君复，后人称为和靖先生。杭州钱塘（今属浙江）人。林逋隐居西湖孤山，终生不仕不娶，惟喜植梅养鹤，自谓“以梅为妻，以鹤为子”，人称“梅妻鹤子”。

②建溪春：宋代对产于建州春茶的喻称。

【译文】

林逋《烹北苑茶有怀》诗写道：“石碾轻飞瑟瑟尘，乳花烹出建溪春。

人间绝品应难识，闲对《茶经》忆故人。”

《东坡集》：予顷自汴入淮泛江[1]，溯峡归蜀，饮江淮水盖弥年[2]。既至，觉井水腥涩，百余日然后安之。以此知江水之甘于井也，审矣[3]。今来岭外[4]，自扬子始饮江水，及至南康[5]，江益清驶[6]，水益甘，则又知南江贤于北江也。近度岭入清远峡[7]，水色如碧玉，味益胜。今游罗浮[8]，酌泰禅师锡杖泉[9]，则清远峡水又在其下矣。岭外惟惠州人喜斗茶[10]，此水不虚出也！

【注释】

①顷：近来。

②弥年：经年，终年。

③审：真实，确实。

④岭外：指五岭以南地区。

⑤南康：今江西赣州南康区。

⑥清驶：水清流疾。

⑦度：越过。清远峡：又称飞来峡、中宿峡。在今广东清远东北。

⑧罗浮：即罗浮山，又称东樵山。在今广东惠州博罗县。

⑨锡杖泉：古代名泉。在广东博罗县西北，罗浮山小石楼下。梁大同中，景泰禅师曾驻锡于此。

⑩惠州：北宋天禧五年（1021）改祯州为惠州，治归善县（今广东惠州）。属广南东路。

【译文】

苏轼《东坡集》记载：我近来从京师开封经汴水入淮河，进而泛长江沿着三峡逆流而上回到四川，终年饮用长江和淮河的水。到了这里，感觉井水的味道非常腥涩，直到百余天后才适应。由此可知江水比井水甘甜，确实如此。现在来到岭南，从扬子江开始饮用江水，到了南康，江水愈加水清流疾，水也更为甘甜，由此可知南方的江水比北方的江水更好。最近越过五岭来到清远峡，水的颜色犹如碧玉，水味更好。如今游览到了罗浮山，酌取景泰禅师锡杖泉水，那清远峡的水又在其下了。岭南只有惠州人喜欢比试茶的优劣，可见此水没有白流啊！

惠山寺东为观泉亭，堂曰漪澜，泉在亭中，二井石甃相去咫尺[①]，方圆异形。汲者多由圆井，盖方动圆静，静清而动浊也。流过漪澜，从石龙口中出，下赴大池者，有土气，不可汲。泉流冬夏不涸，张又新品为天下第二泉。

【注释】

①石甃（zhòu）：石砌的井壁。咫尺：形容距离近。

【译文】

无锡惠山寺东面是观泉亭，堂名为漪澜，泉水就在亭中，两口井距离很近，一圆一方形态各异。人们多汲取圆井里的水，因为方井里的水是流动的而圆井里的水是静止的，静止的水显得清澈而流动的水显得浑浊。泉水流过漪澜亭，从石制的龙口中出来，往下流到大池的水，就有泥土的气息，不可汲取饮用。泉水整年不干涸，张又新品评为天下第二泉。

《避暑录话》[①]：裴晋公诗云[②]："饱食缓行初睡觉，一瓯新茗侍儿煎。脱巾斜倚绳床坐[③]，风送水声来耳边。"公为此诗必自以为得意，然吾山居七年，享此多矣。

【注释】

①《避暑录话》：或作《石林避暑录》《乙卯避暑录》，二卷，宋叶梦得撰。该书原为消夏而作，故其间多言消遣之法及教训子孙之语。所记北宋故实及士人轶闻，往往详于他书，有裨于史学。书中关于唐宋科举、职官等典制的记载，对研究古代文化有参考价值。叶梦得(1077—1148)，字少蕴。吴县(今江苏苏州)人，迁居湖州乌程(今属浙江)。因定居吴兴弁山时，家有石林园，故号石林居士。另著有《石林诗话》《石林奏议》《石林燕语》等。

②裴晋公：即裴度(765—839)，字中立。河东闻喜(今属山西)人。累官至宰相。元和十二年(817)，因亲自督师攻破蔡州，平定淮西有功，被封为晋国公。著有《书仪》等。

③绳床：又称胡床、交床。一种可以折叠的轻便坐具。以板为之，并用绳穿织而成。

【译文】

叶梦得《避暑录话》记载：裴度有诗写道："饱食缓行初睡觉，一瓯新茗侍儿煎。脱巾斜倚绳床坐，风送水声来耳边。"他作这首诗的时候一定颇为得意，然而我在山里居住了七年，享受这种生活已经很久了。

冯璧《东坡海南烹茶图》诗[①]："讲筵分赐密云龙[②]，春梦分明觉亦空。地恶九钻黎火洞[③]，天游两腋玉川风[④]。"

【注释】

①冯璧(1162—1240)：字叔献，别字天粹。真定(今河北正定)人。历大理丞，治书侍御史。以同知集庆军节度使致仕。《东坡海南烹茶图》：宋代茶画。状写苏轼在流放海南期间烹茶的情景，反映了他虽苦却能甘之若饴，安之若素的乐观人生态度。

②讲筵(yán)：特指天子的经筵。

③地恶：此指海南自然条件差。九钻黎火洞：苏轼谪居于海南儋州约有三年时间(1097—1100)，住在黎洞(简陋的房屋)中，九钻，是说多次改火。钻，钻木取火。四季所用树木种类不同，故有“改火”之称。

④天游：谓放任自然。两腋玉川风：苏轼有像唐代卢仝嗜茶的习惯。

【译文】

冯璧《东坡海南烹茶图》题诗中写道：“讲筵分赐密云龙，春梦分明觉亦空。地恶九钻黎火洞，天游两腋玉川风。”

《万花谷》：黄山谷有《井水帖》云[1]：“取井傍十数小石，置瓶中，令水不浊。”故《咏慧山泉》诗云“锡谷寒泉椭音妥。石俱”是也[2]。石圆而长曰椭，所以澄水。

【注释】

①《井水帖》：全名《从人乞扬华店井水帖》。

②锡谷寒泉：即惠山泉。

【译文】

《锦绣万花谷》记载：黄庭坚《从人乞扬华店井水帖》写道：“取井旁十几颗小石子放在瓶中，可以使水不浑浊。”所以《咏慧山泉》诗中有“锡谷寒泉椭椭，读音为妥。石俱”的句子。石头圆而长称为椭，用以澄清水质。

茶家碾茶，须碾着眉上白，乃为佳。曾茶山诗云[1]：“碾处须看眉上白，分时为见眼中青。”

【注释】

①曾茶山：即曾几(1084—1166)，字吉甫，号茶山居士。其先赣州(今江西赣县)人，后徙河南(今河南洛阳)。

【译文】

制茶人家碾茶，必须碾到眉毛现出白色，才称为最好。曾几诗中写道："碾处须看眉上白，分时为见眼中青。"

《舆地纪胜》[①]：竹泉，在荆州府松滋县南[②]。宋至和初[③]，苦竹寺僧浚井得笔[④]。后黄庭坚谪黔过之[⑤]，视笔曰："此吾虾蟆碚所坠。"因知此泉与之相通。其诗曰："松滋县西竹林寺，苦竹林中甘井泉。巴人谩说虾蟆碚，试裹春茶来就煎。"

【注释】

①《舆地纪胜》：二百卷，宋王象之编著。南宋地理总志，约宝庆三年(1227)成书。该书以南宋十六路版图，宝庆以前建置为标准，叙述当时一百六十六个府、州、军、监的地理胜状，分府州沿革、县沿革、风俗形胜、景物、古迹、官吏、人物、仙释、碑记、诗、四六等目。所载多南宋事，内容丰富。王象之(1163—1230)，字仪父，一作肖父。南宋婺州金华(今浙江磐安)人。宋地理学家。

②松滋县：今湖北松滋。

③至和：宋仁宗年号(1054—1056)。

④浚井：淘井以疏通水源。浚，疏通。

⑤黔：贵州的别称。

【译文】

王象之《舆地纪胜》记载：竹泉，在荆州府松滋县南部。北宋至和初年,苦竹寺的僧人在淘井以疏通水源时得到一支毛笔。后来黄庭坚被贬到贵州时经过这里,看到这支笔说:“这是我在虾蟆碚坠落水中的那支笔。”由此可知竹泉与虾蟆泉是相通的。黄庭坚在诗中写道:“松滋县西竹林寺,苦竹林中甘井泉。巴人谩说虾蟆碚,试裹春茶来就煎。”

周煇《清波杂志》:余家惠山,泉石皆为几案间物。亲旧东来,数问松竹平安信①。且时致陆子泉②,茗碗殊不落寞。然顷岁亦可致于汴都③,但未免瓶盎气。用细砂淋过,则如新汲时,号拆洗惠山泉。天台竹沥水④,彼地人断竹稍屈而取之盈瓮,若杂以他水则亟败⑤。苏才翁与蔡君谟比茶⑥,蔡茶精用惠山泉煮,苏茶劣用竹沥水煎,便能取胜。此说见江邻几所著《嘉祐杂志》⑦。果尔⑧,今喜击拂者,曾无一语及之,何也?双井因山谷乃重⑨,苏魏公尝云:“平生荐举不知几何人⑩,唯孟安序朝奉岁以双井一瓮为饷。”盖公不纳苞苴⑪,顾独受此,其亦珍之耶!

【注释】

①松竹平安信:比喻平安家信。

②陆子泉:指江苏无锡惠山泉。唐代陆羽对江、浙一带情有独钟,长期在此生活、访茶、品水,到过苏南、浙北许多地方。他写有《惠山寺记》,其《水品》以惠山泉为天下第二水,仅次于庐山谷帘泉。后人为纪念陆羽,遂将惠山泉命名为陆子泉。

③顷岁:往年,从前。

④竹沥水:用火炙烤淡竹或其他竹类后沥出的液汁。可入药。主治痰阻窍络、中风、癫狂等症。此处疑指竹叶上的露水。

⑤亟败:立即败味。

⑥苏才翁：即苏舜元（1006—1054），字叔才，后改字才翁。梓州铜山（今四川中江）人。著有《奏御集》《塞垣近事》《奏议》等。

⑦江邻几所著《嘉祐杂志》：一作《江邻几杂志》，二卷，宋江休复著。该书多记当时文人轶事杂说，间有诗话。虽不无讹误，然大致可信。江休复（1005—1060），字邻几。开封陈留（今属河南）人。另著有《唐宜鉴》《春秋世论》等。

⑧果尔：果真如此。

⑨双井：产于江西修水的双井茶和双井水。

⑩几何：犹若干，多少。

⑪苞苴（jū）：馈赠的礼物。苞，同“包”。《庄子·列御寇》：“小夫之知，不离苞苴竿牍。”锺泰发微：“古者馈人鱼肉之类，用茅苇之叶，或苞之，或藉之，故曰‘苞苴’。”

【译文】

周煇《清波杂志》记载：我家在无锡惠山，泉水和美石都是几案上摆放的玩赏之物。亲朋故旧从东而来，多次互通平安家信。而且经常带来惠山泉水，使我的茗碗不至落寞。然而往年也有人送惠山泉水到汴京，但是不免有长久贮存瓶盎的气味。如果把水用细沙过滤，就像刚汲取的一样，被称为拆洗惠山泉。天台山的竹沥水，是当地人砍断竹梢使竹身弯曲而汲取满瓮竹叶上的露水，如果夹杂其他的水就立即败味。苏舜元和蔡襄斗茶，蔡襄的茶叶好，用惠山泉的水来煎煮，苏舜元的茶叶较差，用竹沥水来煎煮，就能够取胜。这种说法见于江休复所著的《嘉祐杂志》。果真如此的话，如今喜欢斗茶的人，为什么没有一句话提到这件事呢？双井茶和双井泉因为黄庭坚的缘故才被重视，苏颂曾经说：“我一生不知荐举了多少人，只有孟安序朝奉每年送给我一坛双井泉的水作为酬报。”苏颂从不接受馈赠的礼物，唯独接受这坛双井泉水，亦可见双井泉水的珍贵啊！

《东京记》[1]:文德殿两掖有东西上阁门[2],故杜诗云:"东上阁之东,有井泉绝佳。"

【注释】

①《东京记》:三卷,宋宋敏求撰。上卷为宫城,中卷为旧城,下卷为新城。三城之内,凡宫殿、官府、坊巷、第宅、寺观、营房均次第记之。晁公武认为此书对开封坊巷、寺观、官廨、私第及诸故事,考核均极精博。宋敏求(1019—1079),字次道。赵州平棘(今河北赵县)人。官至史馆修撰、累迁龙图阁直学士。另著有《书闱集》《春明退朝录》等。

②文德殿:北宋皇城内大庆殿西侧为文德殿,是皇帝主要政务活动场所。掖:泛指旁边、两旁。阁(gé)门:古代宫殿的侧门。

【译文】

宋敏求《东京记》记载:文德殿的两旁有东西上阁门,所以杜诗中写道:"东上阁之东,有井泉绝佳。"

山谷《忆东坡烹茶》诗云[1]:"阁门井不落第二,竟陵谷帘空误书。"[2]

【注释】

①《忆东坡烹茶》:据《豫章黄先生文集》,应为《省中烹茶怀子瞻用前韵》。

②阁门井不落第二,竟陵谷帘空误书:大意是说阁门井的水质很好,堪称第一,而陆羽把谷帘水称为第一,一定是写错了。阁门井,在北宋皇城文德殿正门左边东上阁门的东面,其水绝佳。不落第二,即堪称第一。竟陵,今湖北天门。陆羽为竟陵人,故

竟陵借指陆羽。谷帘,即谷帘泉。在今江西庐山主峰大汉阳峰南面的康王谷中。陆羽品评天下泉水,以谷帘泉水为“天下第一”。

【译文】

黄庭坚《忆东坡烹茶》诗写道:“阁门井不落第二,竟陵谷帘空误书。”

陈舜俞《庐山记》[①]:康王谷有水帘,飞泉破岩而下者二三十派。其广七十余尺,其高不可计。山谷诗云“谷帘煮甘露”是也。

【注释】

①陈舜俞《庐山记》:五卷,宋陈舜俞著,是一部宗教人文地理志。卷一、卷二为“总叙山水篇”“叙山北篇”“叙山南篇”,记庐山地理形势、名胜古迹、佛寺道观及历史文物等。卷三为“山行易览”和“十八贤传”,标示里程,并记载东晋慧远、雷次宗等十八人略传,为后世说慧远等“十八贤者”立“白莲社”弘传净土信仰的主要根据。卷四为“古人留题篇”,集录文人墨客有关庐山的诗文。卷五为“古碑目”,收集古人题名及当地碑文目录。陈舜俞(?—1076),字令举,自号白牛居士。湖州乌程(今属浙江)人。嘉祐四年(1059),制科第一。授秘书省著作佐郎。另著有《都官集》。

【译文】

陈舜俞《庐山记》记载:庐山康王谷里有瀑布,泉水从岩石上流下形成二三十个支流。大约有七十多尺宽,水流的高度不可估测。黄庭坚诗中“谷帘煮甘露”说的就是这里的水。

孙月峰《坡仙食饮录》[①]:唐人煎茶多用姜,故薛能诗云[②]:"盐损添常戒,姜宜著更夸[③]。"据此,则又有用盐者矣。近世有此二物者,辄大笑之。然茶之中等者,用姜煎,信佳,盐则不可。

【注释】

①孙月峰《坡仙食饮录》:二卷,明孙矿撰。内容不详。孙矿(1543—1613),字文融,号月峰、湖上散人。余姚(今属浙江)人。另著有《书画题跋》《孙月峰评经》等。

②薛能(? —880):字大拙。汾州(今山西汾阳)人。累官至工部尚书。著有《薛能诗集》《繁城集》等。

③盐损添常戒,姜宜著更夸:见薛能《蜀州郑使君乌觜茶因以赠答八韵》诗。

【译文】

孙矿《坡仙食饮录》记载:唐朝人煎茶多用姜,因此薛能《蜀州郑使君乌觜茶因以赠答八韵》诗写道:"盐损添常戒,姜宜著更夸。"根据这种说法,还有用盐煎茶的。近代如果还有用这两种东西煎茶,就会被人大笑。但是中等的茶叶,用姜煎确实很好,用盐就不行。

冯可宾《岕茶笺》:茶虽均出于岕,有如兰花香而味甘,过霉历秋[①],开坛烹之,其香愈烈,味若新沃[②]。以汤色尚白者,真洞山也。他嶰初时亦香[③],秋则索然矣[④]。

【注释】

①霉:此指梅雨季节。农历每年入伏前的几天,南方多雨潮湿,易发霉。

②新沃:刚冲泡。

③嶰(xiè):山涧,沟壑。

④索然:没有什么味道。

【译文】

冯可宾《岕茶笺》记载:罗岕茶虽然都出自岕山,但有的茶叶有兰花香味,味道甘甜,经过梅雨季节和秋天以后,再打开坛子烹煮,它的香味会更加浓烈,味道如同新泡的茶一样。如果茶汤色泽发白,就是真正的洞山所产的岕茶。其他山涧所产的茶叶刚刚采制时也很香,但是经过秋天就没有什么味道了。

《群芳谱》:世人情性嗜好各殊①,而茶事则十人而九。竹炉火候,茗碗清缘。煮引风之碧云②,倾浮花之雪乳③。非藉汤勋④,何昭茶德⑤?略而言之,其法有五:一曰择水,二曰简器,三曰忌溷⑥,四曰慎煮,五曰辨色。

【注释】

①情性:本性。

②碧云:指茶叶。

③浮花:冲泡时浮在上面的茶沫。雪乳:指茶汤。

④勋:功效。

⑤昭:昭显。

⑥溷(hùn):污秽不洁。

【译文】

王象晋《群芳谱》记载:世间人的本性喜好各不相同,然而十个人中有九个人喜欢饮茶。不过是竹炉煮茶火候适当,再加上好茶碗、清水的缘故。烹煮引来清风的茶叶,倾注浮花满瓯的茶汤。如果不借助泉水的功劾,哪能昭显茶叶的品德呢?简单来说,煮茶有五个关键步骤:一是选择水,二是选用器具,三是忌讳污秽不洁,四是谨慎烹煮,五是分辨色泽。

《吴兴掌故录》[①]:湖州金沙泉,至元中[②],中书省遣官致祭,一夕水溢[③],溉田千亩,赐名瑞应泉。

【注释】

①《吴兴掌故录》:十七卷,明徐献忠撰。该书共分十三类,其中古迹、山墟、物产类中,辑录前人论述金沙泉、温山、顾渚山、明月峡、啄木岭、青岘山及顾渚茶的资料甚丰。徐献忠(1469—1545),字伯臣,一号长谷。华亭(今上海松江)人。官浙江奉化县知县,及卒,门人私谥贞宪先生。另著有《长谷集》《唐诗品》等。

②至元:元世祖年号(1264—1294)。

③一夕:指极短的时间。

【译文】

徐献忠《吴兴掌故录》记载:湖州的金沙泉,元代至元年间,中书省派遣官员前来祭拜,一会儿泉水就溢出来了,灌溉了良田千亩,赐名为瑞应泉。

《职方志》[①]:广陵蜀冈上有井,曰蜀井,言水与西蜀相通[②]。茶品天下水有二十种,而蜀冈水为第七。

【注释】

①《职方志》:书名。记载1644—1660年清朝开疆拓土、更立府县名称及设官纳降等事之著作。

②西蜀：今四川。古为蜀地，因在西方，故称“西蜀”。

【译文】

《职方志》记载：扬州蜀冈上有一口井，叫做蜀井，传说井里的水与西蜀相通。茶圣陆羽品评天下泉水共有二十种，而蜀冈水名列第七。

《遵生八笺》：凡点茶，先须熁盏令热[①]，则茶面聚乳，冷则茶色不浮。熁音胁，火迫也。

【注释】

①熁(xié)盏：冲泡茶之前把茶盏放在火上烘烤加热。

【译文】

高濂《遵生八笺》记载：凡是泡茶时，必须先把茶盏放在火上烘烤加热，这样就会使茶汤表面凝聚，如果茶盏冷，茶的色泽就不会散发。熁，读音为胁，就是火烤的意思。

陈眉公《太平清话》：余尝酌中泠，劣于惠山，殊不可解。后考之，乃知陆羽原以庐山谷帘泉为第一。《山疏》云[①]：“陆羽《茶经》言，瀑泻湍激者勿食[②]。今此水瀑泻湍激无如矣[③]，乃以为第一，何也？又云液泉在谷帘侧，山多云母[④]，泉其液也，洪纤如指，清冽甘寒，远出谷帘之上，乃不得第一，又何也？”又碧琳池东西两泉，皆极甘香，其味不减惠山，而东泉尤冽。

【注释】

①《山疏》：不详待考。

②湍激：水流猛急。

③无如：不如，比不上。

④云母：矿石名。俗称千层纸。晶体常成假六方片状，集合体为鳞片状。薄片有弹性。玻璃光泽，半透明，有白色、黑色、深浅不同的绿色或褐色等。不导电，隔热，耐高温，耐潮防腐。白云母可供药用。

【译文】

陈继儒《太平清话》记载：我曾经酌取过中泠泉水烹茶，味道比惠山泉水差，怎么也想不明白。后来经过考证，才知道陆羽原把庐山谷帘泉的水列为第一。《山疏》记载："陆羽《茶经》说，瀑布泻下水流猛急的水不可饮用。如今这里的瀑布泻下的水流猛急无水可比，却认为是天下第一，这是为什么呢？又有一个云液泉在谷帘水的旁边，山上有很多云母石，云液泉是云母的汁液，泉水只有手指大的水流，水澄清甘甜而寒冷，远远胜过谷帘水，却不能得到第一，这又是为什么呢？"还有碧琳池的东西两眼泉水，都非常甘甜清香，味道不次于惠山泉水，而东面的泉水更为甘美清澄。

蔡君谟"汤取嫩而不取老"，盖为团饼茶言耳。今旗芽枪甲，汤不足则茶神不透，茶色不明。故茗战之捷，尤在五沸。

【译文】

蔡襄认为"煮水应该取嫩而不取老"，这是针对团饼茶而言。如今的芽叶枝梗，如果汤水温度不够就不能使茶叶的神韵完全散发出来，茶叶的色泽就不明显。所以斗茶要想取胜，关键在煮水到五次沸腾时进行冲泡。

徐渭《煎茶七类》[①]:煮茶非漫浪[②],要须其人与茶品相得,故其法每传于高流隐逸,有烟霞泉石磊块于胸次间者[③]。

【注释】

①徐渭《煎茶七类》:一卷,明徐渭撰。该书分人品、品泉、煎点、尝茶、茶候、茶侣、茶熏七则。徐渭(1521—1593),字文清,后改为文长,号天池山人、青藤道士。山阴(今浙江绍兴)人。徐渭在诗文、戏剧、书画等方面独树一帜,有画作《墨葡萄图》,杂剧《四声猿》,以及戏剧理论《南词叙录》等传世。

②漫浪:放纵而不受世俗拘束。

③烟霞:泛指山水、山林。泉石:指山水。磊块:比喻郁积在胸中的不平之气。

【译文】

徐渭《煎茶七类》记载:煮茶不是一件随意的事情,需要煮茶人的品质与茶的品质相得益彰,所以煎茶的方法往往流传于高人隐士,就好像山水、泉石藏在心中一样。

品泉以井水为下。井取汲多者,汲多则水活。

【译文】

品评泉水,以井水为最差。井水应选取经常有人汲取的,汲取的多了水性就活了。

候汤眼鳞鳞起[①],沫饽鼓泛[②],投茗器中。初入汤少许,俟汤茗相投即满注,云脚渐开,乳花浮面[③],则味全。盖古茶用团饼碾屑,味易出。叶茶骤则乏味,过熟则味昏底滞。

【注释】

①鳞鳞:形容鳞状物。此指水波。

②沫饽:茶水煮沸时产生的浮沫。唐陆羽《茶经·五之煮》:“凡酌,置诸碗,令沫饽均。沫饽,汤之华也。华之薄者曰沫,厚者曰饽,细轻者曰花。”

③乳花:烹茶时所起的乳白色泡沫。

【译文】

烹茶时煮水,要观察煮沸的水泡如鱼鳞状,上面泛出茶水煮沸时产生的浮沫,将茶叶投进器具中。开始时先倒少量的水,等水与茶相溶时立即把水注满,这时茶叶就会渐渐散开,烹茶时所起的乳白色泡沫浮在茶面,则茶味齐全。因为古时茶叶做成团饼碾成碎末,味道容易散发出来。带叶的茶冲泡太急就不容易出味,过熟的话茶的味道就会浑浊不清,而且容易沉积底部。

张源《茶录》:山顶泉清而轻,山下泉清而重,石中泉清而甘,砂中泉清而冽,土中泉清而厚。流动者良于安静,负阴者胜于向阳①。山削者泉寡②,山秀者有神。真源无味,真水无香。流于黄石为佳,泻出青石无用。

【注释】

①负阴:背阴。

②削:陡峭。

【译文】

张源《茶录》记载:山顶的泉水清澈而较轻,山下的泉水清澈而较重,岩石下流出的泉水清澈而甘甜,沙中的泉水清澈而冷冽,土中的泉水清澈而厚重。流动的泉水比静止的好,背阴的泉水胜过向阳的。山势陡峭的泉水就会少，山势俊秀的地方就有神韵。真正的天然泉源没有味道，真正的天然泉水没有香气。在黄石中流出来的泉水最好，从青石中泻出来的泉水不能饮用。

汤有三大辨：一曰形辨，二曰声辨，三曰捷辨。形为内辨，声为外辨，捷为气辨。如虾眼、蟹眼、鱼目、连珠，皆为萌汤①，直至涌沸如腾波鼓浪，水气全消，方是纯熟；如初声、转声、振声、骇声，皆为萌汤，直至无声，方是纯熟；如气浮一缕、二缕、三缕，及缕乱不分，氤氲缭绕，皆为萌汤，直至气直冲贯，方是纯熟。

【注释】

①萌汤：将沸未沸的热水。

【译文】

辨别茶汤的方法有三种：一是形辨，二是声辨，三是捷辨。形辨是通过水性加以鉴别，称为内辨；声辨是通过水声加以鉴别，称为外辨；捷辨是通过水汽加以鉴别，称为气辨。其形辨：如虾眼、蟹眼、鱼目、连珠，这些都是将沸未沸的热水，直到水开得汹涌沸腾像波浪一样翻滚的时候，水汽全部消散，才算是纯熟；其声辨：如初起之声、旋转之声、振动之声、骇浪之声，这些都是将沸未沸的热水，直到声音消失，才算是纯熟；其气辨：如水汽漂浮成一缕、二缕、三缕，以及漂浮的气缕分辨不清，烟雾缭绕，这些都是将沸未沸的热水，直到气息贯通，才算是纯熟。

蔡君谟因古人制茶碾磨作饼，则见沸而茶神便发。此用嫩而不用老也。今时制茶，不假罗碾①，全具元体②，汤须纯熟，元神始发也③。

【注释】

①不假：不借用。

②全具元体：指茶叶不经碾碎，完全保持天然形色。

③元神：道家称人的灵魂为元神。此指茶的内在神韵。

【译文】

蔡襄沿袭古人做法，把茶叶经过碾磨制成饼状，这样茶末一见开水神韵就会散发出来。这是茶汤用嫩而不用老的原因。如今制造茶叶，不借助茶罗、茶碾进行加工，完全保持茶叶的天然形色，茶汤必须纯熟，才能使茶的内在神蕴完全散发出来。

炉火通红，茶铫始上。扇起要轻疾，待汤有声，稍稍重疾，斯文武火之候也。若过乎文，则水性柔，柔则水为茶降；过于武，则火性烈，烈则茶为水制，皆不足于中和①，非茶家之要旨②。

【注释】

①中和：中庸之道的主要内涵。儒家认为能“致中和”，则天地万物均能各得其所，达于和谐境界。《礼记·中庸》：“喜怒哀乐之未发，谓之中；发而皆中节，谓之和。中也者，天下之大本也；和也者，天下之达道也。致中和，天地位焉，万物育焉。”此指水与茶达到和谐状态。

②要旨：亦作“要指”。主要的旨趣、意思。

【译文】

炉火通红的时候，才把茶铫放在炉火上面。用扇子扇风要又轻又快，等到水热发出声音，扇子扇风要稍用力加快，这就是所谓的小火和大火的说法。如果火力过小的话，烧出来的水性就会过于柔和，太柔和的水就会被茶降伏;火力过大的话,那烧出来的水性就猛烈,水性猛烈的话茶就会受制于水,这两种情况都不能称为达到和谐状态,不符合茶人和鉴赏家的主要旨趣。

投茶有序,无失其宜。先茶后汤,曰下投;汤半下茶,复以汤满,曰中投;先汤后茶,曰上投。夏宜上投,冬宜下投,春秋宜中投。

【译文】

投放茶叶要有一定的程序,不要失去最好的时机。先放茶叶后加开水,叫做下投;先加一半开水再放茶叶,再加满水,叫做中投;先加开水后放茶叶,称为上投。夏季适合上投,冬季适合下投,春秋两季适合中投。

不宜用恶木、敝器、铜匙、铜铫、木桶、柴薪、烟煤、麸炭、粗童、恶婢、不洁巾帨①,及各色果实香药。

【注释】

①敝器:破败的器具。烟煤:即煤烟,黑烟。麸炭:即木炭。粗童:粗手粗脚的童子。恶婢:丑陋的女婢。恶,丑陋。巾帨(shuì):手巾。

【译文】

不宜使用贱劣的树木、破败的器具、铜匙、铜铫、木桶、柴薪、烟煤、木炭、粗手粗脚的童子、丑陋的女婢、不洁净的手巾,以及各种果实和香料等。

谢肇淛《五杂俎》：唐薛能《茶诗》云："盐损添常戒，姜宜著更夸。"煮茶如是，味安得佳[1]？此或在竟陵翁未品题之先也[2]。至东坡《和寄茶》诗云[3]："老妻稚子不知爱，一半已入姜盐煎。"则业觉其非矣[4]，而此习犹在也。今江右及楚人[5]，尚有以姜煎茶者，虽云古风[6]，终觉未典[7]。

【注释】

①安得：如何能得、怎能得。含有不可得的意思。

②品题：定其高下。

③东坡《和寄茶》：即苏轼《和蒋夔寄茶》诗。

④业：已经。

⑤江右：指长江以西地区。古人以西为右，故称江右。楚：即今湖北和湖南。

⑥古风：古代传下的风俗。

⑦未典：不合规矩。

【译文】

谢肇淛《五杂俎》记载：唐薛能《蜀州郑使君乌觜茶因以赠答八韵》诗写道："盐损添常戒，姜宜著更夸。"像这样煮茶，茶的味道怎么能好呢？此事或许还在陆羽品茶定其高下之前。到了苏轼《和蒋夔寄茶》诗写道："老妻稚子不知爱，一半已入姜盐煎。"就已经觉得这种做法不正确了，然而这种习俗依然存在。如今长江以西和楚人，还有用姜煎茶的，虽说是古代传下的风俗，终究觉得不合乎标准。

闽人苦山泉难得，多用雨水，其味甘不及山泉，而清过之。然自淮而北，则雨水苦黑，不堪煮茗矣。惟雪水，冬月藏之[1]，入夏用，乃绝佳。夫雪固雨所凝也，宜雪而不宜雨，何哉？或曰：北方瓦屋不净，多用秽泥涂塞故耳。

【注释】

①冬月：指冬天。

【译文】

福建人苦于很难得到山泉，所以多用雨水煮茶，它的味道不如山泉水甘甜，然而比山泉水清洌。可是淮河以北地区，雨水味苦而色黑，不能用来煮茶。只有用雪水，冬天的时候收藏起来，到了夏天再用，效果最好。虽然雪也是雨水凝结而成，但是雪水适合而雨水却不适合，这是为什么呢？有人说：这是因为北方的瓦屋不干净，多用污秽的泥土涂塞而成的缘故。

古时之茶，曰煮，曰烹，曰煎。须汤如蟹眼，茶味方中[①]。今之茶惟用沸汤投之，稍著火即色黄而味涩，不中饮矣。乃知古今煮法亦自不同也。

【注释】

①方中：正好适中。

【译文】

古时的茶，称为煮茶，烹茶，煎茶。必须水开得像蟹眼连珠一样，茶的味道才正好适中。如今的茶叶只要用开水冲泡，稍微沾上火，颜色就会变黄而且味道苦涩不能饮用了。由此可知古代和现今的煮茶方法也自有不同。

苏才翁斗茶用天台竹沥水，乃竹露[①]，非竹沥也。若今医家用火逼竹取沥，断不宜茶矣。

【注释】

①竹露：竹叶上的露水。

【译文】

苏舜元与蔡襄斗茶用天台山的竹沥水，其实是竹叶上的露水，不是竹沥。如果像今天的医生用火烤竹子取竹沥水，绝对不适合煎茶了。

顾元庆《茶谱》[①]：煎茶四要：一择水，二洗茶，三候汤，四择品。点茶三要：一涤器，二熁盏，三择果。

【注释】

①顾元庆《茶谱》：一卷。分茶略、茶品、艺茶、采茶、藏茶、制茶等目，记述茶叶栽培制作全过程。附录《煎茶四要》《点茶三要》专论品茶、茶道事。

【译文】

顾元庆《茶谱》记载：煎茶的四个要诀：一是选择水，二是洗茶，三是掌握煎茶煮水的火候，四是选择煎茶器具。点茶的三个要诀：一是洗干净茶具，二是烧热茶杯，三是选择果子。

熊明遇《岕山茶记》：烹茶，水之功居大。无山泉则用天水[①]，秋雨为上，梅雨次之。秋雨冽而白，梅雨醇而白。雪水，五谷之精也[②]，色不能白。养水须置石子于瓮[③]，不惟益水，而白石清泉，会心亦不在远。

【注释】

①天水：雨水。

②五谷：为谷物的通称，不一定限于五种。

③养水：贮水。

【译文】

熊明遇《岕山茶记》记载：烹茶时水的功劳最大。没有山泉就用雨水，秋雨最好，梅雨差一些。秋雨甘冽而色白，梅雨醇厚而色白。雪水，是谷物的精华，颜色不能过白。贮存雨水时需要将石子放进瓮里，不仅对水有益处，而且白色的石头和清澈的泉水，也会让人赏心悦目。

《雪庵清史》：余性好清苦[①]，独与茶宜。幸近茶乡，恣我饮啜。乃友人不辨三火三沸法，余每过饮，非失过老，则失太嫩，致令甘香之味荡然无存[②]，盖误于李南金之说耳。如罗玉露之论[③]，乃为得火候也。友曰："吾性惟好读书，玩佳山水，作佛事[④]，或时醉花前，不爱水厄，故不精于火候。昔人有言：释滞消壅[⑤]，一日之利暂佳，瘠气耗精[⑥]，终身之害斯大。获益则归功茶力，贻害则不谓茶灾。甘受俗名，缘此之故。"噫！茶冤甚矣。不闻秃翁之言[⑦]：释滞消壅，清苦之益实多，瘠气耗精，情欲之害最大。获益则不谓茶力，自害则反谓茶殃。且无火候，不独一茶。读书而不得其趣，玩山水而不会其情，学佛而不破其宗，好色而不饮其韵，皆无火候者也。岂余爱茶而故为茶吐气哉？亦欲以此清苦之味，与故人共之耳！

【注释】

①清苦：清寒贫苦。

②荡然无存：形容东西完全失去，一点没有留下。荡然，完全空无。

③罗玉露：即罗大经。因其著有《鹤林玉露》，故称罗玉露。

④佛事：指僧尼等所作诵经祈祷、拜忏礼佛等事。

⑤释滞消壅：消除体内郁积不畅。

⑥瘠气耗精：使人元气缺损，精神耗散。

⑦秃翁：贬指年老而无官势的人。此为自嘲。

【译文】

乐纯《雪庵清史》记载：我生性喜欢清寒贫苦，唯独与茶的习性相适宜。幸好我的家乡靠近茶叶产地，可以使我随意品饮。只是我的朋友不了解三火三沸的烹茶方法，我每次过去饮茶，不是烹点太老，就是太嫩了，以致茶叶香甜的味道一点也没有了，这大概都是被李南金的说法所误导。只有像罗大经《鹤林玉露》所论，才称得上把握好火候。朋友说："我生性只喜欢读书，游玩好的山水，作诵经祈祷、拜忏礼佛等事，有时还饮酒醉倒在花前，不喜欢饮茶，所以对煎茶的火候把握不精通。古人曾说：饮茶可以消除体内郁积不畅，一天都会感觉舒服；但它使人元气缺损，精神耗散，对终身的危害却很大。身体获得好处就说是茶叶的功劳，受到损害就不说是茶叶带来的灾害。甘心承受世俗的名声，就是因为这个缘故。"哎！茶的冤枉真太大了。怎么不听听我的意见：解除郁闷，消散积淀，坚持清寒贫苦的好处很多；使人元气缺损，精神耗散，人的各种情感和本能欲望的危害最大。获得好处就不说是茶叶的功劳，自我放纵的危害倒说是因为茶叶才遭殃。况且把握不好火候，不单是茶一种。如果读书而不能得到里面的趣味，赏玩山水不能领会其中的情趣，学习佛法不能参破它的根本，贪恋女色而不能理解其中的韵致，都是没有把握好火候。难道仅仅是因为我喜欢品茶而故意为茶说好话吗？也只是想用这样清寒贫苦的味道，与老友一起共享罢了。

煮茗之法有六要：一曰别，二曰水，三曰火，四曰汤，五曰器，六曰饮。有粗茶[①]，有散茶[②]，有末茶[③]，有饼茶；有研者[④]，有熬者，有炀者[⑤]，有舂者[⑥]。余幸得产茶方，又兼得烹茶六要，每遇好朋，便手自煎烹。但愿一瓯常及真[⑦]，不用撑肠拄腹文字五千卷也[8]。故曰饮之时,义远矣哉。

【注释】

①粗茶:指芽叶较粗老,加工较粗糙的茶叶。

②散茶:未压制成片、团的茶叶。

③末茶:加工后形成的茶类,是一种成品茶,宋代又称食茶。

④研:细磨,碾。

⑤炀:烘干。

⑥舂:捣碎。

⑦真:指道的真谛。

⑧撑肠拄腹:比喻容受很多。也形容肚子吃得非常饱。宋苏轼《试院煎茶》诗:"不用撑肠拄腹文字五千卷,但愿一瓯常及睡足日高时。"

【译文】

煮茶的方法有六个要诀:一是辨别茶叶,二是选择泉水,三是把握火候,四是煮水,五是选择器具,六是品饮。茶叶有粗茶、散茶、末茶、饼茶之类;制作方法有研茶、熬茶、炀茶、舂茶的做法。我有幸懂得加工茶的方法,同时也掌握了烹茶的六大要诀,每遇到好朋友,便亲自煎茶烹饮。但愿一壶佳茗能喝到其中的真谛,而不用搜肠刮肚的文字五千卷。因此说品饮的现实意义非常深远啊!

田艺蘅《煮泉小品》:茶,南方嘉木,日用之不可少者。品固有媺恶[1],若不得其水,且煮之不得其宜,虽佳弗佳也。但饮泉觉爽,啜茗忘喧,谓非膏粱纨绔可语[2]。爰著《煮泉小品》,与枕石漱流者商焉[3]。

【注释】

①媺(měi)恶:善恶,好坏。

②膏粱纨绔(kù):借指富贵人家子弟。膏粱,肥肉和细粮。纨绔,细绢做的裤子。

③枕石漱流:旧时指隐居生活。此指隐居的高人雅士。商:商榷。

【译文】

田艺蘅《煮泉小品》记载:茶,我国南方的一种优良树种,是人们日常生活中不可缺少的用品。茶的品质固然有善恶好坏,若得不到好的泉水,而且煮的方法不得当,虽是好茶但也达不到上佳效果。只要饮泉时感觉精神清爽,喝茶时会忘掉尘世喧嚣,这都不是富贵人家的子弟可以谈论的。于是编撰《煮泉小品》,是为了与隐居的高人雅士进行商榷。

陆羽尝谓:"烹茶于所产处无不佳,盖水土之宜也。"此论诚妙[①]。况旋摘旋瀹,两及其新耶!故《茶谱》亦云:"蒙之中顶茶,若获一两,以本处水煎服,即能祛宿疾[②]。"是也。今武林诸泉,惟龙泓入品,而茶亦惟龙泓山为最。盖兹山深厚高大[③],佳丽秀越[④],为两山之主。故其泉清寒甘香,雅宜煮茶[⑤]。虞伯生诗[⑥]:"但见瓢中清,翠影落群岫[⑦]。烹煎黄金芽[⑧],不取谷雨后。"姚公绶诗[⑨]:"品尝顾渚风斯下,零落《茶经》奈尔何!"则风味可知矣,又况为葛仙翁炼丹之所哉[⑩]。又其上为老龙泓,寒碧倍之,其地产茶为南北两山绝品。鸿渐第钱塘天竺、灵隐者为下品,当未识此耳。而《郡志》亦只称宝云、香林、白云诸茶[⑪],皆未若龙泓清馥隽永也[⑫]。

【注释】

①诚:的确,确实。

②宿疾:拖延不愈的疾病,旧病。

③兹:这个,此。

④秀越:清秀超越。

⑤雅:极,甚。

⑥虞伯生:即虞集(1272—1348),字伯生,号道园,世称邵庵先生。仁寿(今属四川)人。著有《道园学古录》《道园遗稿》等。

⑦岫(xiù):峰峦。

⑧黄金芽:宋代龙凤贡茶的雅称。因龙凤茶极为名贵,价埒黄金,金有价而茶不可得,故云。

⑨姚公绶:即姚绶(1422—1495),字公绶,号谷庵、云东逸史等。浙江嘉善(今属浙江)人。少有才名,工行草书,擅画山水。著有《谷庵集》《云东集》等。

⑩葛仙翁:即葛玄(164—244),字孝先。三国吴丹阳句容(今属江苏)人。葛玄慕神仙之术,历游山东蓬莱山、浙江天台山、广东罗浮山。道教称为葛仙翁,又称太极仙翁。

⑪《郡志》:地方志的一种。记录一郡山川、物产、人文等情况的书。宝云:即宝云茶。因产于杭州宝云庵而得名。香林:即香林茶。因产于杭州下天竺香林洞而得名。白云:即白云茶。因产于杭州上天竺白云峰而得名。

⑫清馥:清香。隽永:食物甘美有回味。

【译文】

陆羽曾经说:“在出产茶叶的地方汲水煮茶,没有效果不好的,这是因为水土适宜。”这种说法的确精妙。况且一边采摘,一边烹煮,茶叶与泉水都非常新鲜呢!所以毛文锡《茶谱》也说:“蒙山中顶产的好茶,如果获取一两,用当地的泉水烹煮服用,就能够祛除拖延不愈的疾病。”的确是这样的。如今杭州各处泉水,只有龙泓泉被列入佳品,茶叶也只有龙泓山的最好。因为龙泓山山高林密,山川清秀壮丽,是南北两山的主峰。所以那里的泉水清寒而且甘香，特别适合煮茶。虞集有诗写道："但见瓢中清，翠影落群岫。烹煎黄金芽，不取谷雨后。"姚绶有诗写道："品尝顾渚风斯下，零落《茶经》奈尔何！"其风味可想而知，又何况是葛玄炼丹的地方呢？比这个地方好的是老龙泓，其清澈寒冷是龙泓泉水的两倍，这个地方出产的茶叶是南北两山的极品。陆羽认为钱塘天竺寺、灵隐寺的茶叶为下品，当时不曾认识。当地的地方志里面也只说宝云、香林、白云等茶，都不如龙泓茶清香甘美而有回味。

余尝一一试之，求其茶泉双绝，两浙罕伍云[①]。

【注释】

①罕伍：罕有其匹，很少有可以和它媲美的。

【译文】

我曾经对上述茶叶一一品尝，想找到茶叶和泉水都堪称双绝的地方，两浙一带没有可以和它媲美的。

山厚者泉厚，山奇者泉奇，山清者泉清，山幽者泉幽，皆佳品也。不厚则薄，不奇则蠢，不清则浊，不幽则喧，必无用矣。

【译文】

山体厚重而泉水醇厚，山势奇绝而泉水奇异，山脉清秀而泉水清澈，山峦幽深而泉水幽静，这都是泉中佳品。泉水如果不醇厚就淡薄，不奇异就笨拙，不清澈就浑浊，不幽静就喧嚣，就一定不会发挥其作用了。

江，公也，众水共入其中也。水共则味杂，故曰"江水次之”。“其水取去人远者”，盖去人远，则湛深[1]，而无荡漾之漓耳[2]。

【注释】

①湛深：清澈。

②漓：浇漓。原指酒味淡薄。此指水味淡薄。

【译文】

江，就是公共的意思，众多的河水都汇流其中。众多河水汇流的水味道就会混杂，因此陆羽《茶经》说“江水次之”。还说“应到离人远的地方取江水”，因为离人生活区域远，水质就会比较清澈，而且不会因为物体在水中起伏波动使水味淡薄。

严陵濑，一名七里滩，盖沙石上曰濑、曰滩也，总谓之浙江，但潮汐不及[1]，而且深澄，故入陆品耳。余尝清秋泊钓台下，取囊中武夷、金华二茶试之，固一水也，武夷则黄而燥冽，金华则碧而清香，乃知择水当择茶也。鸿渐以婺州为次[2]，而清臣以白乳为武夷之右，今优劣顿反矣。意者所谓离其处，水功其半者耶！

【注释】

①潮汐：在月球和太阳引力的作用下，海洋水面周期性的涨落现象。在白昼的称潮，夜间的称汐，总称“潮汐”。一般每日涨落两次，也有涨落一次的。

②婺州：隋开皇中置，治所在吴宁县（今浙江金华）。此指金华茶。

【译文】

严陵濑，也叫七里滩，因为在沙石上称为濑、称为滩，总称为浙江，但潮汐不如钱塘江，而且水深且清澈，因而被陆羽列入泉品。我曾经在清秋时节将船停泊钓台下，取出茶囊中武夷茶、金华茶两种进行烹试，虽然是同一种水，武夷茶显得色黄而燥冽，金华茶显得碧绿而清香，由此才知道选择泉水的同时也应当选择茶。陆羽认为金华茶差一些，而叶清臣认为北苑的白乳茶比武夷茶要好一些，如今茶的优劣正好相反。通晓其意的行家认为这是所谓的茶离开了原产地，泉水的功效占到了一半。

去泉再远者，不能日汲。须遣诚实山僮取之[①]，以免石头城下之伪[②]。

【注释】

①山僮：山居人家的僮仆。

②石头城下之伪：此指唐李德裕曾托亲知取金山下扬子江南零水一壶，其人因酒醉而忘记，到了南京石头城下才取了一瓶江水假冒，后被李德裕品尝发现不是南零水的故事。

【译文】

如果泉水相去太远，那就不能每天去汲取了。必须派遣诚实的山居人家的僮仆去取，以避免发生像石头城下取水假冒名泉的事情。

苏子瞻爱玉女河水[①]，付僧调水符以取之[②]，亦惜其不得枕流焉耳[③]。故曾茶山《谢送惠山泉》诗有“旧时水递费经营”之句[④]。

【注释】

①玉女河：应为玉女潭。《江南通志》卷一三“山川”条：“玉女潭，在

荆溪县张公洞西南三里，深广逾百尺。旧传玉女修炼于此。唐权德舆称：阳羡佳山水，以此为首。”

②调水符：一种鉴别泉水真假优劣的小木板。

③枕流：靠近水流。

④水递：递运饮泉水的驿站。唐丁用晦《芝田录·李德裕》：“李太尉……在中书，不饮京城水，悉用惠山泉，时有水递之号。”

【译文】

苏轼喜欢玉女河里的水，吩咐僧人拿调水符去汲取，也曾叹息自己不能靠近水流。所以曾几《谢送惠山泉》诗中有“旧时水递费经营”这样的句子。

汤嫩则茶味不出，过沸则水老而茶乏。惟有花而无衣[①]，乃得点瀹之候耳。

【注释】

①花而无衣：指冲泡时有水花而没有浮沫。

【译文】

如果茶汤煎得沸点不够，那茶的味道就散发不出，茶汤煎得太过就会使茶力消乏。只有茶汤开到冲泡时有水花而没有浮沫的状态，才算是掌握了烹点的火候。

有水有茶，不可以无火。非无火也，失所宜也。

【译文】

有了好水和好茶，还不可以没有火。并不是说真的没有火，而是说火候没有掌握好。

李约云"茶须活火煎"[1],盖谓炭火之有焰者。东坡诗云"活水仍将活火烹"是也。余则以为山中不常得炭,且死火耳,不若枯松枝为妙。遇寒月[2],多拾松实房蓄[3],为煮茶之具,更雅。

【注释】

①李约:字存博,号萧斋。陇西成纪(今甘肃秦安)人。唐宗室。唐宪宗元和年间曾任兵部员外郎,后弃官归隐。活火:有焰的火,烈火。唐赵璘《因话录·商上》:"(李)约天性惟嗜茶,能自煎,谓人曰:'茶须缓火炙,活火煎。'活火谓炭火之焰者也。"

②寒月:冬天。

③松实:松树果实。即松子。

【译文】

李约说"茶须活火煎",活火大概是指有焰的炭火。苏轼《汲江煎茶》诗所说的"活水仍将活火烹"就是这个意思。我却认为山中不常有炭,而且都是死火,不如用干枯的松枝煎茶为好。遇到冬天,多拾点松子贮存在房子里作为煮茶的燃料,更为风雅。

人但知汤候,而不知火候。火然则水干[1],是试火当先于试水也。《吕氏春秋》[2]:伊尹说汤五味,"九沸九变,火为之纪"[3]。

【注释】

①然:同"燃"。

②《吕氏春秋》:又称《吕览》,二十六卷,由战国末秦国丞相吕不韦主持,召集吕门众多宾客辑合百家九流之说,集体编写而成。分

为十二纪、八览、六论三部分。该书崇尚道家,兼采儒、墨、法、兵、名、农、阴阳诸家之长,初步形成了包括政治、经济、哲学、道德、军事等各方面内容的理论体系,为即将出现的统一全国的专制中央政权提供长治久安的治国方略。吕不韦(?—前235),卫国濮阳(今属河南)人。原为阳翟的富商,后为秦国丞相,封文信侯。

③纪:关键。

【译文】

人们只知道把握汤候,而不知道把握火候。火燃烧使水易干,所以要在试水之前先调试火的大小。《吕氏春秋·本味篇》记载:伊尹说汤有五种味道,"汤的味道烧煮九次变九次,把握火候非常关键"。

许次纾《茶疏》:甘泉旋汲,用之斯良,丙舍在城[①],夫岂易得?故宜多汲,贮以大瓮,但忌新器,为其火气未退,易于败水,亦易生虫。久用则善,最嫌他用。水性忌木,松杉为甚。木桶贮水,其害滋甚,挈瓶为佳耳[②]。

【注释】

①丙舍:指简陋的房舍。

②挈(qiè)瓶:谓提瓶汲水。此指用瓶子盛水。

【译文】

许次纾《茶疏》记载:用来煮茶的甘甜泉水随取随用,品饮效果最好,然而住在城里,又怎么能够轻易得到呢?所以应当多汲取一些,贮存在大瓮里,但是忌用新的容器,因为烧制的火气还没有消退,容易败坏水质,也容易生虫。长期使用的容器才好,但最怕兼作其他用途。水的本性最忌木器,尤其是松木和杉木。用木桶贮存泉水,其危害甚大,用瓶子盛水最好。

沸速，则鲜嫩风逸[①]。沸迟，则老熟昏钝[②]。故水入铫，便须急煮。候有松声，即去盖，以息其老钝。蟹眼之后，水有微涛，是为当时。大涛鼎沸，旋至无声，是为过时。过时老汤，决不堪用。

【注释】

①风逸：洒脱奔放。

②昏钝：和缓，不强烈。

【译文】

如果沸腾得快，那么煮出的水新鲜嫩滑并洒脱奔放。如果沸腾得慢，那么煮出的水老而不清爽。所以水一入茶铫，就要马上烹煮。等到发出像松涛一样的声音，马上揿开锅盖，可以平息水的老钝。泛出蟹眼般的气泡后，水有小的波浪，这正当火候。等到波涛汹涌，声音鼎沸，一会儿又没有声音，那就是火候过了。过了火候的老汤，绝对不能用来烹茶。

茶注、茶铫、茶瓯[①]，最宜荡涤[②]。饮事甫毕[③]，余沥残叶[④]，必尽去之。如或少存，夺香败味。每日晨兴[⑤]，必以沸汤涤过，用极熟麻布向内拭干，以竹编架覆而庋之燥处，烹时取用。

【注释】

①茶注：茶壶。

②荡涤：清洗。

③甫：刚刚。

④余沥：剩酒。此指剩茶。

⑤晨兴：早晨起来。

【译文】

茶壶、茶铫、茶杯，最应该清洗干净。品饮刚刚结束，喝剩下的茶叶必须全部清除干净。如果还有少量残留，再用时就会侵夺茶的香气、败坏茶的味道。每天早晨起来，一定要用开水洗过，用特别软的麻布把杯子里面擦干，倒扣在用竹编的架子并放置在干燥的地方，再次烹茶的时候取出来用。

三人以上，止热一炉。如五六人，便当两鼎炉，用一童，汤方调适。若令兼作，恐有参差①。

【注释】

①参差：差错，差池。

【译文】

三个人以上，只需要加热一炉火即可。如果是五六个人，就应当用两个鼎炉，每一炉专用一个童子，调和烹煮和点茶。如果让一人兼顾两炉，恐怕就会出现差错。

火必以坚木炭为上。然本性未尽，尚有余烟，烟气入汤，汤必无用。故先烧令红，去其烟焰，兼取性力猛炽，水乃易沸。既红之后，方授水器，乃急扇之。愈速愈妙，毋令手停。停过之汤，宁弃而再烹。

【译文】

煮水的火，必须用坚实的木炭所烧的才最好。然而木炭的本性没有消失殆尽，还有残余的烟气，烟气一旦进入水里，这水就不能饮用了。

所以先把木炭烧红，去掉里面的烟和火焰，在火力最猛烈时开始烧水，水就容易沸腾。木炭烧红以后，再放上煮水的器具，马上用扇子扇火。扇得越快越好，不要停止。停止扇火的水，宁可倒掉，再重新烹煮。

茶不宜近阴室、厨房、市喧、小儿啼、野性人、僮奴相哄、酷热斋舍。

【译文】

茶叶不适宜靠近阴暗的房间、厨房、喧哗的闹市、小儿啼哭的地方、性格粗野的人、奴仆相互吵闹的地方、酷热的书斋。

罗廪《茶解》：茶色白，味甘鲜，香气扑鼻，乃为精品。茶之精者，淡亦白，浓亦白，初泼白，久贮亦白。味甘色白，其香自溢，三者得则俱得也。近来好事者，或虑其色重[①]，一注之水，投茶数片，味固不足，香亦窅然[②]，终不免水厄之诮。虽然，尤贵择水。香以兰花为上，蚕豆花次之。

【注释】

①虑：担心。

②窅（yǎo）然：形容远而淡薄，或有或无的样子。

【译文】

罗廪《茶解》记载：茶叶色泽发白，味道甘甜鲜美，香气扑鼻，这是茶中的精品。茶中的精品，冲泡得淡时色泽发白，冲泡得浓时色泽发白，刚冲泡时色泽发白，放置时间长了色泽依然是白色。茶味甘甜，色泽发白，它的香气四处飘溢，色、香、味三者就都具备了。近来有好事的人担心茶的色泽太重，一壶开水只放几片茶叶，味道当然不足，香气也十分淡薄，终不免被讥讽为水厄。即使如此，特别关键的还是选择烹茶用水。茶的香气以如同兰花的香气为最好，如同蚕豆花的香气稍差一些。

煮茗须甘泉，次梅水[1]。梅雨如膏，万物赖以滋养，其味独甘。梅后便不堪饮。大瓮满贮，投伏龙肝一块以澄之[2]，即灶中心干土也，乘热投之。

【注释】

①梅水：梅雨季节所降的雨水。

②伏龙肝：中药名。即灶心土。土灶底部中心黄褐色的焦土。明李时珍《本草纲目·土之一·伏龙肝》(释名)引南朝梁陶弘景曰："此灶中对釜月下黄土也……以灶有神，故号为伏龙肝。"

【译文】

煮茶时必须用甘甜的泉水，其次是梅雨季节所降的雨水。梅雨水如膏泽一样，宇宙间一切事物都依赖它养育，味道特别甘甜。梅雨季节以后，雨水就不可再饮用了。将梅雨水汲满后用大瓮贮存起来，在里面放一片伏龙肝把水澄清，也就是炉灶中心的干土，要趁热的时候放进去。

李南金谓，当背二涉三之际为合量。此真赏鉴家言。而罗鹤林惧汤老[1]，欲于松风涧水后，移瓶去火，少待沸止而瀹之。此语亦未中窾[2]。殊不知汤既老矣，虽去火何救哉？

【注释】

①罗鹤林：即罗大经。因其著有《鹤林玉露》，故称。

②中窾(kuǎn):谓切中要害。窾,空穷。

【译文】

李南金认为,就应当在水烧过二沸刚到三沸时停火冲茶最为适宜。这是真正行家说的话。而罗大经怕水煮老了,想在开水发出松涛涧水声响后,移开水瓶去掉炭火,稍等到水停止沸腾然后冲茶。这样的说法也没有切中要害。殊不知水已经煮老了,即使去了火又如何补救呢?

贮水瓮须置于阴庭,覆以纱帛,使昼挹天光①,夜承星露②,则英华不散,灵气常存。假令压以木石③,封以纸箬,暴于日中,则内闭其气,外耗其精,水神敝矣④,水味败矣。

【注释】

①挹(yì):汲取。天光:日光,太阳的光辉。

②星露:星光和露水。

③假令:如果。

④敝:败坏。

【译文】

贮水的大瓮必须放在阴凉的庭院里,上面覆盖纱巾或布帛,以便汲取白天太阳的光辉,承接夜晚的星光和露水,那样泉水的精华就不会消散,仙灵之气就可以长久保存。如果在大瓮上面压上树木和山石,封上纸和箬竹叶,在太阳底下暴晒,那样里面就会封闭泉水的灵气,外面就会耗尽泉水的精气,泉水的神韵被损坏了,泉水的味道也就破坏了。

《考槃馀事》:今之茶品与《茶经》迥异,而烹制之法,亦与蔡、陆诸人全不同矣。

【译文】

屠隆《考槃馀事》记载:如今茶叶的品类与《茶经》里记载的完全不同,而且烹制的方法,也与蔡襄、陆羽等人所说的完全不一样了。

始如鱼目微微有声为一沸,缘边涌泉如连珠为二沸,奔涛溅沫为三沸。其法非活火不成。若薪火方交,水釜才炽,急取旋倾[1],水气未消,谓之嫩。若人过百息[2],水逾十沸,始取用之,汤已失性,谓之老。老与嫩皆非也。

【注释】

①旋倾:马上倒水泡茶。

②百息:百余次呼吸。息,一呼一吸称一息。

【译文】

观察煮水的沸腾情况,开始有像鱼的眼泡一样微微有声响起是一沸,水面边缘如涌泉像连珠一样为二沸,水面如波涛汹涌水花飞溅为三沸。这种方法只有用有焰的火才能做到。如果柴火刚点燃,水和锅刚烧热,就马上倒水泡茶,水气还没有消散,称为嫩。如果人经过百余次呼吸,水已经过了十沸,这时才开始冲泡,水就失去了其灵性,称为老。水过老和太嫩都不可用。

《夷门广牍》[1]:虎丘石泉,旧居第三,渐品第五。以石泉渟泓[2],皆雨泽之积[3],渗窦之潢也[4]。况阖庐墓隧[5],当时石工多闭死,僧众上栖[6],不能无秽浊渗入。虽名陆羽泉,非天然水。道家服食[7],禁尸气也[8]。

【注释】

①《夷门广牍》：一百二十六卷，明周履靖撰。此为周履靖收集历代稗史、野记及其他杂书及自著之书编辑而成的一部丛书。书名"夷门"，自寓隐居之意。周履靖，字逸之，号梅颠道人。嘉兴（今属浙江）人。生性嗜书，爱好金石，专力于古文辞的研究。另著有《菊谱》《茹草编》等。

②渟（tíng）泓：清冽深邃。

③雨泽：雨水。

④渗窦：由山穴中渗出。潢（huáng）：水。

⑤阖庐：即吴王阖闾（约前537—前496），姬姓，名光，又称公子光，春秋末期吴国君主，前514—前496年在位。墓隧：墓道。

⑥僧众上栖：很多僧人住在山上。

⑦服食：服用丹药。道家养生术之一。

⑧尸气：谓腐尸发出的恶臭气味。

【译文】

周履靖《夷门广牍》记载：苏州虎丘的石泉水，唐朝刘伯刍品评为天下第三，陆羽品评为天下第五。石泉水清冽深邃，都是由雨水积存、山穴中渗出的水形成的。况且当时修建吴王阖闾的墓道，多半石工都被关闭其中而死，很多僧人住在山上，不可能没有污秽物渗透地下。虽然名叫陆羽泉，却不是天然的水脉。道家服用丹药，禁止接近腐尸发出的恶臭气味。

《六研斋笔记》：武林西湖水，取贮大缸，澄淀六七日。有风雨则覆，晴则露之，使受日月星之气。用以烹茶，甘淳有味，不逊慧麓[①]。以其溪谷奔注[②]，涵浸凝渟[③]，非复一水，取精多而味自足耳。以是知凡有湖陂大浸处[④]，皆可贮以取澄，绝胜浅流。阴井昏滞腥薄[5]，不堪点试也。

【注释】

①慧麓：即江苏无锡惠山山麓的惠山泉。

②溪谷：山间的河沟。奔注：奔流灌注。

③涵浸凝渟（tíng）：滋润凝聚。

④以是：因此。湖陂：湖边。陂，水边，水岸。大浸：大水。

⑤昏滞：浑浊凝滞。

【译文】

李日华《六研斋笔记》记载：杭州的西湖水，汲取后贮存在大缸里，澄清沉淀六七天。遇到风雨天气就盖上，晴天就打开，让它接受日月星辰的灵气。用此水烹茶，甘甜醇厚，很有滋味，不比惠山泉水差。这是因为西湖水是由山间的河沟奔流灌注，滋润凝聚，不只一处水源，取了多处的精华，味道自然充足。因此可知凡是有湖边大水浸润的去处，都可以贮存加以澄清，水质绝对胜过浅水细流。阴井的水浑浊凝滞，带有腥味而且淡薄，不能用来烹试点茶。

古人好奇，饮中作百花熟水，又作五色饮，及冰蜜、糖药种种各殊。余以为皆不足尚。如值精茗适乏，细劚松枝瀹汤[1]，漱咽而已[2]。

【注释】

①劚（zhú）：斫，砍削。瀹（yuè）：煮。

②漱咽：道教养生术。谓搅舌生津，缓缓分口咽下。此指饮用。

【译文】

古人追求新奇，饮用时放各种花在开水里，又制作五色饮，放进冰蜜、糖药等各种奇特东西。我认为都不足以提倡。如果正好遇到好茶叶缺乏,用劈得很细的松枝烧水泡茶,能饮用而已。

《竹懒茶衡》[①]:处处茶皆有,然胜处未暇悉品[②]。姑据近道日御者[③]:虎丘气芳而味薄,乍入盎,菁英浮动[④],鼻端拂拂如兰初析,经喉吻亦快然[⑤],然必惠麓水,甘醇足佐其寡薄[⑥]。龙井味极腆厚[⑦],色如淡金,气亦沉寂,而咀咽之久,鲜腴潮舌[⑧],又必藉虎跑空寒熨齿之泉发之[⑨],然后饮者,领隽永之滋,无昏滞之恨耳。

【注释】

①《竹懒茶衡》:明李日华号竹懒,其《紫桃轩杂缀》《六研斋笔记》中均有述茶事之文,或即杂抄其茶文汇成一编而改题欤。

②未暇:谓没有时间顾及。悉:一个个,全部。

③日御:每天都品尝。

④菁英:精华,精英。

⑤喉吻:喉与口。唐卢仝《走笔谢孟谏议寄新茶》诗有:"一碗喉吻润,两碗破孤闷。"

⑥佐:弥补。

⑦腆厚:醇厚。

⑧鲜腴:新鲜肥美。潮:湿润。

⑨虎跑:即虎跑泉。在今浙江杭州西湖西南虎跑山原虎跑寺中。泉水自山岩中间流出,甘洌醇厚。熨齿:使牙齿感到凉爽或寒冷。

【译文】

李日华《竹懒茶衡》记载:天下各地都有茶叶,然而产茶胜地没有时间一一亲临品尝。姑且根据距离较近每天都品尝的茶叶略加评论：虎丘茶气味芳香而滋味淡薄，初入茶盏，茶叶精华浮动，闻起来如同初摘的兰花，品饮口感特别舒服，但必须用惠山泉水冲泡，泉水的甘甜醇厚能够弥补茶叶滋味的淡薄。龙井茶味道极其醇厚，色泽淡黄，香气沉寂不易散发，而品饮时间久了，才觉得特别新鲜肥美润滑，又必须借助虎跑泉使牙齿感到凉爽的泉水来进行发挥，然后才能领略到深长的意味，没有昏浊凝滞的遗憾。

松雨斋《运泉约》[①]：吾辈竹雪神期[②]，松风齿颊，暂随饮啄人间[③]，终拟消摇物外[④]。名山未即[⑤]，尘海何辞[⑥]？然而搜奇炼句，液沥易枯；涤滞洗蒙，茗泉不废。月团三百，喜拆鱼缄[⑦]；槐火一篝[⑧]，惊翻蟹眼。陆季疵之著述，既奉典刑[⑨]；张又新之编摩[⑩]，能无鼓吹[⑪]。昔卫公宦达中书，颇烦递水；杜老潜居夔峡[⑫]，险叫湿云[⑬]。今者，环处惠麓，逾二百里而遥；问渡松陵[⑭]，不三四日而致。登新捐旧[⑮]，转手妙若辘轳[⑯]；取便费廉，用力省于桔槔[⑰]。凡吾清士[⑱]，咸赴嘉盟。

运惠水：每坛偿舟力费银三分，水坛坛价及坛盖自备不计。水至，走报各友，令人自抬。每月上旬敛银，中旬运水。月运一次，以致清新。

愿者书号于左，以便登册，并开坛数，如数付银。

某月某日付　　松雨斋主人谨订

【注释】

①松雨斋：李日华的堂号。

②神期：神情交合。

③饮啄人间:饮水啄食于人间。此指吃喝在人间。

④消摇物外:谓超脱于尘世之外,不受外界事物的拘束,自由自在。消摇,同“逍遥”。

⑤名山:著名的大山。古多指五岳。即:到。

⑥尘海:谓茫茫尘世。

⑦鱼缄:书信。此指寄茶。

⑧槐火:用槐木取火。相传古时往往随季节变换燃烧不同的木柴以防时疫,冬取槐火。

⑨典刑:典型,经典。

⑩编摩:编集。

⑪鼓吹:宣扬,吹捧。

⑫杜老:即杜甫。潜居:隐居。夔峡:瞿塘峡的别称。夔门位于长江三峡的西端入口处,扼守瞿塘峡之西门,两岸断崖壁立,高数百丈,宽不及百米,形同门户,故称其为夔门,瞿塘峡也因而得名夔峡。

⑬湿云:形容山势险峻。

⑭松陵:江苏吴江的别称。

⑮登新捐旧:汲取新的泉水,捐弃旧的泉水。

⑯辘轳:安在井上绞起汲水斗的器具。

⑰桔槔:井上汲水的工具。在井旁架设一杠杆,一端系汲器,一端悬绑石块等重物,用不大的力量即可将灌满水的汲器提起。

⑱清士:清雅高洁的人。

【译文】

李日华《运泉约》记载:我们在雪后的竹林神交,烹煮山泉好茶,暂时饮水啄食于人间,终究要不受拘束超脱于尘世之外。天下名山尚未游历,怎么能告别茫茫的尘世呢?但是搜集提炼奇警的句子,灵感思绪容易枯竭;要涤除迟滞和昏蒙,只有坚持汲水煎茶。朋友寄来三百片月团茶,高兴地拆开茶叶的包封;一堆槐枝燃起的篝火,把泉水煮到翻起蟹眼正好烹茶。陆羽的《茶经》，已经被奉为经典；张又新编集的《煎茶水记》，不能不加以宣扬。从前李德裕官至太尉，还颇为运送泉水费心；杜甫晚年隐居在夔门，惊叹山势险峻称为湿云。如今我们环处惠山山脚下，相距不过两百里的路程；如果从松陵渡江，不过三四天的行程即到达。汲取新的泉水，捐弃旧的泉水，转手就像运用辘轳一样奇妙；取用方便、费用低廉，就像运用桔槔一样快捷省力。凡是像我们这样清雅高洁的人，希望都来加盟。

运送惠山泉水：每一坛要付船运人力白银三分，水坛和坛盖自己准备，不计在内。泉水运来，马上通知各位朋友，自己前来抬走。每月的上旬收取费用，中旬运水。每月运一次，可以让泉水保持清新。

愿意加盟的朋友把名字写在左面，以便登记造册，并写明所要的坛数，按照数量交付银子。

某月某日付款　　松雨斋主人谨订

《岕茶汇钞》：烹时先以上品泉水涤烹器，务鲜务洁。次以热水涤茶叶，水若太滚，恐一涤味损，当以竹箸夹茶于涤器中，反覆洗荡，去尘土、黄叶、老梗既尽，乃以手搦干①，置涤器内盖定。少刻开视，色青香洌，急取沸水泼之。夏先贮水入茶，冬先贮茶入水。

【注释】

①搦（nuò）干：拧干。

【译文】

冒襄《岕茶汇钞》记载：烹茶时要先用上等的泉水洗涤烹茶器具，必须要新鲜洁净。其次要用热水洗涤茶叶，水如果太热，恐怕一经过洗涤就会损坏茶的味道，应当用竹制的筷子夹着茶叶在洗茶的器具中反复清洗，去除茶叶中的尘土、黄叶、老梗等，再用手拧干，放在洗好的器具里盖上。过一会儿再打开来看，色泽青翠，香气甘冽，立即取开水冲泡。夏天先放水后放茶叶，冬天先放茶叶后放水。

茶色贵白，然白亦不难。泉清、瓶洁、叶少、水洗、旋烹旋啜，其色自白，然真味抑郁，徒为目食耳[①]。若取青绿，则天池、松萝及岕之最下者，虽冬月，色亦如苔衣[②]，何足为妙？若余所收真洞山茶，自谷雨后五日者，以汤薄浣，贮壶良久，其色如玉。至冬则嫩绿，味甘色淡，韵清气醇，亦作婴儿肉香。而芝芬浮荡，则虎丘所无也。

【注释】

①目食：指用眼睛吃。比喻颠倒错乱。

②苔衣：青苔。

【译文】

茶的色泽以白为贵，但是色白也不难做到。如果能做到泉水清澈、茶瓶洁净、芽多叶少、用水洗净、随烹随饮，它的色泽自然鲜白，然而茶的自然味道蕴结而未能发挥，仅仅一饱眼福而已。如果以青绿色泽为贵，那苏州天池茶、徽州松萝茶及长兴罗岕茶是茶中最下等的，即使是冬天，色泽也仍然像青苔一样，何足为奇？像我所收藏的真正的洞山茶，自谷雨后第五天，用开水冲洗干净，贮存在壶里很长时间，它的色泽依然像白玉一样。到了冬天就会嫩绿，味甘色淡，清新甘醇，就像婴儿体香一般。芳香浮荡，是虎丘茶所不具备的。

《洞山茶系》：岕茶德全[①]，策勋惟归洗控[②]。沸汤泼叶即起，洗鬲敛其出液[③]。候汤可下指，即下洗鬲，排荡沙沫。复起，并指控干，闭之茶藏候投。盖他茶欲按时分投，惟岕既经洗控，神理绵绵，止须上投耳④。

【注释】

①德全：德行完备。

②策勋：记功勋于策书之上。此指功劳。

③洗鬲：洗茶时一种沥水的工具。

④上投：先注水后下茶叶，称为“上投”。

【译文】

周高起《洞山岕茶系》记载：罗岕茶德行完备，其功劳只在于洗茶去其尘土并且控干。用开水泼洗茶叶立即捞出，用洗鬲敛出其中的水分。等到开水稍凉可以放进手指的时候，马上放下洗鬲清洗排荡出沙土和浮沫。然后再捞出来，用手指控干，放在封闭的容器中等待冲泡。大概其他的茶叶按照煮水的时间分别投茶烹点，只有罗岕茶经过洗涤控干以后，芽叶绵软润泽，所以只须先注水后放茶叶即可。

《天下名胜志》①：宜兴县湖㳇镇，有于潜泉②，窦穴阔二尺许③，状如井。其源洑流潜通④，味颇甘冽，唐修茶贡，此泉亦递进。

【注释】

①《天下名胜志》：即《大明一统名胜志》，一百九十三卷，明曹学佺编纂。该书记述明代疆域之内各府、州、县的历史沿革、地理特征、风景名胜和古迹文物，侧重天下风景名胜。曹学佺（1574—1647），字能始，号石仓。侯官（今福建福州）人。累官至礼部尚书。另著有《石仓全集》《蜀中名胜记》等。

②于潜泉：唐代名泉。在义兴县（今江苏宜兴）湖㳇镇。

③窦：孔，洞。

④洑（fú）流：潜流。潜通：暗通。

【译文】

曹学佺《天下名胜志》记载：宜兴县湖㳇镇有一个于潜泉，泉孔宽约两尺多，形状像井一样。它的源头和泉穴之间有潜流暗通，味道非常甘美清澄，唐朝时在这里制造贡茶，这里的泉水随着贡茶一起进贡朝廷。

洞庭缥缈峰西北，有水月寺，寺东入小青坞，有泉莹澈甘凉，冬夏不涸。宋李弥大名之曰无碍泉[①]。

【注释】

①李弥大（1080—1140），字似炬，号无碍居士。吴县（今江苏苏州）人。累官至工部尚书。于知平江任上多有诗歌吟咏江南风光。

【译文】

太湖洞庭西山缥缈峰西北，有一座水月寺，寺的东面进入小青坞，有眼泉水莹洁透明甘甜凉爽，一年四季不干涸。宋人李弥大将它命名为无碍泉。

安吉州碧玉泉为冠[①]，清可鉴发[②]，香可瀹茗。

【注释】

①安吉州：南宋宝庆元年（1225）改湖州置，治乌程、归安二县（今浙江湖州）。

②鉴：照见。

【译文】

安吉州的泉水以碧玉泉为第一，泉水清澈得可以照见头发，清香可以用来烹茶。

徐献忠《水品》[①]：泉甘者，试称之必厚重，其所由来者远大使然也[②]。江中南零水，自岷江发源数千里[③]，始澄于两石间，其性亦重厚，故甘也。

【注释】

①徐献忠《水品》：二卷，明徐献忠撰。上卷分源、清、流、甘、寒、品、杂说七目，下卷仿《煎茶水记》对东南四十余处之水一一品鉴，作出评价。田艺蘅以为堪称明代泉史。

②远大：辽远广阔。使然：使其如此，使它变得这样。

③岷江：长江上游的重要支流。历史上岷江曾被认为是长江正源。

【译文】

徐献忠《水品》记载：泉水甘甜，如果去称量它一定比较厚重，这是辽远广阔使其如此。扬子江南零水，从岷江发源流经数千里，在镇江金山下两石之间澄清，它的本质较为厚重，所以泉水甘甜。

处士《茶经》[①]，不但择水，其火用炭或劲薪[②]。其炭曾经燔为腥气所及[③]，及膏木败器[④]，不用之。古人辨劳薪之味[⑤]，殆有旨也[⑥]。

【注释】

①处士：本指有才德而隐居不仕的人，后亦泛指未做过官的士人。

此指陆羽。

②劲薪：指比较坚硬的木柴，燃烧时间较长，火力较强，故名“劲薪”。

③燔(fán)：焚烧。

④膏木：含有油脂的木柴。败器：腐朽废弃的木器。

⑤劳薪之味：指用废旧或不适宜的木材烧煮，会使食物产生不好的味道。

⑥旨：用意。

【译文】

陆羽的《茶经》中说，茶事不但要选择泉水，烧火也要选用炭或坚硬的木柴。如果炭曾经燃烧、沾染了油腻腥气味，以及含有油脂的木柴、腐朽废弃的木器，都不能用。古人辨别“劳薪之味”的说法，也是有用意的。

山深厚者，雄大者，气盛丽者，必出佳泉。

【译文】

山势深厚的，雄伟高大的，气势挺拔秀丽的，一定会出上佳的泉水。

张大复《梅花笔谈》：茶性必发于水，八分之茶遇十分之水，茶亦十分矣。八分之水试十分之茶，茶只八分耳。

【译文】

张大复《梅花草堂笔谈》记载：茶的自然本性必须借助水才能发挥出来，八分的好茶遇到十分的好水，茶也会变成十分。八分的好水去泡十分的好茶，那茶也只有八分了。

《岩栖幽事》[①]：黄山谷赋："汹汹乎[②]，如涧松之发清吹；浩浩乎[③]，如春空之行白云。"可谓得煎茶三昧。

【注释】

①《岩栖幽事》：一卷，明陈继儒撰。所录皆山居琐事，如接花、艺木以及焚香、点茶之类，以及作者与山僧对答之语等。其中亦有一些杂记古人事迹和生活常识。

②汹汹：水沸腾的样子。

③浩浩：水势浩大的样子。

【译文】

陈继儒《岩栖幽事》记载：黄山谷《煎茶赋》写道："那种水沸腾的样子，就像山涧里的松树被清风吹过一样；水势浩大的样子，就像春天天空中的白云。"可以说得到了煎茶的真谛。

《剑扫》[①]：煎茶乃韵事[②]，须人品与茶相得。故其法往往传于高流隐逸，有烟霞泉石磊块胸次者。

【注释】

①《剑扫》：即《醉古堂剑扫》，十二卷，明陆绍珩编。陆绍珩，字湘客。吴江（今江苏苏州）人。

②韵事：风雅之事。

【译文】

陆绍珩《醉古堂剑扫》：烹茶是风雅的事情，必须要煮茶人的品质与茶的品质相当。所以煎茶的方法往往流传于高人隐士，就好像山水、泉石藏在心中一样。

《涌幢小品》[1]：天下第四泉，在上饶县北茶山寺。唐陆鸿渐寓其地[2]，即山种茶，酌以烹之，品其等为第四。邑人尚书杨麒读书于此[3]，因取以为号。

【注释】

①《涌幢小品》：三十二卷，明朱国桢撰。朱国桢曾制六角木亭，状如石幢，略似穹庐，可以择地而移，随意而张，忽如涌出，因以“涌幢”为此书名。该书共一千四百五十二条，约四十万字，记作者杂记见闻，间有考证，是研究明代政治、经济、文化史的重要资料。朱国桢(1558—1632)，字文宁，号平极，别号虬庵居士、平涵居士。乌程(今浙江湖州)人。官至文渊阁大学士。另著有《皇明史概》《大政记》《大训记》等。

②寓：原指寄居，后泛指居住。

③杨麒(约1500—约1560)：字仁甫，号四泉。上饶(今属江西)人。官至南京工部尚书。

【译文】

朱国桢《涌幢小品》记载：天下第四泉，在江西上饶县北面的茶山寺里。唐朝陆羽曾经居住在那里，就在山上种茶，汲取泉水烹制后饮用，将此泉水品评为天下第四泉。当地人尚书杨麒曾在这里读书，因此以“四泉”为号。

余在京三年，取汲德胜门外水烹茶，最佳。

【译文】

我在京城住了三年，汲取德胜门外的泉水烹茶，效果最好。

大内御用井[1]，亦西山泉脉所灌，真天汉第一品[2]，陆羽所不及载。

【注释】

①大内：皇宫。

②天汉：银河。此指天下。

【译文】

皇宫中御用的井水，也是京城西山泉脉所灌注的水脉，真是天下第一品，陆羽没有记载。

俗语"芒种逢壬便立霉"[1]，霉后积水烹茶，甚香洌，可久藏，一交夏至，便迥别矣[2]。试之良验。

【注释】

①芒种逢壬便立霉：指芒种以后，遇到壬日便进入阴雨连绵的梅雨季节。壬，天干的第九位，用作顺序第九的代称。霉，通"梅"，下雨后的湿气，容易损坏衣物。清顾禄《清嘉录》卷五"黄梅天"："芒种后遇壬，为入霉，俗有'芒种逢壬便入霉'之语，而人即以入霉日数，度霉头之高下，如芒种一日遇壬，则霉高一尺，至第十日遇壬，则霉高一丈。"

②迥别：大不相同。

【译文】

俗语"芒种逢壬便立霉"，梅雨之后接取雨水烹茶，味道芳香清凉，可以长久贮存，一到夏至就大不相同了。我经过试验，的确如此。

家居苦泉水难得，自以意取寻常水煮滚，入大磁缸，置庭中避日色。俟夜天色皎洁[①]，开缸受露，凡三夕，其清澈底。积垢二三寸，亟取出，以坛盛之，烹茶与惠泉无异。

【注释】

①皎洁：明亮而洁白。

【译文】

住在家中很难得到泉水，于是就用一般的水烧沸，装入大瓷缸里，放在庭院中避免阳光照射。等到夜里月色明亮而洁白时，再打开瓷缸接受露水之气，总共三个晚上，水就会变得清澈见底。下面堆积的污垢两三寸厚，立即取出来，用坛子把水装起来，用它来烹茶与惠山泉水没有两样。

闻龙《它泉记》[①]：吾乡四陲皆山[②]，泉水在在有之，然皆淡而不甘。独所谓它泉者，其源出自四明[③]，自洞抵埭[④]，不下三数百里。水色蔚蓝，素砂白石，粼粼见底。清寒甘滑，甲于郡中。

【注释】

①《它泉记》：不详，待考。

②四陲：四周。

③四明：山名。在今浙江宁波西南。自天台山发脉，绵亘于奉化、慈溪、余姚、上虞、嵊州等地。道书以为第九洞天，又名丹山赤水洞天。凡二百八十二峰。相传群峰之中，上有方石，四面如窗，中通日月星辰之光，故称四明山。

④洞：潺湲洞，即白水宫，亦名白水冲，在今浙江余姚梁弄镇东南。埭（dài）：即它（tuō）山堰。唐大和七年（833）由县令王元玮创建，

位于今浙江宁波海曙区鄞江镇它山旁，樟溪出口处。

【译文】

闻龙《它泉记》记载：我的家乡四面环山，处处都有泉水，但是味道清淡而不甘甜。唯独所谓的它泉，其源头出自四明山，自潺湲洞到达它山堰，有三百多里。泉水色泽蔚蓝，白沙白石，水流清澈见底。水质清澈寒冽，甘甜绵滑，可称为郡中第一。

《玉堂丛语》[①]：黄谏常作《京师泉品》[②]，郊原玉泉第一[③]，京城文华殿东大庖井第一[④]。后谪广州，评泉以鸡爬井为第一[⑤]，更名学士泉。

【注释】

①《玉堂丛语》：八卷，明焦竑撰。焦竑（1540—1620），字弱侯，号漪园，又号澹园，晚年自号澹园老人。江宁（今江苏南京）人。另著有《澹园集》《焦氏类林》《老子翼》《庄子翼》等。

②黄谏（1403—1465）：字廷臣，号卓庵，别号兰坡。庄浪卫（今甘肃永登）人。正统七年（1442）探花，授翰林院编修，迁侍读学士，人称“黄探花”“黄学士”。天顺八年（1464）判广州府事，著《广州水记》。另著有《书经集解》《从古正文》《使南稿》《兰坡集》等。《京师泉品》：又为《京师水记》。黄谏曾遍访京师泉井，一一品尝，予以品评，著为《京师泉品》。

③郊原：郊外的原野。玉泉：水名。出自今北京西北玉泉山下，流为玉河，汇成昆明湖。出而东南流，环绕紫禁城，注入大通河。

④文华殿：明清宫殿名。在今北京紫禁城东华门内，规模比其它宫殿稍小而极精工，明清两代为皇帝讲授经史之所。大庖井：在文华殿东，水质清明，滋味甘洌，曾是明清两代皇宫的饮用水源。

⑤鸡爬井：又名岭南第一泉，今名学士泉。在今广东广州番禺区。

明天顺中，学士黄谏谪居广州，煮茶饮之，品其水为岭南第一，故名。

【译文】

焦竑《玉堂丛语》记载：黄谏曾经写作《京师泉品》，认为郊外以玉泉水为第一，城内以文华殿东大庖井水为第一。黄谏后来被贬为判广州府事，著《广州水记》，品评泉水以鸡爬井水为第一，更名为学士泉。

吴拭云[①]："武夷泉出南山者，皆洁冽味短，北山泉味迥别。盖两山形似而脉不同也。"予携茶具共访得三十九处，其最下者亦无硬冽气质。

【注释】

①吴拭：字去尘，自号逋道人。休宁（今属安徽）人。明诗文作家。著有《武夷集》《百粤纪游》等。

【译文】

吴拭说："武夷山出于南山的泉水，都洁净甘冽但余味不长，出于北山的泉水味道就完全不同。大概两座山形状相像但山脉却不一样。"我曾经携带茶具共访得三十九处泉水，就是最差的泉水也没有硬冽的气质。

王新城《陇蜀余闻》[①]：百花潭有巨石三[②]，水流其中，汲之煎茶，清冽异于他水。

【注释】

①王新城《陇蜀余闻》：一卷，王士祯撰。这部书是王士祯奉使时所记，多不是亲眼所见的事，也多非亲经之地，所以书名取《余闻》。主要记叙陇蜀琐闻碎事。

②百花潭：潭名。在今四川成都西郊。潭北有唐代著名诗人杜甫的草堂。

【译文】

王士祯《陇蜀余闻》记载：成都百花潭里有三块巨石，水从其中流淌，汲取回来煎茶，清香甘冽的味道不同于其他的水。

《居易录》：济源县段少司空园，是玉川子煎茶处。中有二泉，或曰玉泉，去盘谷不十里①。门外一水曰漭水②，出王屋山③。按《通志》，玉泉在泷水上④，卢仝煎茶于此，今《水经注》不载。

【注释】

①盘谷：在今河南济源北，唐李愿隐居处。唐韩愈《送李愿归盘谷序》："太行之阳有盘谷。盘谷之间，泉甘而土肥，草木丛茂，居民鲜少。或曰：'谓其环两山之间，故曰盘。'或曰：'是谷也，宅幽而势阻，隐者之所盘旋。'友人李愿居之。"后因以"盘谷"咏隐居之地。

②漭水：也写作"漾水"，旧称为汉水的上游。其实漭水通连的是西汉水，南流为嘉陵江，与东流的汉水不是一个水系。

③王屋山：在山西垣曲县和河南济源市间。中条山分支。

④泷水：古水名。《河南通志》卷一二："泷水，源出济源县西四里，东南流与溴水合。"

【译文】

王士祯《居易录》记载：河南省济源县段少司空园，是卢仝煎茶的地方。里面有两处水源，或称为玉泉，距离盘谷不到十里。园门外有一条河叫做漭水，发源于王屋山。按照《河南通志》记载，玉泉在泷水的上游，卢仝曾经在这里煎茶，现在的《水经注》里没有记载。

《分甘余话》[1]：一水[2]，水名也。郦元《水经注·渭水》："又东会一水，发源吴山[3]。"《地理志》[4]："吴山，古汧山也，山下石穴，水溢石空，悬波侧注。"按此即一水之源，在灵应峰下[5]，所谓"西镇灵湫"是也[6]。余丙子祭告西镇[7]，常品茶于此，味与西山玉泉极相似。

【注释】

①《分甘余话》：四卷，清王士祯撰。成书于康熙四十八年（1709）王士祯罢官家居之时。东晋王羲之致谢万书札中有"顷东游还，修植桑果，今盛敷荣。率诸子，抱弱孙，游观其间，有一味之甘，割而分之，以娱目前"之语，王士祯取其意名书。该书内容相当广泛，或记录见闻，或谈论学问。凡典章制度、地理名物、风俗人情、古代作家、书画文物乃至医药验方均有涉及。

②一水：即汧水，又名龙鱼川。即今陕西西部渭河支流千河。

③吴山：即汧山、岍山。亦名岳山、吴岳山。在今陕西陇县西南。《汉书·地理志》"右扶风汧县"条："吴山在西，古文以为汧山。"

④《地理志》：即班固《汉书·地理志》。

⑤灵应峰：吴山最高峰。相传此峰旧有灵应宫，乡民遇旱灾，前来祈雨辄应，故名"灵应峰"。

⑥西镇灵湫：吴山是古代著名的五岳五镇之一，又称西镇。灵应峰如斧劈削，峰下有泓汩汩流淌的清泉，美称"西镇灵湫"。

⑦丙子：即康熙三十五年（1696）。祭告：古时国有事，祭神而告之。

【译文】

王士祯《分甘余话》记载：一水，是水的名字。郦道元《水经注·渭水》记载："又向东汇合一水，发源于吴山。"《汉书·地理志》记载："吴山，就是古时的汧山，山下有一石穴，水从石头的空隙里流出来，悬空的水流从一侧流下来。"按这个说法，一水的发源地在灵应峰下，就是所谓的"西镇灵湫"。我在丙子年祭告西镇的时候，经常在这里品茶，味道与京城西山玉泉水很相像。

《古夫于亭杂录》[①]：唐刘伯刍品水，以中泠为第一，惠山、虎丘次之。陆羽则以康王谷为第一，而次以惠山。古今耳食者[②]，遂以为不易之论[③]。其实二子所见，不过江南数百里内之水，远如峡中虾蟆碚，才一见耳。不知大江以北如吾郡，发地皆泉[④]，其著名者七十有二。以之烹茶，皆不在惠泉之下。宋李文叔格非[⑤]，郡人也，尝作《济南水记》，与《洛阳名园记》并传[⑥]。惜《水记》不存，无以正二子之陋耳[⑦]。谢在杭品平生所见之水，首济南趵突[⑧]，次以益都孝妇泉、在颜神镇[⑨]。青州范公泉[⑩]，而尚未见章丘之百脉泉[⑪]，右皆吾郡之水[⑫]，二子何尝多见。予尝题王秋史苹《二十四泉草堂》云[⑬]："翻怜陆鸿渐[⑭]，跬步限江东[⑮]。"正此意也。

【注释】

①《古夫于亭杂录》：六卷，王士祯撰。为王士祯采掇所闻所见而成。自序谓无凡例，无次第，故曰"杂"，以所居鱼子山有古夫于亭，因以为名。共收笔记三百余条，内容举凡诗歌品评、书画鉴赏、字义辨析、杂史小考、典章制度、人情事理、文人轶事、奇谈异闻、医道药方乃至书信往还都有涉及。

②耳食：传闻。

③不易之论：不可更改的言论。形容论断或意见非常正确。易，改变。

④发:挖掘。

⑤李文叔格非:即李格非(约1045—1106),字文叔。齐州章丘(今属山东)人。官至校书郎,迁著作佐郎,礼部员外郎等职。著有《礼记精义》《洛阳名园记》等。

⑥《洛阳名园记》:一卷,宋李格非撰。记述洛阳富郑公园、董氏西园、董氏东园、环溪等十九处园池的景物。

⑦正:纠正。

⑧趵突:即趵突泉。在山东济南城区中部趵突泉公园内,为古泺水发源地。

⑨孝妇泉:泉名。在今淄博博山区神头镇。相传齐孝妇颜文姜孝敬姑婆,感动神灵,泉生室内,曰孝妇泉,古称泷水,俗称"笼水",是孝妇河的源头。颜神镇:在今山东淄博西南博山区。金置颜神店镇,元改为颜神镇。《读史方舆纪要》卷三五"益都县"条:"以齐孝妇颜文妻居此而名。"

⑩范公泉:泉名,即珍珠泉。在今山东淄博博山城东。《大清一统志·青州府一》:"珍珠泉,在博山县东,亦名范公泉,以宋范仲淹读书其侧也。"

⑪百脉泉:泉名。在今山东济南章丘区的百脉泉公园,为济南五大泉群之一。

⑫右:古代崇右,故以右为上,为贵,为高。

⑬王秋史《二十四泉草堂》:诗别集,十二卷,清王苹著。王苹以其居近望水泉,元于钦评之为泺水七十二泉之第二十四,故以之为室名,并以名集。王秋史,即王苹(1661—1720),字秋史,号七十二泉主人。另著有《蓼村文集》等。

⑭翻:却,反而。

⑮跬步:半步,跨一脚。

【译文】

王士祯《古夫于亭杂录》记载：唐朝刘伯刍品评天下泉水，以扬子江中泠水为第一，无锡惠山泉水、苏州虎丘石泉水稍次。陆羽品水则以庐山康王谷水为第一，无锡惠山泉水稍次。从古到今这传闻就成为不可更改的言论。其实两位先生所见到的，不过是江南几百里内的泉水而已，更远的地方例如峡州的虾蟆碚，才仅仅见到一次。不知道长江以北地区像我的家乡山东济南，挖掘地面都是泉水，其中著名的就有七十二泉。用这些泉水烹茶，品质都不在惠山泉水之下。宋朝李格非，字文叔，济南本地人，曾经著有《济南水记》，与《洛阳名园记》并行于世。可惜《济南水记》没有保存下来，没有办法纠正刘、陆两位先生的疏漏。谢肇淛品评他平生所见的泉水，济南趵突泉水为第一，其次是益都孝妇泉在颜神镇、青州范公泉，然而没有见到章丘的百脉泉，以上都是我家乡的泉水，刘伯刍、陆羽两位先生哪里见过。我曾为王苹的《二十四泉草堂》题词："翻怜陆鸿渐，跬步限江东。"说的正是这个意思。

陆次云《湖壖杂记》[①]：龙井泉从龙口中泻出[②]。水在池内，其气恬然[③]。若游人注视久之，忽波澜涌起，如欲雨之状。

【注释】

①陆次云《湖壖杂记》：一卷，清陆次云撰。续田艺蘅《西湖志余》而作，主要描述杭州历史上的典章制度及人物事迹等。陆次云，字云士，一作云生。钱塘（今浙江杭州）人。康熙十八年（1679）举博学鸿儒。后官河南郏县知县，以丁忧归。复起知江苏江阴县，有政绩。另著有《八纮绎史》《纪余》《八纮荒史》《北墅绪言》等。

②龙井泉：泉名。本名龙泓，又名龙湫。位于今浙江杭州西湖西面

风篁岭上，是一个裸露型岩溶泉。龙井泉由于大旱不涸，古人以为与大海相通，有神龙潜居，所以名其为龙井。

③恬然：安然。

【译文】

陆次云《湖壖杂记》记载：龙井泉水从龙口中流出。水在池子里，气息安然。如果游人注视时间久了，它会突然泛起波澜，就像要下雨一样。

张鹏翮《奉使日记》[1]：葱岭乾涧侧有旧二井[2]，从旁掘地七八尺，得水甘冽，可煮茗，字之曰塞外第一泉。

【注释】

①张鹏翮《奉使日记》：即张鹏翮《奉使俄罗斯日记》。张鹏翮（1649—1725），字宽宇，又字运青。遂宁（今属四川）人。清相国、治河专家。另著有《圣谟全书》《信阳子卓录》《河防志》等。

②葱岭：古山名。古代对今帕米尔高原及昆仑山、喀喇昆仑山西部诸山的统称。

【译文】

张鹏翮《奉使俄罗斯日记》记载：葱岭乾涧的旁边有两口旧井，在井的旁边往地下挖七八尺深，得到的水甘美清澄，可以煮茶，命名为塞外第一泉。

《广舆记》[1]：永平滦州有扶苏泉[2]，甚甘冽。秦太子扶苏尝憩此[3]。

【注释】

①《广舆记》：二十四卷，明陆应旸撰。是陆应旸仿《明一统志》，并

参考史籍、地方志而编撰的一本地理书。陆应旸(约1572—约1658),字伯生。松江青浦(今属上海)人。其作诗喜用鸿雁字,人常呼之陆鸿雁。另著有《笏溪草堂集》《樵史通俗演义》等。

②永平滦州:即今河北滦州。永平,即永平府。明洪武四年(1371)改平滦府置,治卢龙县(今属河北)。扶苏泉:在今河北滦州城西。秦太子扶苏筑长城驻此饮之,故名。

③扶苏(?—前210):秦始皇长子。秦统一六国后,奉命至上郡监蒙恬军。始皇去世后,被中车府令赵高、丞相李斯与始皇少子胡亥合谋篡改遗诏,赐其死。旋自杀于上郡军中。

【译文】

陆应旸《广舆记》记载:永平滦州有扶苏泉,非常甘美清澄。秦朝太子扶苏曾在这里休息。

江宁摄山千佛岭下[①],石壁上刻隶书六字,曰白乳泉试茶亭。

【注释】

①江宁:南京的旧称。摄山:即今江苏南京东北栖霞山。相传山多草药,可以摄生,故名。

【译文】

江宁摄山千佛岭下,石壁上刻着六个隶书大字:白乳泉试茶亭。

钟山八功德水[①],一清、二冷、三香、四柔、五甘、六净、七不馇、八蠲疴[②]。

【注释】

①钟山:今江苏南京紫金山。八功德水:指具有八种殊胜功德之

水。又作八支德水、八味水。所谓八种殊胜，即：澄净、清冷、甘美、轻软、润泽、安和、除饥渴、长养诸根。

②饐（yì）：食物腐败发臭。蠲（juān）疴：祛除疾病。

【译文】

所谓钟山的八功德水：一是清澈、二是寒冷、三是芳香、四是柔和、五是甘甜、六是洁净、七是不会腐败发臭、八是祛除疾病。

丹阳玉乳泉[①]，唐刘伯刍论此水为天下第四。

【注释】

①丹阳玉乳泉：在今江苏丹阳东北观音山。

【译文】

丹阳的玉乳泉，唐朝的刘伯刍评论这里的泉水为天下第四。

宁州双井在黄山谷所居之南[①]，汲以造茶，绝胜他处。

【注释】

①宁州：元至元二十三年（1286）置，治武宁县（今属江西），大德八年（1304）徙治分宁县（今江西修水）。属龙兴路。

【译文】

宁州的双井泉在黄庭坚故居的南面，汲之以烹茶，远远胜过其他地方的水。

杭州孤山下有金沙泉，唐白居易尝酌此泉[①]，甘美可爱。视其地沙光灿如金，因名。

【注释】

①白居易(772—846):字乐天,晚号香山居士、醉吟先生。著有《白氏长庆集》《白氏经史事类》等。

【译文】

杭州孤山的下面有金沙泉,唐朝的白居易曾品尝过这里的泉水,觉得甘美可爱。这里地上的沙子灿烂就像金子一样,因而得名。

安陆府沔阳有陆子泉[①],一名文学泉。唐陆羽嗜茶,得泉以试,故名。

【注释】

①安陆府:元至元十五年(1278)升郢州置,治长寿县(今湖北钟祥)。属河南江北行省。沔阳:元至元十五年(1278)改复州路置。治玉沙县(今湖北仙桃西南沔城)。属河南江北行省。

【译文】

安陆府沔阳有陆子泉,又名文学泉。唐朝的陆羽喜欢饮茶,曾用此泉水试茶,因而得名。

《增订广舆记》[①]:玉泉山,泉出石罅间[②],因凿石为螭头,泉从口出,味极甘美。潴为池[③],广三丈,东跨小石桥,名曰玉泉垂虹。

【注释】

①《增订广舆记》:二十四卷,清蔡方炳撰。《广舆记》原为明人陆应旸编纂,经蔡方炳增补修订,而内容较陆氏之《广舆记》更加完备、准确,是一部以图记名的古代中国地图集,同时也是研究明、

清地图史的重要版本。蔡方炳,字九霞,号息关。昆山(今属江苏)人。康熙十七年(1678)举博学鸿词科。工诗文,兼善隶草。另著有《耻存斋集》《历代茶榷志》等。

②石罅(xià):石头的缝隙。

③潴(zhū):蓄积。

【译文】

蔡方炳《增订广舆记》记载:玉泉山,泉水是从石头的缝隙流出来的,于是凿石头为螭龙头像,泉水就从龙口中流出来,味道特别的甘甜芳香。蓄积成池,直径达三丈,东面横跨一座小石桥,名叫玉泉垂虹。

《武夷山志》[①]:山南虎啸岩语儿泉,浓若停膏,泻杯中鉴毛发,味甘而博,啜之有软顺意。次则天柱三敲泉[②],而茶园喊泉又可伯仲矣[③]。北山泉味迥别。小桃源一泉[④],高地尺许,汲不可竭,谓之高泉,纯远而逸,致韵双发,愈啜愈想愈深,不可以味名也。次则接笋之仙掌露[⑤],其最下者,亦无硬冽气质。

【注释】

①《武夷山志》:二十四卷,清董天工撰。为描述武夷山史地艺文掌故的典籍。董天工(1703—1771),字村六,号典斋。福建崇安(今福建武夷山)人。曾先后担任过福建宁德、河北新化县司铎、山东观城知县等职。

②天柱:即武夷山天柱峰。

③茶园:即武夷山御茶园。

④小桃源:又称桃源洞。在今武夷山六曲北岸苍屏峰与北廊岩之间。因风光近似武陵桃源而得名。

⑤接笋：即武夷山接笋峰。在今武夷山市西南武夷山仙掌峰之南。高齐仙掌，而险怪特甚。明《八闽通志》卷六《地理志·山川》“崇安县”条：接笋峰“一名仙接石，状如笋立，其半有痕，如断而复续”。仙掌露：也称掌露井，在武夷山接笋峰。传说泉水是天降仙露汇聚而成，岩间勒有“仙掌露”三字，故名。

【译文】

《武夷山志》记载：武夷山南面的虎啸岩有语儿泉，泉水浓得就像停止在那里的膏体，倒入杯中可以照见毛发，味道甘甜丰富，喝着有软顺的感觉。其次就是武夷山天柱峰的三敲泉，但御茶园的喊泉又跟它不相上下。武夷山北山的泉水味道大不相同。武夷山小桃源的泉水，高出地面一尺左右，怎么汲取都不干涸，称为高泉，味道纯美绵远，情致韵味双全，越喝越感觉滋味无穷，实在无法用言语表述。其次就是武夷山接笋峰的仙掌露泉水，它的品质最差，也没有硬冽的气质。

《中山传信录》：琉球烹茶，以茶末杂细粉少许入碗，沸水半瓯，用小竹帚搅数十次，起沫满瓯面为度，以敬客。且有以大螺壳烹茶者。

【译文】

徐葆光《中山传信录》记载：琉球烹茶，用茶末掺杂少量细粉放入碗中，倒半瓯开水，用小竹帚搅拌数十次，让浮沫充满了整个瓯面，用来敬献给客人。而且还有用大螺壳烹茶的。

《随见录》：安庆府宿松县东门外，孚玉山下福昌寺旁井①，曰龙井，水味清甘，瀹茗甚佳，质与溪泉较重。

【注释】

①孚玉山:俗名鲤鱼山,在今安徽宿松东。福昌寺:佛教寺院,天宝年间建于宿松孚玉山下。

【译文】

屈擢升《随见录》:安庆府宿松县东门外,孚玉山下福昌寺旁边的井,称为龙井,水味清澈甘甜,用来烹茶非常好,只是水质比溪水、山泉水相较更重一些。

六之饮

【题解】

本章共搜集文献八十六则，主要论述了饮茶的起源与历史、历朝历代不同的饮茶方式、饮茶的功效及茶叶的药用价值，以及适宜饮茶的人数等。

饮茶的起源，一直是一个谜。宋张淏《云谷杂记》称饮茶不知道起源于什么年代，而汉代王褒《僮约》"武阳买茶"之语，说明魏晋以前就已经有茶事了。只是当时虽然知道饮茶，但饮茶的人较少，了解茶事的人也很少。陆羽《茶经》中记载，唐朝时饮茶之风开始盛行，在京城西安、东都洛阳以及荆州、渝州一带，更是"比屋"而饮。

随着饮茶之风的盛行，与茶相关的诗歌也应运而生。唐卢仝《七碗茶歌》以近乎神逸的笔墨，生动地描绘了饮茶一碗、二碗以至七碗时的不同感受和情态。尤其是"两腋习习清风生"一句，用夸张的笔法表达了饮茶使人有大彻大悟、超凡脱俗之感。对适宜饮茶的人数，也提出了具体的要求。宋黄庭坚在《黄山谷集》中曾说"品茶，一人得神，二人得趣，三人得味，六七人是名施茶"，在他看来，一个人品茶能够品得其中的神韵，两个人品茶可以品出其中的趣味，三个人品茶可以品出其中的味道，六七个人品茶就是浪费茶叶了。明张源在《茶录》中也说：一个人饮茶可以称为神饮，两个人对饮称为胜饮，三四个人饮茶称为趣饮，五六个人饮茶称为泛饮，七八个人饮茶称为施茶。这两则文献代表的是相近的观点：饮茶以宾客较少为好，宾客众多就会喧闹，从而失去饮茶的意趣了。

与茶事之盛相应的，是点茶技艺的进步和斗茶活动的出现。宋徽宗《大观茶论》记载，点茶的方法各不相同，可以分为轻而清澈、浓重浑浊，如果茶汤看起来稀稠适合，就可以停止击拂。唐庚《斗茶记》记载了政和二年三月壬戌时，几位君子在寄傲斋斗茶的故事。此时，饮茶方式已从唐代的"煎煮法"而到宋代的"点茶法"了。

陆羽《茶经》中提及"茶之为用，味至寒，……若热渴、凝闷、脑疼、目涩、四肢烦、百节不舒，聊四五啜，与醍醐、甘露抗衡也"。茶最初是因具有药用价值而进入人类生活，以后慢慢发展成为一种保健饮料。晋杜育《荈赋》记载，饮茶能调节精神、调和内脏功能、解除疲倦、去除慵懒。《瑞草论》中文字与此大致，疑引自《茶经》。唐陈藏器《本草拾遗》记载，饮茶可以调治五脏里的邪气，有助于思考，能减少人的睡眠，能使人身体轻盈、眼睛明亮、祛除痰疾、消除口渴、利于小便等等。以上内容，则与陆羽《茶经》中饮茶的功效及茶叶的药用价值紧密呼应。

卢仝《茶歌》："日高丈五睡正浓，军将扣门惊周公[①]。口传谏议送书信，白绢斜封三道印[②]。开缄宛见谏议面[③]，手阅月团三百片[④]。闻道新年入山里，蛰虫惊动春风起[⑤]。天子未尝阳羡茶[⑥]，百草不敢先开花。仁风暗结珠蓓蕾[⑦]，先春抽出黄金芽[⑧]。摘鲜焙芳旋封裹，至精至好且不奢[⑨]。至尊之余合王公[⑩]，何事便到山人家[⑪]。柴门反关无俗客，纱帽笼头自煎吃[⑫]。碧云引风吹不断[⑬]，白花浮光凝碗面[⑭]。一碗喉吻润；二碗破孤闷；三碗搜枯肠，惟有文字五千卷[⑮]；四碗发轻汗，平生不平事，尽向毛孔散；五碗肌骨清；六碗通仙灵；

七碗吃不得也，惟觉两腋习习清风生[16]。”

【注释】

①军将：指孟谏议派来送茶的人，称军将，其人当是武职。周公：《论语·述而》：“子曰：‘甚矣吾衰也，久矣吾不复梦见周公也。’”后因以“梦见周公”喻夜梦。或省作“周公”。

②白绢斜封：古人把信写在白绢上，然后斜封邮寄，故称书信为“白绢斜封”。白绢，一种白色的薄型丝织品。

③开缄：开封。宛：宛然，仿佛。

④手阅：检看。

⑤蛰(zhé)虫：藏在泥土中过冬的虫豸。

⑥阳羡茶：古代名茶。产于江苏宜兴，其地古称阳羡，因名之。此茶唐时已充贡。

⑦仁风：形容恩泽如风之流布。旧时多用以颂扬帝王或地方长官的德政。蓓蕾：花蕾，含苞未放的花。此指初生的茶芽。

⑧黄金芽：宋代龙凤贡茶的雅称。因龙凤茶极为名贵，价埒黄金，金有价而茶不可得，故云。

⑨不奢：不多，此指阳羡茶的产量。

⑩至尊：皇帝的代称。

⑪何事：为什么。山人：犹隐士，卢仝自称。

⑫纱帽笼头：纱帽是古代官服的礼帽，卢仝是无官职的山人，这里写煎茶时纱帽笼头，是以文为戏，表示对名茶的特别爱好。

⑬碧云引风：本应为“风引碧云”，这是倒文，形容茶煎开后，茶汤散发的热气冉冉上升。

⑭白花：古人品茶，以白色为上，故云白花。

⑮三碗搜枯肠，惟有文字五千卷：三碗茶吃下去，尘俗之念，一扫而空，搜索贫乏的肠肚，只留有平生读过的书文。

⑯习习:风声。

【译文】

卢仝《茶歌》写道:"日高丈五我睡兴正浓,军人敲门惊醒美梦。口称'谏议大人派我来送信',白绢函件斜封三道红官印。打开信件我仿佛与谏议见了面,细数圆月般茶饼正好三百片。听说茶农新年就进深山里,惊蛰前后春风刚吹起。皇帝还未尝阳羡茶,百草哪敢先开花。和风把珠玉般的蓓蕾暗暗结满那茶树的枝枝杈杈,早春时节就把那金黄色的嫩芽发。把新鲜芳香嫩芽焙制密封裹,最精最好的茶叶实在不太多。皇帝尝鲜剩下王公贵族拿,为何还能摊到我山人家。我杜门谢客在家里,戴上纱帽独自煎吃。茶烟袅袅风儿吹不断,生光的泡沫聚碗面。一碗喝下润了喉咙和嘴唇;两碗喝下打破了孤单与苦闷;三碗喝下把枯肠来搜括,只有平生读过的文字五千卷;四碗喝下身上出轻汗,平生的不平事全都从毛孔来发散;五碗喝下皮肤骨肉全清净;六碗喝下便与神仙灵怪相沟通;七碗喝下真不行,只觉两腋阵阵清风生。"

唐冯贽《记事珠》①:建人谓斗茶曰茗战。

【注释】

①冯贽《记事珠》:一卷,唐冯贽撰。该书编记秦汉至唐以来掌故遗闻五十六则,每则皆三言两语。常为后世小说戏剧创作所取资。冯贽,约活动于唐僖宗朝至五代中期。金城(今甘肃兰州)人。另著有《云仙杂记》《南部烟花记》等。

【译文】

唐冯贽《记事珠》记载:福建建瓯人把斗茶称为茗战。

《北堂书钞》:杜育《荈赋》云①:"茶能调神、和内、解倦、除慵。"

【注释】

①《荈赋》:晋杜育撰。中国最早的茶诗赋作品。第一次完整地记载了茶叶种植、生长环境、采摘时节的劳动场景,烹茶、选水、茶具的选择和饮茶的效用等。杜育(? —311),字方叔。西晋襄城(今属河南)人。曾任中书舍人、国子祭酒,贾谧"文章二十四友"之一。另著有《易义》《杜育文集》等。

【译文】

虞世南《北堂书钞》记载:杜育《荈赋》写道:"喝茶能调节精神、调和内脏功能、解除疲倦、去除慵懒。"

《续博物志》[①]:南人好饮茶,孙皓以茶与韦曜代酒,谢安诣陆纳设茶果而已。北人初不识此,唐开元中[②],泰山灵岩寺有降魔师[③],教学禅者以不寐法,令人多作茶饮,因以成俗。

【注释】

①《续博物志》:十卷,宋李石撰。为晋张华《博物志》之续书。其编纂体例、写法均与《博物志》同,小异之处是张华书首地理,此书首天象。其余不分门目,依次仿效张华之说,一事续一事,而较之张华之说加详。李石,字知几,号方舟。资阳(今属四川)人。另著有《方舟集》等。

②开元:唐玄宗年号(713—741)。

③泰山灵岩寺:在山东济南长清区东南方山下、泰山西北麓灵岩峪中。创建于前秦永兴年间,兴于北魏,盛于唐宋,曾与南京栖霞寺、浙江天台国清寺、湖北当阳玉泉寺同称中国四大丛林。

【译文】

李石《续博物志》记载：南方人喜欢饮茶，三国时吴主孙皓赐茶给韦曜以代酒；东晋谢安造访陆纳，陆纳只摆出茶果招待。北方人起初不懂喝茶的好处，唐代开元年间，泰山灵岩寺有一位降魔师，教学禅的人不睡觉的方法，就是让人多饮茶，饮茶因之逐渐成为习俗。

《大观茶论》：点茶不一，以分轻清重浊，相稀稠得中，可欲则止。《桐君录》云①："若有饽，饮之宜人。虽多不为贵也。"

【注释】

①《桐君录》：又名《桐君药录》《桐君采药录》，三卷，托名桐君撰。

【译文】

宋徽宗《大观茶论》记载：点茶的方法各不相同，可以分为轻、清、重、浊，如果茶汤看起来稀稠适合，就可以停止击拂。《桐君录》说："茶汤上面有一层浮沫，喝了对人有好处。即使喝多了也不过量。"

夫茶以味为上，香甘重滑为味之全。惟北苑、壑源之品兼之。卓绝之品①，真香灵味②，自然不同。

【注释】

①卓绝：达到极限，无与伦比。

②灵味：美味。

【译文】

对于茶来说味道最重要，清香、甘甜、厚重、润滑就称为味道齐全。只有北苑、壑源的茶才兼而有之。只有茶叶中的极品，才具有醇正清香的美味，自然就不同了。

茶有真香，非龙麝可拟。要须蒸及熟而压之，及干而研，研细而造，则和美具足。入盏则馨香四达①，秋爽洒然②。

【注释】

①馨香：芳香。

②秋爽：秋日的凉爽之气。洒然：形容神气一下子清爽或病痛顿时消失。

【译文】

茶叶有醇正的香味，不是龙涎香与麝香的香味可以比拟的。而要具备这种醇正香味，必须在制茶时先将茶芽蒸熟后再进行压黄，晾干后再碾成碎末，碾细后再把调和成胶糊状态的茶注入茶模内制成茶饼，这样茶就会香味十足了。烹点时放进茶盏里就会芳香四溢，就像秋天的天气一样使人神清气爽。

点茶之色，以纯白为上真，青白为次，灰白次之，黄白又次之。天时得于上，人力尽于下，茶必纯白。青白者，蒸压微生。灰白者，蒸压过熟。压膏不尽则色青暗。焙火太烈则色昏黑。

【译文】

点茶所形成的汤色，以色泽纯白为最好，青白色的稍次，灰白色的又稍次，黄白色的更次。采制茶叶时，要上能得好的自然条件，下要人尽全力，茶的色泽必会是纯白。茶色泽青白，是因为蒸芽和压黄时有欠火候。茶色泽灰白，是因为蒸芽和压黄时火候过度。如果压黄时茶叶膏汁去除不尽，色泽就会发青发暗。如果烘焙时火力猛炽，色泽就会发黑。

《苏文忠集》[①]：予去黄十七年[②]，复与彭城张圣途、丹阳陈辅之同来院[③]。僧梵英葺治堂宇[④]，比旧加严洁[⑤]，茗饮芳冽。予问："此新茶耶？"英曰："茶性新旧交则香味复。"予尝见知琴者言，琴不百年，则桐之生意不尽，缓急清浊常与雨旸寒暑相应[⑥]。此理与茶相近，故并记之。

【注释】

①苏文忠：即苏轼。

②黄：黄州。

③彭城：今江苏徐州。张圣途：即北宋隐士张天骥（1041—？），字圣途，自号云龙山人。彭城（今江苏徐州）人。好诗书、花木和音乐，崇信道家哲学。苏轼任徐州知州，与张天骥十分投洽。陈辅之：即陈辅，字辅之，自号南郭子，人称南郭先生。丹阳（今属江苏）人。不事科举，与王安石、苏轼、邹浩、沈括等交游。著有《陈辅之诗话》。

④葺治：修建。堂宇：殿堂的顶棚。亦指殿堂。

⑤严洁：整肃洁净。

⑥雨旸（yáng）：语本《尚书·洪范》："曰雨，曰旸。"谓雨天和晴天。

【译文】

苏轼《苏文忠集》记载：我离开黄州十七年，又与彭城的张天骥、丹阳的陈辅之一起来到寺院。僧人梵英修建的殿堂，比以前更加整肃洁净，茶水也芳香而清醇。我问："这是新茶吗？"梵英回答说："茶的本性在新旧交融时就芳香馥郁。"我曾经听懂琴的人说，琴不超过百年，桐木的生机就没有失尽，琴的音色缓急清浊往往与天气的雨晴寒暑变化相应。这个道理与茶很相近，所以就一起记录下来。

王焘集《外台秘要》有《代茶饮子》诗[①]，云格韵高绝[②]，惟山居逸人乃当作之[③]。予尝依法治服，其利膈调中[④]，信如所云。而其气味乃一帖煮散耳[⑤]，与茶了无干涉。

【注释】

①王焘《外台秘要》：四十卷，是唐王焘辑录而成的综合性医书。书中对医学文献进行了整理，保存了大量唐以前医学文献，为研究中国医疗技术史及发掘中医宝库提供了宝贵的资料和考察依据。王焘(670—755)，郿(今陕西眉县)人。因感于"齐梁间不明医术者，不得为孝子"之言，潜心钻研医学，并常向名医请教，遂精通医学。

②格韵：格调气韵。高绝：高超卓绝。

③山居逸人：隐居在山中的雅士。

④利膈调中：胸中顺畅调和。

⑤煮散：把药物制成粗末的散剂，加水煮汤，去渣服用，谓"煮散"。

【译文】

唐王焘所辑《外台秘要》有一首《代茶饮子》诗，格调气韵高超卓绝，只有隐居在山中的雅士才能写出这样的诗作。我曾按照这个方法制茶服饮，胸中顺畅调和，的确像诗中所说的那样。而它的气味就是一副汤剂而已，与茶毫无关系。

《月兔茶》诗[①]："环非环[②]，玦非玦[③]，中有迷离玉兔儿，一似佳人裙上月[④]。月圆还缺缺还圆[⑤]，此月一缺圆何年[⑥]。君不见，斗茶公子不忍斗小团，上有双衔绶带双飞鸾[⑦]。"

【注释】

①月兔茶：团茶中的一种名茶。

②环非环：说月兔团茶像环而不是环。环，玉器。

③玦(jué)非玦：这里说开了缺口的月兔团茶像玦而不是玦。玦，开了缺口的玉环。

④裙上月：指佳人挂在裙子上的像月的玉器。

⑤月圆还缺缺还圆：天上的月亮圆了又缺，缺了又圆，周而复始。

⑥此月一缺圆何年：月兔茶被去掉一块煮茶喝，就再也不能重圆了。

⑦"君不见"三句：您难道看不见，由于月兔茶上印有双衔绶带、比翼齐飞的一对鸾鸟，所以多情的公子更舍不得把它拿来斗茶了。飞鸾，飞翔的鸾鸟。

【译文】

苏轼《月兔茶》诗写道："环非环，玦非玦，中有迷离玉兔儿，一似佳人裙上月。月圆还缺缺还圆，此月一缺圆何年。君不见，斗茶公子不忍斗小团，上有双衔绶带双飞鸾。"

坡公尝游杭州诸寺。一日，饮酽茶七碗[①]，戏书云："示病维摩原不病[②]，在家灵运已忘家[③]。何须魏帝一丸药[④]，且尽卢仝七碗茶。"

【注释】

①酽(yàn)茶：浓茶。

②示病维摩：《维摩诘所说经·方便品》记载，有维摩诘长者为说法讲经，而现身有疾，国王、大臣、长者、居士等前往问病，维摩诘即为其广为说法。后以此典形容人有病或前往问病。

③在家：佛家语，在俗之人，与"出家"相对。灵运：谢灵运(385—433)，原名公义，字灵运，以字行于世，小名客儿，世称谢客。谢灵运博览群书，工诗善文。在其传世的近百首诗作中，山水诗占

了不少篇幅。山水诗在晋宋勃兴，其功首推谢灵运。

④魏帝一丸药：三国魏曹丕《折杨柳行》："西山一何高，高高殊无极。上有两仙僮，不饮亦不食。与我一丸药，光耀有五色。服药四五日，身体生羽翼。轻举乘浮云，倏忽行万亿。流览观四海，茫茫非所识。"后因以"一丸药"指仙药。魏帝，指三国魏皇帝曹丕。

【译文】

苏轼曾经游览杭州各寺庙。一天，喝了七碗浓茶后，戏作一首诗道："示病维摩原不病，在家灵运已忘家。何须魏帝一丸药，且尽卢仝七碗茶。"

《侯鲭录》[①]：东坡论茶。除烦去腻，世固不可一日无茶，然暗中损人不少，故或有忌而不饮者。昔人云，自茗饮盛后，人多患气、患黄，虽损益相半，而消阴助阳，益不偿损也。吾有一法，常自珍之，每食已，辄以浓茶漱口，烦腻既去[②]，而脾胃不知。凡肉之在齿间，得茶漱涤[③]，乃尽消缩，不觉脱去，毋烦挑刺也。而齿性便苦，缘此渐坚密，蠹疾自已矣[④]。然率用中茶[⑤]，其上者亦不常有。间数日一啜，亦不为害也。此大是有理，而人罕知者，故详述之。

【注释】

①《侯鲭录》：八卷，宋赵令畤著。取其书似美味佳肴之意，诠释名物、习俗、方言、典故，记叙时人的交往、品评、轶事、趣闻及诗词之作，颇为精赡，有一定的文学史料价值。赵令畤（1061—1134），初字景贶，苏轼为改字德麟，号聊复翁、藏六居士。涿郡（今河北涿州）人。另著有《藏六居士安乐集》等。

②颊腻:脸上的油腻。

③漱涤:洗涤。

④蠹(dù)疾:病害。蠹,蛀蚀。

⑤率:大多。

【译文】

赵令畤《侯鲭录》记载:苏轼论茶。认为茶可以消除烦闷,祛除油腻,世人不可以一日无茶,但是茶也暗中对人体有不少损害,因而就有人忌讳而不去饮茶。从前有人说,自从饮茶这种风气盛行之后,人们就容易患上呼吸和面色发黄的疾病,虽说饮茶对人体损益参半,然而消阴壮阳,得不偿失。我有一个方法,常珍视之,每次吃完饭后,就用浓茶漱口,脸上的油腻也一起祛除,而且脾脏和肠胃不受影响。如果牙齿之间还残留肉等杂物的话,经过茶水的洗漱,就会全部消缩,不知不觉脱去,不用再挑刺了。而且牙齿的本性适合苦味,因此会越来越坚固致密,各种蛀蚀疾病就自然痊愈了。当然,大多用中等的茶,上等的茶也不常有。间隔几天饮一次,也没有什么危害。这个方法很有道理,但是知道的人很少,所以在这里详加叙述。

白玉蟾《茶歌》①:"味如甘露胜醍醐,服之顿觉沉疴甦②。身轻便欲登天衢③,不知天上有茶无。"

【注释】

①白玉蟾(1194—?):本名葛长庚,字白叟,号海蟾、海琼子。福州闽清(今属福建)人。另著有《海琼集》《道德宝草》《罗浮山志》等。

②沉疴:久治不愈的病。甦(sū):缓解,免除。

③天衢:天路。天空广阔,任意通行,犹如四通八达的大道,故称天衢。

【译文】

白玉蟾《茶歌》写道："味如甘露胜醍醐，服之顿觉沉疴甦。身轻便欲登天衢，不知天上有茶无。"

唐庚《斗茶记》[1]：政和二年三月壬戌[2]，二三君子相与斗茶于寄傲斋。予为取龙塘水烹之，而第其品。吾闻茶不问团铸，要之贵新；水不问江井，要之贵活。千里致水，伪固不可知，就令识真，已非活水。今我提瓶走龙塘无数千步，此水宜茶，昔人以为不减清远峡[3]。每岁新茶，不过三月至矣。罪戾之余[4]，得与诸公从容谈笑于此，汲泉煮茗，以取一时之适，此非吾君之力欤？

【注释】

①唐庚《斗茶记》：饮茶杂著，宋唐庚著。政和二年(1112)三月，唐庚与友朋数人相与斗茶，取龙塘水烹之而评判其品第，因撰是书。书中述及前人饮茶故事，颇简略。唐庚(1071—1121)，字子西，人称鲁国先生。眉州丹稜(今属四川)人。著有《眉山唐先生文集》。

②政和二年：1112年。底本作"政和三年"，误。唐庚《眉山唐先生文集》也作"政和二年"。政和，宋徽宗年号(1111—1118)。

③清远峡：又称中宿峡、飞来峡。因在广东清远城北，故名。苏轼有"天开清远峡，地转凝碧湾"诗句，即指此。

④罪戾：罪过，过失。此指带罪之身。因唐庚经宰相张商英推荐，授提举京畿常平。后张商英罢相，唐庚亦被贬，谪居惠州。唐庚与苏轼是同乡，贬所又同为惠州，兼之文采风流，当时有小东坡之称。

【译文】

唐庚《斗茶记》记载：政和二年三月壬戌日，几位君子相约到我的寄傲斋进行斗茶。我特意汲取了龙塘水烹茶，并品鉴其品第高下。我听说茶的外形从来不重视是圆形的团茶还是方形的锜茶，总之要求是新茶；水不论江河水还是井泉水，总之要有源头常流动的水。不远千里运来泉水，其中真伪也不知道，就算是真的，也已经不是活水了。如今我提着茶瓶到龙塘汲水没有几千步，这里的水适合烹茶，古人认为不次于清远峡的水。每年的新茶，不到三月就能收到。我以带罪之身在外，能够与各位朋友在这里从容谈笑，汲水烹茶，以换取一时的舒适，难道不是茶的缘故吧？

蔡襄《茶录》：茶色贵白，而饼茶多以珍膏油去声。其面[①]，故有青黄紫黑之异。善别茶者，正如相工之视人气色也[②]，隐然察之于内，以肉理润者为上[③]。既已末之，黄白者受水昏重，青白者受水详明[④]，故建安人斗试，以青白胜黄白。

【注释】

①珍膏：宋朝制作团饼茶时在茶体外面刷敷膏液，主要为增进美观和延缓陈化。

②相工：旧指以相术供职或为业的人。

③肉理：犹质地。

④详明：一本作“鲜明”。

【译文】

蔡襄《茶录》记载：茶汤的色泽以白为贵，然而饼状的茶叶多是用珍膏涂抹油，读去声。在表面，所以茶饼表面有青色、黄色、紫色、黑色等不同。善于鉴别茶的人，就像相面先生辨别人的气色一样，能够隐隐约约观察它的内部，以质地润泽的为上品。茶饼研成细末之后，色泽黄白的受水后变得浑浊厚重，色泽青白的受水后变得鲜明，因而建安人比试茶叶，认为青白色的茶胜过黄白色的茶。

张淏《云谷杂记》[①]：饮茶不知起于何时。欧阳公《集古录·跋》云："茶之见前史，盖自魏晋以来有之。"予按《晏子春秋》，婴相齐景公时，食脱粟之饭，炙三弋五卵，茗菜而已。又汉王褒《僮约》有"五阳一作武都。买茶"之语，则魏晋之前已有之矣。但当时虽知饮茶，未若后世之盛也。考郭璞注《尔雅》云："树似栀子，冬生，叶可煮作羹饮。"然茶至冬味苦，岂可复作羹饮耶？饮之令人少睡，张华得之，以为异闻，遂载之《博物志》。非但饮茶者鲜，识茶者亦鲜。至唐陆羽著《茶经》三篇，言茶甚备，天下益知饮茶。其后尚茶成风。回纥入朝[②]，始驱马市茶[③]。德宗建中间[④]，赵赞始兴茶税。兴元初虽诏罢[⑤]，贞元九年，张滂复奏请，岁得缗钱四十万[⑥]。今乃与盐酒同佐国用[⑦]，所入不知几倍于唐矣！

【注释】

①张淏《云谷杂记》：四卷，宋张淏著。以考辨经史艺文为主，间及当代遗闻轶事。对诸家著述疑误之处，多所订正。张淏，字清源。开封（今属河南）人。绍定元年（1228）以奉议郎致仕。另著有《会稽续志》《艮岳记》等。

②回纥：古代民族名兼国名。为袁纥后裔，初受突厥统辖，唐天宝三载（744）灭突厥后建立可汗政权，贞元四年（788）改称回鹘，开成五年（840）被黠戛斯所灭，余众分三支西迁：一迁吐鲁番盆地，

称高昌回鹘或西州回鹘;一迁葱岭西楚河畔,称葱岭西回鹘;一迁河西走廊,称河西回鹘。后改称畏吾儿(即今维吾尔)。

③驱马市茶:自唐始西北少数民族以马换茶之事。茶马交易始于唐代。

④建中:唐德宗年号(780—783)。

⑤兴元初虽诏罢:经历奉天之难后,唐德宗兴元元年(784)大赦天下,新开征不久的茶税也被免除了。

⑥“贞元九年”几句:唐德宗贞元九年(793),诸道盐铁使张滂建议征收茶税,德宗采纳实行。在产茶州县、茶山所在地及茶商所经之处,皆设收税机构,税率为茶价十分之一,当时每年所征茶税约四十多万缗。缗钱,指以千文结扎成串的铜钱,汉代作为计算税课的单位。后泛指税金。

⑦国用:国家的费用或经费。

【译文】

张淏《云谷杂记》记载:饮茶不知道起源于什么年代。欧阳修《集古录·跋》记载:“历史上有关茶的记载,大概是魏晋以后才有的。”我考察《晏子春秋》的记载,晏婴作齐景公的国相时,吃的是粗粮,三五样烧烤的禽鸟禽蛋和茗菜而已。另外汉代王褒的《僮约》里面也有“五阳有的说是武都买茶”这句话,那么魏晋以前就已经有茶事了。只是当时虽然知道饮茶,但比不上后来这样盛行。考证郭璞注释《尔雅》时说:“茶树很像栀子,冬季叶不凋零,叶子可以煮成羹饮用。”但是茶叶到了冬天味道苦涩,怎么可以再煮成羹饮用呢?饮茶后会让人减少睡眠,张华得知此事后,认为是奇闻异事,于是收录到《博物志》中。由此可知当时不仅饮茶的人少,了解茶事的人也很少。到了唐朝,陆羽编撰《茶经》三篇,谈论茶事很完备,天下人更加知道饮茶了。以后崇尚饮茶成为风气。回纥人入朝进贡,开始用马换茶。唐德宗建中年间,赵赞奏请开始征收茶税。兴元初年虽然下诏罢免茶税,到了贞元九年,张滂再次上奏恢复征收茶税，每年就得到茶税钱四十万两。如今茶税已与盐税、酒税共同成为国家的费用来源，收入不知道是唐朝的多少倍啊！

《品茶要录》：余尝论茶之精绝者①，其白合未开，其细如麦，盖得青阳之轻清者也②。又其山多带砂石而号佳品者，皆在山南，盖得朝阳之和者也③。余尝事闲，乘晷景之明净④，适亭轩之潇洒⑤，一一皆取品试。既而神水生于华池⑥，愈甘而新，其有助乎？

【注释】

①精绝：精妙绝伦。

②青阳：指春天。《尔雅·释天》："春为青阳，夏为朱明，秋为白藏，冬为玄英。"

③朝阳：初升的太阳。

④晷（guǐ）景：亦作"晷影"。晷表之投影，日影。

⑤亭轩：有窗槛的亭形建筑。

⑥华池：口的舌下部位。泛指口。

【译文】

黄儒《品茶要录》记载：我曾论述过最为精妙绝伦的茶，是当茶芽合抱的两片小叶还没有打开，芽形细小像麦芒一样，大概是得到了春天清和气息的滋润。又有在山间砂石土壤中生长而能称为优良品种的茶树，都生长在山的南面，大概是沐浴了早晨充足的阳光。我曾在空闲的时候，乘着明净的日影，潇洒地来到轩亭台阁之间，取来好茶一一烹试品尝。一会儿，就感觉满口生津，并且愈发地甘甜清爽，难道是茶的作用吗？

昔陆羽号为知茶，然羽之所知者，皆今之所谓草茶[①]。何哉？如鸿渐所论"蒸笋并叶，畏流其膏"，盖草茶味短而淡，故常恐去其膏。建茶力厚而甘，故惟欲去其膏。又论福、建为"未详""往往得之，其味极佳"。由是观之，鸿渐其未至建安欤！

【注释】

①草茶：我国古代茶类名称之一。唐宋茶类，大致可分为片茶和散茶两类。片茶为团饼茶，散茶又称草茶，充食茶。草茶也有名品，如双井、日铸等。宋欧阳修《归田录》卷一："草茶盛于两浙，两浙之品，日注为第一。自景祐已后，洪州双井白芽渐盛，近岁制作尤精……其品远出日注上，遂为草茶第一。"

【译文】

从前陆羽号称通晓茶事，但陆羽所了解的，都是今天所谓的草茶。为什么呢？比如陆羽所说的"将已蒸好的茶芽、茶叶摊开，以避免膏汁的流失"，这是因为草茶回味短暂而且味道清淡，所以常常怕其中的膏汁流失。建安茶味道醇厚而且口感甘甜，所以要求去除其中的膏汁。又说对福州、建州茶"了解得不清楚""常得到一些，味道非常好"。由此看来，陆羽生前真没有到过建安吧！

谢宗《论茶》：候蟾背之芳香，观虾目之沸涌。故细沤花泛[①]，浮饽云腾，昏俗尘劳[②]，一啜而散。

【注释】

①细沤：茶沫。

②尘劳：烦恼。

【译文】

谢宗《论茶》记载：感受经过烘烤后表面粒粒鼓出如蟾背的茶饼的芳香，观察煮水将沸时虾目蟹眼般地涌现。茶沫泛起水花，飘在盏面上的气泡如云腾涌，所有的烦恼和疲惫，品饮后就消散了。

《黄山谷集》：品茶，一人得神，二人得趣，三人得味，六七人是名施茶[①]。

【注释】

①施茶：施舍茶叶。指人多聚饮，其实是浪费茶叶。

【译文】

黄庭坚《黄山谷集》记载：品茶，一个人品茶能够品得其中的神韵，两个人品茶可以品出其中的趣味，三个人品茶可以品出其中的味道，六七个人品茶就是浪费茶叶了。

沈存中《梦溪笔谈》：芽茶古人谓之雀舌、麦颗，言其至嫩也。今茶之美者，其质素良，而所植之土又美，则新芽一发，便长寸余，其细如针。惟芽长为上品，以其质干、土力皆有余故也。如雀舌、麦颗者，极下材耳[①]。乃北人不识，误为品题。予山居有《茶论》，且作《尝茶》诗云："谁把嫩香名雀舌，定来北客未曾尝。不知灵草天然异，一夜风吹一寸长。"

【注释】

①下材：下等的材料。

【译文】

沈括《梦溪笔谈》记载：芽茶，古人称为雀舌、麦颗，是说茶芽非常鲜嫩。如今茶中精品，其品质原本精良，加上种植茶叶的土壤又很肥沃，新芽只要一出来，就有一寸多长，像针一样细。只有芽长的茶才是最好的，这跟它的品质、水分、土壤的状况都有关系。像雀舌、麦颗这样的茶芽，是极其下等的品质而已。之所以有前述说法，因为北方人不会辨别茶叶，错误地定其高下。我居住在山里时曾作《茶论》，并作《尝茶》诗道："谁把嫩香名雀舌，定来北客未曾尝。不知灵草天然异，一夜风吹一寸长。"

《遵生八笺》：茶有真香，有佳味，有正色。烹点之际，不宜以珍果香草杂之。夺其香者，松子、柑橙、莲心、木瓜、梅花、茉莉、蔷薇、木樨之类是也。夺其色者，柿饼、胶枣、火桃、杨梅、橘饼之类是也[1]。凡饮佳茶，去果方觉清绝[2]，杂之则味无辨矣。若欲用之，所宜则惟核桃、榛子、瓜仁、杏仁、榄仁、栗子、鸡头、银杏之类[3]，或可用也。

【注释】

①胶枣：蒸熟的枣。火桃：《玉篇》："火桃，毛果也。"具体不详。橘饼：以橘子加蜜糖制成的饼。

②清绝：清雅至极。

③榄仁：橄榄核内柔软的部分。鸡头：亦作"鸡头肉"。芡实的别名。

【译文】

高濂《遵生八笺》记载：茶叶有天然的香气，有上佳的味道，有纯正的色泽。烹煮泡茶时，不应该掺杂在珍贵的果品和香草中。能够侵夺茶叶香气的有松子、柑橙、莲心、木瓜、梅花、茉莉、蔷薇、桂花等。能够侵夺茶叶色泽的有柿饼、胶枣、火桃、杨梅、橘饼等。凡是想喝到好茶，去掉果品才感觉茶味清雅至极，如果掺杂了其他的东西，茶的味道就无法辨别了。如果要用果品相伴，与茶性相适宜的只有核桃、榛子、瓜仁、杏仁、橄榄仁、栗子、芡实、银杏等，或许可以并用。

徐渭《煎茶七类》：茶入口，先须灌漱，次复徐啜，俟甘津潮舌，乃得真味。若杂以花果，则香味俱夺矣。

【译文】

徐渭《煎茶七类》记载：茶初入口，首先必须要漱口，然后再慢慢品尝，等到甘甜的津液浸润了舌尖，才能品出茶叶真正的味道。如果掺杂其他花果，香味就被完全侵夺了。

饮茶宜凉台静室，明窗曲几①，僧寮道院②，松风竹月，晏坐行吟③，清谈把卷。

【注释】

①曲几：曲木几。古人之几多以怪树天生屈曲若环若带之材制成，故称。

②僧寮：寺院。

③晏坐：安坐，闲坐。

【译文】

饮茶适宜凉台静室，明窗曲几，寺院道观，风中松林，月下竹影，闲坐吟诗，读书清谈。

饮茶宜翰卿墨客①，缁衣羽士②，逸老散人③，或轩冕中之超轶世味者④。

【注释】

①翰卿墨客：文人墨客。

②缁衣：借指僧人。羽士：旧指道士。

③逸老：指遁世隐居的老人。散人：不为世用、闲散自在的人。

④轩冕：指为官。超轶：超越，胜过。世味：流俗。

【译文】

饮茶适宜文人雅士，僧人道士，遁世隐居的人，或是官宦中超越流俗的人。

除烦雪滞，涤醒破睡，谭渴书倦[①]，是时茗碗策勋，不减凌烟[②]。

【注释】

①谭渴：因清谈而焦渴。谭，同“谈”。书倦：因看书而倦怠。

②凌烟：即凌烟阁。封建王朝为表彰功臣而建筑的绘有功臣图像的高阁。唐刘肃《大唐新语·褒锡》：“贞观十七年，太宗图画太原倡义及秦府功臣赵公长孙无忌、河间王孝恭、蔡公杜如晦、郑公魏徵、梁公房玄龄、申公高士廉、鄂公尉迟敬德、郧公张亮、陈公侯君集、卢公程知节、永兴公虞世南、渝公刘政会、莒公唐俭、英公李勣、胡公秦叔宝等二十四人于凌烟阁。太宗亲为之赞，褚遂良题阁，阎立本画。”

【译文】

饮茶能消除烦恼，消化积滞，解除酒醉，驱除睡魔，若因清谈而焦渴、因看书而倦怠，这时饮茶的功勋，不次于凌烟阁功臣的功劳。

许次纾《茶疏》：握茶手中，俟汤入壶，随手投茶，定其浮沉，然后泻啜，则乳嫩清滑[①]，而馥郁于鼻端。病可令起，疲可令爽。

【注释】

①清滑：清洁滑润。

【译文】

许次纾《茶疏·烹点》记载：手里预先拿好茶叶，等到水开后倒进茶壶，随手也把茶叶投放进去，等到茶叶沉淀以后，再倒出来喝，那样茶汤就会清洁滑润，而浓烈的香气会萦绕在鼻子周围。品饮之后，有病的人即可痊愈，疲倦者可消除疲劳。

一壶之茶，只堪再巡[①]。初巡鲜美，再巡甘醇[②]，三巡则意味尽矣。余尝与客戏论[③]，初巡为婷婷袅袅十三余[④]，再巡为碧玉破瓜年[⑤]，三巡以来，绿叶成阴矣[⑥]。所以茶注宜小，小则再巡已终，宁使余芬剩馥尚留叶中，犹堪饭后供啜嗽之用。

【注释】

①再巡：冲泡两次。

②甘醇：甘甜醇厚。

③戏论：漫不经心的言论。

④婷婷袅袅十三余：唐杜牧《赠别》诗句。形容女子十三四岁时的美姿。

⑤碧玉：南朝宋汝南王妾。北周庾信《结客少年场行》：“定知刘碧玉，偷嫁汝南王。”南朝梁元帝《采莲赋》：“碧玉小家女，来嫁汝南王。”破瓜年：旧称女子十六岁为“破瓜”。“瓜”字拆开为两个

"八"字,即二八之年,故称。

⑥绿叶成阴:指女子出嫁生了子女。也比喻绿叶繁茂覆盖成荫。唐杜牧《叹花》:"自是寻春去较迟,不须惆怅怨芳时。狂风落尽深红色,绿树成阴子满枝。"

【译文】

《茶疏·饮啜》记载:一壶茶,只能冲泡两次。第一次冲泡新鲜味美,第二次冲泡甘甜醇厚,第三次冲泡味道就没了。我曾跟客人戏谈这三次冲泡,第一次冲泡就像是亭亭玉立的十三四岁的幼女,第二次冲泡就像是正当十六岁的花季少女,第三次冲泡就好比出嫁生了子女,青春已逝的妇人。所以泡茶时茶壶要小,茶壶小的话第二次冲泡就结束了,宁可让剩余的芳香残留在茶叶之中,还可以供饭后用来漱口。

人必各手一瓯,毋劳传送。再巡之后,清水涤之。

【译文】

《茶疏·荡涤》记载:必须一人手持一个茶瓯,不用麻烦相互传送。冲泡两次以后,用清水洗干净。

若巨器屡巡,满中泻饮,待停少温,或求浓苦,何异农匠作劳但资口腹,何论品赏,何知风味乎?

【译文】

《茶疏·饮啜》记载:如果茶壶太大就要反复冲泡,有的是满满地斟上茶水,大口倾泻而下,有的倒满了马上就喝,放置的时间太长茶水就会凉,味道又浓又苦,这与农夫、工匠劳作累了只为解渴喝茶有什么区别?哪里还谈得上品饮鉴赏呢?又怎么能知道它的风雅趣味呢?

《煮泉小品》：唐人以对花啜茶为杀风景，故王介甫诗云"金谷千花莫漫煎。"其意在花，非在茶也。余意以为金谷花前，信不宜矣。若把一瓯对山花啜之，当更助风景，又何必羔儿酒也[1]。

【注释】

①羔儿酒：即羊羔酒。后用以指美酒。

【译文】

田艺蘅《煮泉小品》记载：唐朝人认为对花饮茶是大杀风景的事情，所以王安石《寄茶与平甫》诗写道："金谷千花莫漫煎。"意谓对着花喝茶，人的注意力在赏花而不在品茶。我认为在金谷园的花前，的确不适宜。如果拿着一杯好茶对着山花品尝鉴赏，应当更有助于风景，何必再需美酒助兴呢？

茶如佳人，此论最妙，但恐不宜山林间耳。昔苏东坡诗云"从来佳茗似佳人"，曾茶山诗云"移人尤物众谈夸"，是也。若欲称之山林，当如毛女、麻姑[1]，自然仙风道骨[2]，不浼烟霞[3]。若夫桃脸柳腰[4]，亟宜屏诸销金帐中[5]，毋令污我泉石。

【注释】

①毛女：传说中得道于华山的仙女。汉刘向《列仙传·毛女》："毛女者，字玉姜，在华阴山中，猎师世世见之。形体生毛，自言秦始皇宫人也，秦坏，流亡入山避难，遇道士谷春，教食松叶，遂不饥寒，身轻如飞，百七十余年，所止岩中有鼓琴声云。"麻姑：神话中仙女名。传说东汉桓帝时曾应仙人王远（字方平）召，降于蔡经家，为一美丽女子，年可十八九岁，手纤长似鸟爪。能掷米成珠，

为种种变化之术。事见晋葛洪《神仙传》。

②仙风道骨：仙人的风度，道长的气概。形容人的风骨神采与众不同。骨，气概。

③浼(měi)：沾污，玷污。

④桃脸柳腰：脸似桃花，腰似细柳。

⑤销金帐：嵌金色线的精美帷幔、床帐。

【译文】

茶就像是美人，这种说法最为精妙，但恐怕不适宜山野林间的茶人生活。从前苏轼诗中所说“从来佳茗似佳人”，曾几诗中所写“移人尤物众谈夸”，就是这个意思。如果要与山野林间生活相适宜，就应是神话中的毛女、麻姑，自然风骨神采与众不同，不致玷污山水、山林。如果比喻为脸似桃花、腰似细柳的美人，那就应赶紧把她们放进嵌金色线的精美帷帐里，不要玷污了我在山水间高雅的品饮生活。

茶之团者、片者，皆出于硙硙之末[①]，既损真味，复加油垢，即非佳品。总不若今之芽茶也，盖天然者自胜耳。曾茶山《日铸茶》诗云“宝铐自不乏，山芽安可无”，苏子瞻《壑源试焙新茶》诗云“要知玉雪心肠好，不是膏油首面新”，是也。且末茶瀹之有屑，滞而不爽，知味者当自辨之。

【注释】

①硙硙(wèi)：利用水力启动的石磨。此指碾磨加工。

【译文】

茶，无论是团茶，还是片茶，都是经过碾磨成末加工而成，既损害了茶真正的味道，又在茶饼表面涂上膏油，这样就不能算是好茶。总不如今天的茶芽，是以天然品质取胜。曾几《日铸茶》诗中所说“宝铐自不乏，山芽安可无”，苏轼《墅源试焙新茶》诗中所说“要知玉雪心肠好，不是膏油首面新”，就是这个意思。而且碾制成末的茶在冲泡时会有茶屑，饮用起来口感滞涩不爽，懂得品饮的人应自会辨别。

煮茶得宜，而饮非其人，犹汲乳泉以灌蒿莸[1]，罪莫大焉。饮之者一吸而尽，不暇辨味，俗莫甚焉。

【注释】

①蒿莸（yóu）：蒿草和莸草。莸，古书上指一种有臭味的草。

【译文】

煮茶方法得当，而品饮的人不懂得品尝，就像汲取甘美而清洌的泉水浇灌了野草一样，是莫大的罪过。如果品茶的人一饮而尽，来不及辨别品味，就再没有比这更俗气的了。

人有以梅花、菊花、茉莉花荐茶者[1]，虽风韵可赏，究损茶味。如品佳茶，亦无事此。

【注释】

①荐茶：泡茶。

【译文】

有人用梅花、菊花、茉莉花佐茶品饮，虽然可以观赏风韵，终究会损害茶的味道。如果想品尝真正的好茶，这些都不必做。

今人荐茶，类下茶果，此尤近俗。是纵佳者，能损茶味，亦宜去之。且下果则必用匙，若金银，大非山居之器，而铜又生铁，皆不可也。若旧称北人和以酥酪[1]，蜀人入以白土[②],此皆蛮饮,固不足责。

【注释】

①酥酪:以牛羊乳精制成的食品。

②白土:即白垩。石灰岩的一种。俗称白土子。

【译文】

如今的人泡茶,大都在茶中加放果品,这些做法特别俗气。即使再好的果品,也会损害茶的味道,所以应该去除。况且放果子必须用茶匙,如果是金银制作的茶匙,根本不是山里人饮茶所适宜的器具,而铜制作的又容易生锈,都不可以使用。至于从前北方少数民族的人煮茶时往里面加进酥酪,巴蜀人往里面加入白垩,这些都是野蛮的喝法,原本也不必加以责备。

罗廪《茶解》:茶通仙灵,然有妙理[①]。

【注释】

①茶通仙灵,然有妙理:此句不可解。考其原文为:"茶通仙灵,久服能令升举。然蕴有妙理,非深知笃妙不能得其当。"此处摘录。仙灵,仙人的灵气。妙理,精微的道理。

【译文】

罗廪《茶解》记载:茶与仙人、神灵相通,的确蕴含精微的道理。

山堂夜坐[①],汲泉煮茗,至水火相战,如听松涛[②],倾泻入杯,云光潋滟[③]。此时幽趣[④],故难与俗人言矣。

【注释】

①山堂:山中的寺院。

②松涛：风撼松林，声如波涛，因称松涛。

③潋滟(liàn yàn)：光耀貌。

④幽趣：幽雅的趣味。

【译文】

夜晚坐在山中的寺院里，汲取泉水煮茶，到了水火相战，即将沸腾的时候，如同风撼松林的波涛声，将开水倾倒在茶瓯中，茶面云光闪耀，时隐时现。此时幽雅的趣味，很难与世俗之人说清楚。

顾元庆《茶谱》：品茶八要：一品，二泉，三烹，四器，五试，六候，七侣，八勋。

【译文】

顾元庆《茶谱》记载：品茶有八大要素：一是茶品，二是泉水，三是煮水，四是器具，五是烹试，六是火候，七是饮茶的同伴，八是茶的功效。

张源《茶录》：饮茶以客少为贵，众则喧，喧则雅趣乏矣[①]。独啜曰幽，二客曰胜，三四曰趣，五六曰泛，七八曰施。

【注释】

①雅趣：风雅的意趣。乏：缺少。

【译文】

张源《茶录》记载：饮茶时以宾客较少为好，宾客众多就会有些喧哗吵闹，喧哗吵闹就缺少风雅的意趣了。一个人饮茶可以称为神饮，两个人对饮称为胜饮，三四个人饮茶称为趣饮，五六个人饮茶称为泛饮，七八个人饮茶称为施茶。

酾不宜早[①],饮不宜迟。酾早则茶神未发,饮迟则妙馥先消。

【注释】

①酾(shī):斟。斟茶。

【译文】

斟茶不宜太早,而品饮不宜太迟。斟茶过早的话茶叶的神韵还没有发挥出来,品饮太迟的话茶叶奇妙的味道已经消散了。

《云林遗事》:倪元镇素好饮茶[①],在惠山中,用核桃、松子肉和真粉成小块如石状,置于茶中饮之,名曰清泉白石茶。

【注释】

①倪元镇:即倪瓒(1306—1374?),字符镇,号云林子、东海瓒、懒瓒等,别号荆蛮民、净名居士、朱阳馆主、萧闲仙卿。常州无锡(今属江苏)人。著有《清閟阁集》《倪云林诗集》等。

【译文】

顾元庆《云林遗事》记载:倪瓒一向喜欢饮茶,在惠山中,用核桃、松子仁加上面粉一起调和成石头形状的小块,放在茶中品饮,取名为清泉白石茶。

闻龙《茶笺》:东坡云:“蔡君谟嗜茶,老病不能饮[①],日烹而玩之。可发来者之一笑也。”孰知千载之下有同病焉!余尝有诗云:“年老耽弥甚,脾寒量不胜。”去烹而玩之者几希矣[②]。因忆老友周文甫,自少至老,茗碗薰炉,无时暂废[③]。

饮茶日有定期：旦明、晏食、禺中、晡时、下舂、黄昏[4]，凡六举，而客至烹点不与焉[5]。寿八十五，无疾而卒。非宿植清福[6]，乌能毕世安享[7]？视好而不能饮者，所得不既多乎。尝蓄一龚春壶，摩挲宝爱[8]，不啻掌珠[9]。用之既久，外类紫玉，内如碧云，真奇物也。后以殉葬。

【注释】

①老病：年老多病。

②几希：极少。

③无时：没有一刻。

④旦明：天明时。晏食：谓晚食时，约当酉时之初。禺中：将近午时。晡(bū)时：即申时，又名日铺、夕食等。即下午三时正至五时正。下舂：称日落之时。

⑤不与：不计算在内。

⑥宿：预先，早先。

⑦毕世：毕生。安享：安然享用。

⑧摩挲：抚摸。宝爱：珍爱。

⑨不啻(chì)：如同。掌珠：掌上明珠。

【译文】

闻龙《茶笺》记载：苏轼说："蔡襄嗜好饮茶，因为年老多病不能品饮，就每天烹茶玩赏。可以博前来的宾客一笑。"哪曾想千年以后竟然有人与他遭遇相同呢！我曾经有诗写道："年老耽弥甚，脾寒量不胜。"烹茶只是为了玩赏的人极少。因而想起了我的老朋友周文甫，从少年到老年，茶碗熏炉，没有一刻荒废。他每天饮茶都有固定时间：天明时、晚饭时、将近午时、申时、日落时、黄昏，共六次，而宾客往来烹点品饮不计算在内。寿年八十五岁，无疾而终。如果不是早先种下的清闲之福，又怎么能毕生安然享用呢？比起那些嗜茶却不能品饮者，从中得到的好处不是更多吗？他曾经收藏一把供春壶，每天珍爱抚摸，如同掌上明珠。用得时间久了，壶的表面像紫玉，里面犹如碧玉，真是一件奇特的物品。他死后壶也一起陪葬了。

《快雪堂漫录》：昨同徐茂吴至老龙井买茶[①]，山民十数家，各出茶。茂吴以次点试，皆以为赝。曰："真者甘香而不冽，稍冽便为诸山赝品。"得一二两以为真物，试之，果甘香若兰。而山民及寺僧反以茂吴为非，吾亦不能置辨[②]。伪物乱真如此。茂吴品茶，以虎丘为第一，常用银一两余购其斤许。寺僧以茂吴精鉴，不敢相欺。他人所得，虽厚价亦赝物也[③]。子晋云[④]："本山茶叶微带黑，不甚青翠。点之色白如玉，而作寒豆香，宋人呼为白云茶。稍绿便为天池物。天池茶中杂数茎虎丘，则香味迥别。虎丘其茶中王种耶？岕茶精者，庶几妃后[⑤]，天池、龙井便为臣种，其余则民种矣。"

【注释】

①徐茂吴：即徐桂，字茂吴。

②置辨：辨别。

③厚价：价格丰厚。

④子晋：即乐子晋。冯梦祯的朋友。

⑤庶几：差不多，近似。

【译文】

冯梦祯《快雪堂漫录》记载：昨天，我和徐桂一同到老龙井去买茶叶，当地的十多家山民都拿出自己种植的茶叶兜售。徐桂依次烹点品尝，认为都是赝品。他说："真正的龙井茶甘甜清香却不寒冽，稍有寒冽就是各山所产的赝品。”得到一二两认为是真的龙井茶，烹试之后，果然甘甜清香像兰花一样。但是山民和寺庙里的僧人反认为徐桂的说法是错的，我也不能辨别谁对谁错。以假乱真到如此地步。徐桂品茶，认为苏州虎丘茶为第一，经常用一两多银子买一斤左右的茶叶。寺院的僧人知道徐桂明于鉴别，都不敢欺骗他。其他人得到的虎丘茶，虽价格高昂却仍是赝品。乐子晋说：“虎丘山的茶叶略带一点黑色，不是特别的青翠。冲泡之后色泽白得像玉一样，味道如寒豆的清香，宋朝人称它为白云茶。色泽再稍绿的就是天池茶。在天池茶中夹杂几片虎丘茶，那香味就大不相同。虎丘茶是茶中的王者吗？罗岕茶中的精品，差不多可以称为茶叶中的妃后，天池茶、龙井茶都可作为大臣，其他品种的茶只能作为平民了。”

熊明遇《岕山茶记》：茶之色重、味重、香重者，俱非上品。松萝香重；六安味苦，而香与松萝同；天池亦有草莱气①，龙井如之；至云雾则色重而味浓矣。尝啜虎丘茶，色白而香似婴儿肉，真称精绝。

【注释】

①草莱：犹草莽。杂生的草。

【译文】

熊明遇《罗岕山茶记》记载：色泽重、味道重、香气重的茶叶，都不是上好的品种。松萝茶香气重；六安茶味道苦涩，但是香气与松萝茶相同；天池茶也有草莽的气味，龙井茶同它一样；至于云雾茶更是色泽重而且味道很浓。我曾品尝过虎丘茶，色泽鲜白而又有婴儿肌肤的香味，真可称为精妙绝伦。

邢士襄《茶说》：夫茶中着料，碗中着果，譬如玉貌加脂[①]，蛾眉染黛[②]，翻累本色矣[③]。

【注释】

①玉貌：指美女。

②蛾眉：蚕蛾触须细长而弯曲，因以比喻女子美丽的眉毛。黛：青黑色的颜料，古代女子用来画眉。

③翻累本色：反而冲淡本来的颜色。翻，反而。累，有损于。

【译文】

邢士襄《茶说》记载：如果茶叶中加入香料，点茶时加入果品，就好比女性貌美如花还要涂脂抹粉，修染眉毛，反而冲淡本来的颜色了。

冯可宾《岕茶笺》：茶宜无事、佳客、幽坐、吟咏、挥翰、徜徉、睡起、宿酲、清供、精舍、会心、赏鉴、文僮[①]。茶忌不如法、恶具、主客不韵、冠裳苛礼、荤肴杂陈、忙冗、壁间案头多恶趣[②]。

【注释】

①无事：没有俗事缠身。佳客：趣味高尚的茶客。幽坐：幽雅的品饮环境。吟咏：以诗词助茶兴。挥翰：挥毫泼墨。徜徉（cháng yáng）：安闲自得的闲情雅致。睡起：酣睡初醒。宿酲（chéng）：酒醉未醒。清供：以清鲜果品佐茶。精舍：雅静的茶室。会心：对饮茶艺术领悟于心。赏鉴：欣赏品鉴。文僮：文静伶俐的茶僮。

②不如法：烹茶不知法。恶具：茶具粗劣。主客不韵：主人和客人文化思想差异太大。冠裳苛礼：饮茶乃清闲消遣之事，戒官场交

往，陈规琐礼。荤肴杂陈：饮茶时贵在清新安逸。若荤肴则使茶变味，兴致顿消。忙冗：忙碌。恶趣：粗俗之物。

【译文】

冯可宾《岕茶笺》记载：饮茶适宜闲暇无事、趣味高尚的茶客、幽雅的品饮环境、以诗词助茶兴、挥毫泼墨、安闲自得的闲情雅致、酣睡初醒、酒醉未醒、以清鲜果品佐茶、雅静的茶室、对饮茶艺术领悟于心、欣赏品鉴、文静伶俐的茶僮。饮茶最忌讳烹茶不知法、茶具粗劣、主人和客人文化思想差异太大、官场交往陈规琐礼、荤肴杂放、忙碌、房间案头摆放粗俗之物。

谢在杭《五杂俎》：昔人谓："扬子江心水，蒙山顶上茶。"蒙山在蜀雅州①，其中峰顶尤极险秽②，虎狼蛇虺所居③，采得其茶，可蠲百疾④。今山东人以蒙阴山下石衣为茶当之⑤，非矣。然蒙阴茶性亦冷，可治胃热之病。

【注释】

①蒙山在蜀雅州：此指位于四川雅安的蒙顶山，以出产贡品蒙顶山茶闻名于世。雅州，今四川雅安。

②险秽：险恶不平。

③蛇虺（huǐ）：泛指蛇类。

④蠲（juān）：除去，免除。

⑤蒙阴山：一名仙祠山，在今山东蒙阴县南。石衣：苔藻。

【译文】

谢肇淛《五杂俎》记载：古人说："扬子江心水，蒙山顶上茶。"蒙顶山在四川雅州，其中峰顶更是险恶不平，是虎狼毒蛇所居住的地方，采得那里的茶，可祛除百病。如今山东人用蒙阴山下的苔藻冒充蒙山茶，是错误的。但是蒙阴茶本性寒冷，可以治疗胃热的毛病。

凡花之奇香者，皆可点汤[①]。《遵生八笺》云“芙蓉可为汤”，然今牡丹、蔷薇、玫瑰、桂、菊之属，采以为汤，亦觉清远不俗，但不若茗之易致耳。

【注释】

①点汤：以沸水冲泡。

【译文】

凡是很香的花卉，都可以用沸水冲泡。《遵生八笺》就说“芙蓉可为汤”，然而如今的牡丹、蔷薇、玫瑰、桂花、菊花之类，采摘来用沸水冲泡，也会觉得清美幽远不俗气，只是不如茶叶那样容易得到罢了。

北方柳芽初茁者，采之入汤，云其味胜茶。曲阜孔林楷木[①]，其芽可以烹饮。闽中佛手柑、橄榄为汤[②]，饮之清香，色味亦旗枪之亚也。又或以绿豆微炒，投沸汤中，倾之，其色正绿，香味亦不减新茗。偶宿荒村中觅茗不得者，可以此代也。

【注释】

①楷(jiē)木：孔子故乡山东曲阜孔林中一种特有的树种，传说是孔子弟子子贡奔丧时带到曲阜去的。

②佛手柑：明李时珍《本草纲目·果之二·枸橼》：“枸橼产闽广间……其实状如人手，有指，俗呼为佛手柑。”此指其果实。

【译文】

北方的柳芽刚萌发时，采摘之后用沸水冲泡，据说味道胜过茶叶。

曲阜孔林里的楷木，它的嫩芽也可以烹点饮用。福建的佛手柑、橄榄都可以用沸水冲泡，品饮起来味道清香，色泽和味道也仅比茶叶略逊一筹。又有人把绿豆微微翻炒，投入沸水中冲泡，一会儿，色泽正绿，香味也不次于新茶。偶尔借宿于荒村野店找不到茶叶时，可以用这个来代替。

《谷山笔麈》：六朝时[1]，北人犹不饮茶，至以酪与之较，惟江南人食之甘。至唐始兴茶税。宋元以来，茶目遂多，然皆蒸干为末，如今香饼之制[2]，乃以入贡，非如今之食茶，止采而烹之也。西北饮茶不知起于何时。本朝以茶易马，西北以茶为药，疗百病皆瘥[3]，此亦前代所未有也。

【注释】

①六朝：三国吴、东晋和南朝的宋、齐、梁、陈相继建都建康（今江苏南京），史称为六朝。

②香饼：指用香料制成的小饼，可以佩带，也可以焚烧。

③瘥（chài）：病愈。

【译文】

于慎行《谷山笔麈》记载：六朝时期，北方人还不饮茶，甚至以奶酪与之比较，只有长江以南的人喝完觉得甘甜。到了唐朝开始征收茶税。宋元以来，茶叶的品种名目逐渐增多，但都是蒸过、焙干，研成细末，就像如今香饼的制作，就是用来进贡，并不像今天的饮茶，只是采制烹点后饮用。西北少数民族地区的人不知道什么时候开始饮茶的。我们明朝用茶叶换取马匹，西北地区则把茶作为药品，治疗各种疾病都能痊愈，这是前代所没有过的事情。

《金陵琐事》[1]：思屯乾道人见万镃手软膝酸[2]，云：“系五藏皆火[3],不必服药,惟武夷茶能解之。”茶以东南枝者佳,采得烹以涧泉,则茶竖立,若以井水即横。

【注释】

①《金陵琐事》:四卷,明周晖撰。记述明朝南京掌故,上涉朝章国典、功臣名士佳语,下及街谈巷议、民间风俗琐闻,且多为国史之未暇收、郡乘所不能备之事。周晖,字吉甫。上元(今江苏南京)人。另著有《幽草斋集》。

②思屯乾道人:即吕洞宾。《坚瓠广集》卷五:“《耳谭》:金陵万镃适方外,谈长生,为人箕卜,请则吕仙必至。……镃大感悦,拜问姓名住居。曰:‘汝向清元观问思屯乾道人便是。’镃归遇友毛俦于门,惊问其故,镃具道所以。俦贺曰:‘公遇仙矣。思者丝也,系屯纯也,乾者阳也,乃是纯阳吕祖也。’……言吕祖年若四十余,白皙长髯,青唐巾,玉色道袍,袍有二绽处,暗寓‘吕’字,手常叉而不放,置向胸前后,亦是‘吕’字意。”万镃:字乘时,号与石。金陵(今江苏南京)人。家境贫困,靠启发童蒙、拆字测字度日。隆庆庚午年间,中风偏枯,服药无效,只好用帛巾挽住右臂,系在脖子上,左手拄着拐杖慢慢瘸行。

③五藏:亦作“五臧”。即五脏。指心、肝、脾、肺、肾。中医谓“五脏”有藏精气而不泻的功能,故名。

【译文】

周晖《金陵琐事》记载:吕洞宾看见万镃手软膝酸,就说:“那是因为你五脏里都是火气,不必服用药物,只要喝武夷茶就可以消除。”茶叶以长在东南方向枝条上为最好,采摘后用山涧里清泉烹煮,茶叶就会竖立起来,如果用井水烹煮,茶叶就会横漂起来。

《六研斋笔记》:茶以芳洌洗神,非读书谈道[1],不宜亵用[②]。然非真正契道之士，茶之韵味，亦未易评量[③]。尝笑时流持论[④]，贵嘶声之曲[⑤]，无色之茶。嘶近于哑，古之绕梁遏云[⑥]，竟成钝置[⑦]。茶若无色，芳洌必减，且芳与鼻触，洌以舌受，色之有无，目之所审。根境不相摄，而取衷于彼，何其悖耶！何其谬耶！

【注释】

①谈道：谈说义理。

②亵用：玷污使用。

③未易：难于。评量：评判衡量。

④时流：世俗之辈。持论：立论，提出主张。

⑤嘶声：犹言声音沙哑。

⑥绕梁遏云：形容歌声保留时间长久，动听。绕梁，绕着屋梁，形容歌声保留时间长久。遏云，形容歌声嘹亮高入云端。《列子·汤问》："昔韩娥东之齐，匮粮，过雍门，鬻歌假食，既去而余音绕梁欐，三日不绝，左右以其人弗去。"

⑦钝置：弃置不用。

【译文】

李日华《六研斋笔记》记载：茶叶以其芳香甘洌清心悦神，不是读书谈说义理，不适宜玷污使用。然而不是真正契合道义的人，对茶的韵味，也难于评判衡量。我曾笑世俗之辈的立论，以声音嘶哑的曲调为贵，以没有色泽的茶为贵。嘶哑之声接近于哑，古代余声嘹亮、响彻云霄的优美声音，竟然都会弃置不用。如果茶叶没有色泽，芳香与清醇一定减少，而且香气是用鼻子来闻，味道是用舌头来感受，有没有色泽，要用眼睛来察看。茶的色泽、香气、味道从根本上说没有必然联系，如果以此证彼，难道不是违背常理吗？多么荒谬！

虎丘以有芳无色,擅茗事之品。顾其馥郁不胜兰芷[①],止与新剥豆花同调,鼻之消受,亦无几何。至于入口,淡于勺水[②]。清冷之渊,何地不有,乃烦有司章程[③],作僧流棰楚哉[④]!

【注释】

①兰芷:兰草与白芷,皆香草。

②勺水:一勺水。指少量的水。

③有司:指官吏。古代设官分职,各有专司,故称。章程:泛指各种制度。

④棰(chuí)楚:古代打人用具,因以为杖刑的通称。棰,木棍。楚,荆杖。

【译文】

虎丘茶以有芳香而没有色泽,是茶叶中的精品。只是它的香气不如兰草与白芷,仅和新剥开的豆花味道相同,用鼻子去闻,也没多少味道。到了口中,比一勺水还要清淡。清澈凉爽的深水潭,哪个地方没有,为什么还要劳烦官府制定各种制度,对僧人进行杖刑呢!

《紫桃轩杂缀》:天目清而不醨[①],苦而不螫[②],正堪与缁流漱涤。笋蕨、石濑则太寒俭[③],野人之饮耳[④]。松萝极精者方堪入供,亦浓辣有余,甘芳不足,恰如多财贾人,纵复蕴藉[⑤],不免作蒜酪气[⑥]。分水贡芽[⑦],出本不多。大叶老根,泼之不动,入水煎成,番有奇味。荐此茗时,如得千年松柏根作石鼎薰燎[⑧],乃足称其老气。

【注释】

①醨(lí):不醇厚,浅薄。

②螫(shì):毒害。

③笋蕨:竹笋与蕨菜。此指笋蕨茶。石濑:此指石濑茶。寒俭:不体面。

④野人:山野之人。

⑤蕴藉:含而不露。

⑥蒜酪:蒜酪是北方常食之物,因以指北方少数民族。此指辛辣腥膻的气味。

⑦分水:即分水茶。宋代贡品。产于浙江桐庐分水区,以天尊岩最著名。

⑧石鼎:陶制的烹茶用具。薰燎:烟熏火燎。

【译文】

李日华《紫桃轩杂缀》记载:天目茶清香而不淡薄,苦涩而无毒害,正好适宜僧众漱洗品饮之用。笋蕨茶和石濑茶太不体面了,只适宜山野之人品饮。松萝茶的精品才可以进贡朝廷,不过茶味香浓泼辣有余,甘甜芳香不足,就像多财的商人,即使再含而不露,也难免会有辛辣腥膻的气味。分水的贡茶,出产的本就不多。叶大根老,用开水冲泡不开,放进水里煎煮,反倒有奇特风味。进献这种茶叶的时候,如果得到了千年的松柏根用石鼎烟熏火燎,就足以与其醇厚的老成之气相适应。

"鸡苏佛""橄榄仙"[①],宋人咏茶语也。鸡苏即薄荷,上口芳辣。橄榄久咀回甘。合此二者,庶得茶蕴。曰仙、曰佛,当于空玄虚寂中[②],嘿嘿证入[③]。不具是舌根者[④],终难与说也。

【注释】

①鸡苏佛:茶之别名。鸡苏即薄荷,上口芳辣与茶类,故名。橄榄

仙:茶的美称。

②空玄:犹幻想。虚寂:犹清静,虚无寂静。

③嘿嘿:不说话,默默。

④舌根:佛家的六根之一,即味觉器官“舌”。现代汉语中,“舌根”指舌的根部,为生理学、语言发声学的名词。

【译文】

“鸡苏佛”“橄榄仙”,是宋朝人吟咏茶叶的词语。鸡苏就是薄荷,入口芳香辛辣。橄榄,长久咀嚼回味甘甜。把这两样结合起来,或许才算得到了茶叶蕴藏的风味。至于说成仙成佛,应该在幻想虚无寂静中默默求证了。不具备口舌的感觉,最终难以论说。

赏名花不宜更度曲①,烹精茗不必更焚香,恐耳目口鼻互牵,不得全领其妙也。

【注释】

①更:再。度曲:按曲谱歌唱。泛指演奏音乐。

【译文】

欣赏名花时不适宜再演奏音乐,烹点名茶时没必要再焚香,恐怕耳朵、眼睛、嘴巴、鼻子互相牵制影响,不能全部领会到其中的奥妙。

精茶不宜泼饭,更不宜沃醉①。以醉则燥渴,将灭裂吾上味耳②。精茶岂止当为俗客吝③?倘是日汩汩尘务④,无好意绪⑤,即烹就,宁俟冷以灌兰,断不令俗肠污吾茗君也。

【注释】

①沃:喝。

②灭裂：犹败坏、毁灭。

③俗客：庸俗的客人。

④汩汩(yù)：忙碌，烦杂。尘务：世俗的事务。

⑤意绪：心意，情绪。

【译文】

好茶不适宜在吃饭时饮用，更不适宜在喝醉酒时饮用。因为醉酒后干燥口渴，将会败坏茶的美味。好茶怎么只是对庸俗的客人吝惜？如果整天忙碌于世俗杂务中，没有好的情绪，即使煮好了茶，宁可让它冷却后浇灌兰花，决不让庸俗的肠胃玷污了我的好茶。

罗山庙后岕精者，亦芬芳回甘。但嫌稍浓，乏云露清空之韵。以兄虎丘则有余，以父龙井则不足。

【译文】

罗岕山庙后所出产的精品岕茶，也香气芬芳，回味甘甜。但是稍过浓厚，缺乏云露清空的韵味。其品质可为虎丘茶之兄，但为龙井茶之父则不足。

天地通俗之才[①]，无远韵[②]，亦不致呕哕寒月[③]。诸茶晦黯无色，而彼独翠绿媚人，可念也[④]。

【注释】

①通俗之才：指为俗众所喜爱的事物。

②远韵：高远的风韵。

③呕哕(yuě)：呕吐。此指玷污。寒月：清寒的月光。

④可念：值得感动。

【译文】

天地间为俗众所喜爱的事物,没有高远的风韵,但也不致玷污清寒的月光。其他的茶叶晦暗没有色泽,而它却翠绿喜人,让人感动。

屠赤水云:"茶于谷雨候晴明日采制者,能治痰嗽、疗百疾[1]。"

【注释】

①痰嗽:一名痰咳。病证名。指痰盛致嗽。

【译文】

屠隆说:"茶叶在谷雨时节晴朗的天气采制的,能够治疗痰咳,治愈百病。"

《类林新咏》[1]:顾彦先曰[2]:"有味如臛[3],饮而不醉;无味如茶,饮而醒焉。"醉人何用也。

【注释】

①《类林新咏》:三十六卷,清姚之骃著。姚之骃,字鲁斯。钱塘(今浙江杭州)人。官至御史。生平博雅好古,尤长于史学。另著有《后汉书补逸》《元明事类钞》《镂空词》等。

②顾彦先:即顾荣(?—312),字彦先。晋吴郡吴县(今江苏苏州)人。吴亡,与陆机兄弟入洛阳,时号"三俊"。拜郎中,历尚书郎、廷尉正。

③臛(huò):肉羹。

【译文】

姚之骃《类林新咏》记载:顾荣说:"有味道的东西如肉羹,品饮以后不会让人沉醉；没有味道的东西如茶，品饮以后使人头脑清醒。”使人沉醉的东西有什么用处呢？

《徐文长秘集·致品》[①]：茶宜精舍，宜云林[②]，宜磁瓶，宜竹灶，宜幽人雅士，宜衲子仙朋[③]，宜永昼清谈，宜寒宵兀坐，宜松月下，宜花鸟间，宜清流白石，宜绿藓苍苔，宜素手汲泉，宜红妆扫雪，宜船头吹火，宜竹里飘烟。

【注释】

①《徐文长秘集》：即《刻徐文长先生秘集》，十二卷，明徐渭辑。

②云林：隐居之所。

③衲（nà）子仙朋：僧人道士。

【译文】

徐渭《刻徐文长先生秘集·致品》记载：饮茶适宜雅静的茶室，适宜隐居之所，适宜瓷瓶，适宜竹灶，适宜幽人雅士，适宜僧人道士，适宜白天清谈，适宜寒夜独坐，适宜松间月下，适宜花鸟之间，适宜清泉白石，适宜绿藓苍苔，适宜素手汲泉，适宜红妆扫雪，适宜船头吹火，适宜竹里飘烟。

《芸窗清玩》[①]：茅一相云[②]：“余性不能饮酒，而独耽味于茗。清泉白石可以濯五脏之污[③]，可以澄心气之哲。服之不已，觉两腋习习，清风自生。吾读《醉乡记》[④]，未尝不神游焉。而间与陆鸿渐、蔡君谟上下其议，则又爽然自释矣[⑤]。”

【注释】

①《芸窗清玩》：三十五卷，明胡文焕辑。

②茅一相：字国佑，号泰峰，又号康伯。浙江归安（今浙江湖州）人。

约活动于明万历年间(1573—1620)。著有《文霞阁草》。

③濯(zhuó):洗。

④《醉乡记》:唐王绩所写散文。以醉名乡,所举人与事皆与酒关联,把醉乡作为理想社会的象征。王绩(约589—644),字无功,号东皋子。绛州龙门(今山西万荣)人。初唐诗人。

⑤爽然:豁然开朗。

【译文】

胡文焕《芸窗清玩》记载:茅一相说:"我天生不能饮酒,然而却只沉溺于品茶。清泉白石可以清洗五脏的污垢,可以澄清内心的智慧。品饮不停,就会感觉两腋习习,清风自然而生。我读《醉乡记》,未尝不对书中所描述的'醉乡'心驰神往。然而读了陆羽《茶经》、蔡襄《茶录》对茶的议论后,就又豁然开朗,对不能饮酒的遗憾也就释然了。"

《三才藻异》[①]:雷鸣茶产蒙山中顶[②],雷发收之,服三两换骨,四两为地仙[③]。

【注释】

①《三才藻异》:三十三卷,清屠粹忠撰。为儿童启蒙课本,对各类典故题诗以作纪念,分类标题,各以四言二韵进行概括。屠粹忠,号芝岩。定海(今浙江镇海)人。官至兵部尚书。

②雷鸣茶:唐代名茶。产于四川名山县蒙顶山。《蜀典》卷六:"段成式《锦里新闻》:'蒙顶山有雷鸣茶,雷鸣时乃茁。'"

③地仙:道教认为住在人间的仙人。地仙也称为遍知真人。葛洪《抱朴子·论仙》:"按《仙经》云:'上士举形升虚,谓之天仙;中士游于名山,谓之地仙;下士先死后蜕,谓之尸解仙。'"

【译文】

屠粹忠《三才藻异》记载:雷鸣茶出产于四川蒙顶山的中顶,每年惊蛰前后雷鸣时开始采摘，品饮三两就能使人脱胎换骨，品饮四两就可成为住在人间的仙人。

《闻雁斋笔记》：赵长白自言："吾生平无他幸，但不曾饮井水耳。"此老于茶，可谓能尽其性者。今亦老矣，甚穷，大都不能如曩时[①]，犹摩挲万卷中作《茶史》，故是天壤间多情人也[②]。

【注释】

①曩（nǎng）时：往时，以前。

②天壤：天地，天地之间。

【译文】

张大复《闻雁斋笔记》记载：赵长白自己说道："我平生没有其他值得庆幸的事，只是没有饮用过井水而已。"这位老先生对于品茶，可以说是能够尽其本性了。如今他已经老了，还很穷，大多不能像从前那样，但仍读书万卷整理而作《茶史》，也是天地之间的多情之人。

袁宏道《瓶花史》[①]：赏花，茗赏者上也，谭赏者次也[②]，酒赏者下也。

【注释】

①袁宏道《瓶花史》：二卷，明袁宏道撰。从鉴赏角度论述了花瓶、瓶花及其插法。上卷为瓶花之宜、之忌、之法；下卷分花目、品第、器具、择水等。袁宏道（1568—1610），字中郎，又字无学，号石公，又号六休。荆州公安（今属湖北）人。与兄袁宗道、弟袁中道并称"公安三袁"。另著有《袁中郎全集》。

②谭：同"谈"。

【译文】

袁宏道《瓶花史》记载：对于赏花，品茶赏花最为高雅，清谈赏花稍次，饮酒赏花最下。

《茶谱》：《博物志》云："饮真茶，令人少眠。"此是实事，但茶佳乃效，且须末茶饮之。如叶烹者，不效也。

【译文】

《茶谱》记载：张华《博物志》说："喝真正的好茶，能够使人解困少睡。"这是真实存在的事情，但必须是好茶才有效果，而且要碾碎成末品饮。如果烹煮叶茶，就没有效果。

《太平清话》：琉球国亦晓烹茶[①]。设古鼎于几上，水将沸时投茶末一匙，以汤沃之。少顷奉饮，味甚清香。

【注释】

①琉球国：即琉球王国，古国名。最初是指在琉球群岛建立的山南、中山、山北三个国家。1429年，三国统一为琉球王国。1879年日本宣布琉球废藩置县，完成所谓的"琉球处分"，将琉球强行并入日本，设冲绳县，琉球王国覆亡。

【译文】

陈继儒《太平清话》记载：琉球国的人也通晓烹茶。将古鼎放在茶几上，水将煮沸时投放一匙茶末，用开水调和。一会儿奉上品饮，味道很清香。

《藜床沈余》[①]：长安妇女有好事者，曾侯家睹彩笺曰[②]：

"一轮初满，万户皆清。若乃狎处衾帏[③]，不惟辜负蟾光[④]，窃恐嫦娥生妒。涓于十五、十六二宵[⑤]，联女伴同志者，一茗一炉，相从卜夜[⑥]，名曰伴嫦娥。凡有冰心[⑦]，伫垂玉允[⑧]。朱门龙氏拜启。"陆濬原

【注释】

①《藜床沈余》：一卷，明陆濬原撰。陆濬原，字嗣哲。平湖(今属浙江)人。明亡，隐居不仕。

②侯家：犹侯门。指显贵人家。彩笺：小幅彩色纸张。常供题咏或书信之用。

③狎(xiá)处：亲密相处。此指酣睡。衾(qīn)帏：被子和帐子。泛指卧具。

④蟾光：月色，月光。

⑤涓：选择。

⑥卜夜：尽情欢乐整夜不止。

⑦冰心：指有清雅的心志。

⑧玉允：允许，应允。玉，指对别人的尊词。

【译文】

陆濬原《藜床沈余》记载：长安有好事的妇女，曾在王侯家看到彩色的请柬上写道："一轮明月初满，千家万户都披上一层清辉。如果只在床上酣睡，不仅辜负了大好月光，而且恐怕天上的嫦娥也会心生妒忌。选定十五、十六两个晚上，邀请喜欢品饮的女伴，一茶一炉，相伴整夜欢乐，名曰伴嫦娥。凡有清雅心志的人，期盼您们的应允。朱门龙氏敬启。"陆濬原

沈周《跋茶录》[①]：樵海先生真隐君子也[②]。平日不知朱门为何物[③]，日偃仰于青山白云堆中[④]，以一瓢消磨半生。盖

实得品茶三昧，可以羽翼桑苎翁之所不及[⑤]，即谓先生为茶中董狐可也。

【注释】

①沈周《跋茶录》：即沈周对张源《茶录》所写的跋。跋，一般写在书籍、文章、金石拓片等后面的短文，内容大多属于评价、鉴定、考释之类。

②樵海先生：即《茶录》作者张源，字伯渊，号樵海山人。

③朱门：指贵族豪富之家。

④偃仰：安居，游乐。

⑤羽翼：弥补。

【译文】

沈周《跋茶录》记载：张源先生是真正的隐士。平日不知道富贵人家为何物，每天只游乐于青山白云间，以饮茶来消磨半生光阴。大概确实领会到了茶中的真谛，可以弥补陆羽的不足，即可称先生为茶中的良史。

王晫《快说续记》[①]：春日看花，郊行一二里许，足力小疲，口亦少渴。忽逢解事僧邀至精舍[②]，未通姓名，便进佳茗，踞竹床连啜数瓯[③]，然后言别，不亦快哉？

【注释】

①王晫《快说续记》：一卷，笔记小品文。受金圣叹《快说》影响而作。

②解事僧：通晓事理的僧人。

③踞：坐。

【译文】

王晫《快说续记》记载：春天外出赏花，在郊外走了一二里，脚力有些疲倦，口中也有一点渴。忽然被通晓事理的僧人邀请到修炼居住之所，没来得及相互通报姓名，便献上了好茶，坐在竹床上连饮几杯，然后话别，不也是很快乐的事情吗？

卫泳《枕中秘》[①]：读罢吟余，竹外茶烟轻扬；花深酒后，铛中声响初浮。个中风味谁知[②]，卢居士可与言者；心下快活自省[③]，黄宜州岂欺我哉[④]？

【注释】

①卫泳《枕中秘》：明卫泳编。卫泳仿马总《意林》之体例，采缀明人杂说共二十五种，即闲赏、二六时令、国士谱、书宪、读书观、早护书等，皆为明朝隆庆、万历以来纤巧轻佻之词。书前列有凡例二十五则，题为致语。即取宋代教坊之致语以为自名。卫泳，字永叔。苏州（今属江苏）人。

②个中：其中。

③心下快活自省：出自宋黄庭坚《品令·茶词》："口不能言，心下快活自省。"即此种妙处只可意会，不可言传，惟有饮者才能体会其中的情味。

④黄宜州：因黄庭坚曾贬官宜州，故称。

【译文】

卫泳《枕中秘》记载：读书吟咏之余，竹林外煎茶的烟雾轻轻飞扬；花园深处饮酒后，茶锅中的涛声响起煮水刚沸。其中的风味又有谁能领会，卢仝可与谈论；此种妙处惟有饮者才能体会，黄庭坚怎么会欺骗我呢？

江之兰《文房约》[①]：诗书涵圣脉，草木栖神明[②]。一草一木，当其含香吐艳，倚槛临窗，真足赏心悦目，助我幽思[③]。亟宜烹蒙顶石花[④]，悠然啜饮。

【注释】

①江之兰《文房约》：一卷，清江之兰撰。该书历数书房中不宜有不宜为事二十余条。以其反者观之，则可知书房应具何种样貌。江之兰，字含徵。歙县（今属安徽）人。清医学家。另著有《医津一筏》《内经释要》等。

②栖：寄托。

③幽思：深思，思索。

④蒙顶石花：产于四川蒙顶山，造型自然美观，外型像石头上苔藓，冲泡后整芽形似花，故名。

【译文】

江之兰《文房约》记载：诗书中蕴涵着圣学的根脉，草木中寄托着人的精神和智慧。一草一木，当其包含香气发出艳丽色彩，人们倚靠着栏杆靠近窗外观赏，真的可以称为赏心悦目，有助于我的深思。这时非常适合烹煮蒙顶石花茶，悠闲地品饮。

扶舆沆瀣[①]，往来于奇峰怪石间，结成佳茗。故幽人逸士，纱帽笼头，自煎自吃。车声羊肠[②]，无非火候，苟饮不尽[③]，且漱弃之，是又呼陆羽为茶博士之流也。

【注释】

①扶舆：谓勉强扶持。沆瀣（hàng xiè）：谓彼此契合，意气相投。

②羊肠：喻指狭窄曲折的小路。

③苟：如果，假使。

【译文】

与彼此契合、意气相投的人勉强扶持，往来于奇峰怪石之间，采制上好茶叶。因此隐士贤人，纱帽笼头，自己煎茶自己饮。独轮车走在狭窄曲折的小路发出的声响，无不可以作为火候，如果饮用不完，姑且漱口弃置，这又好比称呼陆羽为茶博士之流一样。

高士奇《天禄识余》①：饮茶或云始于梁天监中，见《洛阳伽蓝记》，非也。按《吴志·韦曜传》：孙皓每宴飨②，无不竟日，曜不能饮，密赐茶荈以当酒。如此言，则三国时已知饮茶矣。逮唐中世，榷茶遂与煮海相抗③，迄今国计赖之。

【注释】

①高士奇《天禄识余》：二卷，清高士奇撰。成书于康熙年间。为作者读书偶记，多取材经史子集。凡七百四十条，约五万五千字。内容庞杂，凡历史掌故、地理常识、风景名胜、文人雅趣、瓜果茗饮、建筑奇观、各代风习、书画技巧、禽鸟花卉，无不具备。高士奇（1645—1704），字澹人，号竹窗，又号江村。钱塘（今浙江杭州）人。另著有《清吟堂全集》《春秋地名考略》《江村消夏录》《北墅抱瓮录》等。

②宴飨（xiǎng）：亦作“宴享”。古代帝王饮宴群臣、国宾。

③煮海：煮海水为盐。此指盐税。

【译文】

高士奇《天禄识余》记载：有人说饮茶起源于南朝梁天监年间，见于《洛阳伽蓝记》，其实不对。按照《三国志·吴书·韦曜传》记载：吴主孙皓每次饮宴群臣，无不从早到晚，因为韦曜不能饮酒，孙皓暗中赏赐茶以代酒。如果按照这个说法，在三国时期就已经知道饮茶了。到了唐朝中期，茶税就和盐税相抗衡了，直到如今国家的经济都要依赖它。

《中山传信录》：琉球茶瓯颇大，斟茶止二三分，用果一小块贮匙内，此学中国献茶法也。

【译文】

徐葆光《中山传信录》记载：琉球的茶瓯很大，斟茶时到二三分为止，用一小块果品放在茶匙内，这是学习中国献茶的方法。

王复礼《茶说》：花晨月夕①，贤主嘉宾②，纵谈古今，品茶次第，天壤间更有何乐。奚俟脍鲤炰羔③，金罍玉液，痛饮狂呼，始为得意也？范文正公云："露芽错落一番荣，缀玉含珠散嘉树。斗茶味兮轻醍醐，斗茶香兮薄兰芷④。"沈心斋云⑤："香含玉女峰头露，润带珠帘洞口云。"可称岩茗知己。

【注释】

①花晨月夕：有鲜花的早晨和有明月的夜晚。指美好的时光和景物。

②贤主嘉宾：贤明的主人和尊贵的客人。

③脍鲤炰(páo)羔：脍炙鲤鱼和烤乳羊肉。

④兰芷：兰草与白芷。皆香草。

⑤沈心斋：即沈涵(1651—1718)，字汪度，号心斋。归安(今浙江湖州)人。官至内阁学士。著有《赐研斋诗存》《赐研斋词》等。

【译文】

王复礼《茶说》记载：有鲜花的早晨和有明月的夜晚，贤明的主人和尊贵的客人欢聚一堂，畅所欲言谈论古今之事，品评茶水的次第，天地之间还有比这更好的乐趣吗？何必要等待脍炙鲤鱼和烤乳羊肉，金樽美酒，痛饮狂欢，才算是得意吗？范仲淹《和章岷从事斗茶歌》写道："露芽错落一番荣，缀玉含珠散嘉树。斗茶味兮轻醍醐，斗茶香兮薄兰芷。"沈涵《谢王适庵惠武夷茶诗》写道："香含玉女峰头露，润带珠帘洞口云。"可以说是岩茶的知己。

陈鉴《虎丘茶经注补》[①]：鉴亲采数嫩叶，与茶侣汤愚公小焙烹之，真作豆花香。昔之鬻虎丘茶者[②]，尽天池也。

【注释】

①陈鉴《虎丘茶经注补》：一卷，清陈鉴撰。陈鉴，字子明。广东人。清初顺治乙未(1655)移居苏州。《虎丘茶经注补》，全书约三千六百余字，按陆羽《茶经》分为十目，将与虎丘茶事有关的《茶经》原文摘录，后加注虎丘茶事，凡超出《茶经》论述范畴的，则作为补，附于后。虎丘茶在明代声誉鹊起，曾被誉为天下第一。此书专为虎丘茶而作，体例又很别致，但未免牵强附会，有冗杂之嫌。

②鬻(yù)：卖。

【译文】

陈鉴《虎丘茶经注补》记载：我亲自采摘几片鲜嫩的茶叶，与茶友汤愚公一起用小茶焙烹煮，真的发出了豆花一样的香味。以前市间卖的虎丘茶，都是天池茶。

陈鼎《滇黔纪游》[①]：贵州罗汉洞，深十余里，中有泉一泓，其色如黝，甘香清冽。煮茗则色如渥丹[②]，饮之唇齿皆赤，七日乃复。

【注释】

①陈鼎《滇黔纪游》：二卷，清陈鼎撰。为作者于康熙三十三年(1694)客游滇黔时所作，万余字。上卷记黔，下卷记滇，其于山川佳胜，土俗异闻，叙述颇为有致。间有荒诞不经之词、夸浮之笔，对史事疏于考证。陈鼎(1650—?)，原名太夏，字定九，又字九符、子重，号鹤沙，晚号铁肩道人。江阴(今属江苏)人。另著有《东林列传》《滇黔土司婚礼记》等书。

②渥丹：润泽光艳的朱砂。多形容红润的面色。

【译文】

陈鼎《滇黔纪游》记载：贵州的罗汉洞，深十几里，中间有一汪清泉，色泽黝黑，味道香甜清醇。煮出的茶水色泽如同润泽光艳的朱砂，品饮后唇部和牙齿都变红了，七天以后才能恢复。

《瑞草论》云：茶之为用味寒，若热渴、凝闷胸、目涩、四肢烦、百节不舒，聊四五啜，与醍醐、甘露抗衡也[①]。

【注释】

①此段文字与《茶经·一之源》中相关文字大致相同，疑引自《茶经》。《瑞草论》，书名，不详待考。百节，指人体各个关节。

【译文】

《瑞草论》记载：茶的功用，味道略微寒冷，如果发烧口渴、胸闷、眼涩、四肢无力、各个关节不畅，喝上四五杯，其效果与醍醐、甘露不相上下。

《本草拾遗》[①]：茗味苦，微寒，无毒，治五脏邪气，益意思，令人少卧，能轻身、明目、去痰、消渴、利水道。

【注释】

①《本草拾遗》：又名《陈藏器本草》，十卷，唐陈藏器撰。陈藏器任京兆府三原县尉时，专心攻研本草，补不足，拾所遗，解纷争，撰《本草拾遗》十卷，其中《序例》一卷、《拾遗》六卷、《解纷》三卷，用以补《新修本草》之所不备。陈藏器(683—757)，鄞县(今属浙江)人。唐药物方剂学家。

【译文】

陈藏器《本草拾遗》记载：茶叶味道略苦，微寒，无毒，可以调治五脏里的邪气，有助于思考，能减少人的睡眠，使人身体轻盈、眼睛明亮、祛除痰疾、消除口渴、利于小便。

蜀雅州名山茶有露铵芽、籛芽①，皆云火前者，言采造于禁火之前也。火后者次之。又有枳壳芽、枸杞芽、枇杷芽②，皆治风疾③。又有皂荚芽、槐芽、柳芽，乃上春摘其芽④，和茶作之。故今南人输官茶，往往杂以众叶，惟茅芦、竹箬之类，不可以入茶。自余山中草木、芽叶，皆可和合，而椿、柿叶尤奇。真茶性极冷，惟雅州蒙顶出者，温而主疗疾。

【注释】

①露铵(juān)芽：茶名。籛(jiān)芽：茶名。

②枳壳芽：伪茶名。一种与茶相似的药用饮料，以枳树芽叶为原料。也常常掺合入茶中制成伪茶。

③风疾：指风痹、半身不遂等症。

④上春：孟春。指农历正月。

【译文】

四川雅州的名山茶有露铵芽、籛芽，都是火前茶，就是说在寒食禁火前采摘制造的。禁火之后采摘制造的茶要差一些。还有枳壳芽、枸杞芽、枇杷芽,都能治疗风疾。还有皂荚芽、槐芽、柳芽,都是初春采摘这些树的芽叶,跟茶叶一起制作而成。所以如今南方人缴送的官茶,往往掺杂各种芽叶,只有茅芦、竹箬之类不可以掺杂进茶里。其他的像山中的草木、芽叶,都可以与茶叶调和在一起,而椿树叶、柿树叶效果更好。真正的茶叶本性极凉,只有雅州蒙顶山出产的茶叶,本性温和可以治疗疾病。

李时珍《本草》[①]:服葳灵仙、土茯苓者[②],忌饮茶。

【注释】

①李时珍《本草》:即李时珍《本草纲目》。五十二卷,按药物自然属性分为十六部、六十类,每一药物又以正名为纲,附品为目;标名为纲,列事为目,从而形成了独特的纲目体系。该书内容丰富,为明代本草集大成之作,被英国生物学家达尔文誉为“古代中国的百科全书”。李时珍(1518—1593),字东璧,晚号濒湖山人。蕲州(今湖北蕲春)人。被后世尊为“药圣”。另著有《奇经八脉考》《濒湖脉学》等。

②葳(wēi)灵仙:即威灵仙。半常绿藤本。中医以根入药,能祛风湿、通经络等。土茯苓:多年生攀援灌木。中医学上以根状茎入药,能解毒、清热利湿,主治痈肿、疔疮、关节痛、梅毒等症。

【译文】

李时珍《本草纲目》记载:服用了葳灵仙、土茯苓的人,不能饮茶。

《群芳谱》:疗治方:气虚、头痛,用上春茶末,调成膏,置瓦盏内覆转[①],以巴豆四十粒,作一次烧,烟熏之,晒干乳细,每服一匙。别入好茶末，食后煎服立效。又赤白痢下[②]，以好茶一斤炙捣为末，浓煎一二盏，服久痢亦宜。又二便不通，好茶、生芝麻各一撮，细嚼，滚水冲下，即通。屡试立效。如嚼不及，擂烂滚水送下。

【注释】

①瓦盏：陶制的小酒杯。

②赤白痢：中医指大便中带脓血的痢疾。

【译文】

王象晋《群芳谱》记载：用茶叶治病的方子：其一是治疗气虚、头痛，用初春的茶末，调制成膏，放在陶杯里反复搅动，用四十粒巴豆，一次烧烟熏之，晒干碾碎，每次服用一匙。另外加入好的茶末，饭后煎了冲服，立即见效。其二是治疗大便中带脓血的痢疾，将一斤好茶炙干捣成碎末，煎成浓茶一两杯，冲服后，痢疾很快就好了。如果是大小便不通的话，用好茶、生芝麻各一小撮，细细咀嚼，用开水冲服，大小便就畅通了。此方多次试验都立即见效。若来不及咀嚼，就捣碎后和开水一起服用。

《随见录》：《苏文忠集》载，宪宗赐马总治泄痢、腹痛方[①]：以生姜和皮切碎如粟米，用一大钱并草茶相等煎服。元祐二年[②]，文潞公得此疾[③]，百药不效，服此方而愈。

【注释】

①宪宗：即唐宪宗李纯(778—820)，初名淳。唐顺宗李诵长子，系子承父位。805—820年在位。马总(?—823)：字会元。扶风(今属陕西)人。历任方镇，官终于户部尚书，赠右仆射。著有《意林》《通历》等。泄痢：腹泻。

②元祐二年:1087 年。元祐,宋哲宗年号(1086—1094)。

③文潞公:即文彦博(1006—1097),字宽夫,号伊叟。汾州介休(今属山西)人。累迁殿中侍御史。庆历八年(1048),镇压贝州王则兵变,出任宰相。嘉祐四年(1059)封潞国公。著有《文潞公集》。

【译文】

屈擢升《随见录》记载:《苏文忠集》中记载有唐宪宗赐给马总治腹泻、腹痛的方子:用生姜和皮一起切成粟米大小,用一个大铜钱跟同样多的草茶一起煎服。元祐二年,潞国公文彦博得了这种病,服用各种药都不见效,最后服用这个方子得以痊愈。

七之事

【题解】

本章与《茶经·七之事》类似，基本是《茶经·七之事》的补充和续写。本章共搜集文献二百一十一则，主要有饮茶习俗、历代茶政、茶圣陆羽的事迹、茶的神话传说、以茶治病、名人茶事以及茶诗、茶文等。

《唐书》记载，太和九年，王涯为榷茶使，自此历代政权对茶叶实行专卖制度，并开始征收茶税。到了唐朝中期，茶税就已经和盐税相抗衡了，成为国家经济的重要支柱。

唐赵璘《因话录》讲述卖茶的商家制作陆羽的陶像，放置在炉灶烟囱间祭祀，尊为"茶神"，以保佑卖茶获得更多利润。可见陆羽及其《茶经》对于中国茶文化的影响深远。

《续搜神记》记载，东晋桓温手下有一员督将，因当时的流行病后体虚发热，此后更能饮茶。因为饮茶无度，而使家境贫穷。后来有客人知道此病为"斛二瘕"，于是让他饮茶喝足后再饮五升，于是吐出一个形状如牛肚的东西。督将既然吐出此物，疾病也就此痊愈。《潜确类书》记载，隋文帝杨坚煮饮茗草治愈"因梦神人易其脑骨而产生的脑痛病"。这两则故事，说明茶具有治疗神奇怪病的功效。

南唐尉迟偓《中朝故事》记载，有人任舒州牧时，刻意求取了天柱峰茶数角献给赞皇公李德裕，李德裕说："此茶可以消除酒食中的毒。"于是命人煮一瓿水，浇于肉食之中，用银盒封闭。第二天清晨看那块肉时，已经化为水了。由上述故事，茶具有消毒、解毒的作用，这与“以茶解酒”的功效大同小异。

党鲁出使吐蕃时，吐蕃的使臣已有寿州茶、顾渚茶和蕲门茶。由此可见，自唐代开始在边境与少数民族间“以茶易马”的政策后，茶叶也广泛地进入少数民族人民的生活。“以茶易马”不仅为当时的政权换取了优良的马匹，也对茶叶的宣传推广起到了积极促进的作用。

茶作为一种生活必需品，与人类的生活密切相关，因此从古至今，留下了诸多名人与烹茶煮茗的趣事轶闻。如北魏杨衒之《洛阳伽蓝记》讲述了“茗为酪奴”“嗜茶如同‘水厄’”的典故；唐张又新《煎茶水记》讲述了李季卿在维扬与陆羽相逢，两人命军士取南零水煮茶，陆鸿渐识破军士以江水替代南零水的故事；唐董逌《梅妃传》讲述了梅妃与唐明皇斗茶的故事；明焦竑《陆羽点茶图跋》讲述竟陵大师积公品茶识陆羽之事；明焦竑《玉堂丛语》讲述了“陈也罢”的来由等等。

宋周必大《玉堂杂记》记载，宋孝宗淳熙丁酉十一月壬寅日，因周必大不擅饮酒，转而赐小春茶二十镑，以取代赐酒。这个故事也巧妙地延续了孙皓“以茶代酒”的习俗。

《晋书》[①]：温峤表遣取供御之调[②]，条列真上茶千片[③]，茗三百大薄[④]。

【注释】

①《晋书》：一百三十卷，唐房玄龄等撰。《晋书》记事上起西晋武帝泰始元年(265)，下迄东晋恭帝元熙二年(420)，共一百五十六年的历史。房玄龄(579—648)，字乔。齐州临淄(今属山东)人。隋末进士，后任秦王李世民王府记室，协助筹谋统一，取得地位，官至尚书左仆射，监修国史，后封为梁国公。

②温峤(288—329)：字太真。太原祁县(今属山西)人。东晋名将，死后追赠侍中、大将军、使持节，谥号忠武。

③条列：分条列举。

④薄：茶叶计量单位。唐段公路《北户录》："前朝短书杂说，即有呼食为头，以鱼为斟，茗为薄。为夹。"斟(dǒu)，同"斗"，量器。

【译文】

《晋书·温峤传》记载：温峤上表并派人索取供奉皇帝的贡品，分条列举真正的上等好茶上千片，普通茶三百大薄。

《洛阳伽蓝记》：王肃初入魏，不食羊肉及酪浆等物，常饭鲫鱼羹，渴饮茗汁。京师士子道肃一饮一斗[①]，号为漏卮。后数年，高祖见其食羊肉酪粥甚多[②]，谓肃曰："羊肉何如鱼羹？茗饮何如酪浆？"肃对曰："羊者是陆产之最，鱼者乃水族之长，所好不同，并各称珍，以味言之，甚是优劣。羊比齐鲁大邦，鱼比邾莒小国，唯茗不中，与酪作奴。"高祖大笑。彭城王勰谓肃曰[③]："卿不重齐鲁大邦，而爱邾莒小国，何也？"肃对曰："乡曲所美[④]，不得不好。"彭城王复谓曰："卿明日顾我，为卿设邾莒之食，亦有酪奴。"因此呼茗饮为酪奴。时给事中刘缟[⑤]，慕肃之风，专习茗饮。彭城王谓缟曰："卿不慕王侯八珍[⑥]，而好苍头水厄[⑦]。海上有逐臭之夫[⑧]，里内有学颦之妇[⑨]，以卿言之，即是也。"盖彭城王家有吴奴，故以此言戏之。后梁武帝子西丰侯萧正德归降时[⑩]，元乂欲为设茗[⑪]，先问："卿于水厄多少？"正德不晓乂意，答曰："下官生于水乡，而立身以来，未遭阳侯之难[⑫]。"元乂与举坐之客皆笑焉。

【注释】

①京师：即北魏京都平城(今山西大同)。士子：士大夫官僚阶层。

②高祖：即北魏孝文帝拓跋宏(467—499)，或作元宏。471—499年在位。太和二十三年(499)崩于谷塘原之行宫，谥孝文帝。庙号高祖。

③彭城王勰：即元勰(？—508)，字彦和。北魏宗室，孝文帝六弟。太和九年(485)封始平王，后改彭城王，除中书监。因被诬与京兆王元愉等谋反，被鸩杀。

④乡曲：乡里，亦指穷乡僻壤。形容识见寡陋。

⑤给事中：官名。秦汉为列侯、将军、谒者等的加官。侍从皇帝左右，备顾问应对，参议政事，因执事于殿中，故名。魏或为加官，或为正官。晋代始为正官。

⑥八珍：古代八种烹饪法。《周礼·天官·膳夫》："珍用八物。"郑玄注："珍，谓淳熬、淳母、炮豚、炮牂、捣珍、渍、熬、肝膋也。"宋吕希哲《侍讲日记》："八珍者，淳熬也，淳母也，炮也，捣珍也，渍也，熬也，糁也，肝膋也。先儒不数糁而分炮豚炮牂为二，皆非也。"后以指八种珍贵食品。

⑦苍头：指奴仆。《汉书·鲍宣传》："使奴从宾客浆酒霍肉，苍头庐儿皆用致富。"颜师古注引孟康曰："汉名奴为苍头，非纯黑，以别于良人也。"

⑧逐臭之夫：追逐奇臭的人。比喻嗜好怪癖，与众不同的人。《吕氏春秋·遇合》："人有大臭者，其亲戚兄弟妻妾知识，无能与居者，自苦而居海上。"三国魏曹植《与杨德祖书》："人各有好尚，兰茝荪蕙之芳，众人所好，而海畔有逐臭之夫。"

⑨学颦之妇：即"东施效颦"。《庄子·天运》："故西施病心而矉其里，其里之丑人见而美之，归亦捧心而矉其里。其里之富人见之，坚闭门而不出；贫人见之，挈妻子而去之走。"后人把这个丑

女称作东施。后因以“东施效颦”谓不顾自身条件而一味模仿，弄巧反而成拙。亦用为模仿别人的谦词。

⑩梁武帝：即梁武帝萧衍(464—549)，字叔达，小字练儿。南兰陵(今江苏常州)人。南齐雍州刺史、大司马。齐和帝中兴二年(502)，萧衍代齐自立，即皇帝位，建立梁朝。太清二年(548)，侯景引兵渡江，攻入建康都城，他被囚饥饿而死。西丰侯萧正德：字公和。南兰陵(今江苏常州)人。临川王萧宏子。初为梁武帝养子，后还本，封西丰县侯。普通三年(522)奔魏，寻逃归。后进封临贺王，为丹阳尹。侯景反，立为帝，寻降为大司马，矫诏杀之。

⑪元乂：即元叉(484—525)，字伯隽，小字夜叉。洛阳(今属河南)人。北魏宗室大臣。

⑫阳侯之难：指水灾。明谢肇淛《五杂俎》卷一三：“逾三月，而建宁遭阳侯之变，巨室所藏尽荡为鱼鳖矣。”

【译文】

杨衒之《洛阳伽蓝记》记载：王肃刚从南朝进入北魏时，不吃羊肉，不喝牛奶和羊奶，常常以鲫鱼汤下饭，渴了就喝茶。北魏京师平城的士大夫都说王肃一次饮一斗茶，称他为漏卮。数年之后，北魏孝文帝拓跋宏看到他很能吃羊肉，也很能喝奶，就问他：“羊肉和鱼汤比起来怎么样？清茶和奶比起来又怎么样？”王肃说：“羊是陆地上所产最好的美味，鱼是水中所产最好的美味，个人喜好不同，各自都可称为珍品，单就味道来讲，很难分出好坏。羊肉就好比是齐鲁大国的正宗美味，而鱼汤则是邾莒小国的偏好美味，只是茶味道不行，只能算是乳酪的奴仆。”北魏孝文帝大笑。彭城王元勰对王肃说：“先生不重视齐鲁大国，而偏爱邾莒小国，这是为什么呢？”王肃说：“家乡的风俗以鱼汤、茶叶味美，我不得不喜欢。”彭城王元勰又对王肃说：“先生明天到我家做客，我给先生准备邾莒小国的饮食，还有乳酪的奴仆。”因此把茶称为酪奴。当时的给事中刘缟仰慕王肃的风姿，专门学习饮茶。彭城王元勰对刘缟说：“先生不仰慕王侯的佳肴，反而喜欢奴仆的水厄。海上有追逐臭味的人，街巷有东施效颦的妇人，对比先生的行为，你就是这样的人。”彭城王元勰家里有吴地的奴仆，所以用这样的言语戏弄他。后来梁武帝儿子西丰侯萧正德归降时，元乂想为他上茶，就先问：“先生的水厄量是多少啊？”萧正德不明白他话的意思，回答说：“下官生于江南水乡，自出生以来，未曾遇到过水灾。”元乂和满座的客人都大笑起来。

《海录碎事》：晋司徒长史王濛[1]，字仲祖，好饮茶，客至辄饮之。士大夫甚以为苦，每欲候濛必云：“今日有水厄。”

【注释】

①王濛（309—341）：字仲祖，小字阿奴。太原晋阳（今属山西）人。官至司徒左长史，卒赠光禄大夫，封晋阳侯。传有《诸葛帖》。

【译文】

叶廷珪《海录碎事》记载：东晋司徒长史王濛，字仲祖，嗜好饮茶，有客人来了就烹茶品饮。当时的士大夫都对此事感到痛苦，每次要和王濛见面，必定说：“今日有水厄。”

《续搜神记》[1]：桓宣武有一督将[2]，因时行病后虚热[3]，更能饮复茗一斛二斗乃饱[4]，才减升合[5]，便以为不足，非复一日，家贫。后有客造之，正遇其饮复茗，亦先闻世有此病，仍令更进五升，乃大吐，有一物出如升大，有口，形质缩皱，状似牛肚。客乃令置之于盆中，以一斛二斗复浇之，此物噏之都尽[6]，而止觉小胀。又增五升，便悉混然从口中涌出。既吐此物，其病遂瘥。或问之：“此何病？”客答云：“此病名斛二瘕[7]。”

【注释】

①《续搜神记》:又称《搜神后记》《搜神续记》《搜神录》。古志怪小说集,十卷。

②桓宣武:即桓温(312—373),字元子。谯国龙亢(今安徽怀远)人。东晋政治家、军事家、权臣。死后谥号宣武。其子桓玄建立桓楚后,追尊为"宣武皇帝"。督将:官名,领兵千人,掌征伐。

③时行病:流行病。

④斛:中国旧量器名,亦是容量单位,一斛本为十斗,后来改为五斗。

⑤升合:一升一合,比喻数量很小。

⑥噏(xī):同"吸"。

⑦瘕(jiǎ):腹中肿块。

【译文】

《续搜神记》记载:东晋桓温手下有一员督将,因当时的流行病后而体虚发热,更能饮茶,一次要喝一斛二斗才饱,才减少一点,就感觉不足,这个样子很久了,家境也衰落了。后来有客人造访,正好遇上他在饮茶,客人早先听说世上有这种病,就让他喝足后再饮五升,于是大吐不止,吐出大约有升子一样大小的物体,有口,表面有可以伸缩的折皱,形状如牛肚。客人让把此物放置于盆中,用一斛二斗茶汤浇灌,此物都吸尽了,只是微微膨胀。又增加五升茶汤,就全部从口中涌出。督将吐出此物后,疾病就痊愈了。有人问:"这是何病?"客人回答说:"这病叫做斛二瘕。"

《潜确类书》:进士权纾文云[①]:"隋文帝微时[②],梦神人易其脑骨,自尔脑痛不止。后遇一僧曰:'山中有茗草,煮而饮之当愈。'帝服之有效,由是人竞采啜。因为之赞[③],其略曰:'穷《春秋》[④],演河图[⑤],不如载茗一车。'"

【注释】

①权纾文:不详,待考。

②隋文帝:即杨坚(541—604)。弘农郡华阴(今陕西华阴)人。隋朝开国皇帝。微时:卑贱而未显达的时候。

③赞:一种抒情文体,常以情调的激扬、风格的精炼为标志。

④《春秋》:编年体史书名,相传孔子据鲁史修订而成。所记起于鲁隐公元年,止于鲁哀公十四年,凡二百四十二年。叙事极简,用字寓褒贬。为其传者,以《左氏》《公羊》《穀梁》最著。

⑤河图:儒家关于《周易》卦形来源的传说。《尚书·顾命》:"大玉、夷玉、天球、河图,在东序。"孔传:"伏牺王天下,龙马出河,遂则其文以画八卦,谓之'河图'。"

【译文】

陈仁锡《潜确类书》记载:进士权纾文说:"隋文帝杨坚卑贱而未显达时,梦见神人给他更换脑骨,从此脑痛不止。后来遇到一位僧人说:'山中有一种茗草,煮过后饮用就能痊愈。'隋文帝饮用之后的确有效,从此人们竞相采制品饮。因而为茗草作了一篇赞,大意是:'穷读《春秋》,推演河图,不如载茗草一车。'"

《唐书》:太和七年,罢吴、蜀冬贡茶。太和九年,王涯献茶①,以涯为榷茶使,茶之有税自涯始。十二月,诸道盐铁转运榷茶使令狐楚奏②:"榷茶不便于民。"从之。

【注释】

①王涯(763? —835):字广津,行二十。太原(今属山西)人。累官至宰相。以榷茶盐苛急,招天下怨恨。太和九年(835)死于"甘露之变"。著有《王涯集》等。

②令狐楚(765—836):字壳士。宜州华原(今陕西耀县)人。唐朝

大臣、诗人。著有《漆奁集》,已佚。

【译文】

《唐书》记载:唐文宗太和七年,罢除吴地、蜀地冬天的贡茶。太和九年,大臣王涯献榷茶之利,于是任命王涯为榷茶使,茶叶征税就是自王涯开始。十二月,诸道盐铁转运榷茶使令狐楚上奏:"榷茶不利于民众。"朝廷听从了令狐楚的建议,于是罢除茶税。

陆龟蒙嗜茶,置园顾渚山下,岁取租茶,自判品第。张又新为《水说》七种,其二惠山泉、三虎丘井、六淞江水。人助其好者,虽百里为致之。日登舟设篷席,赍束书、茶灶、笔床、钓具往来①。江湖间俗人造门,罕觏其面②。时谓江湖散人,或号天随子、甫里先生,自比涪翁、渔父、江上丈人③。后以高士征④,不至。

【注释】

①笔床:卧置毛笔的器具。

②罕觏(gòu):难以相见。

③涪翁:东汉名医、隐士。常钓于涪水,因号涪翁。擅针灸、脉法。渔父:南朝宋人。尝驾轻舟逍遥于长江之上,不愿出仕而遁。江上丈人:春秋末楚渔民。伍子胥奔吴途中赖之得以渡江,待子胥登岸后自沉于江。

④征:征召。

【译文】

陆龟蒙嗜好饮茶,曾在顾渚山下开辟茶园,每年收取茶租,自己判定所产茶叶的等级。张又新所撰《煎茶水记》,将天下水质分为七种,第二种是惠山泉水、第三种是虎丘井水、第六种是吴淞江水。有人为成全陆龟蒙这种爱好，即使上百里地也为他汲取泉水。陆龟蒙每天登舟设篷席，携带书籍、烹茶的小茶炉、卧置毛笔的器具、钓具，往来汲水品茶。江湖上的俗人来访，很少能见到他。当时称为江湖散人，或号称天随子、甫里先生，他自比涪翁、渔父、江上丈人。后来朝廷以高人隐士征召他出来做官，他都不奉诏。

《国史补》①：故老云，五十年前多患热黄②，坊曲有专以烙黄为业者。灞、浐诸水中③，常有昼坐至暮者，谓之浸黄。近代悉无，而病腰脚者多，乃饮茶所致也。

【注释】

①《国史补》：又名《唐国史补》，三卷，唐李肇著。记载唐开元至长庆年间一百多年的史事，共三百零八则，从中可见当时社会风尚、职官及选举制度的沿革等，颇有价值。李肇，元和年间任中书舍人。又曾为太常寺协律郎。唐穆宗长庆元年(821)为司勋员外郎，后升迁为左司郎中、翰林学士。唐文宗大和三年(829)贬为将作少监。另著有《翰林志》。

②热黄：一种因炎热而导致的狂吃症，类似后来的中暑。

③灞(bà)、浐(chǎn)：灞水和浐水的合称。灞水，渭河支流。在陕西中部，关中八川之一。浐水，源出陕西蓝田，会灞水，入渭水。

【译文】

李肇《国史补》记载：前代老人说，五十年前世人多患热黄病，街巷有专以烙黄为职业的。灞水、浐水等河流中，经常有人白天坐至晚上，称为浸黄。近来这种病都没有了，但是患腰病、足病的人多起来，这是因为饮茶所导致。

韩晋公滉闻奉天之难[①]，以夹练囊盛茶末[②]，遣健步以进[③]。

【注释】

①韩晋公滉：即韩滉(723—787)，字太冲。长安(今陕西西安)人。唐代宗时，官尚书右丞、户部侍郎、判度支。唐德宗时，被封为晋国公。传世名作有《文苑图》《五牛图》。奉天之难：指唐德宗李适建中二年(781)因削藩而引起藩镇叛乱，被迫逃往奉天(今陕西乾县)的事件。因在这次叛乱中，有两人称帝(朱泚称秦帝、李希烈称楚帝)，四人称王(朱滔称冀王、王武俊称赵王、田悦称魏王、李纳称齐王)，故又称“二帝四王之乱”。

②练囊：指用一种白色的绢做成的口袋。

③健步：指善于走路的人。常被派去送信或办理急事。

【译文】

晋国公韩滉听说唐德宗奉天之难后，用夹练囊盛茶末，派遣善于走路的人进奉给皇帝。

党鲁使西番[①]，烹茶帐中，番使问：“何为者?”鲁曰：“涤烦消渴，所谓茶也。”番使曰：“我亦有之。”命取出以示，曰：“此寿州者，此顾渚者，此蕲门者。”

【注释】

①党鲁：不详，待考。西番：特指吐蕃。

【译文】

党鲁出使吐蕃，在帐中烹茶，吐蕃的使臣问：“这是做什么?”党鲁说：“祛除烦恼，消除口渴，说的就是茶。”吐蕃的使臣说：“我也有。”取出来给他看，说：“这是寿州茶，这是顾渚茶，这是蕲门茶。”

唐赵璘《因话录》[①]：陆羽有文学，多奇思，无一物不尽其妙，茶术最著。始造煎茶法，至今鬻茶之家，陶其像，置炀突间[②]，祀为茶神，云宜茶足利。巩县为瓷偶人，号陆鸿渐，买十茶器得一鸿渐。市人沽茗不利，辄灌注之。复州一老僧是陆僧弟子[③]，常诵其《六羡歌》，且有《追感陆僧》诗。

【注释】

①唐赵璘《因话录》：六卷，唐赵璘撰。按宫、商、角、徵、羽分为五部分：卷一宫部，载唐代诸帝王后妃之生活琐事；卷二、卷三商部，录王公官宦之轶闻；卷四角部，述平民众庶之情事；卷五徵部，记典故及谐戏；卷六羽部，记见闻杂事。分类不甚严密，然大致有序。作者出身显贵，多识朝廷典故，谙熟官场旧事，集中所录既有文学价值，又可与史传相参证。赵璘，字泽章。南阳（今属河南）人，后迁平原（今属山东）。曾官左补阙、金部郎中、衢州刺史等职。

②炀：炉灶。

③复州：北周初置。以复池湖为名。唐辖今湖北仙桃、天门、监利等地。

【译文】

唐赵璘《因话录》记载：陆羽擅长文学，多有奇思妙想，没有一件物品不能尽其奥妙，而以茶艺最为精湛。他创立了煎茶法，至今卖茶的商家，制作他的陶像，放置在炉灶烟囱间祭祀，尊为茶神，说是可以保佑茶多获利润。河南巩县制作的瓷偶人，称为陆鸿渐，买十件茶具就送一个瓷偶人。商人销售茶叶不利，就用开水灌注。复州一位老僧是陆羽的弟子，经常诵读陆羽的《六美歌》，并且撰有《追感陆僧》的诗。

唐何晦《摭言》[①]：郑光业策试[②]，夜有同人突入[③]，吴语曰："必先，必先[④]，可相容否？"光业为辍半铺之地[⑤]。其人曰："仗取一勺水，更托煎一碗茶。"光业欣然为取水、煎茶。居二日，光业状元及第，其人启谢曰[⑥]："既烦取水，更便煎茶。当时不识贵人，凡夫肉眼[⑦]，今日俄为后进[⑧]，穷相骨头[⑨]。"

【注释】

①唐何晦《摭言》：十五卷，何晦撰。何晦，五代南唐时乡贡进士。后主开宝六年(973)，落第后寓于金陵凤台旅舍，撰《广摭言》(或作《唐摭言》)一五卷。已佚。

②郑光业：唐咸通乾符间人。生平不详。策试：古代以策问试士，因称对臣下或举子的考试为"策试"。

③突入：闯进来。

④必先：唐时应试举子相互间的一种称谓。谓其登第必在同辈之先，有推敬之意。

⑤辍：挪出。

⑥启谢：写信谢罪。

⑦凡夫肉眼：比喻缺乏观察人的眼光。也比喻平凡的见识。

⑧俄：一下子。后进：原指后辈。亦指学识或资历较浅的人。此指落第。

⑨穷相骨头：骨相贫穷之人。

【译文】

五代南唐何晦《摭言》记载：郑光业赴京策试，夜里有一个同人突然闯进来，操着吴地方言对他说："必先必先，可以容我住下吗？"郑光业就给他挪了半铺之地。那人说:“请为我汲取一勺水,再拜托为我煎一碗茶。”郑光业欣然为他取水、煎茶。居住两日后,郑光业状元及第,那人写信谢罪说:“当时既麻烦您取水,更麻烦您煎茶。当时不知您是贵人,肉眼凡胎,如今我落榜了,真是骨相贫穷之人。”

唐李义山《杂纂》①:富贵相:捣药碾茶声。

【注释】

①李义山《杂纂》:又名《义山杂纂》,一卷,旧题唐李商隐撰。属于轶事小说集。

【译文】

唐李商隐《义山杂纂》记载:富贵相之一:捣药碾茶声。

唐冯贽《烟花记》①:建阳进茶油花子饼,大小形制各别,极可爱。宫嫔缕金于面②,皆以淡妆,以此花饼施于鬓上,时号北苑妆。

【注释】

①唐冯贽《烟花记》:又名《南部烟花记》,一卷,唐冯贽撰。主记隋二十四则,陈七则,三国东吴二则,梁、南唐和一则。每则三言两语,无故事情节。隋都长安,其他四朝(陈、三国东吴、梁、南唐)皆据长江下游江南大片领域,都建康(今江苏南京),隋炀帝游幸江都,修造水上宫殿,奢华至极,故书名综为“南部”。

②缕金:以金丝为饰。

【译文】

唐冯贽《南部烟花记》记载:建阳进贡的茶油花子饼,大小形制各不相同，极其可爱。皇宫中嫔妃在脸上以金丝为饰，施以淡妆，用此茶油花子饼饰于鬓上，当时称为北苑妆。

唐《玉泉子》[①]：崔蠡知制诰丁太夫人忧[②]，居东都里第时[③]，尚苦节啬[④]，四方寄遗茶药而已[⑤]，不纳金帛，不异寒素[⑥]。

【注释】

①《玉泉子》：又名《玉泉子见闻真录》，五卷，唐佚名氏撰。是一部反映中晚唐官场生活的逸事小说。

②崔蠡：字越卿。唐卫州（今河南卫辉）人。历官礼部、户部侍郎、华州刺史、镇国军等使。知制诰：掌管起草诰命之意，后用作官名。唐初以中书舍人为之，掌外制。其后亦有以他官代行其职者，则称某官知制诰。开元末，改翰林供奉为学士院，翰林入院一岁，则迁知制诰，专掌内命，典司诏诰。丁太夫人忧：为母亲守丧。丁忧，旧制，父母死后，子女要守丧，三年内不做官，不婚娶，不赴宴，不应考。

③东都：隋唐时指洛阳。里第：指里中宅第。多指大官僚的私宅。

④节啬：节俭。

⑤寄遗：谓致送礼品。

⑥寒素：门第寒微，地位卑下。

【译文】

唐佚名氏《玉泉子》记载：崔蠡担任知制诰，因母故去而守丧，在东都洛阳里中宅第居住时，崇尚艰苦节俭，四方致送茶叶、药品而已，不收金银财帛，与家世清贫低微的人没什么两样。

《颜鲁公帖》[①]：廿九日南寺通师设茶会，咸来静坐，离诸烦恼,亦非无益。足下此意[2],语虞十一[3],不可自外耳[4]。颜真卿顿首顿首。

【注释】

①《颜鲁公帖》:唐颜真卿的字帖。颜真卿(709—785),字清臣,行十三。祖籍琅邪临沂(今属山东),京兆长安(今陕西西安)人。广德二年(764),迁刑部尚书,进封鲁郡开国公,世称“颜鲁公”。创立“颜体”,与赵孟頫、柳公权、欧阳询并称“楷书四大家”;又与柳公权并称为“颜筋柳骨”。

②足下:古代下称上或同辈相称的敬词。

③虞:猜度,料想。

④自外:自视为外人。

【译文】

颜真卿《颜鲁公帖》写道:廿九日南寺通师设立茶会,都来静坐,抛开各种烦恼,也不是没有益处。足下这个盛情,言语中猜到十分之一,不可见外。颜真卿再次顿首致谢。

《开元遗事》[1]:逸人王休居太白山下,日与僧道异人往还[2]。每至冬时,取溪冰敲其晶莹者煮建茗,共宾客饮之。

【注释】

①《开元遗事》:又名《开元天宝遗事》,四卷,五代王仁裕撰。书中记载了宫中琐闻杂事和当时风俗习尚,并对唐明皇、杨贵妃等上层统治者豪奢侈靡的生活有所揭露,对研究唐代长安政治、经济、文化有一定参考价值。王仁裕(880—956),字德辇。天水(今属甘肃)人。通晓音律,喜好写诗,生平有诗万首,蜀人称之为“诗窖子”。另著

有《紫阁集》《乘轺集》《王氏见闻录》《玉堂闲话》《入洛记》等。

②往还：交游，交往。

【译文】

王仁裕《开元遗事》记载：隐逸之人王休居住在太白山下，每天与僧人、道士、奇人交游。每到冬季，取来山溪中澄澈的冰块敲碎来煮建州的茶，与宾客共饮。

《李邺侯家传》[1]：皇孙奉节王好诗[2]，初煎茶加酥椒之类，遗泌求诗[3]，泌戏赋云："旋沫翻成碧玉池，添酥散出琉璃眼。"奉节王即德宗也。

【注释】

①《李邺侯家传》：又名《相国邺侯家传》，十卷，唐李繁撰。李繁（？—829），京兆（今陕西西安）人。邺侯李泌子，文宗太和中，获罪下狱当死，因恐泌功业不传，乞纸笔于狱吏，写成传稿。已佚。

②奉节王：即唐德宗李适，初封奉节郡王。

③泌：即李泌（722—789），字长源。京兆（今陕西西安）人。贞元三年（787）六月，拜中书侍郎、同平章事，累封邺县侯，世称李邺侯。

【译文】

李繁《李邺侯家传》记载：皇孙奉节王李适喜好诗赋，起初煎茶时添加酥椒等物，赠送李泌来求诗，李泌戏做一赋写道："旋沫翻成碧玉池，添酥散出琉璃眼。"奉节王就是后来的唐德宗。

《中朝故事》[1]：有人授舒州牧[2]，赞皇公德裕谓之曰："到彼郡日，天柱峰茶可惠数角[3]。"其人献数十斤，李不受。明年罢郡，用意精求，获数角投之。李阅而受之曰："此茶可以消酒食毒。"乃命烹一觥[④]，沃于肉食内，以银合闭之。诘旦视其肉[⑤]，已化为水矣。众服其广识。

【注释】

①《中朝故事》：二卷，南唐尉迟偓撰。该书皆记唐宣、懿、昭、哀四朝故事旧闻。旧南唐主李昇自以为出太宗之后，故称唐为中朝。上卷多述君臣事迹及朝廷典章制度，下卷杂录神异怪幻之事，其中亦有失实之处。尉迟偓，五代南唐时人。官给事中，预修国史。

②牧：古代州的长官。

③角：量词。

④觥（gōng）：古代用兽角制的酒器，后也有用木或铜制的。

⑤诘旦：清晨，黎明。

【译文】

尉迟偓《中朝故事》记载：有人任职舒州牧，赞皇公李德裕对他说："你到舒州时，天柱峰茶可以送我数角。"那人到任后献茶数十斤，李德裕不接受。第二年那人调离，刻意精心求取了天柱峰茶数角献给李德裕。李德裕打开看后接受了，说："此茶可以消除酒食中的毒。"于是命人煮一觥水，浇于肉食之中，用银盒封闭。第二天清晨看那块肉，已经化为水了。大家都叹服他的知识广博。

段公路《北户录》[①]：前朝短书杂说[②]，呼茗为薄，为夹。又《梁科律》有薄茗、千夹云云[③]。

【注释】

①段公路《北户录》：又名《北向户录》《北户杂录》《北户杂记》，三

卷，唐段公路撰，崔龟图注。记述岭南风土物产，颇为详赅，征引汉魏至唐代有关岭南著作甚多，多数今已不存。唐人崔龟图曾为本书作注，征引典籍亦多。段公路，临淄邹平(今属山东)人，徙居河南(今河南洛阳)，一说为东牟(今山东蓬莱)人。穆宗相段文昌之孙。咸通间因事至岭南。

②短书：汉代凡经、律等官书用二尺四寸竹简书写。官书以外包括子书等，均以短于二尺四寸竹简写书，称为“短书”。后多指小说、杂记之类的书籍。

③《梁科律》：南朝梁律名。《梁律》是参酌《晋律》和南朝齐《永明律》编纂而成，共二十卷，分为刑名、法例、盗劫、贼叛、诈伪等，共二千五百二十九条。

【译文】

段公路《北户录》记载：前代的文章杂说中，称呼茶叶为薄，为夹。又《梁科律》也有薄茗、千夹之类的称呼。

唐苏鹗《杜阳杂编》①：唐德宗每赐同昌公主馔②，其茶有绿华、紫英之号。

【注释】

①苏鹗《杜阳杂编》：三卷，唐苏鹗撰。因苏鹗家住武功杜阳川，故书名为《杜阳杂编》。该书记事上起唐代宗广德元年(763)，下至唐懿宗咸通十四年(873)，凡十朝事。内容多记朝野异闻轶事，四方奇技宝物，部分可作史料参考。苏鹗，字德祥。京兆武功(今属陕西)人。唐朝学者。另著有《苏氏演义》。

②同昌公主(？—870)：唐懿宗女。咸通十年(869)，下嫁左拾遗韦保衡，懿宗倾宫中珍玩以为资送，赐第于广化里。馔(zhuàn)：酒水饮食。

【译文】

唐苏鹗《杜阳杂编》记载：唐德宗每次赐给同昌公主的酒水饮食，其中茶叶有绿华、紫英等名号。

《凤翔退耕传》[①]：元和时[②]，馆阁汤饮待学士者[③]，煎麒麟草[④]。

【注释】

①《凤翔退耕传》：又名《凤翔退耕录》。

②元和：唐宪宗年号(806—820)。

③馆阁：分掌图书经籍和编修国史等事务，通称馆阁。

④麒麟草：举子们对茶的美称。

【译文】

《凤翔退耕传》记载：唐宪宗元和年间，馆阁款待学士的饮品，是烹茶。

温庭筠《采茶录》：李约字存博[①]，汧公子也[②]。一生不近粉黛[③]，雅度简远[④]，有山林之致。性嗜茶，能自煎，尝谓人曰："当使汤无妄沸，庶可养茶。始则鱼目散布，微微有声；中则四际泉涌，累累若贯珠；终则腾波鼓浪，水气全消。此谓老汤三沸之法，非活火不能成也。"客至不限瓯数，竟日爇火[⑤]，执持茶器弗倦。曾奉使行至陕州硖石县东[⑥]，爱其渠水清流，旬日忘发。

【注释】

①李约：字存博，号萧斋。陇西成纪(今甘肃秦安)人。汧国公李勉之子。唐宪宗元和年间曾任兵部员外郎，后弃官归隐。唐诗人。

②汧公：即汧国公李勉（717—788），字玄卿。陇西成纪（今甘肃秦安）人。唐宗室。初任开封尉，累官为工部尚书，封汧国公。

③粉黛：指美女。

④雅度：高雅的风度。简远：简朴闲远。

⑤爇（ruò）：烧。

⑥硖石县：一作峡石县。唐贞观十四年（640）改崤县置，治所在今河南三门峡市陕州区，属陕州。

【译文】

温庭筠《采茶录》记载：李约，字存博，是汧国公李勉的儿子。一生不近女色，风雅简朴，有隐居山林的志向。李约生性好茶，能自己煎煮，曾对人说："煎茶时不应当使开水随意沸腾，这样才可以涵养茶的色香味。水面初沸时如同鱼眼散布，微微有声响；中沸时四边如同泉涌，排列成串如同珍珠；最后水面如同翻腾的波浪，水气全部消退。这就是老汤三沸的方法，不用活火无法完成。"有客人到来，李约就不限饮用杯数，从早到晚地烧火煮茶，手执茶具品饮，不知疲倦。他曾经奉使行至陕州硖石县东部，喜欢那里的渠水清流，流连十余日而忘返。

《南部新书》[①]：杜豳公悰[②]，位极人臣[③]，富贵无比。尝与同列言平生不称意有三[④]：其一为澧州刺史[⑤]，其二贬司农卿[⑥]，其三自西川移镇广陵[⑦]，舟次瞿塘[⑧]，为骇浪所惊，左右呼唤不至[⑨]，渴甚，自泼汤茶吃也。

【注释】

①《南部新书》：十卷，宋钱易著。是钱易于大中祥符间知开封时所作，主要记唐代故实，间及五代。内容以轶闻琐事为主，也涉及朝章国典的因革损益，多至八百余条，可以补充新、旧《唐书》的

阙漏。所记唐代文人的遗闻轶事，亦可资参考。钱易(968—1026)，字希白。钱塘(今浙江杭州)人。以才藻知名，善绘画，工行草书。另著有《金闺集》《瀛州集》《西垣集》等。

②杜豳公悰(cóng)：即豳国公杜悰(794—873)，字永裕。京兆万年(今陕西西安)人。宰相杜佑之孙。元和九年(814)妻岐阳公主，为驸马都尉。大中初，出镇西川，后官至太傅，豳国公。

③位极人臣：君主时代指大臣中地位最高的人。

④同列：犹同僚。

⑤澧州：隋开皇九年(589)改松州置，治所在澧阳县(今湖南澧县)，以澧水得名。大业初改为澧阳郡，唐武德四年(621)复为澧州。天宝初又改为澧阳郡，乾元初复为澧州。

⑥司农卿：官名。两晋时为大司农别称。南朝梁武帝天监七年(508)，改大司农为司农卿，职掌劝农、仓储、园苑、供应宫廷膳羞。

⑦西川：即剑南西川，唐方镇名。至德二载(757)剑南节度使析置剑南东川节度使后，西部地称剑南西川节度使，简称西川节度使。辖区相当今四川西部。移镇：犹移藩。谓古时地方军政长官改换辖地。亦泛指官员调任。广陵：唐天宝、至德时曾改扬州为广陵郡，治江都县(今江苏扬州)。

⑧舟次：行船途中，船上。

⑨左右：随从。

【译文】

钱易《南部新书》记载：豳国公杜悰，是大臣中地位最高的人，富贵无人能比。曾经与同僚说自己平生不称意的事情有三件：第一为出任澧州刺史，第二为贬官司农卿，第三自西川调任广陵，行船经过瞿塘峡的时候，为汹涌澎湃的波浪所惊，呼唤随从也不来，口渴得很，自己动手煎茶品饮。

大中三年[①],东都进一僧,年一百二十岁。宣皇问服何药而致此[②]?僧对曰:"臣少也贱,不知药。性本好茶,至处惟茶是求。或出日过百余碗,如常日亦不下四五十碗。"因赐茶五十斤,令居保寿寺[③],名饮茶所曰茶寮。

【注释】

①大中三年:849年。大中,唐宣宗年号(847—860)。

②宣皇:即唐宣宗李忱(810—859),唐朝第十六位皇帝,846—859年在位。

③保寿寺:在唐长安城翊善坊,今陕西西安市内。唐段成式《酉阳杂俎·续集》卷六:"翊善坊保寿寺,本高力士宅,天宝九载舍为寺。初铸钟成,力士设斋庆之,举朝毕至,一击百千,有规其意,连击二十杵。经藏阁规构危巧,二塔火珠,受十余斛。"

【译文】

唐宣宗大中三年,东都洛阳来了一位高僧,已经一百二十岁了。唐宣宗问他服何药而如此长寿?高僧回答说:"我幼年贫贱,不知服用什么药。生性喜欢饮茶,到哪里就只求取饮茶而已。有时外出一天喝百余碗,平常每天也不下四五十碗。"因而唐宣宗赐给他五十斤茶,让他居住在保寿寺,命名其饮茶场所为茶寮。

有胡生者,失其名,以钉铰为业[①],居霅溪而近白蘋洲[②]。去厥居十余步有古坟[③],胡生每瀹茗必奠酹之[④]。尝梦一人谓之曰:"吾姓柳,平生善为诗而嗜茗。及死,葬室在子今居之侧,常衔子之惠[⑤],无以为报,欲教子为诗。"胡生辞以不能,柳强之曰:"但率子言之,当有致矣。"既寤[⑥],试构思,果若有冥助者[⑦],厥后遂工焉,时人谓之"胡钉铰诗"。柳当是柳恽也[8]。又一说。列子终于郑[9]，今墓在郊薮[10]，谓贤者之迹，而或禁其樵牧焉[11]。里有胡生者，性落魄。家贫，少为洗镜、锼钉之业[12]。遇有甘果、名茶、美酝[13]，辄祭于列御寇之祠垄[14]，以求聪慧而思学道。历稔忽梦一人[15]，取刀划其腹，以一卷书置于心腑[16]。及觉，而吟咏之意，皆工美之词，所得不由于师友也。既成卷轴，尚不弃于猥贱之业[17]，真隐者之风。远近号为"胡钉铰"云。

【注释】

①钉铰：指洗镜、补锅、锔碗等。

②霅(zhà)溪：水名。在浙江湖州。也为旧吴兴县之别称。白蘋洲：生满蘋草的水边小洲。蘋，水草，叶浮水面，夏秋开小白花，故称白蘋。

③厥：他的。

④奠酹(lèi)：洒酒于地以祭神。此指洒茶于地以祭神。

⑤衔：接受。

⑥寤：睡醒。

⑦冥助：谓神佛的佑助。

⑧柳恽(465—517)：字文畅。河东郡解县(今山西运城)人。多才多艺，善琴善弈，尤工为诗。诗风清新流丽，在当时文坛占有一定地位。

⑨列子(约前450—约前375)：本名列御寇。战国时期郑国圃田(今河南郑州)人。道家学派的杰出代表人物，著有《列子》。

⑩郊薮(sǒu)：郊野草泽之地。汉桓宽《盐铁论·和亲》："凤皇在列树，麒麟在郊薮，群生庶物，莫不被泽。"

⑪樵牧：打柴放牧。

⑫洗镜：磨镜。古代铜镜须常磨才能光亮。

⑬美酝：美酒。

⑭垄：坟冢。

⑮历稔(rěn)：经过一年。

⑯心腑：犹心脏。

⑰猥贱：卑贱，下贱。

【译文】

有一位胡姓青年，不记得他的名字，以洗镜、铰钉为业，居住在霅溪，并且靠近白蘋洲。距离他的住所十余步的地方有座古坟，胡生每次喝茶必定先祭奠一下。他曾经梦到一人对他说："我姓柳，平生善于作诗且嗜好饮茶。死后，葬在你居所旁边，经常得到你的恩惠，无以为报，想教你作诗。"胡生推辞说自己不会，柳竭力劝他说："你尽管随意说，就会有情致。"胡生睡醒后，尝试着构思，果真如有神佛的佑助，以后作诗就很工巧了，当时的人称为"胡钉铰诗"。柳姓之人，应当是南朝宋诗人柳恽。又有一种说法。列子终老于河南郑州，墓地在郊野草泽之地，当地人认为是圣贤的遗迹，并禁止在这里打柴放牧。同里有位胡姓青年，生性落魄。家里贫困，从小就以洗镜、铰钉为职业。每当遇到有甘果、名茶、美酒，就到列御寇的墓地祭奠，以祈求聪慧，并且想学习道学。经过一年，忽然梦到一人，用刀划开他的肚子，把一卷书放置在他的心中。醒后，感觉有吟咏的冲动，吟出的都是工整美好的词句，其文采都不是通过师友所得。他既具备诗文创作这种才华，仍然不放弃以前卑贱之业，真是具有隐士的风采。远近的人都称其为"胡钉铰"。

张又新《煎茶水记》：代宗朝[①]，李季卿刺湖州[②]，至维扬逢陆处士鸿渐[③]。李素熟陆名，有倾盖之欢[④]，因之赴郡，泊扬子驿。将食，李曰："陆君善于茶，盖天下闻名矣，况扬子南零水又殊绝。今者二妙，千载一遇，何旷之乎[⑤]？"命军士谨信者操舟挈瓶[6]，深诣南零。陆利器以俟之。俄水至，陆以勺扬其水曰："江则江矣，非南零者，似临岸之水。"使曰："某操舟深入，见者累百，敢虚绐乎[7]？"陆不言，既而倾诸盆，至半，陆遽止之，又以勺扬之曰："自此南零者矣。"使蹶然大骇[8]，伏罪曰："某自南零赍至岸，舟荡覆半，至，惧其鲜[9]，挹岸水增之。处士之鉴，神鉴也，其敢隐乎！"李与宾从数十人皆大骇愕[10]。

【注释】

①代宗：即唐代宗李豫(727—779)，初名李俶。唐朝第八位皇帝，762—779年在位。

②李季卿(709—767)：唐京兆万年(今陕西西安)人。李适之之子。弱冠举明经，颇工文词。应制举，登博学宏词科，再迁京兆府鄠县尉。肃宗朝，累迁中书舍人，以公事坐贬通州别驾。大历二年(767)卒，赠礼部尚书。

③维扬：扬州的别称。

④倾盖之欢：指一见如故的朋友。倾盖，停车。盖，古车篷。

⑤旷：错过。

⑥谨信：恭谨诚信。

⑦绐(dài)：欺骗，欺诈。

⑧蹶然：跌倒的样子。这里指因惊吓而失态。

⑨鲜：缺少，不足。

⑩骇愕：惊讶，惊愕。

【译文】

张又新《煎茶水记》记载：唐代宗年间，李季卿出任湖州刺史，行至扬州遇到陆羽。李季卿一向熟知陆羽大名，两人一见如故，因而一同去湖州，船停泊在扬子驿。即将吃饭时，李季卿说："陆先生善于煎茶，天下闻名，何况扬子江南零水品质超绝。如今二妙合一，可谓千年一遇，怎么能够错过呢！"于是命令手下恭谨诚信的军士驾驶小船携带茶瓶前往南零汲水。陆羽则洗干净茶具等待煎茶。一会儿水到了，陆羽用勺扬其水说："这水虽是扬子江水，却不是南零水，好像是临近岸边的水。"汲水军士说："我驾驶小船深入南零汲水，有上百人看见，怎么敢欺骗你呢？"陆羽不说话，然后把水倒入盆里，倒到一半时，陆羽急忙停下来，又用勺扬水说："从这里开始才是南零水了。"汲水的军士大惊跌倒，伏罪说道："我自南零汲水运到岸边时，因为小船飘荡洒了一半水，回来后害怕水不足，就舀岸边的水加了一些。先生真是神鉴，我怎么敢再隐瞒呢！"李季卿与宾客随从数十人都大为惊愕。

《茶经·本传》：羽嗜茶，著《经》三篇。时鬻茶者，至陶羽形，置炀突间，祀为茶神。有常伯熊者[①]，因羽论，复广著茶之功。御史大夫李季卿宣慰江南[②]，次临淮[③]，知伯熊善煮茗，召之。伯熊执器前，季卿为再举杯。其后尚茶成风。

【注释】

①常伯熊：唐茶学家，与陆羽同时代。

②宣慰：谓大臣代表皇帝视察某一地区，宣扬政令，安抚百姓。

③次：经过。临淮：今江苏泗洪。

【译文】

《茶经》所附《新唐书·陆羽传》记载：陆羽嗜好饮茶，著有《茶经》三卷。当时卖茶的商家，用陶器制作成陆羽的像，放置在炉灶烟囱间祭祀，尊奉为茶神。有一位叫常伯熊的人，依据陆羽的论述，又进一步宣传推广了茶的功效。御史大夫李季卿奉诏到江南宣扬政令，安抚百姓，经过临淮，知道常伯熊擅长煎茶，就召见了他。常伯熊在茶具前煮茶，李季卿又连饮几杯。以后饮茶成为社会风尚。

《金銮密记》①：金銮故例②，翰林当直学士③，春晚人困，则日赐成象殿茶果④。

【注释】

①《金銮密记》：一卷，唐韩偓撰。该书所记皆朝中琐闻细事，或偶涉政事。韩偓(842—约923)，字致尧，一作致光，小字冬郎，自号玉山樵人。京兆万年(今陕西西安)人。累官至翰林学士。晚唐五代诗人。著有《玉山樵人集》等。

②故例：惯例。

③当直：当值，值班。

④成象殿：隋宫殿，在扬州江都宫。

【译文】

韩偓《金銮密记》记载：金銮殿的惯例，翰林院值班的学士，春天晚上人容易发困，于是就每天赏赐成象殿茶果。

《梅妃传》①：唐明皇与梅妃斗茶②，顾诸王戏曰："此梅精也，吹白玉笛，作惊鸿舞③，一座光辉④，斗茶今又胜吾矣。"妃应声曰："草木之戏，误胜陛下。设使调和四海⑤，烹饪鼎鼐⑥，万乘自有宪法⑦，贱妾何能较胜负也？"上大悦。

【注释】

①《梅妃传》：一卷，传奇小说，作者不详。所传乃唐玄宗妃子梅妃故事。

②唐明皇：即唐玄宗李隆基(685—762)，因谥号为至道大圣大明孝皇帝，唐人诗文多称为“明皇”。梅妃：即唐玄宗宠妃江采蘋(710—756)，号梅妃。闽地莆田(今属福建)人。

③惊鸿舞：唐代汉族舞蹈，是唐玄宗早期宠妃梅妃的成名舞蹈。已失传。据传《惊鸿舞》着重于用写意手法，通过舞蹈动作表现鸿雁在空中翱翔的优美形象，舞姿轻盈、飘逸、柔美。

④一座光辉：在座的人都能感受到光辉。

⑤调和四海：比喻安抚天下。四海，犹言天下，全国各处。

⑥烹饪鼎鼐(nài)：比喻治理国家。《老子》：“治大国若烹小鲜。”河上公注：“鲜，鱼。烹小鱼，不去肠，不去鳞，不敢挠，恐其糜也。治国烦则下乱，治身烦则精散。”后比喻治国便民之道。鼎鼐，喻指宰相等执政大臣。

⑦万乘：周代制度规定，天子地方千里，能出兵车万乘，因以“万乘”指天子、帝王。宪法：法度。

【译文】

《梅妃传》记载：唐明皇李隆基与梅妃斗茶，环顾众王开玩笑说：“这是梅花精魂，吹着白玉笛，跳着惊鸿舞，在座的人都能感受到光辉，今天斗茶又胜过我了。”梅妃应声答道：“这不过是制茶人的游戏，我不小心胜了陛下。假使安抚天下，治理国家，陛下自有一定法度，贱妾怎么能与陛下比较胜负呢？”唐明皇听后非常高兴。

杜鸿渐《送茶与杨祭酒书》[①]：顾渚山中紫笋茶两片，一片上太夫人，一片充昆弟同歠[②]，此物但恨帝未得尝，实所叹息。

【注释】

①杜鸿渐(709—769)：字之巽。濮州濮阳(今属河南)人。历任王

府参军、大理司直、兵部侍郎、河西节度使、尚书右丞、太常卿等，封卫国公。病逝后追赠太尉，谥号文宪。

②昆弟：同昆仲，指兄和弟。歠(chuò)：饮，喝。

【译文】

杜鸿渐《送茶与杨祭酒书》写道：这里有顾渚山中紫笋茶两片，一片进献太夫人，一片与兄弟们一同品饮，这种茶只是遗憾皇上没能品尝，的确很让人感叹。

《白孔六帖》[①]：寿州刺史张镒[②]，以饷钱百万遗陆宣公贽[③]。公不受，止受茶一串，曰："敢不承公之赐？"

【注释】

①《白孔六帖》：一百卷，唐白居易、宋孔传合编。原名《六帖新书》，唐白居易编，计三十卷，宋孔传又编三十卷为后六帖。南宋末年两书合而为一，分成一百卷，取白孔二姓为名，故名《白孔六帖》。体例同《北堂书钞》，分一千三百八十七个门类。一门类前，标有"白"字的，是白书原文；标有"孔"字的，是孔书原文。白氏多采经传百家的成语故事，孔氏则泛采唐宋各种诗文杂录。此书是查找宋以前百家诗文的类书。孔传(1065—1139)，原名孔若古，字世文，后改孔传，字圣传，晚又号杉溪。曲阜(今属山东)人。另著有《文枢纪要》《孔子编年》《东京杂记》《杉溪集》等。

②张镒(？—783)：字季权，一字公度。吴郡昆山(今属江苏)人。撰《三礼图》《五经微旨》《孟子音义》等。

③饷：军饷。遗：给予，馈赠。陆宣公贽：即陆贽(754—805)，字敬舆。吴郡嘉兴(今属浙江)人。溧阳县令陆侃第九子，人称"陆九"。历任兵部侍郎、同平章事。卒后追赠兵部尚书，谥号宣。著有《陆宣公翰苑集》《陆氏集验方》等。

【译文】

《白孔六帖》记载：寿州刺史张镒，以饷钱百万赠送陆贽。陆贽推辞不接受钱，只接受了一串茶，说："怎么敢不接受先生的惠赐呢？"

《海录碎事》：邓利云："陆羽，茶既为癖，酒亦称狂。"

【译文】

叶廷珪《海录碎事》记载：邓利说："陆羽饮茶称得上癖，饮酒称得上狂放。"

《侯鲭录》：唐右补阙綦毋旻[①]，音英。博学有著述才，性不饮茶，尝著《伐茶饮序》，其略曰："释滞消壅，一日之利暂佳；瘠气耗精，终身之累斯大。获益则归功茶力，贻患则不咎茶灾。岂非为福近易知，为祸远难见欤？"旻在集贤[②]，无何以热疾暴终[③]。

【注释】

①右补阙：官名。唐武则天时置，其职为对皇帝进行规谏，并举荐人才。左补阙属门下省，右补阙属中书省。綦毋旻（qí wú yīng）：唐代人。綦毋，复姓。

②集贤：集贤殿书院的省称。

③无何：不久，不多时。热疾：泛指一切急性发作、以体温增高为主要症状的疾病。

【译文】

赵令畤《侯鲭录》记载：唐右补阙綦毋旻，旻，音英。知识渊博并有写作才能，但生性不爱饮茶，曾经著《伐茶饮序》，大概是说："饮茶可以消除体内郁积不畅，一天都会感觉舒服；使人元气缺损，精神耗散，对终身的危害却很大。获益就归功于茶的力量，留下祸患却不追咎茶的灾害。难道不是福祉近而容易知晓，祸患远难以预见吗？”綦毋煚在集贤殿书院，不久因为急性发作的热病而突然去世。

《苕溪渔隐丛话》：义兴贡茶非旧也[①]。李栖筠典是邦[②]，僧有献佳茗，陆羽以为冠于他境，可荐于上。栖筠从之，始进万两。

【注释】

①义兴：今江苏宜兴。

②李栖筠（719—776）：初名卓，字贞一，行十五。赵郡（今河北赵县）人。累官至御史大夫兼京畿节度使。唐诗文作家。典是邦：在宜兴做官。典，主持，主管。

【译文】

胡仔《苕溪渔隐丛话》记载：江苏宜兴贡茶并非旧例。唐李栖筠在宜兴做官时，有僧人献上好茶，陆羽认为品质比其他地方的都好，可以进献给皇上。李栖筠听从了陆羽的建议，开始进贡茶叶一万两。

《合璧事类》[①]：唐肃宗赐张志和奴婢各一人[②]，志和配为夫妇，号渔童、樵青。渔童捧钓收纶[③]，芦中鼓枻[④]；樵青苏兰薪桂，竹里煎茶。

【注释】

①《合璧事类》：又名《古今合璧事类备要》，三百六十六卷，宋谢维新撰。该书以天地万物、典制职官、姓氏称谓、都邑、草木虫鱼等

为主，分为天文、地理、岁时、气候、占候等门类，下续分子目，前列事类，后列诗歌。谢维新，字去咎。建安(今福建建瓯)人。其仕履未详，自署胶庠进士。

②唐肃宗：即唐肃宗李亨(711—762)，初名李嗣升、李玙，唐玄宗李隆基第三子，唐朝第七位皇帝，756—762年在位。张志和(732—774)：字子同，初名龟龄，号玄真子。祁门(今属安徽)人。著有《玄真子》《大易》等。

③纶：钓鱼用的线。

④鼓枻(yì)：指划桨，或泛舟。

【译文】

谢维新《古今合璧事类备要》记载：唐肃宗赏赐张志和奴、婢各一人，张志和将他们配为夫妇，男的叫渔童、女的叫樵青。渔童负责钓鱼，并且在芦荡中划船；樵青负责砍柴，并且在竹林里煎茶。

《万花谷》：《顾渚山茶记》云："山有鸟如鸲鹆而小[①]，苍黄色，每至正二月作声云'春起也'，至三四月作声云'春去也'。采茶人呼为报春鸟。"

【注释】

①鸲鹆(qú yù)：鸟名。俗称八哥。

【译文】

《锦绣万花谷》记载：《顾渚山茶记》中说："顾渚山中有一种鸟像八哥而略小，灰黄色，每到正月、二月就叫'春起也'，到三月、四月就叫'春去也'。采茶的人都称呼为报春鸟。"

董逌《陆羽点茶图跋》[①]：竟陵大师积公嗜茶久，非渐儿煎奉不向口[②]。羽出游江湖四五载[③]，师绝于茶味。代宗召师入内供奉，命宫人善茶者烹以饷，师一啜而罢。帝疑其诈，令人私访，得羽召入。翌日[④]，赐师斋，密令羽煎茗遗之，师捧瓯喜动颜色[⑤]，且赏且啜，一举而尽。上使问之，师曰："此茶有似渐儿所为者。"帝由是叹师知茶，出羽见之。

【注释】

①董逌（yóu）：字彦远。东平（今属山东）人。宋徽宗政和（1111—1118）中官猷阁待制，靖康（1126—1127）中官司业。建炎（1127—1130）年间，随高宗南渡，一生刻苦务学，博极群书，治学必探究本源。著有《广川书跋》《广川画跋》等。

②向口：近口，沾唇，接触口。

③出游：外出游历。江湖：四方各地。

④翌（yì）日：第二天。

⑤喜动颜色：因为得到好事物，或听见好消息而高兴欢喜，表情外露，形于颜色。

【译文】

董逌《陆羽点茶图跋》记载：陆羽师父竟陵大师积公嗜好饮茶已经很久了，不是陆羽所煎并侍奉的茶就不品饮。陆羽到四方各地游历四五年，竟陵大师就断绝了茶味。唐代宗召竟陵大师到宫内供奉，命宫里善于煎茶的人烹茶请他品饮，竟陵大师喝一口就作罢了。代宗怀疑其中有诈，就令人私下访察，找到陆羽后召进宫中。第二天，又赐竟陵大师斋饭，秘密命令陆羽煎茶供奉竟陵大师，竟陵大师捧着茶碗颜色欢喜，一边欣赏一边品饮，举起一次就品饮完了。代宗派人问他，竟陵大师说："这茶好像是陆羽所煎煮的。"代宗因此感叹竟陵大师精通茶事，请陆羽出来与师父相见。

《蛮瓯志》[①]：白乐天方斋[②]，刘禹锡正病酒[③]，乃以菊苗齑、芦菔鲊馈乐天[④]，换取六斑茶以醒酒[⑤]。

【注释】

①《蛮瓯志》：书名。不详待考。

②方斋：正吃素食。

③病酒：饮酒沉醉。

④菊苗齑(jī)：菊花苗做成的调味细末儿。芦菔(fú)鲊(zhǎ)：萝卜干儿。芦菔，萝卜。鲊，泛指盐腌食品。

⑤六斑茶：古代名茶。有醒酒功效。

【译文】

《蛮瓯志》记载：白居易正吃素食，刘禹锡正因饮酒沉醉，刘禹锡就用菊花苗做成的调味品、腌制的萝卜干赠送给白居易，以换取六斑茶用来醒酒。

《诗话》[①]：皮光业[②]，字文通，最耽茗饮。中表请尝新柑[③]，筵具甚丰[④]，簪绂丛集[⑤]。才至，未顾尊罍[⑥]，而呼茶甚急，径进一巨觥[⑦]，题诗曰："未见甘心氏[⑧]，先迎苦口师[⑨]。"众噱[⑩]，云："此师固清高，难以疗饥也。"

【注释】

①《诗话》：不详，待考。

②皮光业(876—943)：字文通。襄阳(今湖北襄樊)人。五代吴越诗文家。著有《皮氏见闻录》《妖怪录》等。

③中表：指与祖父、父亲姐妹的子女的亲戚关系，或与祖母、母亲的兄弟姐妹的子女的亲戚关系。

④筵具:筵席。

⑤簪绂(fú)丛集:显贵云集。簪绂,冠簪和缨带。古代官员服饰。亦用以喻显贵、仕宦。

⑥尊罍(léi):泛指酒器。此指酒。

⑦巨觥(gōng):大的角质酒器。亦泛指大酒杯。

⑧甘心氏:对柑的戏称。

⑨苦口师:茶的别名。

⑩噱(jué):大笑。

【译文】

《诗话》记载:皮光业,字文通,最喜爱饮茶。其表兄弟邀请他品尝新鲜柑橘,酒席非常丰盛,显贵的宾客云集。皮光业刚到,没有顾上喝酒,就急呼上茶,径直走进饮了一大杯,题诗写道:“未见甘心氏,先迎苦口师。”众人大笑,说道:“此师固然清高,只是难以充饥。”

《太平清话》:卢仝自号癖王,陆龟蒙自号怪魁。

【译文】

陈继儒《太平清话》记载:卢仝自己号称癖王,陆龟蒙自己号称怪魁。

《潜确类书》:唐钱起[①],字仲文,与赵莒为茶宴[②],又尝过长孙宅[③],与朗上人作茶会[④],俱有诗纪事。

【注释】

①钱起(722—780):字仲文。吴兴(今浙江湖州)人。因曾任考功郎中,故世称“钱考功”。唐诗人。著有《钱考功集》等。

②茶宴:设茶以宴宾客。

③过：前往拜访。

④朗：法号。上人：对长老和尚的尊称。

【译文】

陈仁锡《潜确类书》记载：唐人钱起，字仲文，与赵莒一起举办茶宴，又曾前往长孙家拜访，与朗上人举办茶会，都留下诗作记录其事。

《湘烟录》[①]：闵康侯曰[②]："羽著《茶经》，为李季卿所慢[③]，更著《毁茶论》。其名疾，字季疵者，言为季所疵也。事详传中。"

【注释】

①《湘烟录》：十六卷，明闵元京、凌义渠合编。该书分咫闻、清检、兰讯、鼎书等十门。标名奇异，欲仿段成式之《酉阳杂俎》。而其所杂采新异之事，各注所出之书，则又欲仿冯贽之《云仙杂记》。书中疏漏、舛误不少。闵元京，字子京。乌程（今浙江湖州）人。凌义渠（1593—1644），字骏甫。乌程（今浙江湖州）人。崇祯时官给事中，累言事，擢山东布政使，所至有清操，入为大理寺卿。李自成攻入北京，崇祯上吊死，义渠整衣戴冠，作书辞父，奋身殉国。谥忠清。清谥忠介。另著有《凌忠介集》。因是闵元京之甥，两人同编此书之故在此。

②闵康侯：即闵文衢，字康侯，号欧余生。乌程（今浙江湖州）人。著有《罗江东外纪》《吴兴艺文补》《增订玉壶冰》《欧余漫笔》等。

③慢：怠慢，轻慢不敬。

【译文】

闵元京、凌义渠《湘烟录》记载：闵文衢说："陆羽著《茶经》，为李季卿所怠慢，于是又著《毁茶论》。陆羽名疾，字季疵，就是说为李季卿所疵。这事详细记录在其传记中。"

《吴兴掌故录》：长兴啄木岭，唐时吴兴、毗陵二太守造茶修贡[1]，会宴于此。上有境会亭，故白居易有《夜闻贾常州崔湖州茶山境会欢宴》诗。

【注释】

①吴兴：唐天宝、至德时改湖州为吴兴郡。今浙江湖州吴兴区。毗陵：古地名。今江苏常州。

【译文】

徐献忠《吴兴掌故录》记载：长兴的啄木岭，唐朝时吴兴、毗陵两郡太守在此造茶进献朝廷，并在此举行茶宴。啄木岭上有境会亭，因此白居易有《夜闻贾常州崔湖州茶山境会欢宴》诗作。

包衡《清赏录》：唐文宗谓左右曰[1]："若不甲夜视事[2]，乙夜观书[3]，何以为君？"尝召学士于内庭[4]，论讲经史，较量文章[5]，宫人以下侍茶汤饮馔[6]。

【注释】

①唐文宗：即唐文宗李昂(809—840)，原名李涵，826—840年在位。左右：侍从，近臣。

②甲夜：初更时分。视事：就职治事。多指政事言。

③乙夜：二更时候，约为夜间十时。

④内庭：宫禁以内。

⑤较量：商讨评定。

⑥宫人：官名。负责君王的日常生活事务。饮馔(zhuàn)：饮食。

【译文】

包衡《清赏录》记载：唐文宗李昂对近臣说："如果不是初更时分就

职治事，二更时分读书，如何能做皇上呢？”他曾召见学士进入宫禁以内，谈论讲说经学和史学，商讨评定文章，宫人以下侍奉茶水饮食。

《名胜志》[①]：唐陆羽宅在上饶县东五里。羽本竟陵人，初隐吴兴苕溪，自号桑苎翁，后寓新城时，又号东冈子。刺史姚骥尝诣其宅[②]，凿沼为溟渤之状[③]，积石为嵩华之形[④]。后隐士沈洪乔葺而居之。

【注释】

①《名胜志》：即《天下名胜志》，明曹学佺撰。

②姚骥：唐代宗大历前后在世。洛阳河清（今河南孟津）人。唐代宗大历初年任太常博士。

③溟渤：溟海和渤海。多泛指大海。

④嵩华：嵩山和华山的并称。此指山岳。

【译文】

曹学佺《天下名胜志》记载：唐朝陆羽故居在江西上饶县东五里。陆羽本为竟陵人，起初隐居在吴兴的苕溪，自号桑苎翁，后来寓居新城时，又自号东冈子。刺史姚骥曾经到他家拜访，见他凿池为大海，把石头堆积成山岳的形状。后来隐士沈洪乔加以修葺并且居住于此。

《饶州志》[①]：陆羽茶灶在余干县冠山右峰[②]。羽尝品越溪水为天下第二[③]，故思居禅寺，凿石为灶，汲泉煮茶，曰丹炉，晋张氲作[④]。元大德时总管常福生[⑤]，从方士搜炉下，得药二粒，盛以金盒，及归开视，失之。

【注释】

①《饶州志》：疑为《饶州府志》。

②冠山:又称冕山,在今江西余干。相传唐代茶圣陆羽曾在此煮茶。清雍正《江西通志》卷十一:“冠山,在余干县治东。平地崛起,巍然如冠。一名双覆峰,又名羊角峰。上多奇树怪石,前瞰琵琶洲。相传唐陆羽于此煮茶。……后人因吴楚冠冕之语,易曰冕山。”

③越溪:即余干市湖。在今江西余干城南。清雍正《江西通志》卷十一:“市湖,在余干县治前,中有越水,风日清朗,如镜如练,不与众水相混。唐陆羽取以烹茶,谓味似镜湖水也。”

④张氲(653—745):名蕴,字藏真,号洪崖子。晋州神山(今山西浮山)人。唐道士。著有《高士传》《神仙记》《阿东记》等。

⑤大德:元成宗年号(1297—1307)。常福生:元大德年间曾任饶州路总管。其他不详。

【译文】

《饶州志》记载:陆羽茶灶在江西余干县冠山的右峰。陆羽曾经品评越溪水为天下第二,所以想居住于禅寺中,凿石为茶灶,汲取泉水煮茶,称为丹炉,又有传为晋人张氲所作。元大德年间总管常福生,跟随方士从丹炉下搜得丹药二粒,用金盒盛起来,等到回来打开看时,却没有了。

《续博物志》:物有异体而相制者,翡翠屑金[①],人气粉犀[②],北人以针敲冰,南人以线解茶。

【注释】

①翡翠屑金:翡翠可以使黄金成为碎末。

②人气粉犀:人气可以使犀角成为粉末。

【译文】

李石《续博物志》记载:物体有形制不同而相互制约的,比如翡翠可以使黄金成为碎末，人气可以使犀角成为粉末，北人用针来敲冰，南人却以线解茶。

《太平山川记》[①]：茶叶寮[②]，五代时于履居之[③]。

【注释】

①《太平山川记》：即叶良佩《太平县山川记》，记述太平县（今浙江温岭）的山川游记。叶良佩，字敬之，明太平（今浙江温岭）人。官至刑部郎中。另著有《周易义丛》《海峰堂集》。

②茶叶寮：即茶寮。寺中品茶小斋。寮，小斋，小屋。

③于履：五代黄岩（今浙江台州）人。与宁海郑睿俱以文名，郑睿仕吴越为都官员外郎，于履不仕，隐居叶茶寮山，自号药林。

【译文】

叶良佩《太平县山川记》记载：茶叶寮，五代时于履曾在此居住。

《类林》[①]：五代时，鲁公和凝[②]，字成绩，在朝率同列[③]，递日以茶相饮[④]，味劣者有罚，号为汤社。

【注释】

①《类林》：即《文选类林》，十八卷。宋刘攽撰。该书编取《文选》字句可供词赋之用者，分门标目，共五百四十九类。刘攽（1022—1088），字贡夫，临江新喻（今属江西）人。官终中书舍人。另著有《公非集》《中山诗语》等。

②鲁公和凝：和凝（898—955），字成绩。郓州须昌（今山东东平）人。后唐时官至中书舍人，工部侍郎。入后汉，封鲁国公。著有《疑狱集》。

③在朝：在朝廷做官。

④递日：依照次序一天接一天。

【译文】

刘攽《文选类林》记载：五代后周时，鲁国公和凝，字成绩，在朝廷做官时带领同僚，依照次序每天以茶相饮，茶味道差的就有惩罚，当时号称汤社。

《浪楼杂记》[①]：天成四年[②]，度支奏[③]：朝臣乞假省觐者[④]，欲量赐茶药。文班自左右常侍至侍郎[⑤]，宜各赐蜀茶三斤，蜡面茶二斤，武班官各有差[⑥]。

【注释】

①《浪楼杂记》：书名，不详待考。

②天成四年：929年。天成，后唐明宗年号(926—930)。

③度支：官署名。魏晋始置。掌管全国的财政收支。长官为度支尚书。南北朝以度支尚书领度支、金部、仓部、起部四曹。隋开皇初改度支尚书为民部尚书。唐因避太宗李世民讳，改民部为户部，旋复旧称。

④乞假：请假。省觐：探望父母或其他尊长。

⑤文班：文官朝见帝王时排列的班序。

⑥武班：武官朝见帝王时排列的班序。

【译文】

《浪楼杂记》记载：五代后唐明宗天成四年，度支上奏：朝臣请假回家探望父母的，希望适量赏赐茶叶和药品。文官自左右常侍到侍郎，应每人赏赐蜀茶三斤，蜡面茶二斤，武官也各有差别。

马令《南唐书》[①]：丰城毛炳好学，家贫不能自给，入庐山与诸生留讲，获镪即市酒尽醉[②]。时彭会好茶[③]，而炳好酒，时人为之语曰："彭生作赋茶三片，毛氏传诗酒半升。"

【注释】

①马令《南唐书》：三十卷，宋马令撰。该书成于崇宁四年(1105)。据其祖马元康所集旧史遗文及朝野见闻，记五代十国时南唐三十余年历史。马令，宋常州宜兴(今属江苏)人。

②"丰城毛炳好学"几句：毛炳乃五代南唐洪州丰城(今属江西)人。家贫。曾聚生徒讲学于庐山白鹿洞及南台山。性嗜酒，每得钱则买酒尽醉。原有《毛炳诗集》一卷，已佚。镪(qiǎng)，成串的钱，钱币。市，买。

③彭会：南昌(今属江西)人，与毛炳同时代。以词赋见称，性嗜茶，每得钱便买茶。

【译文】

马令《南唐书》记载：江西丰城毛炳喜读书，家庭贫困生活不能自给，就到庐山与诸生讲学，获得银两就买酒尽醉。当时彭会喜欢饮茶，而毛炳喜欢饮酒，当时人称："彭生作赋茶三片，毛氏传诗酒半升。"

《十国春秋·楚王马殷世家》[①]：开平二年六月[②]，判官高郁请听民售茶北客[③]，收其征以赡军[④]，从之。秋七月，王奏运茶河之南北，以易缯纩、战马[⑤]，仍岁贡茶二十五万斤，诏可。由是属内民得自摘山造茶而收其算[⑥]，岁入万计。高另置邸阁居茗[⑦]，号曰"八床主人"[⑧]。

【注释】

①《十国春秋》：一百一十四卷，清吴任臣撰。该书采用《旧五代史》

分代成书的体例，十国各自单独成书。此书对于五代时期的十国史事做了全面的记载。吴任臣（？—1689），字志伊。清浙江仁和（今浙江杭州）人。精通天文、乐律。曾参与纂修《明史》，撰《官历志》一篇。另著有《托园诗文集》《春秋正朔考辨》《山海经广注》等。

②开平二年：908年。开平，后梁太祖年号（907—911）。

③判官高郁（？—929）：五代楚国理财家。扬州（今属江苏）人。唐乾宁元年（894）马殷判官，佐马殷治楚，极重农业、工商业，建议听民自采茶卖于北客，收其税以赡军。以湖南地多铅铁，献策铸铅铁钱，促进入境商人易货而去。赋税改纳钱为纳帛，导致民间丝织业大盛。

④征：赋税。赡军：供养军队。

⑤缯纩（zēng kuàng）：指用缯帛丝绵制作的寒衣。

⑥算：征税。亦指征税计钱多少的单位。

⑦邸阁：古代官府所设储存粮食等物资的仓库。

⑧八床主人：五代十国时期南楚开国君主马殷的绰号。马殷在任湖南节度兵马留后时，对本部用心治理。当时百姓依赖采茶卖茶为生，于是马殷招募大户设仓收购。因为存储茶叶须用床架，所以号称"八床主人"。

【译文】

吴任臣《十国春秋·楚王马殷世家》记载：后梁开平二年六月，判官高郁奏请允许百姓出售茶叶给北方商人，征收茶税以供养军队，朝廷准奏。这年秋七月，楚王奏请运送茶叶到黄河南北两岸，用来换取用缯帛丝绵制作的寒衣和战马，仍然每年进贡茶叶二十五万斤，下诏许可。从此楚王属内的民众得以自己采摘制造茶叶，而朝廷则征收茶税，每年收入万计。高郁另外设置仓库贮存茶叶，号称"八床主人"。

《荆南列传》[1]:文了,吴僧也,雅善烹茗[2],擅绝一时。武信王时来游荆南[3],延住紫云禅院[4],日试其艺,王大加欣赏,呼为汤神[5],奏授华亭水大师。人皆目为乳妖。

【注释】

①《荆南列传》:清吴任臣撰《十国春秋》中关于荆南国的列传。

②雅善:平素擅长。

③武信王:即高季兴(858—928),原名高季昌,字贻孙。陕州硖石(今河南三门峡)人。五代时期荆南国的建立者,924—928 年在位。天成三年(928),高季兴病卒,谥武信王,葬于江陵城西。荆南:五代十国时期的十国之一。907 年高季兴任后梁荆南节度使,924 年受后唐封为南平王,世称荆南或南平。963 年为北宋所灭。

④延:邀请。紫云禅院:疑为紫云禅寺。位于今湖北三角山,始建于唐太宗贞观三年(630)。因祖师开山时有紫云萦绕山峰,故名。

⑤汤神:五代时对善于烹茶精于茶艺者的戏称。

【译文】

吴任臣《十国春秋·荆南列传》记载:文了,吴地的高僧,平素擅长烹茶,擅绝一时。武信王高季兴当政时到荆南游历,被邀请住在紫云禅院,每天考察他的茶艺,武信王大加赞赏,称呼他为汤神,并奏请朝廷授予他华亭水大师的称号。当时人们都将他视为乳妖。

《谈苑》[1]:茶之精者,北苑名白乳、头金[2],江左有蜡面[3]。李氏别命取其乳作片,或号曰“京挺”“的乳”[4],二十余品。又有研膏茶[5],即龙品也。

【注释】

①《谈苑》：即《杨文公谈苑》，初名《南阳谈薮》，宋代文言轶事小说。该书为杨亿在真宗朝与人闲谈时由其门人黄鉴记录下来的一部笔记，具有重要的文献价值。杨亿（974—1020），字大年。建州浦城（今属福建）人。“西昆体”诗歌主要作家。卒谥文，世称杨文公。

②白乳：即白乳茶。产于建州，专以赐馆阁儒臣。头金：即头金茶。产于建州，为研膏阔片茶。

③江左：江东。指长江下游以东地区。五代丘光庭《兼明书·杂说·江左》：“晋、宋、齐、梁之书，皆谓江东为江左。”蜡面：即蜡面茶。唐宋时福建所产名茶。宋程大昌《演繁露续集·蜡茶》：“建茶名蜡茶，为其乳泛汤面，与镕蜡时似，故名蜡面茶也。”

④京挺：即京挺茶，五代宋初贡茶。此茶创制于南唐，宋代马令《南唐书》：“保大四年……命建州制的乳茶，号曰京挺，蜡茶之贡自此始。”据此可知其即为的乳，蜡面茶品种之一。

⑤研膏茶：唐宋之际产于建州（今福建建瓯）的既蒸又研的茶。其茶始于唐，完善于五代南唐，极盛于宋。宋张舜民《画墁录》：“有唐茶品，以阳羡为上供，建溪、北苑不著也。贞元中，常兖为建州刺史，始蒸焙而研之，谓之研膏茶。”

【译文】

杨亿《杨文公谈苑》记载：茶中的精品，北苑有白乳茶、头金茶，江左有蜡面茶。南唐李氏另命取其嫩芽做成片茶，或叫“京挺”“的乳”，共有二十余种。又有研膏茶，就是所谓的龙茶之品。

释文莹《玉壶清话》[①]：黄夷简雅有诗名[②]，在钱忠懿王俶幕中[③]，陪樽俎二十年[④]。开宝初[⑤]，太祖赐俶“开吴镇越崇文耀武功臣制诰”[⑥]。俶遣夷简入谢于朝，归而称疾，于安溪别业保身潜遁[⑦]。著《山居》诗,有"宿雨一番蔬甲嫩,春山几焙茗旗香"之句,雅喜治宅。咸平中,归朝为光禄寺少卿[⑧],后以寿终焉。

【注释】

①释文莹《玉壶清话》:又作《玉壶野史》,十卷,宋释文莹撰。主要记述了五代后期南方政权的兴衰和宋初统一过程中的传闻轶事,还记述了李煜、徐铉、柳开、王禹偁、李昉、魏野、杨亿、陈彭年等著名文学家的创作事迹。因作者长于诗歌,故书中多谈诗之语。文莹,字道温,一说字如晦。宋钱塘(今浙江杭州)人。另著有《湘山野录》等。

②黄夷简(935—1101):字明举。宋福州(今属福建)人。吴越时,为明州判官。太平兴国初,随钱俶来朝,授检校秘书少监、元帅府掌书记,后官至检校秘书监、平江军节度副使。

③钱忠懿王俶:即钱俶(929—988),原名弘俶,字文德。临安(今浙江杭州)人。吴越国王钱倧弟。后汉乾祐元年(948)兄倧被大将胡进思所废,他继王位。宋太宗太平兴国三年(978)纳土归宋。

④樽俎:指宴席。

⑤开宝:宋太祖年号(968—976)。

⑥太祖:即宋太祖赵匡胤(927—976)。

⑦安溪:地名。在今浙江温州西北。别业:别墅。保身:保全自身。潜遁:隐退。

⑧归朝:返回朝廷。光禄寺少卿:职官名。宋前期为文臣迁转官阶,元丰新制,其本官阶易为朝议大夫,光禄寺少卿始为本寺副贰,佐领寺事,正六品。

【译文】

释文莹《玉壶清话》记载:黄夷简平素有善于作诗的名声,在忠懿王钱俶幕中陪侍宴席二十年。北宋开宝初年，宋太祖赐钱俶“开吴镇越崇文耀武功臣制诰”。钱俶派遣黄夷简入朝致谢，黄夷简归来后称病，就在安溪别墅隐退，保全自己。黄夷简著有《山居》诗，其中有“宿雨一番蔬甲嫩，春山几焙茗旗香”的诗句，他平素喜欢整治宅院。咸平年间，黄夷简返回朝廷被封为光禄寺少卿，后以高寿终老。

《五杂组》：建人喜斗茶，故称茗战。钱氏子弟取霅上瓜[1]，各言其中子之的数，剖之以观胜负，谓之瓜战。然茗犹堪战，瓜则俗矣。

【注释】

①霅(zhá)：霅溪。

【译文】

谢肇淛《五杂组》记载：建州人喜欢斗茶，因此称为茗战。吴越王钱氏子弟取来吴兴霅溪上的西瓜，每人说出其中的西瓜子数，剖开后以观胜负，称为瓜战。然而茗战还可以称为游戏，瓜战就庸俗了。

《潜确类书》：伪闽甘露堂前[1]，有茶树两株，郁茂婆娑[2]，宫人呼为清人树。每春初，嫔嫱戏于其下[3]，采摘新芽，于堂中设倾筐会。

【注释】

①伪闽：指闽王王审知的政权。

②郁茂婆娑：枝叶茂盛。

③嫔嫱：宫中女官，天子诸侯姬妾。

【译文】

陈仁锡《潜确类书》记载：五代时闽国甘露堂前面，有两株茶树，枝叶茂盛，宫人称为清人树。每年初春，宫中女官在茶树下游戏，采摘新芽，在甘露堂中举办倾筐会。

《宋史》①：绍兴四年初②，命四川宣抚司支茶博马③。

【注释】

①《宋史》：四百九十六卷，元脱脱主修。是二十四史中最庞大的一部史书，详细记载了自宋太祖建隆元年(960)赵匡胤称帝，到赵昺祥兴二年(1279)，共三百二十年历史。

②绍兴四年：1134年。绍兴，宋高宗年号(1131—1162)。

③宣抚司：官署名。南宋高宗建炎四年(1130)，始于秦州置川陕京西湖北路宣抚处置使司，简称宣抚司，以张浚为宣抚处置使，许以便宜行事，询访民间疾苦。博：换取。

【译文】

脱脱《宋史》记载：宋高宗绍兴四年初，诏令四川宣抚司支取茶叶换取马匹。

旧赐大臣茶有龙凤饰，明德太后曰①："此岂人臣可得？"命有司别制入香京挺以赐之。

【注释】

①明德太后：即宋太宗皇后李氏(960—1004)。潞州上党(今山西长治)人。984年被立为皇后，谥号"明德"。

【译文】

以前赏赐大臣的茶有龙凤雕饰，明德太后说："这怎么能是臣子可以得到的呢？"就命主管部门另外制造添加龙脑香料的京挺茶以便用来赏赐。

《宋史·职官志》：茶库掌茶[1]，江、浙、荆湖、建、剑茶茗[2]，以给翰林诸司赏赉出鬻[3]。

【注释】

①茶库：官署名，都茶库的简称。

②江：江南东路、西路。今江苏、安徽、江西一带。荆湖：荆湖南路、北路。今湖南、湖北。剑：南剑州。治所在剑浦县（今福建南平）。

③诸司：众官吏，众官署。赏赉（lài）：赏赐。

【译文】

《宋史·职官志》记载：茶库掌管茶叶，江南路、两浙路、荆湖路、建州、南剑州等地所产的茶叶，以便供给翰林院众官吏赏赐和出售之用。

《宋史·钱俶传》：太平兴国三年，宴俶长春殿，令刘铱、李煜预坐[1]。俶贡茶十万斤，建茶万斤，及银绢等物[2]。

【注释】

①刘铱（942—980）：原名刘继兴，五代十国时期南汉君主。初封卫王。南汉乾和十六年（958）刘继兴继位，改名刘铱，改元大宝。开宝八年（975），宋灭南唐后，将刘铱改命左监门卫上将军，封彭城郡公。宋太宗时改封为卫国公。太平兴国五年（980）去世，被赠授太师，追封为南越王。李煜（937—978）：初名从嘉，字重光，

号钟隐、莲峰居士。彭城(今江苏徐州)人。五代十国时期南唐君主。北宋建隆二年(961),李煜继位,尊宋为正统,岁贡以保平安。开宝八年(975),李煜兵败降宋,授右千牛卫上将军,封违命侯。太平兴国三年(978)去世,追赠太师,追封吴王。世称南唐后主、李后主。李煜精书法、工绘画、通音律,诗文均有一定造诣,尤以词的成就最高。预坐:参加坐席,入坐。

②银绢:白绢,绢素。用白色生丝织成。

【译文】

《宋史·钱俶传》记载:宋太宗太平兴国三年,皇帝宴请钱俶于长春殿,命令南汉国主刘鋹、南唐后主李煜参加坐席。钱俶贡茶十万斤,建茶一万斤,以及白绢等物。

《甲申杂记》[①]:仁宗朝[②],春试进士集英殿[③],后妃御太清楼观之[④]。慈圣光献出饼角以赐进士[⑤],出七宝茶以赐考官[⑥]。

【注释】

①《甲申杂记》:一卷,宋王巩撰。该书因写于徽宗崇宁三年(1104),是年干支为甲申,故名。记北宋的遗闻异事,上起仁宗时,下讫徽宗崇宁间,凡四十二条,皆随笔记载,不以时代为先后。所记一部分为作者及其父王素身历之事,其余则多得之于传闻。王巩(约1048—约1117),字定国,自号清虚先生。莘县(今属山东)人,晚年徙居高邮(今属江苏)。有画才,长于诗。另著有《闻见近录》《随手杂录》等。

②仁宗:即宋仁宗赵祯(1010—1063)。北宋第四位皇帝,1022—1063年在位。

③春试:唐代考试定在春夏之间。宋诸路州军科场并限八月引试,

而礼部试士，常在次年的二月，殿试则在四月，于是有春试、秋贡之名。集英殿：北宋东京（今河南开封）官殿名。

④后妃：指皇后妃嫔。太清楼：北宋东京（今河南开封）宫廷藏书画楼。在后苑。

⑤慈圣光献：圣光献皇后（1016—1079）曹氏，北宋仁宗赵祯的第二位皇后。宁晋（今河北邢台）人。祖父曹彬为北宋开国功臣。景祐元年（1034）九月册为皇后。英宗、神宗相继即位，尊为皇太后、太皇太后。元丰二年（1079）病逝，年六十四岁，谥号“慈圣光献皇后”。

⑥七宝茶：宋代茶名。宋代进士殿试，后妃出此茶赐考试官员。

【译文】

王巩《甲申杂记》记载：宋仁宗朝，进士在集英殿进行春试，皇后和妃嫔光临太清楼观看。皇后曹氏拿出小块茶饼来赏赐进士，拿出七宝茶来赏赐考官。

《玉海》①：宋仁宗天圣三年②，幸南御庄观刈麦③，遂幸玉津园④，燕群臣⑤，闻民舍机杼⑥，赐织妇茶彩⑦。

【注释】

①《玉海》：二百卷，宋王应麟撰。该书共分天文、律历、地理等二十一门，每门之下又分若干类，全书总计二百四十一类。每类中按年代先后分若干子目。每一子目中选列经史子集稗官小说中的有关记载，间亦加以按语。其中有关宋代典章制度的部分，主要取自现已失传的日历、实录、会要、国史等，有不少是现存其他史籍中所没有的内容，史料价值十分珍贵。王应麟（1223—1296），字伯厚，号深宁居士，学者称厚斋先生。庆元（今浙江宁波）人。累官至礼部尚书兼给事中等职。另著有《困学纪闻》《小学绀珠》

《三字经》等。

②天圣三年:1025年。天圣,宋仁宗年号(1023—1032)。

③幸:巡幸。指皇帝巡游驾幸。刈(yì)麦:割麦子。刈,割。

④玉津园:五代周显德中置,故址在今河南开封旧城南门外。北宋诸帝常幸此。

⑤燕:通"宴"。

⑥机杼:指织机的声音。

⑦茶彩:茶和绢帛的合称。古代常以此两物赐赠少数民族首领或外交使节。边疆少数民族因不产此两物而颇以为贵。

【译文】

王应麟《玉海》记载:宋仁宗天圣三年,皇上巡幸南御庄观看收割麦子,后驾临玉津园,赐宴群臣,听到民间房舍中织机发出的声音,赏赐织布的妇女茶叶和绢帛。

陶榖《清异录》:有得建州茶膏,取作耐重儿八枚①,胶以金缕,献于闽王曦②,遇通文之祸③,为内侍所盗④,转遗贵人。

【注释】

①耐重儿:五代贡茶名,这是一种建州产研膏团饼茶。

②闽王曦:闽太宗王延钧(?—935),继位后更名王鏻(又作王璘)。光州固始(今属河南)人。五代十国时期闽国君主。

③通文之祸:王延钧之子王继鹏将王延钧杀死而发动的政变。通文,闽康宗年号(936—939)。

④内侍:太监。

【译文】

陶榖《清异录》记载:有人得到建州的茶膏,取来作耐重儿茶八枚,在茶饼表面贴上金丝作装饰,献给闽王王延钧,正好遇到通文之祸,被太监盗走，转赠给贵人。

苻昭远不喜茶[①]，尝为同列御史会茶[②]，叹曰："此物面目严冷[③]，了无和美之态[④]，可谓冷面草也[⑤]。"

【注释】

①苻昭远：宋陈州宛丘（今河南淮阳）人。官侍卫将军、御史、许州衙内指挥使。

②会茶：会聚饮茶。

③严冷：严肃而冷峻。

④了无：毫无，全无。和美：和谐美好。

⑤冷面草：茶叶的异称。

【译文】

苻昭远不喜欢饮茶，曾经与同僚御史会聚饮茶，感叹道："此物外表严肃而冷峻，毫无和谐美好之态，可以称作冷面草。"

孙樵《送茶与焦刑部书》云[①]："晚甘侯十五人遣侍斋阁[②]。此徒皆乘雷而摘，拜水而和，盖建阳丹山碧水之乡，月涧云龛之品，慎勿贱用之。"

【注释】

①孙樵：字可之，一作隐之。关东人。大中九年（855）进士，授中书舍人。广明元年（880），迁职方郎中。著有《孙樵集》等。

②晚甘侯：茶的异名。因茶先苦后甘，故称。斋阁：书房。

【译文】

孙樵《送茶与焦刑部书》说道："晚甘侯十五人，派遣他们侍奉书房。

这些都是乘着春雷而摘，煎水调和，都是出于建阳丹山碧水之乡，月涧云龛之间的上品，千万不要轻贱地使用。”

汤悦有《森伯颂》[①]，盖名茶也。方饮而森然严乎齿牙[②]，既久，而四肢森然，二义一名，非熟乎汤瓯境界者谁能目之[③]？

【注释】

①汤悦：本名殷崇义（912—984），后避讳改名汤悦，字德川。池州青阳（今属安徽）人。南唐亡后入宋，授光禄卿。能诗善文，尤富史才。著有《汤悦集》等。

②森然：味道纯正浓郁。

③汤瓯：饭碗。此喻品饮。

【译文】

汤悦著有《森伯颂》，森伯是茶的戏称。茶才品饮时口感纯正浓郁，时间久了，四肢就感到清爽阴冷，两种含义系于一名，如果不是十分了解品饮境界的人谁能命名呢？

吴僧梵川，誓愿燃顶供养双林傅大士[①]，自往蒙顶山结庵种茶，凡三年，味方全美。得绝佳者曰“圣杨花”“吉祥蕊”，共不逾五斤，持归供献。

【注释】

①燃顶：以香火烧灼头顶，表示虔诚。双林傅大士（497—569）：本名傅翕，字玄风，号善慧。《续高僧传》谓其名傅弘，又称傅大师、双林大士、善慧大士等，自称“双林树下当来解脱善慧大师”。东阳郡乌伤县（今浙江义乌）人。南朝梁代禅宗高僧，义乌双林寺

始祖，中国维摩禅祖师。著有《善慧大士语录》《心王铭》等。

【译文】

五代时吴国僧人梵川，发誓愿以香火烧灼头顶供养双林傅大士，于是亲自前往蒙顶山上搭建简陋的屋舍种茶，三年以后，茶叶的味道方才完美。得到极品茶称为"圣杨花""吉祥蕊"，总共不超过五斤，拿回来供献给双林傅大士。

宣城何子华邀客于剖金堂，酒半，出嘉阳严峻所画陆羽像悬之①，子华因言："前代惑骏逸者为马癖②，泥贯索者为钱癖③，爱子者有誉儿癖④，耽书者有《左传》癖⑤，若此叟溺于茗事，何以名其癖？"杨粹仲曰："茶虽珍，未离草也，宜追目陆氏为甘草癖⑥。"一座称佳。

【注释】

①嘉阳：古指嘉州，今四川乐山。

②惑：迷恋。骏逸：指疾速奔驰的良马。马癖：《晋书·王浑传》附《王济传》："济善解马性，尝乘一马，著连乾鄣泥，前有水，终不肯渡。济云：'此必是惜鄣泥。'使人解去，便渡。故杜预谓济有'马癖'。"

③贯索：钱串。钱癖：《晋书·和峤传》："峤家产丰富，拟于王者，然性至吝，以是获讥于世，杜预以为峤有'钱癖'。"后因称贪财敛钱者为"钱癖"。

④誉儿癖：《太平御览》卷四九〇引三国吴虞翻《书》："虽虾不生鲤子，此子似人，欲为求妇，不知所向，君为访之，勿怪老痴誉此儿也。"后以"誉儿癖"指喜欢到处称赞儿女者。

⑤《左传》癖：《晋书·杜预传》："预尝称'济有马癖，峤有钱癖'。武

帝闻之,谓预曰:‘卿有何癖?’对曰:‘臣有《左传》癖’。”杜预著有《春秋左氏经传集解》。后以“左传癖”谓特别喜欢《左传》等史书者。

⑥甘草癖:五代时人对茶神陆羽的戏称。

【译文】

宣城人何子华邀请宾客在剖金堂宴饮,酒至半酣,拿出嘉阳严峻所画的陆羽像悬挂起来,子华因此说道:“前代迷恋骏马的人叫作马癖,喜欢钱财的人叫作钱癖,喜欢称赞子女的人叫作誉儿癖,沉溺读书的人叫作《左传》癖,像这个老头沉溺于茶事,如何称呼他的癖好呢?”杨粹仲说:“茶虽珍贵,但未离开草木,应追认陆氏为甘草癖。”在座的人都称好。

《类苑》①:学士陶穀得党太尉家姬②,取雪水烹团茶以饮,谓姬曰:“党家应不识此?”姬曰:“彼粗人,安得有此!但能于销金帐中浅斟低唱③,饮羊膏儿酒耳。”陶深愧其言。

【注释】

①《类苑》:又名《宋朝事实类苑》《皇宋事实类苑》《皇朝类苑》等,六十三卷,北宋末南宋初江少虞撰。主要记述宋太祖至宋神宗一百二十余年间史事。全书共分二十八门,各以四字标题,各门以下,再分列子目,选录诸书所记,分别编次。内容广泛,上至朝章典故、将相名人的遗闻逸事、边政外交,下至各地民情风俗、里巷琐事,无所不有。江少虞,字虞仲。衢州常山(今属浙江)人。历知建、饶、吉三州。另著有《经说》《奏议》《宋朝类诏》等。

②党太尉:即党进(927—978)。朔州马邑(今山西朔州)人。北宋初将领。历任团练使、节度使兼侍卫步军都指挥使、忠武军节度使。家姬:私家蓄养的歌伎舞女或侍妾。

③浅斟低唱:慢慢地喝酒,低低地歌唱。形容士大夫休闲享乐的

情状。

【译文】

江少虞《宋朝事实类苑》记载：翰林学士陶穀得到党太尉家的侍女，取雪水烹煮团茶品饮，对侍女说："党家应该不知道这种雅事吧？"侍女说："他是个粗俗的人，怎么会知道这种雅事！只知道在嵌金色线的精美幔帐里慢慢地喝酒，低低地歌唱，饮羊膏儿酒罢了。"陶穀深为自己的言论羞愧。

胡峤《飞龙涧饮茶》诗云①："沾牙旧姓余甘氏②，破睡当封不夜侯③。"陶穀爱其新奇，令犹子彝和之④。彝应声云："生凉好唤鸡苏佛，回味宜称橄榄仙。"彝时年十二，亦文词之有基址者也⑤。

【注释】

①胡峤：字文峤。五代时绩溪（今属安徽）人。隐居不仕，著有《梁朝名画录》。

②沾牙：谓吃喝东西。

③破睡：睡醒，使睡意消失。

④犹子：指侄子。《礼记·檀弓上》："丧服，兄弟之子犹子也，盖引而进之也。"本指丧服而言，谓为己之子期，兄弟之子亦为期。后因称兄弟之子为犹子。汉人称为从子。

⑤基址：喻事业的根基、根本。

【译文】

胡峤《飞龙涧饮茶》诗写道："沾牙旧姓余甘氏，破睡当封不夜侯。"陶穀喜欢其诗句新奇，让侄子陶彝与之唱和。陶彝应声和道："生凉好唤鸡苏佛，回味宜称橄榄仙。"陶彝当时才十二岁，也是有文词根底的青年才俊。

《延福宫曲宴记》[①]:宣和二年十二月癸巳,召宰执、亲王、学士曲宴于延福宫[②],命近侍取茶具,亲手注汤击拂。少顷,白乳浮盏面,如疏星淡月,顾诸臣曰:"此自烹茶。"饮毕,皆顿首谢。

【注释】

①《延福宫曲宴记》:一卷,宋蔡京撰。蔡京(1047—1126),字元长。北宋兴化军仙游(今属福建)人。先后四次任相,累官至太师。另著有《宣和书谱》《保和殿曲宴记》《太清楼侍宴记》等。

②宰执:指宰相等执掌国家政事的重臣。曲宴:犹私宴。多指宫中之宴。延福宫:北宋皇家宫殿,在汴京(今河南开封)宫城北拱宸门外。徽宗政和三年(1113)建。

【译文】

蔡京《延福宫曲宴记》记载:北宋宣和二年十二月癸巳,皇上召宰相、亲王、学士在延福宫举行私人宴会,皇上命近侍取茶具,亲自注水烹茶。不一会儿,白色乳沫浮于茶盏上面,如疏星淡月,回头对各位大臣说:"这是我亲自烹点的茶。"饮茶完毕,众臣都跪拜致谢。

《宋朝纪事》[①]:洪迈选成《唐诗万首绝句》[②],表进,寿皇宣谕[③]:"阁学选择甚精[④],备见博洽[⑤],赐茶一百镑,清馥香一十贴,薰香二十贴,金器一百两。"

【注释】

①《宋朝纪事》:书名,不详待考。

②洪迈(1123—1202)：字景卢，号容斋，又号野处。南宋饶州乐平(今属江西)人。官至宰执(副相)，封魏郡开国公、光禄大夫。卒年八十，谥“文敏”。著有《野处类稿》《夷坚志》《容斋随笔》等。

③寿皇：宋孝宗于淳熙十六年(1189)传位与子光宗，光宗上孝宗尊号为“至尊寿皇圣帝”，省称“寿皇”。

④阁学：宋代显谟阁、徽猷阁等阁直学士的省称。宋叶梦得《避暑录话》卷上：“龙图阁学士旧谓之老龙，但称龙阁，宣和以前，直学士、直阁同为称，未之有别也。末年，陈亨伯为发运使，以捕方贼，功进直学士，佞之者恶其下同直阁，遂称龙学，于是例以为称。而显谟阁直学士、徽猷阁直学士欲效之，而难于称谟学、猷学，乃易为阁学。”

⑤博洽：学识广博。

【译文】

《宋朝纪事》记载：洪迈选编成《唐诗万首绝句》，上表进献朝廷，宋孝宗宣布谕旨：“学士选择精确恰当，显示了广博的学识，赏赐茶一百銙，清馥香一十贴，薰香二十贴，金器一百两。”

《乾淳岁时记》：仲春上旬[①]，福建漕司进第一纲茶，名北苑试新，方寸小銙，进御止百銙，护以黄罗软盝[②]，藉以青箬[③]，裹以黄罗，夹复臣封朱印，外用朱漆小匣镀金锁，又以细竹丝织笈贮之[④]，凡数重。此乃雀舌水芽，所造一銙之值四十万，仅可供数瓯之啜尔。或以一二赐外邸[⑤]，则以生线分解转遗，好事以为奇玩。

【注释】

①仲春：春季的第二个月，即农历二月。因处春季之中，故称。

②盝(lù):盝子。古代小型妆具。常多重套装,顶盖与盝体相连,呈方形,盖顶四周下斜。多用作藏香器或盛放玺印、珠宝。

③藉:衬垫。青箬(ruò):箬竹的叶子。

④笈:竹书箱。

⑤外邸:在京的诸王住宅。

【译文】

周密《乾淳岁时记》记载:仲春的上旬,福建转运使进贡第一纲茶,叫北苑试新,这是一寸见方的小銙,进贡皇上也只有一百銙,用黄罗软盝子护封,垫上箬竹的叶子,包裹上黄罗,夹上大臣的封条朱印,外用红漆小匣镀金锁,再用细竹和丝绸编织的小箱子盛起来,一共好多层。这就是所谓的雀舌水芽,制造一銙价值四十万,仅仅可以供几杯的品饮。有时会以一二銙赐给在京的诸王,也是用生丝线将茶饼分解转赠,好事的人认为是供玩赏的珍品。

《南渡典仪》[①]:车驾幸学[②],讲书官讲讫[③],御药传旨宣坐赐茶[④]。凡驾出,仪卫有茶酒班殿侍两行[⑤],各三十一人。

【注释】

①《南渡典仪》:又名《南渡宫禁典仪》,一卷,宋周密撰。

②车驾幸学:皇帝巡幸太学。车驾,帝王所乘的车。亦用为帝王的代称。

③讲书官:为皇帝经筵进讲的官员。也指东宫侍讲官员。

④御药:官名。掌禁中医药并兼管礼文。宣坐:皇帝赐臣子坐,称为“宣坐”。

⑤仪卫:仪仗与卫士的统称。茶酒班殿侍:北宋无品武阶官名。掌殿廷值日、应奉等,位于三班借差下、大将上。共十二班,其中之

二,即为茶酒班。政和后,殿侍改名为下班祗应。

【译文】

周密《南渡典仪》记载:皇帝巡幸太学,讲书官讲完,御药传皇帝旨意,赐臣子坐下赐茶。凡皇帝外出,仪仗有茶酒班殿侍从两行,各三十一人。

《司马光日记》[①]:初除学士待诏李尧卿宣召称[②]:"有敕。"口宣毕[③],再拜,升阶,与待诏坐,啜茶。盖中朝旧典也[④]。

【注释】

①《司马光日记》:包括《日录》三卷、《手录》五卷(其中三卷仅存目录)及《日记佚文》《琐语》四种,司马光著。是司马光为编写《资治通鉴后记》中神宗朝而用的编年史。

②除:拜授官位。待诏:待命供奉内廷的人。唐代不仅文词经学之士,即医卜技术之流,亦供直于内廷别院,以待诏命。因有医待诏、画待诏等名称。宋元时对手艺工匠尊称为待诏,本此。

③口宣:口头宣布。

④中朝:朝廷,朝中。旧典:旧时的制度、法则。

【译文】

《司马光日记》记载:刚被任命的学士待诏李尧卿宣布诏令说:"有敕文。"口头宣布完毕,再次拜谢,上得阶前,与待诏同坐,品茶。这是朝廷旧时的制度。

欧阳修《龙茶录后序》:皇祐中[①],修起居注[②],奏事仁宗皇帝,屡承天问[③],以建安贡茶并所以试茶之状谕臣[④],论茶之舛谬。臣追念先帝顾遇之恩[⑤]，览本流涕，辄加正定[⑥]，书之于石，以永其传。

【注释】

①皇祐：宋仁宗年号（1049—1054）。

②起居注：皇帝的言行录。两汉时由宫内修撰，魏晋以后设官专修。

③天问：指天子的询问。

④谕：告诉。

⑤顾遇：谓被赏识而受到优遇。

⑥正定：校订改正。

【译文】

欧阳修《龙茶录后序》记载：我在皇祐年间负责修起居注，向仁宗皇帝上疏奏事，多次承蒙皇帝垂询建安贡茶之事以及烹试饼茶的情况，谈论茶事的谬误。我追念先帝赏识知遇之恩，看到皇帝所批阅的奏本，痛哭流涕，于是就校订改正，亲自书写并刊刻于石碑之上，以便永传后世。

《随手杂录》[①]：子瞻在杭时，一日中使至[②]，密谓子瞻曰："某出京师辞官家[③]。官家曰：'辞了娘娘来。'某辞太后殿，复到官家处，引某至一柜子旁，出此一角密语曰：'赐与苏轼，不得令人知。'遂出所赐，乃茶一斤，封题皆御笔[④]。"子瞻具札，附进称谢。

【注释】

①《随手杂录》：又名《清虚居士随手杂录》，一卷，宋王巩撰。杂记东都旧闻，凡三十三条。其中唯周世宗事一条，南唐事一条，吴越事一条，余皆宋事，止于英宗之初。间涉神怪，然所记朝廷大

事及士大夫轶闻甚多,可资补史。

②中使:宫中派出的使者。多指宦官。

③官家:旧时对皇帝的称呼。

④封题:物品封装妥善后,在封口处题签。

【译文】

王巩《随手杂录》记载:苏轼在杭州做官时,一天宫中派出的使者来了,悄悄对苏轼说:"我出京师向皇帝辞行。皇帝说:'向太后辞行后再来。'我离开太后殿,又到皇帝处辞行,皇帝引我至一柜子旁边,拿出一角东西悄悄说:'赐与苏轼,不要让别人知道。'于是拿出所赏赐的东西,是一斤茶,都是皇帝亲笔封题。"苏轼写奏疏交付中使向皇帝称谢。

潘中散适为处州守[①],一日作醮[②],其茶百二十盏皆乳花,内一盏如墨,诘之,则酌酒人误酌茶中。潘焚香再拜谢过,即成乳花,僚吏皆惊叹。

【注释】

①中散:中散大夫的省称。处州:隋开皇九年(589)置,治括苍县(今浙江丽水东南)。旋改名括州,唐大历末复为处州。

②醮(jiào):祈祷神灵的祭礼。

【译文】

潘中散担任处州太守时,有一天举行斋醮祭神,一百二十盏茶都呈现白色乳花,中间一盏茶色如墨,责问之下,原来是倒酒人误把酒倒入茶中。潘中散于是焚香再拜谢罪,那盏茶当即又变成白色乳花了,同僚吏役都惊叹不已。

《石林燕语》[①]:故事[②],建州岁贡大龙凤团茶各二斤,以八饼为斤。仁宗时,蔡君谟知建州,始别择茶之精者为小龙团,十斤以献,斤为十饼。仁宗以非故事,命劾之,大臣为请,因留而免劾,然自是遂为岁额。熙宁中[③],贾清为福建运使,又取小团之精者为密云龙,以二十饼为斤,而双袋谓之双角团茶[④]。大小团袋皆用绯[⑤],通以为赐也。密云龙独用黄,盖专以奉玉食[⑥]。其后又有瑞云翔龙者。宣和后,团茶不复贵,皆以为赐,亦不复如向日之精[⑦]。后取其精者为銙茶,岁赐者不同,不可胜纪矣[⑧]。

【注释】

①《石林燕语》:十卷,宋叶梦得著。该书写作始于宣和五年(1123)叶梦得归隐湖州石林谷时,至建炎二年(1128)由其子叶栋编集成书。书中偶有建炎二年之后事,当属后来增益。叶梦得仕履丰富,学问博洽,精熟掌故。书中所记多朝廷故实旧闻,尤详于官制科目,颇足以补史传之阙。

②故事:先例,旧日的典章制度。

③熙宁:宋神宗年号(1068—1077)。

④双角团茶:即密云龙茶。

⑤绯:红色丝绸。

⑥玉食:美食。此指皇帝御用。

⑦向日:往日,从前。

⑧不可胜纪:不能逐一记述。极言其多。

【译文】

叶梦得《石林燕语》记载:按旧例,建州岁贡大龙凤团茶各二斤,以八饼为一斤。宋仁宗时,蔡襄任建州知府,才开始另外挑择茶中精品,制成小龙团茶十斤以献朝廷,每斤为十个茶饼。宋仁宗认为不是先前的惯例，命令大臣弹劾他，经大臣请求赦免，因而免劾留用，然而从此就成为每年进贡的定额。宋神宗熙宁年间，贾清担任福建转运使，又取小团中的精品为密云龙，以二十饼为一斤，而双袋包装的就称为双角团茶。大小龙团都用红色丝绸，通常作为赏赐之物。密云龙独用黄色丝绸，这是专门供奉给皇帝。其后又有瑞云翔龙茶。宣和以后，团茶不再尊贵，都作为赏赐之物，也不再像从前那么精致。后来又取其中的精品做成铸茶，每年的赏赐都不一样，不能逐一记述了。

《春渚纪闻》①：东坡先生一日与鲁直、文潜诸人会②，饭既，食骨鎚儿血羹③。客有须薄茶者④，因就取所碾龙团遍啜坐客。或曰："使龙茶能言，当须称屈。"

【注释】

①《春渚纪闻》：十卷，北宋何薳(wěi)撰。该书分杂记五卷，多引仙鬼报应事，兼及谈谐琐事。何薳(1077—1145)，字子远，又称子楚，自号韩青老农，人称东都遗老。浦城(今属福建)人。

②文潜：即张耒(1054—1114)，字文潜，号柯山，人称宛丘先生。淮阴(今属江苏)人。历任县尉、著作郎兼史院检讨、太常少卿等职。著有《张右史文集》等。

③骨鎚(duī)儿血羹：一种小饼，又名骨朵。

④薄茶：淡茶，清茶。

【译文】

何薳《春渚纪闻》记载：苏轼有一天与黄庭坚、张耒等人聚会吃饭，饭后，吃骨鎚儿血羹。客人中有需要饮淡茶的，因此就取所碾的龙团茶让在座的客人一同品饮。有人说："如果龙团茶能说话，必会叫屈了。"

魏了翁《先茶记》[①]：眉山李君铿，为临邛茶官[②]，吏以故事，三日谒先茶。君诘其故，则曰："是韩氏而王号，相传为然，实未尝请命于朝也。"君曰："饮食皆有先，而况茶之为利，不惟民生食用之所资，亦马政、边防之攸赖[③]。是之弗图[④]，非忘本乎！"于是撤旧祠而增广焉，且请于郡上神之功状于朝，宣赐荣号[⑤]，以侈神赐。而驰书于靖[⑥]，命记成役[⑦]。

【注释】

①魏了翁《先茶记》：即魏了翁《邛州先茶记》。魏了翁（1178—1237），字华父，号鹤山，世称鹤山先生。宋邛州蒲江（今属四川）人。历任礼部尚书兼直学士院、佥书枢密院事、资政殿大学士等职。另著有《九经要义》《鹤山先生大全文集》等。

②临邛：古地名。今四川邛崃。茶官：旧时为管理茶务所设的官吏。

③马政：亦作"马正"。指我国历代政府对官用马匹的牧养、训练、使用和采购等的管理制度。攸：所。

④弗图：不谋划，不去做。

⑤宣赐：谓帝王赏赐。

⑥驰书：急速送信。

⑦役：事情。

【译文】

魏了翁《邛州先茶记》记载：眉山人李君铿，担任临邛管理茶务的官吏，属下吏役按照旧例，每隔三天要拜谒茶祖。李君铿责问其中的缘故，回答说："这是韩氏称王时世代相传的一贯做法，实际上并没有请命于朝廷。"李君铿说："饮食都有先祖崇拜，更何况茶叶的利益不仅仅是民众的生活日用之所资，而且也是马政、边防所依赖。这样的事情不去做，难道不是忘本吗？"于是撤掉旧祠庙而增修扩建，并且奏请郡守进而陈述茶祖的功劳行状于朝廷，皇帝赏赐荣号，增加封赏。同时急速送信告诉我，让我记录这件事情。

《拊掌录》[①]：宋自崇宁后复榷茶[②]，法制日严。私贩者固已抵罪，而商贾官券清纳有限[③]，道路有程[④]。纤悉不如令[⑤]，则被击断，或没货出告。昏愚者往往不免。其侪乃目茶笼为草大虫[⑥]，言伤人如虎也。

【注释】

①《拊掌录》：元文言谐谑小说。元延祐间辗然子作。辗然子，元怀自号。宛委山堂本《说郛》题作“宋元怀”著，《续文献通考》云：“元怀，延祐时人。”

②崇宁：宋徽宗年号(1102—1106)。

③官券：官府发行的钱票。

④有程：有期限，有定额。

⑤纤悉：细微处。

⑥侪(chái)：等辈，同类的人。大虫：指老虎。

【译文】

元怀《拊掌录》记载：宋代自徽宗崇宁年间以后又实行榷茶制度，法令制度日益严峻。私自贩卖茶叶的固然要治罪，而正当经营的商人，官府发行的钱票要限期清理交纳，行商路程也有期限。有丝毫不合于律令的，就会被作为私贩打击，或没收货物并通报。糊涂而愚蠢的人往往难免被问罪。所以同辈的茶商就视茶笼为草大虫，是说茶叶伤人如虎。

《苕溪渔隐丛话》：欧公《和刘原父扬州时会堂绝句》云：“积雪犹封蒙顶树，惊雷未发建溪春。中州地暖萌芽早，入贡宜先百物新。”注：时会堂，造贡茶所也。余以陆羽《茶经》考之，不言扬州出茶，惟毛文锡《茶谱》云：“扬州禅智寺[1]，隋之故宫[2]，寺傍蜀冈，其茶甘香，味如蒙顶焉。”第不知入贡之因起何时也。

【注释】

①扬州禅智寺：在今江苏扬州东北。《舆地纪胜》卷三十七“扬州”条：隋炀帝宫“在江都县（今江苏扬州）北五里。今为上方禅智寺”。

②故宫：旧时宫殿。

【译文】

胡仔《苕溪渔隐丛话》记载：欧阳修《和刘原父扬州时会堂绝句》诗写道：“积雪犹封蒙顶树，惊雷未发建溪春。中州地暖萌芽早，入贡宜先百物新。”注：时会堂，制造贡茶的处所。我按照陆羽《茶经》考察，并没说扬州产茶，只有毛文锡《茶谱》中说：“扬州禅智寺，是隋朝旧时宫殿，禅智寺临近蜀冈，所产茶叶味道香甜，味如蒙顶茶。”只是不知道其茶入贡的原因起源于什么时候。

《卢溪诗话》[1]：双井老人以青沙蜡纸裹细茶寄人[2]，不过二两。

【注释】

①《卢溪诗话》：宋王庭珪著。王庭珪（1080—1172），字民瞻，自号卢溪真逸。吉州安福（今江西吉安）人。另著有《卢溪文集》《六经教义》《论语讲义》等。

②双井老人：即黄庭坚，号双井老人。

【译文】

王庭珪《卢溪诗话》记载：黄庭坚以青沙蜡纸包裹细茶寄赠友人，不超过二两。

《青琐诗话》[①]：大丞相李公昉尝言[②]，唐时目外镇为粗官[③]，有学士贻外镇茶[④]，有诗谢云："粗官乞与真虚掷，赖有诗情合得尝。"外镇即薛能也。

【注释】

①《青琐诗话》：一卷，宋刘斧著。该书所记均是唐宋间诗坛的遗闻轶事。刘斧，北宋中叶人。另著有《翰府名谈》《青琐摭遗》《青琐高议》等。

②李昉（925—996）：字明远。深州饶阳（今属河北）人。官至宰相。卒后赠司徒，谥号"文正"。编著有《太平御览》《文苑英华》《太平广记》等。

③外镇：京城外设长官督守的要镇。此指镇抚地方的官员。粗官：指武官。唐代重内轻外，凡不历台省便出任节镇者，人称粗官。

④贻：赠给。

【译文】

刘斧《青琐诗话》记载：北宋丞相李昉曾经说过，唐朝时视镇抚地方的官员为粗官，有一位学士赠给镇抚地方的官员茶叶，有诗致谢写道："粗官乞与真虚掷，赖有诗情合得尝。"外镇，就是曾任徐州节度使的诗人薛能。

《玉堂杂记》[①]：淳熙丁酉十一月壬寅[②]，必大轮当内直[③]，上曰："卿想不甚饮，比赐宴时[④]，见卿面赤。赐小春茶二十镑，叶世英墨五团[⑤]，以代赐酒。”

【注释】

①《玉堂杂记》：又名《淳熙玉堂杂记》，三卷，宋周必大撰。该书所论皆为翰林旧事。周必大（1126—1204），字子充，一字弘道，号平园老叟。吉州庐陵（今江西吉安）人。官至吏部尚书、枢密使、左丞相，封许国公。庆元元年（1195），以观文殿大学士、益国公致仕。嘉泰四年（1204），卒于庐陵，追赠太师。后赐谥文忠。另著有《省斋文稿》《平园集》等。

②淳熙丁酉十一月壬寅：即宋孝宗淳熙四年（1177）十一月壬寅日。

③内直：在宫内值勤。

④比：近来。赐宴：君命臣下共宴。

⑤叶世英：宋代御前墨工。闽人。曾造“德寿宫墨”。

【译文】

周必大《玉堂杂记》记载：宋孝宗淳熙四年十一月壬寅日，轮到周必大在宫内值勤，皇上对他说：“你想必不擅长饮酒，近来赐宴时见你脸色发红。就赐你小春茶二十镑，叶世英制作的墨五团，以代替赐酒。”

陈师道《后山丛谈》[①]：张忠定公令崇阳[②]，民以茶为业。公曰：“茶利厚，官将取之，不若早自异也。”命拔茶而植桑，民以为苦。其后榷茶，他县皆失业，而崇阳之桑皆已成，其为绢而北者，岁百万匹矣。又见《名臣言行录》[③]。

【注释】

①陈师道《后山丛谈》：四卷，宋陈师道撰。该书于北宋政事、君臣言行、对辽关系至异闻传说、节令物候、书法绘画，无不涉及。陈

师道(1053—1101),字履常,一字无已,号后山。彭城(今江苏徐州)人。另著有《后山集》《后山诗话》等。

②张忠定公:即张咏(946—1015),字复之,号乖崖,谥号忠定,亦称张忠定、张乖崖。宋濮州鄄城(今属山东)人。累官至礼部尚书。著有《张乖崖集》。崇阳:唐天宝二年(743)析蒲圻县置唐年县,治今湖北崇阳西南,属鄂州。五代吴顺义七年(927)改名崇阳县。

③《名臣言行录》:前集十二卷、后集十二卷。明徐咸撰。先有杨廉依照彭韶的《名臣录赞》撰写了《名臣言行录》四卷,共记载了名臣五十五人,徐咸又编纂其近代诸臣言行录,收四十八人,魏有本做河南巡抚时将杨廉和徐咸两人所撰合到一块刻印。徐咸后来认为收录未全,又重新编纂,对杨廉的《名臣言行录》增加了十六人,对自己编纂的增加了二十五人,并分为前后两集,作序记叙编纂过程。徐咸,字正泰。海盐(今属浙江)人。官至襄阳知府。

【译文】

陈师道《后山丛谈》记载:张咏担任崇阳县令,当地人以种茶为业。张咏说:"种茶利润丰厚,官府就要索取,不如早点自己改种别的作物。"于是命令拔掉茶树而植桑树,民众深以为苦。以后实行榷茶制度,其他县的民众都失去谋生的职业,而崇阳的桑树都已经长成,制作成丝绢并销往北方,每年就达上百万匹。此事又见《名臣言行录》。

文正李公既薨[①],夫人诞日[②],宋宣献公时为侍从[③]。公与其僚二十余人诣第上寿[④],拜于帘下,宣献前曰:"太夫人不饮,以茶为寿。"探怀出之,注汤以献,复拜而去。

【注释】

①文正李公:即李昉,谥文正。薨(hōng):古代称诸侯或有爵位的

大官死去。

②诞日：生日。

③宋宣献公：即宋绶（991—1040），字公垂。赵州平棘（今河北赵县）人。因平棘为汉代常山郡治所，故称常山宋氏，后人称“宋常山公”。大中祥符元年（1008），赐同进士出身，累官至兵部尚书兼参知政事。去世后追赠司徒兼侍中，谥号“宣献”。后加赠太师、中书令、尚书令，追封燕国公。著有《天圣卤簿记》等。

④诣：晋谒，造访。古代到朝廷或上级、尊长处去之称。第：府第。

【译文】

李昉去世后，夫人生日，当时宋绶为李昉的侍从。宋绶与其他同僚共二十余人造访府第祝贺寿辰，拜倒在帘下，宋绶上前说：“太夫人不饮酒，我们以茶为您祝寿。”从怀中取出茶，注水而献上，再拜而去。

张芸叟《画墁录》[①]：有唐茶品，以阳羡为上供，建溪北苑未著也。贞元中，常衮为建州刺史[②]，始蒸焙而研之，谓研膏茶。其后稍为饼样，而穴其中，故谓之一串。陆羽所烹，惟是草茗尔。迨本朝建溪独盛，采焙制作，前世所未有也，士大夫珍尚鉴别，亦过古先[③]。丁晋公为福建转运使，始制为凤团，后为龙团，贡不过四十饼，专拟上供，即近臣之家，徒闻之而未尝见也。天圣中，又为小团，其品迥嘉于大团[④]。赐两府，然止于一斤，唯上大斋宿[⑤]，两府八人共赐小团一饼，缕之以金。八人析归[⑥]，以侈非常之赐，亲知瞻玩[⑦]，赓唱以诗[⑧]，故欧阳永叔有《龙茶小录》。或以大团赐者，辄刲方寸[⑨]，以供佛、供仙、奉家庙，已而奉亲并待客享子弟之用。熙宁末，神宗有旨，建州制密云龙，其品又加于小团[⑩]。自密云龙出，则二团少粗，以不能两好也。予元祐中[⑪]，详定殿试，是年分为制举考第官[12]，各蒙赐三饼，然亲知诛责[13]，殆将不胜。

【注释】

①张芸叟《画墁录》：一卷，宋张舜民著。“画墁”出自《孟子·滕文公下》，自谦无益于世用之意。书中多载北宋杂事、典故轶闻。其中有关宋代作家的记载和诗话，对宋代文学研究有一定参考价值。张舜民，字芸叟，自号浮休居士，又号矴斋。邠州（今陕西彬县）人。历任监察御史、龙图阁待制知定州等职。

②常衮（729—783）：字夷甫。京兆（今陕西西安）人。官至宰相，去世后追赠为尚书左仆射。

③古先：往昔，古代。

④迥：远。

⑤斋宿：在祭祀或典礼前，先一日斋戒独宿，以示虔诚。

⑥析：分开。

⑦亲知瞻玩：亲戚朋友观赏。瞻玩，观赏，玩赏。

⑧赓唱：谓以诗歌相赠答。

⑨刲（kuī）：割取。

⑩加：超过。

⑪元祐：宋哲宗年号（1086—1094）。

⑫制举：即“制科”。历代临时设置的考试科目。始于汉，皇帝常称制诏，提出问题，亲自策问应举之士。考第：考核定等第。

⑬诛责：索求，索取。

【译文】

张舜民《画墁录》记载：唐朝的茶叶品类，以阳羡茶作为上贡的佳品，福建建溪的北苑茶还不出名。唐德宗贞元年间，常衮为建州刺史，才开始蒸焙并研成细末，称为研膏茶。其后慢慢有茶饼的样子，中间穿一孔，因此被称为一串。陆羽所烹煮的茶，只是草茶而已。到了本朝，建溪茶独负盛名，其采摘、烘焙、制作，都是前代所未有的，士大夫的珍爱崇尚，鉴别水平，也都超过以前。丁谓担任福建转运使时，才开始制作凤团，后来又制作龙团，每年上贡也不过四十饼，专门供皇帝御用，即使皇帝左右亲近之臣，也只是听说而未曾见过。天圣年间，又制作小龙团，其品质远优于大龙团。赏赐给中书省和枢密院两府，然而只有一斤，只有皇上举行大斋戒的晚上，两府八个人才总共赏赐给一个小团饼，用金丝裹起来。八个人分开拿回家，作为珍贵的赏赐之物，在亲戚朋友间观赏，以诗歌来赞美，所以欧阳修就作有《龙茶小录》。有时得到大龙团赏赐，就要分成方寸小块，用以供奉佛祖、神仙、家庙，然后才能供奉双亲、款待宾客以及与子弟分享。熙宁末年，宋神宗下旨，建州制作密云龙，它的品质又超过小龙团。自制作密云龙团茶以后，龙团和凤团的制作数量较少而且粗糙，因为不能同时做到两种都制作精美。我在元祐年间详细制定殿试之制，这一年分为制举考第官员，每人得赏赐三饼，然亲戚朋友索求，几乎不胜其扰。

熙宁中，苏子容使虏①，姚麟为副②，曰："盍载些小团茶乎？"子容曰："此乃供上之物，畴敢与虏人。"未几有贵公子使虏，广贮团茶以往，自尔虏人非团茶不纳也，非小团不贵也。彼以二团易蕃罗一匹③，此以一罗酬四团，少不满意，即形言语。近有贵貂守边④，以大团为常供，密云龙为好茶云。

【注释】

①苏子容：即苏颂（1020—1101），字子容。福建泉州府同安县（今福建厦门）人。官至刑部尚书、吏部尚书，哲宗时拜相，徽宗时进太子太保，累封赵郡公。去世后追赠司空，后追封魏国公。宋理

宗时追谥正简。著有《图经本草》《新仪象法要》《苏魏公文集》等。虏:中国古代对北方外族的贬称。此指当时辽国。

②姚麟:字君瑞。五原(今属陕西)人。北宋将领,与其兄姚兕号关中"二姚",累立战功。

③蕃罗:辽代生产的丝织品被称为"蕃罗",宋曾以团茶与辽进行易货贸易,换取"蕃罗"。

④贵貂:有权势的太监。

【译文】

熙宁年间,苏颂出使北方辽国,姚麟为副使臣,对苏颂说:"何不装些小团茶呢?"苏颂说:"这是供奉皇上的物品,谁敢送给北虏人。"不久又有贵宦公子出使北方辽国,带了很多团茶前往,从此辽人就非团茶不收,非小龙团就不以为贵。他们那边以两个团饼交换一匹蕃罗,我们这边一匹蕃罗可以换四个团饼,稍有不满意,马上就吵闹。近来有权势的太监守卫北方边境,认为大龙团是常供的茶,密云龙也只是好茶而已。

《鹤林玉露》:岭南人以槟榔代茶[1]。

【注释】

①槟榔:常绿乔木。是热带药用植物。产地居民有嚼槟榔果的习惯。

【译文】

罗大经《鹤林玉露》记载:岭南人以槟榔代替茶叶。

彭乘《墨客挥犀》[1]:蔡君谟,议茶者莫敢对公发言[2],建茶所以名重天下,由公也。后公制小团,其品尤精于大团。一日,福唐蔡叶丞秘教召公啜小团[3],坐久,复有一客至,公啜而味之曰："此非独小团，必有大团杂之。"丞惊，呼童诘之，对曰："本碾造二人茶，继有一客至，造不及，即以大团兼之。"丞神服公之明审[④]。

【注释】

①彭乘《墨客挥犀》：十卷，彭乘著。该书内容取自魏泰《东轩笔录》、沈括《梦溪笔谈》、惠洪《冷斋夜话》、陈正敏《遯斋闲览》者较多。多记宋代遗闻轶事及诗话、文评等。彭乘(985—1049)，字利建。益州华阳(今四川成都)人。累官至工部郎中、翰林学士。另著有《续墨客挥犀》等。

②发言：发表意见。

③福唐：古县名。今福建福清。

④神服：衷心信服。明审：明察精细，精明仔细。

【译文】

彭乘《黑客挥犀》记载：蔡襄，谈论茶事的人没有敢对他发表意见，建茶之所以名声极大，也是因为蔡公。后来蔡公制作小龙团茶，品质比大龙团茶更精。有一天，福唐人蔡叶丞秘密派人邀请他品尝小龙团茶，坐下品尝很久，又有一位客人到来，蔡公品味着茶说："这茶不止是小龙团茶，必定有大龙团茶掺杂其中。"蔡叶丞大为惊讶，急忙叫来童子责问，童子回答道："本来碾造两个人的茶，又有一位客人来了，来不及碾造，就把大龙团茶掺杂在一起用。"蔡叶丞折服于蔡公的明察精细。

王荆公为小学士时，尝访君谟。君谟闻公至，喜甚，自取绝品茶，亲涤器，烹点以待公，冀公称赏[①]。公于夹袋中取消风散一撮[②]，投茶瓯中，并食之。君谟失色，公徐曰："大好茶味。"君谟大笑，且叹公之真率也[③]。

【注释】

①冀:希望。称赏:称赞欣赏。

②夹袋:衣服里面的口袋。消风散:药名。能内清外解,上疏下渗,消风毒,清湿热,故名。

③真率:纯真坦率。

【译文】

王安石担任翰林学士时,曾去造访蔡襄。蔡襄听说王安石来,非常高兴,取来极品茶叶,亲自洗涤茶具,烹点佳茶来款待王安石,希望能得到王安石的称赞。王安石从衣服里面的口袋中取出一撮消风散,投在茶瓯中一并饮用。蔡襄大惊失色,王安石慢慢说道:"这茶味道极好。"蔡襄大笑,而且叹服王安石的纯真坦率。

鲁应龙《闲窗括异志》[①]:当湖德藏寺有水陆斋坛[②],往岁富民沈忠建。每设斋[③],施主虔诚,则茶现瑞花,故花俨然可睹[④],亦一异也。

【注释】

①鲁应龙《闲窗括异志》:又名《括异志》,一卷,宋鲁应龙著。书中皆言神怪之事,借以阐明因果。鲁应龙,字子谦。海盐(今属浙江)人。理宗时人,布衣终身。

②当湖:一名鹦鹉湖,亦名东湖。在今浙江平湖市城区东。德藏寺:也称宝兴寺,俗称北寺,旧在平湖县治之东。唐会昌二年(842)创建,初名宝兴寺,后废。唐末五代清泰(934—936)间乡民邱邵就故址新之,宋改为德藏寺。水陆斋坛:即水陆道场。佛教法会的一种。僧尼设坛诵经,礼佛拜忏,遍施饮食,以超度水陆一切亡灵,普济六道四生,故称。

③设斋:向僧尼施食。

④俨然：宛然，仿佛。

【译文】

鲁应龙《闲窗括异志》记载：当湖德藏寺有水陆道场，是以前富裕之民沈忠所修建。每次向僧尼施食，施主恭敬而有诚意，茶中就会出现瑞花，其花纹仿佛可见，这也是一种奇异景象。

周煇《清波杂志》：先人尝从张晋彦觅茶[①]，张答以二小诗云："内家新赐密云龙[②]，只到调元六七公[③]。赖有山家供小草，犹堪诗老荐春风[④]。""仇池诗里识焦坑[⑤]，风味官焙可抗衡。钻余权幸亦及我[⑥]，十辈遣前公试烹[⑦]。"诗总得偶病，此诗俾其子代书，后误刊《于湖集》中[⑧]。焦坑产庾岭下，味苦硬，久方回甘。如"浮石已干霜后水，焦坑新试雨前茶"，东坡《南还回至章贡显圣寺》诗也。后屡得之，初非精品，特彼人自以为重，包裹钻权幸，亦岂能望建溪之胜？

【注释】

①先人：祖先。此指父亲。张晋彦：即张祁，字晋彦，号总得翁。宋历阳乌江（今安徽和县）人。以兄张邵出使金国恩补官。累迁直秘阁，为淮南转运通判。得知完颜亮阴谋叛盟，屡次上疏，并储粮练兵，防御金人，以草率从事被罢官下狱。后卜居芜湖，筑"归去来"堂。工诗文，晚年酷爱禅学，有文集。

②内家：指皇宫、宫廷。

③调元：谓调和阴阳，执掌大政。多用以指宰相。

④诗老：对诗人的敬称。意谓老于作诗者，作诗老手。

⑤仇池：指苏轼。因苏轼曾作《仇池笔记》，故称。焦坑：即焦坑茶。古代名茶，出赣粤边境大庾岭下。

⑥钻：钻营。找门路，托人情，以谋求名利。权幸：指有权势而得到帝王宠爱的奸佞之人。

⑦十辈：从事同一或同类事务的前后十人。十，约数。

⑧《于湖集》：四十卷，宋张孝祥撰。张孝祥(1132—1169)，字安国，号于湖居士。历阳乌江(今安徽和县)人。累官至显谟阁直学士。另著有《于湖先生长短句》等。

【译文】

周煇《清波杂志》记载：我的父亲曾经从张祁处寻求佳茶，张祁答以二首小诗："内家新赐密云龙，只到调元六七公。赖有山家供小草，犹堪诗老荐春风。""仇池诗里识焦坑，风味官焙可抗衡。钻余权幸亦及我，十辈遣前公试烹。"写诗时张祁偶然得病，此诗由其子代书，后来错误地刊刻到张孝祥的《于湖集》中。焦坑茶产于大庾岭之下，味道苦涩而较硬，许久才回味甘甜。如"浮石已干霜后水，焦坑新试雨前茶"诗句，是苏轼《南还回至章贡显圣寺》诗。后来我经常得到这种茶，起初并不是精品，只是因当地人自以为重，包装以后找门路送于有权势而得到帝王宠爱的奸佞之人，其品质又怎么能比得上建溪茶呢？

《东京梦华录》[①]：旧曹门街北山子茶坊内，有仙洞、仙桥，士女往往夜游[②]，吃茶于彼。

【注释】

①《东京梦华录》：十卷，宋孟元老撰。在靖康之变中，繁华的汴京被金兵洗劫一空。孟元老流落南方，回忆往事，恍然如梦，并将此书名曰《东京梦华录》。书中追记自崇宁到宣和年间东京的城市面貌、岁时物产、风土习俗等，反映北宋城市经济的发达和市民文化娱乐生活等。它为研究宋代城市经济提供了重要线索，并可补《宋史》中某些部分之不足。孟元老，原名孟钺，号幽兰居

士。北宋东京开封府(今河南开封)人。

②士女:青年男女。有时指未婚的青年男女。

【译文】

孟元老《东京梦华录》记载:旧曹门街北山子茶坊内,有仙洞、仙桥,青年男女经常夜间到此游玩,并在那里品茶。

《五色线》[①]:骑火茶,不在火前,不在火后故也。清明改火,故曰骑火茶。

【注释】

①《五色线》:一卷,又作三卷,宋佚名撰。该书摭百家杂事,记汉以来名人逸闻及市井俚语。每条各有标题。所载多密藏异迹,颇有可采者。

【译文】

《五色线》记载:骑火茶,寓意不在火前,也不在火后。清明节改火,所以叫做骑火茶。

《梦溪笔谈》:王东城素所厚惟杨大年。公有一茶囊,唯大年至,则取茶囊具茶[①],他客莫与也。

【注释】

①具:准备。

【译文】

沈括《梦溪笔谈》记载:王东城一向所厚待的只有杨大年。王东城有一个茶囊,只有杨大年到来,才取茶囊准备上茶,其他客人没有这种待遇。

《华夷花木考》[①]:宋二帝北狩[②],到一寺中,有二石金刚并拱手而立。神像高大,首触桁栋[③],别无供器,止有石盂、香炉而已。有一胡僧出入其中,僧揖坐问:"何来?"帝以南来对。僧呼童子点茶以进,茶味甚香美。再欲索饮,胡僧与童子趋堂后而去。移时不出[④],入内求之,寂然空舍[⑤]。惟竹林间有一小室,中有石刻胡僧像,并二童子侍立,视之俨然如献茶者。

【注释】

①《华夷花木考》:即《华夷花木鸟兽珍玩考》,十卷,明慎懋官撰。该书有花木考六卷、鸟兽考一卷、珍玩考一卷、续考二卷。体例芜杂,或剽取旧说,或参以己语,或标出典,或不标出典,真伪杂糅,饾饤无绪。慎懋官,字汝学。湖州(今属浙江)人。

②北狩:皇帝被掳到北方去的婉词。

③桁(héng)栋:正梁。

④移时:过了一会儿,经历一段时间。

⑤寂然:形容寂静的状态。

【译文】

慎懋官《华夷花木考》记载:宋朝徽宗、钦宗两位皇帝被金兵掳到北方去,经过一座寺庙,有两尊石制的金刚拱手而立。神像很是高大,头部几乎抵触到正梁,没有其他祭祀用的器皿,只有石盂、香炉而已。有一位胡僧出入寺庙之中,胡僧作揖坐下来问到:"从哪里来的呢?"两位皇帝回答说从南面而来。胡僧让寺内的童子泡好茶进献给两位皇帝,茶的味道非常清香甘美。两位皇帝想再索要饮用时,胡僧与童子快步向堂后走去。过了一会儿没有出来,两位皇帝就进去求茶,发现是个空的房舍。在竹林间有一个小屋,屋内有石头雕刻的胡僧像,有两位童子恭谨地站立在旁边伺候，看他们就像刚才献茶的人。

马永卿《懒真子录》[①]：王元道尝言：陕西子仙姑，传云得道术，能不食。年约三十许，不知其实年也。陕西提刑阳翟李熙民逸老[②]，正直刚毅人也。闻人所传甚异，乃往青平军自验之。既见道貌高古[③]，不觉心服。因曰："欲献茶一杯可乎？"姑曰："不食茶久矣，今勉强一啜。"既食，少顷垂两手出，玉雪如也。须臾，所食之茶从十指甲出，凝于地，色犹不变。逸老令就地刮取，且使尝之，香味如故，因大奇之。

【注释】

①马永卿《懒真子录》：五卷，宋马永卿撰。该书编次无秩序，似是信手所录而成。于诗文、史实、教育、书画、科技、语言、卜筮、方士、考据都有涉及，且多称其老师刘安世之语，大体所记均能言之有据，言之有理，可资参考。马永卿，字大年。扬州高邮（今属江苏）人。曾官永城主簿、江都丞等职。另编有《元城语录》。

②阳翟：古地名。今河南禹州。逸老：指遁世隐居的老人。

③道貌：容貌。高古：高雅古朴。

【译文】

马永卿《懒真子录》记载：王元道曾经说过：陕西子仙姑，传说修得道术，能够不吃饭。看起来大约三十多岁，不知道她的真实年龄。陕西提刑阳翟人李熙民逸老，为人正直刚毅。听别人说得很奇异，就前往青平军亲自验证。见到仙姑相貌高雅古朴，不由得信服。于是说："我想献您一杯茶，可以吗？"仙姑说："我不饮茶已经很久了，今天勉强品饮一杯。"饮茶之后，片刻垂着两手出来，如同白雪一般。一会儿，所饮的茶从十个指甲中涌出，凝结于地，色泽仍然没变。逸老下令就地刮取茶来,并让他们品尝,香味如故,因而大为惊奇。

《朱子文集·与志南上人书》[1]:偶得安乐茶[2],分上廿瓶。

【注释】

①《朱子文集》:即《朱文公文集》,全名《晦庵先生朱文公文集》,系南宋朱熹的著作。志南上人:宋诗僧。据南宋赵与虤《娱书堂诗话》载,朱熹尝跋其诗卷,则为朱熹同时人。上人,对持戒严格并精于佛学的僧侣之尊称。

②安乐茶:宋代名茶。产于江西路南康军(今江西星子),为草茶绝品。宋代王象之《舆地纪胜》卷二五:"云居山,在建昌,乃欧岌得道之处……。又出茶,号安乐茶,草茶中最为绝品。"

【译文】

朱熹《朱子文集》中有《与志南上人书》写道:偶然得到一些安乐茶,分送志南上人二十瓶。

《陆放翁集·同何元立蔡肩吾至丁东院汲泉煮茶》诗云:"云芽近自峨眉得,不减红囊顾渚春。旋置风炉清樾下[1],他年奇事属三人。"

【注释】

①清樾(yuè):清凉的树荫。樾,树荫。

【译文】

陆游《陆放翁集》中《同何元立蔡肩吾至丁东院汲泉煮茶》诗写道:"云芽近自峨眉得,不减红囊顾渚春。旋置风炉清樾下,他年奇事属三人。”

《周必大集·送陆务观赴七闽提举常平茶事》诗云:“暮年桑苎毁《茶经》[①],应为征行不到闽[②]。今有云孙持使节[③],好因贡焙祀茶人。”

【注释】

①暮年桑苎毁《茶经》:唐封演《封氏闻见记》记载:“御史大夫李季卿宣慰江南,至临淮县馆,或言伯熊善茶者,李公请为之。伯熊著黄被衫、乌纱帽,手执茶器,口通茶名,区分指点,左右刮目。茶熟,李公为歠两杯而止。既到江外,又言鸿渐能茶者,李公复请为之。鸿渐身衣野服,随茶具而入,既坐,教摊如伯熊故事。李公心鄙之。茶毕,命奴子取钱三十文酬煎茶博士。鸿渐游江介,通狎胜流,及此羞愧,复著《毁茶论》。”桑苎,陆羽号称桑苎翁。

②不到闽:因为《茶经》上没有详记福建茶品,后人怀疑陆羽未到过福建。

③云孙:从本身算起的第九代孙。亦泛指远孙。此代指陆游。使节:古代卿大夫聘于天子诸侯时所持符信。《周礼·地官·掌节》:“凡邦国之使节:山国用虎节,土国用人节,泽国用龙节。”郑玄注:“使节,使卿大夫聘于天子诸侯,行道所执之信也。”

【译文】

周必大《周必大集》中有《送陆务观赴七闽提举常平茶事》诗写道:“暮年桑苎毁《茶经》,应为征行不到闽。今有云孙持使节,好因贡焙祀茶人。”

《梅尧臣集》:《晏成续太祝遗双井茶五品,茶具四枚,近诗六十篇,因赋诗为谢》[①]。

【注释】

①晏成续:宋人,晏殊后裔。太祝:官名。为太常寺的官,主管祭祀。

【译文】

梅尧臣《梅尧臣集》中有《晏成续太祝遗双井茶五品,茶具四枚,近诗六十篇,因赋诗为谢》诗。

《黄山谷集》有《博士王扬休碾密云龙,同事十三人饮之戏作》。

【译文】

黄庭坚《黄山谷集》中有《博士王扬休碾密云龙,同事十三人饮之戏作》诗。

《晁补之集·和答曾敬之秘书见招能赋堂烹茶》诗:"一碗分来百越春[①],玉溪小暑却宜人。红尘他日同回首,能赋堂中偶坐身。"

【注释】

①百越:我国古代南方越人的总称。分布在今浙、闽、粤、桂等地,因部落众多,故总称百越。亦指百越居住的地方。

【译文】

《晁补之集》中有《和答曾敬之秘书见招能赋堂烹茶》诗写道:"一

碗分来百越春，玉溪小暑却宜人。红尘他日同回首，能赋堂中偶坐身。”

《苏东坡集·送周朝议守汉川》诗云[①]：“茶为西南病，甿俗记二李[②]。何人折其锋，矫矫六君子。”注：二李，杞与稷也。六君子谓师道与侄正儒、张永徽、吴醇翁、吕元钧、宋文辅也[③]。盖是时蜀茶病民，二李乃始敝之人，而六君子能持正论者也。

【注释】

①朝议：朝议大夫的省称。始置于隋，散官。

②甿(méng)俗：民俗，风尚。二李：指李杞和李稷。李杞，官大理寺丞，曾与苏轼相唱和。李稷(?—1082)，字长卿。北宋邛州(今四川邛崃)人。以父荫为将作监主簿，历河北西路、东路转运判官。提举成都府路茶事，两年间课羡七十六万缗，擢盐铁判官。

③师道：即周思道，名表权，后更名表臣。新繁(今属四川)人。累官知汉州。正儒：即周尹，字正儒。新繁(今属四川)人。曾任尚书屯田郎侍御史。张永徽：即张宗谔。曾为利州路漕臣。吴醇翁：即吴师孟(1021—1110)，字醇翁。成都(今属四川)人。熙宁十年(1077)，知蜀州。论茶法害民，遂谢事去。吕元钧：即吕陶(1027—1103)，字元钧，号净德。成都(今属四川)人，一作眉州彭山(今属四川)人。熙宁三年(1070)，改蜀州通判，迁知彭州。因累疏反对榷茶，贬监怀安军商税。著有《净德集》。宋文辅：即宋大章，字文辅。曾任彰明县知县，因上疏反对榷茶而被贬。

【译文】

苏轼《苏东坡集》中有《送周朝议守汉川》诗写道：“茶为西南病，甿俗记二李。何人折其锋，矫矫六君子。”注：二李，李杞与李稷。六君子，即周表臣、周尹、张宗谔、吴师孟、吕陶、宋大章。由于当时蜀茶实行禁榷，危害于民，二李是始作俑者，而六君子能坚持正义抗论救民。

仆在黄州[①]，参寥自吴中来访[②]，馆之东坡[③]。一日，梦见参寥所作诗，觉而记其两句云：“寒食清明都过了，石泉槐火一时新。”后七年，仆出守钱塘，而参寥始卜居西湖智果寺院[④]，院有泉出石缝间，甘冷宜茶。寒食之明日，仆与客泛湖自孤山来谒参寥，汲泉钻火烹黄蘖茶[⑤]。忽悟所梦诗，兆于七年之前。众客皆惊叹。知传记所载，非虚语也。

【注释】

①仆：古代男子谦称自己。

②参寥：即宋僧道潜（1043—?），俗姓何，本名吴潜，号参寥子。赐妙总大师。杭州於潜（今属浙江）人。善诗，与苏轼、秦观为诗友。著有《参寥子集》。

③馆：住。东坡：古地名。在今湖北黄冈东。北宋元丰年间苏轼谪黄州居此，自号东坡居士。

④卜居：择地居住。

⑤钻火：钻木取火。黄蘖（niè）茶：宋代名茶。产于江西瑞州。

【译文】

我在黄州时，道潜从吴中前来拜访，住在东坡。有一天，我梦到道潜所作的诗，醒来后记住其中的两句：“寒食清明都过了，石泉槐火一时新。”又过了七年，我出任杭州知州，而道潜也开始选择居住在西湖智果寺院，寺院内有泉自石缝间涌出，甘甜冷冽适宜烹茶。寒食节后第二天，我与客人乘舟泛湖自孤山来拜见道潜，汲取泉水，钻木取火，烹煮黄蘖茶。忽然感悟到所梦之诗，于七年之前已有征兆。众位宾客都惊奇感叹。由此可知传记中所记载的故事，并非假话。

东坡《物类相感志》[①]：芽茶得盐，不苦而甜。又云：吃茶多腹胀，以醋解之。又云：陈茶烧烟，蝇速去。

【注释】

①东坡《物类相感志》：一卷，宋苏轼撰。主要记述磁石引针、琥珀拾芥、蟹膏投漆漆化为水、皂角入灶突烟煤坠、胡桃烧炭可藏针、酸浆入盂水垢浮等物物相感之事。全书共分总论、身体、衣服、饮食、器用等十三部分，总论以外，共四百四十八条。皆为疗治及禁忌之事，多为生活经验之谈。

【译文】

苏轼《物类相感志》中说：芽茶放盐，不觉苦涩而觉甘甜。又说：喝茶多了会腹胀，可用醋解之。又说：用陈茶熏烟，能快速驱赶苍蝇。

《杨诚斋集·谢傅尚书送茶》：远饷新茗，当自携大瓢，走汲溪泉，束涧底之散薪，然折脚之石鼎，烹玉尘[①]，啜香乳[②]，以享天上故人之惠[③]。愧无胸中之书传[④]，但一味搅破菜园耳[⑤]。

【注释】

①玉尘：指茶叶粉末。

②香乳：芳香的乳汁。

③故人：旧交，老友。

④书传：著作，典籍。

⑤搅破菜园:即羊破菜园。陆云《笑林》:“有人常食菜蔬,忽食羊,梦五藏神曰:‘羊踏破菜园’”比喻偶贪荤食而致腹疾。

【译文】

杨万里《杨诚斋集》中有《谢傅尚书送茶》记载:承蒙您从远方赠送的新茶,我应当携带大瓢,汲取山溪泉水,收拾山涧底下散落柴火,然后用折脚的石鼎,烹煮茶叶粉末,品尝香乳,以享天边老友的恩惠。只可惜我心中没有诗文可以流传,只是偶尔贪吃荤食而致腹疾而已。

郑景龙《续宋百家诗》[①]:本朝孙志举[②],有《访王主簿同泛菊茶》诗。

【注释】

①郑景龙《续宋百家诗》:即郑景龙编《续百家诗选》,二十卷。郑景龙,字伯允。三衢(今浙江衢州)人。约为南宋理宗时人,为当时诗歌选家,选有多部诗歌选本。

②孙志举:即孙勰,字志举,孙立节之季子。博学工诗,郡县长官多次荐举他做官,他坚辞不就。隐居延春谷,环堵萧然。东坡为他的居所题额“竹林隐居”,以竹林七贤比拟他旷达放任的潇洒风度,并赠诗说:“小孙又过我,欢若平生亲。清诗五百言,句句皆绝伦。”

【译文】

郑景龙《续宋百家诗》记载:本朝的孙志举,有《访王主簿同泛菊茶》诗。

吕元中《丰乐泉记》[①]:欧阳公既得酿泉[②],一日会客,有以新茶献者。公敕汲泉瀹之。汲者道仆覆水[③],伪汲他泉代。

公知其非酿泉,诘之,乃得是泉于幽谷山下,因名丰乐泉。

【注释】

①吕元中《丰乐泉记》:即吕本中《紫薇泉记》。吕本中,时任滁州通判。紫薇泉,在安徽滁州南幽谷旁,原名丰乐泉。宋代欧阳修有《丰乐亭记》记其事。元祐初,滁守陈知新改为紫薇泉。

②酿泉:宋时滁州(今安徽滁县)境内的一处泉水,因水清可以酿而得名。

③仆:向前跌倒。

【译文】

吕元中《丰乐泉记》记载:欧阳修访得酿泉,一天会聚宾客,有人献上新茶。欧阳修命仆人汲取泉水煎茶。汲水的仆人在路上跌倒把水弄洒了,就汲取其他泉水来替代。欧阳修知道不是酿泉的水,责问汲水的仆人,才知道另一处泉水在幽谷山下,因而命名为丰乐泉。

《侯鲭录》:黄鲁直云:“烂蒸同州羊[①],沃以杏酪[②],食之以匕,不以箸。抹南京面作槐叶冷淘[③],糁以襄邑熟猪肉[④],炊共城香稻[⑤],用吴人鲙松江之鲈[⑥]。既饱,以康山谷帘泉烹曾坑斗品[⑦]。少焉[⑧],卧北窗下,使人诵东坡《赤壁》前后赋[⑨],亦足少快。”又见《苏长公外纪》[⑩]。

【注释】

①同州羊:又名苦泉羊、沙苑羊。唐在同州朝邑(即今陕西大荔沙苑地区)设“沙苑监”,牧养陇右诸牧牛羊。因牧草丰茂,又有含某些矿物质之苦泉水,经长期风土驯化和人工选育育成同州羊。同州羊被毛纯白柔细,脂肪丰厚,肉质鲜美。

②杏酪：杏仁粥。古代多为寒食节食品。隋杜台卿《玉烛宝典·二月仲春》："寒食又作醴酪……酪，捣杏子人煮作粥。"注："世悉作大麦粥，研杏人为酪。"

③抹：细切。槐叶冷淘：一种凉食。以面与槐叶水等调和擀开，切成饼、条、丝等形状，煮熟，用凉水汀过后食用。唐杜甫有《槐叶冷淘》诗，仇兆鳌注引朱鹤龄曰："以槐叶汁和面为冷淘。"

④襄邑：今河南睢县。

⑤共城：今河南辉县。

⑥鲙（kuài）：同"脍"。把鱼、肉切成薄片。松江之鲈：吴淞江的鲈鱼。

⑦斗品：茶叶之精品。

⑧少焉：少刻，一会儿。

⑨东坡《赤壁》前后赋：即苏轼《赤壁赋》及《后赤壁赋》。

⑩《苏长公外纪》：十二卷，明王世贞编，明璩之璞补编。记述苏轼年谱、传记以及诸家评定、生活琐事。王世贞（1526—1590），字元美，号凤州、弇州山人。太仓（今属江苏）人。另著有《弇州山人四部稿》《弇山堂别集》《嘉靖以来首辅传》等。璩之璞，字仲玉，一字君瑕。华亭县（今上海松江）人。

【译文】

赵令畤《侯鲭录》记载：黄庭坚说："烂蒸同州羊，浇上杏仁粥，用匕首边切边吃，而不用筷子。把南京面切细做成槐叶冷淘，加上襄邑的熟猪肉，炊煮共城的香稻，吃吴人制作的吴淞江的鲈鱼。吃饱之后，用康山谷帘泉水烹煮精品的曾坑茶。一会儿，仰卧在向北的窗户下面，使人诵读苏轼的前后《赤壁赋》，也足以称为快事。"此事又见《苏长公外纪》。

《苏舜钦传》[①]：有兴则泛小舟出盘、阊二门[②]，吟啸览古[3],渚茶野酿[4],足以消忧。

【注释】

①《苏舜钦传》:《宋史》中关于苏舜钦的传记。苏舜钦(1008—1048),字子美。梓州铜山(今四川中江)人。曾任大理评事、集贤殿校理等职。与梅光臣合称“苏梅”。著有《苏学士文集》《苏舜钦集》等。

②盘、阊二门:苏州二城门名。盘指盘门,阊指阊门。亦借指苏州。

③吟啸:高声吟唱,吟咏。览古:游览古迹。

④渚茶:指江南水乡洼地中丛生的野茶。野酿:山野人家酿的酒。

【译文】

《苏舜钦传》记载:有兴致时驾着小船出苏州,高声吟咏,游览古迹,江南水乡洼地中丛生的野茶,山野人家酿的酒,都足以消除愁闷。

《过庭录》[1]:刘贡父知长安[2],妓有茶娇者,以色慧称。贡父惑之,事传一时。贡父被召至阙[3],欧阳永叔去城四十五里迓之[4],贡父以酒病未起。永叔戏之曰:“非独酒能病人,茶亦能病人多矣。”

【注释】

①《过庭录》:一卷,宋范公偁著。该书多述祖德,皆于绍兴十七、八年间(1147—1148)闻之于父者,故名《过庭录》。过庭,出自《论语·季氏》之“鲤趋而过庭”语,是父亲教诲子弟的言止。范公偁(1126—1158),吴县(今江苏苏州)人。范仲淹玄孙。

②刘贡父:即刘攽(1023—1089),字贡夫,一作贡父、赣父,号公非。临江新喻(今江西新余)人。官至中书舍人。著有《东汉刊误》等。

③阙：皇帝居处，借指朝廷。

④迓(yà)：迎接。

【译文】

范公偁《过庭录》记载：刘敞任长安知府，有一位叫茶娇的妓女，以美貌智慧著称。刘敞被她迷惑，其事传诵一时。刘敞被召回朝廷，欧阳修出城四十五里迎接他，刘敞因为醉酒而未起。欧阳修调侃他说："不是只有酒能醉人，茶也能使人醉。"

《合璧事类》：觉林寺僧志崇制茶有三等[①]：待客以惊雷荚[②]，自奉以萱草带[③]，供佛以紫茸香[④]。凡赴茶者，辄以油囊盛余沥[⑤]。

【注释】

①觉林寺：寺院名。在今重庆南岸区莲花山麓。

②惊雷荚：寺院奉客之茶。

③萱草带：寺院僧人自饮之茶。

④紫茸香：充佛供养之茶，即礼佛之名茶。

⑤油囊：涂有桐油的可盛液体的布袋。

【译文】

谢维新《古今合璧事类备要》记载：觉林寺僧人志崇制茶分为三等：寺院奉客用惊雷荚，僧人自己饮用萱草带，佛前祭祀用紫茸香。凡是去赴茶会的人，就用油囊来盛剩余的茶水。

江南有驿官[①]，以干事自任[②]。白太守曰[③]："驿中已理，请一阅之。"刺史乃往，初至一室为酒库，诸醖皆熟[④]，其外悬一画神，问："何也？"曰："杜康[⑤]。"刺史曰："公有余也。"又至一室为茶库，诸茗毕备，复悬画神，问："何也？"曰："陆鸿渐。"刺史益喜。又至一室为菹库⑥，诸俎咸具⑦，亦有画神，问："何也？"曰："蔡伯喈⑧。"刺史大笑，曰："不必置此。"

【注释】

①驿官：驿站的官吏。

②干事：谓办事干练。

③白：禀告，报告。

④醞(yùn)：酿酒。此指酒。

⑤杜康：传说为最早造酒的人。《说文解字》载杜康始作秫酒。据民间传说和历史资料记载，杜康又名少康，夏朝人，是夏朝的第五位国君，夏后氏相的儿子(另有黄帝时期人、东周洛阳人、汉代人等多种说法)。因杜康善酿酒，后世将杜康尊为酒神。

⑥菹(zū)：肉酱。

⑦俎(zǔ)：古代割肉用的砧板。多木制，也有青铜铸的，方形，两端有足。

⑧蔡伯喈：即蔡邕(132—192)，字伯喈。因官至左中郎将，后人称他为"蔡中郎"。陈留圉(今河南杞县)人。通经史，善辞赋，擅篆、隶书。

【译文】

江南有一位驿站的官吏，以办事干练自任。禀告太守说："驿站中的事务已经处理好，请前去察看。"于是刺史就前往视察，先到一个房间是酒库，各种酒都熟了，室外悬挂一幅神像，问："这是谁？"回答说："酒神杜康。"刺史说："您公务完成得绰绰有余。"又到一个房间为茶库，各种茶品齐全，室外也悬挂一幅神像，问："这是谁？"回答说："茶神陆羽。"刺史更加高兴。又到一个房间为肉酱库，各种砧板都有，室外也悬挂一幅神像，问："这是谁？"回答说："蔡邕。"刺史大笑，说："这个不必放在这里。”

江浙间养蚕，皆以盐藏其茧而缫丝[①]，恐蚕蛾之生也。每缫毕，即煎茶叶为汁，捣米粉搜之。筛于茶汁中煮为粥，谓之洗缸粥。聚族以啜之，谓益明年之蚕。

【注释】

①缫丝：把蚕茧煮过后抽出丝来。

【译文】

江浙一带养蚕，都用盐藏在蚕茧中去缫丝，恐怕蚕茧生出蚕蛾。每当缫丝完毕，就要煎茶叶为汁，把米粉捣碎检查。筛到茶汁中煮成粥，称为洗缸粥。整个家族的人聚在一起品饮，说有益于明年的蚕业生产。

《经钼堂杂志》[①]：松声、涧声、山禽声、夜虫声、鹤声、琴声、棋落子声、雨滴阶声、雪洒窗声、煎茶声，皆声之至清者。

【注释】

①《经钼堂杂志》：八卷，宋倪思撰。为倪思随手札记。书中有议论，也有考证。涉及政治、经济、文化、社会风俗习惯、为人处世、治家等各个方面，所论有一定的参考价值。倪思(1147—1220)，字正甫。湖州归安(今属浙江)人。累官至礼部尚书。另著有《齐斋甲乙稿》《兼山集》等。

【译文】

倪思《经钼堂杂志》记载：松声、涧声、山禽声、夜虫声、鹤声、琴声、棋落子声、雨滴阶声、雪洒窗声、煎茶声，这些都是声音中的至清者。

《松漠纪闻》[①]:燕京茶肆设双陆局[②],如南人茶肆中置棋具也。

【注释】

①《松漠纪闻》:三卷,宋洪皓撰。该书为洪皓留金时耳闻目睹,随笔杂录。所记乃金国政治、经济及风土人情,兼及回鹘、契丹诸民族社会情况,虽颇与他史不合,然洪皓久居金国,为其亲身见闻,故对金史、北方民族史及宋金关系史研究仍有一定的史料价值。洪皓(1088—1155),字光弼。鄱阳(今江西鄱阳)人。官至徽猷阁学士,谥忠宣。另著有《鄱阳集》等。

②燕京:今北京的别称。辽会同元年(938)以幽州为南京,又称燕京。金初专称燕京。茶肆:茶馆。双陆:古代的一种博戏。其局如棋盘,左右各有六路,因此得名,又名"双六"。其棋子称作"马",马作椎形。两人各用十五枚子相博,以骰子掷采而行马。先出完者为胜。

【译文】

洪皓《松漠纪闻》记载:燕京茶馆设置双陆局,如同南方人茶馆中设置棋具一样。

《梦粱录》[①]:茶肆列花架,安顿奇松、异桧等物于其上[②],装饰店面,敲打响盏[③]。又冬月添卖七宝擂茶、馓子、葱茶[④]。茶肆楼上专安着妓女,名曰花茶坊。

【注释】

①《梦粱录》:二十卷,宋吴自牧著。该书自序称"缅怀往事,殆犹梦也",故名《梦粱录》,末署"甲戌岁中秋日",盖咸淳十年(1274)。

是书仿孟元老《东京梦华录》体例，备载南宋郊庙、宫殿以及百工杂戏之事，措词质实，方言俚语杂出，虽不及《东京梦华录》文字华美，但以资料性取胜，可与周密《武林旧事》参互稽考南宋遗闻。吴自牧，南宋临安钱塘(今浙江杭州)人。

②桧：即圆柏。一种常绿乔木，叶有鳞形和刺形两种，雌雄异株，果实球形，木材桃红色，有香气。

③响盏：南宋都城临安(今浙江杭州)市井茶肆夜市间所用的招徕响器，即敲击茶盏作响。

④擂茶：用茶叶和芝麻等配料在盆钵中研烂成糊状而啜饮之茶，流行于我国湖南、闽南客家人聚居地区，乃待客必备之茶。此茶宋代即已有之。宋代袁文《瓮牖闲评》卷六载："余生汉东，最喜啜畾茶。闲时常过一二北人，知余喜啜此，则往往煮以相饷，未尝不欣然也。其法：以茶芽盏许，入少脂麻，沙盆中烂研，量水多少煮之，其味极甘腴可爱。苏东坡诗云'柘罗铜碾弃不用，脂麻白土须盆研'者是矣。"葱茶：指古人煎茶入葱。烹茶入姜盐者颇多，入葱椒者亦不乏其例。是茶从菜食过渡到饮料阶段的遗存。

【译文】

吴自牧《梦粱录》记载：茶馆中陈列花架，上面安顿奇松、异桧等物，装饰店面，敲打茶盏作响。又在冬天时添卖七宝擂茶、馓子、葱茶。茶馆楼上专门安排有妓女的，名字叫花茶坊。

《南宋市肆记》①：平康歌馆②，凡初登门，有提瓶献茗者。虽杯茶，亦犒数千③，谓之点花茶。

【注释】

①《南宋市肆记》：又名《武林市肆记》，宋周密撰。该书详细记载了

南宋临安餐饮、娱乐等商业店铺，酒楼配备的歌妓数量等。

②平康：唐长安丹凤街有平康坊，为妓女聚居之地。唐孙棨《北里志·海论三曲中事》："平康入北门，东回三曲，即诸妓所居。"歌馆：表演歌舞的楼馆。

③犒：犒赏。

【译文】

周密《南宋市肆记》记载：平康巷表演歌舞的楼馆，凡是初次登门的客人，就有专门提着茶瓶献茶的人。虽然只是一杯茶，也要犒赏数千钱，称为点花茶。

诸处茶肆，有清乐茶坊、八仙茶坊、珠子茶坊、潘家茶坊、连三茶坊、连二茶坊等名。

【译文】

各处的茶馆，有清乐茶坊、八仙茶坊、珠子茶坊、潘家茶坊、连三茶坊、连二茶坊等名号。

谢府有酒，名胜茶。

【译文】

谢府有酒，名字叫做胜茶。

宋《都城纪胜》[①]：大茶坊，皆挂名人书画。人情茶坊，本以茶汤为正。水茶坊，乃娼家聊设果凳，以茶为由，后生辈甘于费钱，谓之干茶钱。又有提茶瓶及龊茶名色[②]。

【注释】

①《都城纪胜》：又名《古杭梦游录》，一卷，宋耐得翁撰。耐得翁曾寓游都城临安（今浙江杭州），根据耳闻目睹的材料仿效《洛阳名园记》，于南宋理宗端平二年（1235）写成该书。共分市井、诸行、酒肆等十四门，记载临安的街坊、店铺、塌坊、学校、寺观、名园、教坊、杂戏等。为研究这一时期杭州的时俗民风提供了重要资料。耐得翁，姓赵，当为南宋宁宗、理宗时人。

②龊茶：宋代习俗。官府兵丁差役向街肆店铺点送茶水，借以乞求钱物，谓之"龊茶"。

【译文】

宋耐得翁《都城纪胜》记载：大茶坊，都悬挂着名人书画。根据人之常情，茶坊本来就应以供应茶水为正经生意。水茶坊，就是娼妓家设置的地方，约略摆些水果桌凳，以卖茶为由，年轻人甘心花费钱财，称为干茶钱。又有提茶瓶及龊茶等名目。

《臆乘》[①]：杨衒之作《洛阳伽蓝记》，曰"食有酪奴"，盖指茶为酪粥之奴也。

【注释】

①《臆乘》：一卷，宋杨伯岩撰。杨伯岩（？—1254），一作伯喦，字彦瞻，号泳斋。代州崞县（今山西代县）人，居临安（今浙江杭州）。宋淳祐间以工部郎知衢州。受外祖父薛尚功影响，好古文字学。另著有《九经韵补》《泳斋近思录衍注》等。

【译文】

杨伯岩《臆乘》记载：杨衒之作《洛阳伽蓝记》，说"饮食有酪奴"，大概是指茶为酪粥的奴婢。

《琅嬛记》[①]：昔有客遇茅君[②]，时当大暑，茅君于手巾内解茶叶，人与一叶，客食之，五内清凉[③]。茅君曰："此蓬莱穆陀树叶[④]，众仙食之以当饮。"又有宝文之蕊[⑤]，食之不饥。故谢幼贞诗云[⑥]："摘宝文之初蕊，拾穆陀之坠叶。"

【注释】

①《琅嬛记》：三卷，旧题元伊世珍撰。其书卷首载张华为建安从事，遇一仙人，引至石室，见石室多奇书，因问其地为何地？仙人回答曰："琅嬛福地也。"后伊世珍依据其事撰成此书，特定名为《琅嬛记》。书中记载多为前所未见者，大抵真伪相杂，且多神怪之事。伊世珍，字席夫。其生平不详。

②茅君：道家传说中的三神仙，即茅盈及其弟茅固、茅衷，也即司命真君、定箓真君、保命仙君。据传曾隐居于三茅山，世称三茅君。道教清微派尊为教祖。

③五内：五脏，指内心。

④穆陀树叶：即穆陀茶。古代茶名。

⑤宝文：传说蓬莱山上的一种树木名。

⑥谢幼贞：不详，待考。

【译文】

伊世珍《琅嬛记》记载：从前有客人遇到三茅真君，当时天气酷热，三茅真君从手帕内取出茶叶，给每人一片，客人品饮后，感到五脏清凉。三茅真君说："这是蓬莱穆陀树叶，众位神仙作为饮品服用。"又有宝文树的花蕊，服用后不会感到饥饿。因而谢幼贞诗写道："摘宝文之初蕊，拾穆陀之坠叶。"

杨南峰《手镜》载[①]：宋时姑苏女子沈清友，有《续鲍令晖香茗赋》。

【注释】

①杨南峰《手镜》：即杨循吉《奚囊手镜》，十三卷。杨循吉(1456—1546)，字君卿，一作君谦，号南峰、雁村居士等。南直隶苏州府吴县(今江苏苏州)人。另著有《松筹堂集》等。《手镜》，即《奚囊手镜》，该书荟粹各家类书，颇称博赡。但卷帙浩繁，又不分门目，显得茫无体例。

【译文】

杨循吉《奚囊手镜》记载：宋朝时苏州女子沈清友，著有《续鲍令晖香茗赋》。

孙月峰《坡仙食饮录》：密云龙茶极为甘馨。宋廖正一[①]，字明略，晚登苏门，子瞻大奇之。时黄、秦、晁、张号苏门四学士[②]，子瞻待之厚，每至必令侍妾朝云取密云龙烹以饮之。一日，又命取密云龙，家人谓是四学士，窥之乃明略也。山谷诗有"矞聿云龙"，亦茶名。

【注释】

①廖正一：字明略，号竹林居士。安州(今湖北安隆)人。神宗元丰二年(1079)进士，元祐六年(1091)充馆阁校勘，权杭州通判，同年除秘阁校理。绍圣二年(1095)，出知常州。后贬信州玉山酒税，卒。著有《竹林集》。

②苏门四学士：指黄庭坚、张耒、晁补之、秦观。四人俱游苏轼之门，以诗文为苏轼赏识荐拔，与轼交谊在师友之间。哲宗元祐年间，四人皆入供馆职，故世称苏门四学士。

【译文】

孙矿《坡仙食饮录》记载：密云龙茶极为甘甜馨香。宋人廖正一，字明略，拜师苏轼门下的时间较晚，但苏轼非常器重他。当时黄庭坚、秦观、晁补之、张耒四人号称苏门四学士，苏轼待他们非常优厚，每次来必定让侍妾朝云上密云龙茶。有一天，苏轼又命朝云取密云龙茶，家人以为是四学士来了，暗中一看却是廖正一。黄庭坚诗中有“矞音聿云龙”，也是茶名。

《嘉禾志》[①]：煮茶亭，在秀水县西南湖中[②]，景德寺之东禅堂[③]。宋学士苏轼与文长老尝三过湖上[④]，汲水煮茶，后人因建亭以识其胜。今遗址尚存。

【注释】

①《嘉禾志》：又名《至元嘉禾志》，三十二卷，元单庆修、徐硕编纂。为现存最早的嘉兴地区的地方志，全面而详细地记述了嘉兴地区的历史沿革、典章制度以及风土人情。嘉禾，今浙江嘉兴古称。单庆，字克斋，山东济宁（今属山东）人。曾官嘉兴路经历。徐硕，籍里无考，纂此志时，官嘉兴路教授。

②秀水县：古县名。明宣德五年（1430）析嘉兴县地置，治今浙江嘉兴。

③景德寺：又名三塔寺，初名龙渊寺，宋代改名景德寺。在今浙江嘉兴境内。相传大文豪苏东坡曾荡舟至此，汲水煮茶，故寺内又建有煮茶亭。

④文长老：名及。眉州眉山（今属四川）人。时为秀州（今浙江嘉兴）永乐乡本觉寺方丈。过：拜访。

【译文】

单庆修、徐硕编纂的《至元嘉禾志》记载：煮茶亭，在秀水县西南湖中，景德寺的东禅堂。宋代翰林学士苏轼曾三次到湖上拜访文长老，汲水煮茶，后人因此建亭以标记胜迹。至今遗址还存在。

《名胜志》：茶仙亭在滁州琅琊山[①]，宋时寺僧为刺史曾肇建[②]，盖取杜牧《池州茶山病不饮酒》诗“谁知病太守，犹得作茶仙”之句[③]。子开诗云：“山僧独好事，为我结茆茨[④]。茶仙榜草圣，颇宗樊川诗。”盖绍圣二年肇知是州也[⑤]。

【注释】

①滁州琅琊山：在今安徽滁州西南。

②曾肇（1047—1107）：字子开，号曲阜先生。南丰（今属江西）人。多有政绩。著有《曲阜集》《迩英进故事》《元祐外制集》等。

③杜牧（803—852）：字牧之，号樊川居士。京兆万年（今陕西西安）人。累官至中书舍人。著有《樊川文集》等。

④茆茨（máo cí）：亦作“茅茨”。茅草编的屋顶，亦指茅屋。

⑤绍圣二年：1095年。绍圣，宋哲宗年号（1094—1098）。

【译文】

曹学佺《天下名胜志》记载：茶仙亭，在滁州琅琊山上，宋朝时寺僧为刺史曾肇而建，名称取自杜牧《池州茶山病不饮酒》诗中“谁知病太守，犹得作茶仙”的句子。曾肇有诗写道：“山僧独好事，为我结茆茨。茶仙榜草圣，颇宗樊川诗。”宋哲宗绍圣二年曾肇任滁州知州。

陈眉公《珍珠船》[①]：蔡君谟谓范文正曰：“公《采茶歌》云：‘黄金碾畔绿尘飞，碧玉瓯中翠涛起。’今茶绝品，其色甚白，翠绿乃下者耳，欲改为‘玉尘飞’‘素涛起’，如何？”希文曰：“善。”

【注释】

①陈眉公《珍珠船》：四卷，明陈继儒撰。杂采宋明小说，记述传闻，汇集成编。内容大多为志异，保留了相当一部分散见于各类旧籍的志异、志怪小说和流传于民间的神话故事。

【译文】

陈继儒《珍珠船》记载：蔡襄对范仲淹说："先生的《采茶歌》写道：'黄金碾畔绿尘飞，碧玉瓯中翠涛起。'如今的茶中极品，色泽鲜白，翠绿色是其中的下品，想改为'玉尘飞''素涛起'，怎么样？"范仲淹说："好。"

又，蔡君谟嗜茶，老病不能饮，但把玩而已。

【译文】

又及，蔡襄嗜好饮茶，因为年老多病不能品饮，只能握在手中把玩而已。

《潜确类书》：宋绍兴中，少卿曹戬避地南昌丰城县[①]，其母喜茗饮。山初无井，戬乃斋戒祝天[②]，即院堂后斫地才尺，而清泉溢涌，后人名为孝感泉。

【注释】

①少卿：北魏太和时所设官名，北齐时为正卿的副职，隋唐至清亦沿置。曹戬（jiǎn）：真定（今河北邢台宁晋）人。绍兴五年（1135）曾以右中散大夫知台州。丰城县：古县名。西晋太康元年（280）改富城县置，治今江西丰城南。属豫章郡。

②斋戒：古人在祭祀前沐浴更衣整洁身心，以示虔诚。《孟子·离

娄下》:“虽有恶人,斋戒沐浴,则可以祀上帝。”

【译文】

陈仁锡《潜确类书》记载:宋高宗绍兴年间,少卿曹戬躲避战乱到南昌丰城县,他的母亲喜欢饮茶。山中起初没有井,曹戬就斋戒祈祷上天,随之在院堂后挖地才一尺,清泉就溢满涌出来,后人因而名为孝感泉。

大理徐恪①,建人也,见贻乡信铤子茶②,茶面印文曰玉蝉膏,一种曰清风使。

【注释】

①大理:掌刑法的官。秦为廷尉,汉景帝六年更名大理,武帝建元四年复为廷尉。北齐为大理卿,隋唐以后沿之。

②乡信:家乡人或家人的信。铤子茶:古代搏茶为铤,若今之砖茶。

【译文】

大理寺卿徐恪,是福建建州人,收到家乡的书信并得到馈赠的铤子茶,茶饼表面印文,一种是玉蝉膏,一种是清风使。

蔡君谟善别茶,建安能仁院有茶生石缝间,盖精品也。寺僧采造得八饼,号石岩白①。以四饼遗君谟,以四饼密遣人走京师遗王内翰禹玉②。岁余,君谟被召还阙,过访禹玉,禹玉命子弟于茶筒中选精品碾以待蔡。蔡捧瓯未尝,辄曰:“此极似能仁寺石岩白,公何以得之?”禹玉未信,索帖验之,乃服。

【注释】

①石岩白:茶名。因产于福建建安县能仁寺石岩缝间,色清白,

故名。

②王内翰禹玉：即王珪(1019—1085)，字禹玉。成都华阳(今四川成都)人。历任知制诰、翰林学士等，累官至尚书左仆射兼门下侍郎，封岐国公。著有《华阳集》《王岐公宫词》等。

【译文】

蔡襄善于鉴别茶品，建安能仁院有茶生于石缝间，是茶中精品。寺僧采摘制造成八饼，号为石岩白。以四饼赠于蔡襄，以四饼秘密派人到京城送与翰林学士王珪。一年以后，蔡襄被召回朝廷，登门拜访王珪，王珪命子弟从茶筒中选取精品碾制烹煮以款待蔡襄。蔡襄捧着茶瓯未品尝，就说："这茶很像能仁寺石岩白，先生怎么得到的呢？"王珪不信，索取帖子验看果然是，于是折服蔡襄的鉴别之精。

《月令广义》：蜀之雅州名山县蒙山有五峰，峰顶有茶园，中顶最高处曰上清峰，产甘露茶。昔有僧病冷且久，尝遇老父询其病，僧具告之。父曰："何不饮茶？"僧曰："本以茶冷，岂能止乎？"父曰："是非常茶，仙家有所谓雷鸣者，而亦闻乎？"僧曰："未也。"父曰："蒙之中顶有茶，当以春分前后多构人力，俟雷之发声，并手采摘，以多为贵，至三日乃止。若获一两，以本处水煎服，能祛宿疾。服二两，终身无病。服三两，可以换骨。服四两，即为地仙。但精洁治之，无不效者。"僧因之中顶筑室①，以俟及期，获一两余，服未竟而病瘥。惜不能久住博求②。而精健至八十余，气力不衰。时到城市，观其貌若年三十余者，眉发绀绿③。后入青城山④，不知所终。今四顶茶园不废，惟中顶草木繁茂，重云积雾，蔽亏日月⑤，鸷兽时出⑥，人迹罕到矣。

【注释】

①筑室:建筑屋舍。

②博求:广求,广泛地寻求。

③绀(gàn)绿:红里透绿。绀,稍微带红的黑色。

④青城山:又称赤城、丈人山、天谷山、鸿濛山,在今四川都江堰市西南。因山形状如城郭得名。

⑤蔽亏:谓因遮蔽而半隐半现。

⑥鸷(zhì)兽:猛兽。

【译文】

冯应京《月令广义》记载:四川雅州名山县蒙山有五座山峰,峰顶有茶园,中顶最高处称为上清峰,出产甘露茶。从前有位僧人患冷病很久了,曾经遇到一位老人询问他的病情,僧人全部告诉了他。老人说:“为什么不饮茶呢?”僧人说:“本以为茶性寒凉,怎么能治疗这种病呢?”老人说:“这不是寻常的茶,仙人有所谓雷鸣茶,你听说过吗?”僧人说:“没有。”老人说:“蒙山的中顶有茶,应在春分前后多招致人力,等到春雷发声时一起采摘,越多越好,到第三天就停止。如果收获一两,就用当地的泉水煎服,能祛除拖延不愈的疾病。如果煎服二两,可使终身无病。如果煎服三两,可以使人脱胎换骨。如果煎服四两,就是人间的仙人了。只要制作精致洁净,没有不见效的。”僧人就在中顶建筑屋舍,等到春分时候,收获一两多茶,还没服用完病就好了。可惜不能在山上久住以广泛寻求茶叶。从此他身体精干强健至八十多岁,气力不衰。时常到城里,看他的样貌好像三十多岁的年纪,眉毛头发都红里透绿。后来进入青城山学道,不知后来怎样了。如今蒙山四个峰顶茶园都没有荒废,只有中顶上清峰草木繁茂,云雾缭绕,太阳和月亮因遮蔽而半隐半现,猛兽时常出没,很少有人到。

《太平清话》:张文规以吴兴白苎、白蘋洲、明月峡中茶为三绝[①]。文规好学，有文藻[②]。苏子由、孔武仲、何正臣诸公[③]，皆与之游。

【注释】

①张文规：蒲州猗氏（今山西临猗）人。张弘靖之子，张彦远之父。开成三年（838）出为安州刺史，官终桂管观察使。桂管，为唐朝政区。白苎：白色的苎麻。

②文藻：文采。

③苏子由：即苏辙（1039—1112），字子由，一字同叔。眉州眉山（今属四川）人。苏洵子、苏轼弟。累官至中书舍人。另著有《栾城集》《应诏集》《诗集传》《春秋传》《论语拾遗》《古史》等。孔武仲（1042—1098）：字常父。临江新喻（今江西新余）人。累官礼部侍郎，出知洪州，徙宣州。著有《书说》《诗说》《论语说》《金华讲义》《孔氏奏议》《芍药园序》《孔氏杂说》等。何正臣（1039？—1099）：字君表。临江新淦（今江西新干）人。官至刑部侍郎，知宣州。

【译文】

陈继儒《太平清话》记载：张文规以吴兴白苎、白蘋洲、明月峡中的茶为三绝。张文规好学，有文采。苏辙、孔武仲、何正臣等人，都与他交游。

夏茂卿《茶董》：刘晔[①]，尝与刘筠饮茶[②]，问左右："汤滚也未？"众曰："已滚。"筠云："佥曰鲧哉[③]。"晔应声曰："吾与点也。"

【注释】

①刘晔：晔，一作"煜"。福建闽县（今福建闽侯）人。历都官员

外郎。

②刘筠(971—1031):字子仪。大名(今属河北)人。初授馆陶县县尉,后为翰林学士承旨、权判都省。又以龙图阁直学士再知庐州。死后谥文恭。著有《册府应言》《三入玉堂》等。

③佥曰鲧哉:《尚书·尧典》:"帝曰:'咨!四岳,汤汤洪水方割,荡荡怀山襄陵,浩浩滔天。下民其咨,有能俾乂?'佥曰:'於,鲧哉!'"这里"鲧"与"滚"同音相代为戏。

【译文】

夏茂卿《茶董》记载:刘晔曾经与刘筠饮茶,问左右侍从道:"水烧滚了没有?"侍从都说:"已经烧滚了。"刘筠调侃说:"全都说鲧。"刘晔应声答:"我来点茶。"

黄鲁直以小龙团半铤,题诗赠晁无咎,有云:"曲几蒲团听煮汤,煎成车声绕羊肠。鸡苏胡麻留渴羌,不应乱我官焙香。"东坡见之曰:"黄九恁地怎得不穷[①]。"

【注释】

①黄九:黄庭坚排行第九,因以称之。《通俗编》卷一八:"《臆乘》:'前辈行第,多见之诗……少游称后山为陈三,山谷为黄九。'"

【译文】

黄庭坚以半铤小龙团茶饼,题诗赠与晁补之,诗写道:"曲几蒲团听煮汤,煎成车声绕羊肠。鸡苏胡麻留渴羌,不应乱我官焙香。"苏轼见了以后说道:"黄庭坚如此,怎么能不贫穷呢?"

陈诗教《灌园史》:杭妓周韶有诗名[①],好蓄奇茗,尝与蔡君谟斗胜[②],题品风味[③],君谟屈焉。

【注释】

①周韶：北宋杭州妓女。苏颂过杭，杭守陈襄设宴款待，使周韶侑酒，她趁机泣求落籍。时韶正著孝服，苏颂指白鹦鹉令其作诗。韶援笔立成一绝句云："陇上巢空岁月惊，忍看回首自梳翎。开笼若放雪衣女，长念观音般若经。"一座嗟叹，遂得以从良。

②斗胜：犹言比赛争胜。

③题品：品评。

【译文】

陈诗教《灌园史》记载：杭州歌妓周韶善于作诗，喜欢收藏珍奇茶叶，曾经与蔡襄比赛争胜，品评茶的风味，蔡襄自愧不如。

江参[①]，字贯道，江南人。形貌清癯[②]，嗜香茶以为生。

【注释】

①江参：字贯道。衢州（今属浙江）人。南宋画家。

②清癯（qú）：犹清瘦。

【译文】

江参，字贯道，江南人。外形相貌清瘦，嗜饮香茶为生。

《博学汇书》[①]：司马温公与子瞻论茶墨云："茶与墨二者正相反，茶欲白，墨欲黑；茶欲重，墨欲轻；茶欲新，墨欲陈。"苏曰："上茶妙墨俱香，是其德同也；皆坚，是其操同也。"公叹以为然。

【注释】

①《博学汇书》：十二卷，明来集之撰。为来集之读书所得，随笔记

录之文，不分门目，只是以类相从，鳞次栉比，俾可互证。甚为丛杂无次。且所采多为小说家言，如《拾遗记》《洞冥记》等，不足为据。来集之(1604—1683)，字元成，号樵道人，又号倘湖樵人。萧山(今属浙江)人。历安庆府推官，终太常寺少卿。另著有《读易隅通》《易图亲见》《卦义一得》《倘湖樵书》等。

【译文】

来集之《博学汇书》记载：司马光与苏轼谈论茶和墨说："茶与墨二者特性正相反，茶要白，墨要黑；茶要重，墨要轻；茶要新，墨要陈。"苏轼说："好茶、妙墨都很香，因为它们品德相同；茶饼和墨锭都很坚硬，因为它们操守相同。"司马光听后赞叹，深以为然。

元耶律楚材诗《在西域作茶会值雪》[①]，有"高人惠我岭南茶，烂赏飞花雪没车"之句。

【注释】

①耶律楚材(1190—1244)：字晋卿，号湛然居士。契丹人。曾先后辅佐成吉思汗父子三十余年，为蒙古帝国的发展和元朝的建立奠定了基础。卒后追封广宁王，谥号"文正"。著有《湛然居士集》等。

【译文】

元耶律楚材的《在西域作茶会值雪》诗，有"高人惠我岭南茶，烂赏飞花雪没车"的句子。

《云林遗事》：光福徐达左[①]，构养贤楼于邓尉山中[②]，一时名士多集于此。元镇为尤数焉，尝使童子入山担七宝泉[③]，以前桶煎茶，以后桶濯足[④]。人不解其意，或问之，曰：

“前者无触，故用煎茶，后者或为泄气所秽[⑤]，故以为濯足之用。”其洁癖如此。

【注释】

①光福：即光福镇。在今江苏苏州吴中区西部，西临太湖。镇以古诗“湖光十色，洞天福地”命名。徐达左（？—约1369）：一作远左，字良夫，一作良辅，号松云道人，别号渔耕子。平江（今江苏苏州）人。明藏书家，书画家。著有《颜子鼎编》《金兰集》等。

②邓尉山：位于今江苏苏州市吴中区光福镇西南部，因东汉太尉邓禹曾隐居于此而得名。

③七宝泉：古代泉名。在今江苏苏州吴中区光福镇邓尉山。

④濯（zhuó）足：洗脚。

⑤泄气：犹放屁。

【译文】

顾元庆《云林遗事》记载：苏州光福镇徐达左，在邓尉山中构建养贤楼，一时名士云集于此。倪瓒来往尤为频繁，曾使童子入山挑七宝泉水，用前桶的水煎茶，用后桶的水洗脚。人们不理解其中的含义，有人问他，他回答说：“前桶的水没有污染，所以用来煎茶；后桶的水可能被童子放屁所污，所以用来洗脚。”他的洁癖就是这样。

陈继儒《妮古录》[①]：至正辛丑九月三日[②]，与陈徵君同宿愚庵师房[③]，焚香煮茗，图《石梁秋瀑》，翛然有出尘之趣[④]。黄鹤山人王蒙题画[⑤]。

【注释】

①陈继儒《妮古录》：四卷，陈继儒撰。该书杂记书画、碑帖、建筑、

陶瓷、古玩之事，而言书画者独多。评论赏鉴颇有深致，遗闻轶事，亦足供参证。

②至正辛丑：1361年。至正，元惠宗年号(1341—1368)。

③同宿：一同住宿。

④翛(xiāo)然：无拘无束。出尘：超出世俗。

⑤黄鹤山人王蒙(1308—1385)：字叔明，号黄鹤山樵。湖州(今属浙江)人。元末画家。存世作品有《青卞隐居图》《夏山高隐图》《太白山图》等。

【译文】

陈继儒《妮古录》记载：元至正辛丑九月三日，与陈徵君一同住宿在愚庵师房中，焚香煮茶，画《石梁秋瀑》图，无拘无束有超出世俗的趣味。黄鹤山人王蒙题画。

周叙《游嵩山记》[①]：见会善寺中有元雪庵头陀《茶榜》石刻[②]，字径三寸许，遒伟可观[③]。

【注释】

①周叙(1392—1452)：字功叙，一字公叙，号石溪。吉水(今属江西)人。永乐十六年(1418)进士，正统十一年(1446)迁南京侍讲学士。著有《石溪集》。

②会善寺：位于河南登封嵩山积翠峰下，为曹洞宗重要道场。原为北魏孝文帝夏季的离宫，其后捐为佛寺。隋开皇年间(581—600)，改名会善寺。雪庵头陀：即李溥光，字玄晖，号雪庵和尚。大同(今属山西)人。自幼为头陀，好吟咏。善真、草、行书，尤工大字，与赵孟頫齐名，一时宫殿城楼匾额，皆出二人之手。亦善画山水、墨竹，山水学关仝，墨竹学文同。大德二年(1298)春，奉诏蓄发还俗，授昭文殿大学士、玄悟大师。著有《雪庵长语大字

书法》《雪庵集》等。

③遒伟：劲健雄奇。

【译文】

周叙《游嵩山记》记载：见到会善寺中元代雪庵头陀《茶榜》的石刻，每字直径约三寸，劲健雄奇，优美好看。

锺嗣成《录鬼簿》[①]：王实甫有《苏小郎月夜贩茶船》传奇[②]。

【注释】

①锺嗣成《录鬼簿》：二卷，元锺嗣成撰。该书记录了自金代末年到元朝中期的杂剧、散曲艺人等八十余人。有生平简录、作品目录、简评。后来作过两次修订，扩充为两卷，所录一百五十二人，作品名目四百多种，书中人物分为七类。锺嗣成（约1279—约1360），字继先，号丑斋。大梁（今河南开封）人，寓居杭州。另著有《章台柳》《钱神论》《蟠桃会》等。

②王实甫（1260—1316）：名德信，以字行。大都（今北京）人。元杂剧作家。另著有《西厢记》《丽春堂》《破窑记》等。

【译文】

锺嗣成《录鬼簿》记载：王实甫著有《苏小郎月夜贩茶船》传奇。

《吴兴掌故录》：明太祖喜顾渚茶，定制岁贡止三十二斤，于清明前二日，县官亲诣采茶，进南京奉先殿焚香而已[①]，未尝别有上供。

【注释】

①奉先殿：明皇室祭祀祖先的家庙。洪武三年（1370）冬，始建于南京

明故宫。置四代帝后神位、衣冠，定仪物、祝文。朝夕焚香，朔望瞻拜，时节献新，生忌致祭，行家人礼。以太庙为外朝，奉先殿为内朝。

【译文】

徐献忠《吴兴掌故录》记载：明太祖朱元璋喜欢顾渚茶，定制每年进贡只有三十二斤，于清明节前两天，县官亲自监督采制，进奉到南京奉先殿焚香而已，不曾另有其他茶叶上供。

《七修类稿》①：明洪武二十四年②，诏天下产茶之地，岁有定额，以建宁为上，听茶户采进，勿预有司。茶名有四：探春、先春、次春、紫笋，不得碾揉为大小龙团。

【注释】

①《七修类稿》：五十一卷，明郎瑛撰。该书分天地、国事、义理、辨证、诗文、事物、奇谑七门，总收一千二百五十七条，约四十九万字。杂记天文、地理和元、明的国事逸闻、诗文传奇等，间有丛考。郎瑛（1487—1566），字仁宝，号藻泉、草桥先生。浙江仁和（今浙江杭州）人。另著有《萃忠录》《青史哀钺》等。

②洪武二十四年：1391年。洪武，明太祖年号（1368—1398）。

【译文】

郎瑛《七修类稿》记载：明太祖洪武二十四年，下诏令天下产茶的地方，每年贡茶都有定额，以建宁茶为上品，听任茶户采制进贡，不预先经过官府。茶名有四种：探春、先春、次春、紫笋，不得碾碎研末制成大小龙团茶。

杨维桢《煮茶梦记》①：铁崖道人卧石床，移二更，月微明，及纸帐梅影②，亦及半窗，鹤孤立不鸣。命小芸童，汲白莲泉，燃槁湘竹，授以凌霄芽为饮供[3]。乃游心太虚[4]，恍兮入梦。

【注释】

①杨维桢《煮茶梦记》：杨维桢所著茶文。杨维桢（1296—1370），字廉夫，号铁崖、铁笛道人等。会稽（今浙江诸暨）人。元末明初诗人、文学家、书画家和戏曲家。另著有《东维子文集》《铁崖先生古乐府》等。

②纸帐梅影：一种由多样物件组合、装饰而成的卧具。宋林洪《山家清事·梅花纸帐》："法用独床。傍值四黑漆柱，各挂以半锡瓶，插梅数枝，后设黑漆板约二尺，自地及顶，欲靠以清坐。左右设横木一，可挂衣，角安班竹书贮一，藏书三四，挂白麈一。上作大方目顶，用细白楮衾作帐罩之。前安小踏床，于左植绿漆小荷叶一，寘香鼎，然紫藤香。中只用布单、楮衾、菊枕、蒲褥。"亦省称"梅花帐""梅帐"。

③凌霄芽：茶的别称。

④游心：浮想骋思。太虚：谓宇宙。

【译文】

杨维桢《煮茶梦记》记载：我躺在石床上，时过二更，月色微明，纸帐映着梅花影子也投到了半窗之处，仙鹤孤立而不鸣。命令小芸童汲取白莲泉水，点燃枯干的湘妃竹，授以凌霄芽，烹点饮用。这种境界如浮想骋思畅游宇宙，恍惚间进入梦乡。

陆树声《茶寮记》：园居敞小寮于啸轩埤垣之西[1]，中设茶灶，凡瓢汲、罂注、濯、拂之具咸庀[2]。择一人稍通茗事者主之，一人佐炊汲。客至，则茶烟隐隐起竹外。其禅客过从予者[③],与余相对结跏趺坐[④],啜茗汁,举无生话[⑤]。时杪秋既望[⑥],适园无诤居士[⑦],与五台僧演镇、终南僧明亮,同试天池茶于茶寮中,漫记。

【注释】

①埤垣:矮墙。

②庀(pǐ):具备。

③禅客:佛教语。禅家寺院,预择辩才,应白衣请说法时,使与说法者相为答问,谓之禅客。亦用以泛称参禅之僧。过从:互相往来,交往。

④结跏趺坐:佛教徒坐禅法,即交迭左右足背于左右股上而坐。分降魔坐与吉祥坐两种:前者先以右趾押左股,后以左趾押右股,手亦左在上,诸禅宗多传此坐;后者先以左趾押右股,后以右趾押左股,令二足掌仰放于二股之上,手亦右押左,安仰跏趺之上,相传即如来成正觉时坐法。

⑤无生话:佛教语。指无生无灭的佛法真谛。

⑥杪(miǎo)秋:晚秋。指农历九月。既望:周历以每月十五、十六日至廿二、廿三日为既望。后称农历十五日为望,十六日为既望。《释名·释天》:"望,月满之名也。月大十六日,小十五日,日在东,月在西,遥相望也。"

⑦适园无诤居士:陆树声的自号。

【译文】

陆树声《茶寮记》记载:在乡居的园中啸轩矮墙的西面开一个小茶室,里面设置茶灶,大凡汲水的茶瓢、煮水的茶罂、洗茶以及击拂等器具全部具备。挑选一个稍通茶事的人主持,另一人辅助汲水煎茶。客人来了,于是茶烟隐隐竹外升起。如参禅的僧人与我相互往来,就与我相对结跏趺坐,品饮茶汤,谈论无生无灭的佛法真谛。当时是九月十六日，正好我与五台山僧人演镇、终南山僧人明亮，一同在茶室中烹试天池茶，并随意记录如下。

《墨娥小录》[①]：千里茶，细茶一两五钱，孩儿茶一两[②]，柿霜一两[③]，粉草末六钱，薄荷叶三钱。右为细末调匀，炼蜜丸如白豆大，可以代茶，便于行远。

【注释】

①《墨娥小录》：十四卷，作者不详。主要杂记修真养性等。

②孩儿茶：明代药茶方。因能治小孩诸疮而得名。

②柿霜：亦作"柹霜"。柿饼晒干后，表面渗出的白霜。味甜，可入药，治喉痛、咳嗽等。

【译文】

《墨娥小录》记载：所谓千里茶，就是用细茶一两五钱，孩儿茶一两，柿霜一两，粉草末六钱，薄荷叶三钱。研磨为细末并调和均匀，炼制成如白豆大小的蜜丸，可以替代茶叶，同时便于外出远行饮用。

汤临川《题饮茶录》[①]：陶学士谓"汤者，茶之司命"，此言最得三昧。冯祭酒精于茶政[②]，手自料涤，然后饮客。客有笑者，余戏解之云："此正如美人，又如古法书名画，度可着俗汉手否！"

【注释】

①汤临川：即汤显祖(1550—1616)，字义仍，号海若、若士、清远道人，晚号茧翁。临川(今属江西)人。著有《还魂记》《紫钗记》等。

②冯祭酒：即冯梦祯，因官南国子监祭酒，故名。茶政：中唐以后历

代政府调控茶业经济的制度、政策、法规等的总和，概言之，有茶制、茶法、税茶、榷茶、贡茶、茶马、水磨茶等。

【译文】

汤显祖《题饮茶录》记载：宋翰林学士陶穀说“汤，是掌管茶的命运之神”，这话最得茶的真谛。国子监祭酒冯梦祯精于茶政，亲手料理洗涤煎茶，然后请客人品饮。客人有取笑他的，我打趣解嘲道：“这就正像美人，又像古代的法帖名画，试想可以经过粗俗汉子的手吗！”

陆釴《病逸漫记》[①]：东宫出讲[②]，必使左右迎请讲官。讲毕，则语东宫官云：“先生吃茶。”

【注释】

①陆釴(yì)《病逸漫记》：一卷，明陆釴撰。该书记述作者任官期间耳闻目睹之事，亲历之政务。陆釴(1439—1489)，字鼎仪，号静逸。昆山(今属江苏)人。少工诗，与太仓张泰、陆容齐名，号“娄东三凤”。天顺七年(1463)癸未科会元，官至太常少卿兼侍读。另著有《春雨堂稿》《贤识录》等。

②东宫：太子所居之宫，亦指太子。

【译文】

陆釴《病逸漫记》记载：皇太子出阁听讲，必定使左右侍从去迎请讲官。讲完之后，就对东宫的官员说：“先生吃茶。”

《玉堂丛语》：愧斋陈公[①]，性宽坦，在翰林时，夫人尝试之。会客至，公呼：“茶！”夫人曰：“未煮。”公曰：“也罢。”又呼曰：“干茶！”夫人曰：“未买。”公曰：“也罢。”客为捧腹，时号陈也罢。

【注释】

①愧斋陈公：即陈音(1436—1494)，字师召，号愧斋。莆阳涵江(今福建莆田)人。历官翰林编修、南京太常寺少卿，兼翰林院掌院，官至太常寺卿。著有《愧斋集》等。

【译文】

焦竑《玉堂丛语》记载：陈音先生，性情宽厚坦荡，在翰林院任职时，夫人曾经试探他。客人到来时，陈音先生喊道："上茶！"夫人说："没煮。"陈音先生说："也罢。"陈音先生又喊道："上干茶！"夫人说："没买。"陈音先生说："也罢。"客人捧腹大笑，当时人称陈也罢。

沈周《客座新闻》[①]：吴僧大机所居古屋三四间，洁净不容唾。善瀹茗，有古井清冽为称。客至，出一瓯为供饮之，有涤肠湔胃之爽[②]。先公与交甚久，亦嗜茶，每入城必至其所。

【注释】

①沈周《客座新闻》：一卷，明沈周撰。该书多记文人名士的趣闻逸事，从中可以窥知当时社会风尚。

②涤肠湔(jiān)胃：比喻彻底洗涤肠胃。湔，洗。

【译文】

沈周《客座新闻》记载：吴地高僧大机居住的古屋有三四间，洁净异常，不允许吐痰。他善于煮茶，有一口古井水质清醇。客人到来，就端出一瓯供奉品饮，可荡涤肠胃，令人神清气爽。我父亲和他交往很久，也嗜好饮茶，每次入城必定到他居处品饮。

沈周《书岕茶别论后》：自古名山，留以待羁人迁客[①]，而茶以资高士，盖造物有深意。而周庆叔者为《岕茶别论》[②]，以行之天下。度铜山金穴中无此福[③]，又恐仰屠门而大嚼者未必领此味[④]。庆叔隐居长兴，所至载茶具，邀余素瓯黄叶间，共相欣赏。恨鸿渐、君谟不见庆叔耳，为之覆茶三叹。

【注释】

①羁人迁客：指流放迁徙的人。

②周庆叔：明代前期人，与沈周（1427—1509）同时代，长期隐居江南著名茶区长兴，嗜茶，也精于茶事。著有《岕茶别论》。

③度：料想。铜山金穴：指看重金钱的富贵人家。

④仰屠门而大嚼：比喻心想而得不到，只好用不切实际的办法来安慰自己。屠门，肉店。汉桓谭《新论》："人闻长安乐，则出门西向而笑；知肉味美，则对屠门而大嚼。"三国魏曹植《与吴质书》："过屠门而大嚼，虽不得肉，贵且快意。"

【译文】

沈周《书岕茶别论后》记载：自古著名的大山，留以待流放迁徙之人，而茶叶则供奉高人隐士，大概造物主都有其深刻的含义。而周庆叔编撰的《岕茶别论》，流行于天下。我料想看重金钱的富贵人家无法享此清福，又恐怕仰望肉店而大嚼的俗人不能领悟此中真味。周庆叔隐居长兴，所到之处携带茶具，邀请我到素瓯黄叶间，共同欣赏。遗憾的是陆羽、蔡襄无法见到庆叔，不禁为之倾茶三叹。

冯梦祯《快雪堂漫录》：李于鳞为吾浙按察副使[①]，徐子与以岕茶之最精饷之[②]。比看子与于昭庆寺问及[③]，则已赏皂役矣[④]。盖岕茶叶大梗多，于鳞北士，不遇宜也[⑤]。纪之以发一笑。

【注释】

①李于鳞:即李攀龙(1514—1570),字于鳞,号沧溟。历城(今山东济南)人。隆庆元年(1567)为浙江按察副使。著有《沧溟集》等。按察副使:官名。明及清初各省按察司副长官。朱元璋吴元年(1367)始置。正四品。各省员额不等,视事烦简而定。与按察佥事分道巡察,凡兵备、提学、抚民、巡海、清军、驿传、水利、屯田、招练、监军,各专事置,并分员巡备京畿。

②徐子与:即徐中行(1517—1578),字子舆,一作子与,号龙湾、天目山人。长兴(今属浙江)人。累官至江西布政使。著有《天目山堂集》《青萝馆诗》等。

③比:等到。昭庆寺:在今浙江杭州宝石山东侧,五代后晋天福元年(936)建。现寺已不存,遗址位于今浙江杭州青少年活动中心处。

④皂役:旧时官衙中的差役。

⑤不遇:无怪。

【译文】

冯梦祯《快雪堂漫录》记载:李攀龙担任我们浙江按察副使,徐中行以最精品的岕茶赠送他。等到徐中行与他在昭庆寺见面问到那些茶,都已经赏给官衙中的差役了。大概是因为岕茶叶大梗多,李攀龙是北方士人,无怪不被赏识。记录下来以引人一笑。

闵元衢《玉壶冰》[①]:良宵燕坐[②],篝灯煮茗[③],万籁俱寂[④],疏钟时闻[⑤],当此情景,对简编而忘疲[⑥],彻衾枕而不御[⑦],一乐也。

【注释】

①闵元衢《玉壶冰》:即《增订玉壶冰》,二卷,明闵元衢编。起初,都

穆采古来高逸之事，撰成一书，题名为《玉壶冰》，经宁波张孺愿稍加删补，改题为《广玉壶冰》。闵元衢仍感未尽，又增定此编。共二卷，卷一为纪事，卷二为纪言。仍将都穆《玉壶冰》原书列于内，而于所加者之后则注上“增”字以示区别。闵元衢，字康侯，号欧余。乌程县（今浙江湖州）人。明考据学家、方志学家。

②良宵：景色美好的夜晚。燕坐：安坐，闲坐。

③篝灯：亦作“篝镫”。置于笼罩中的灯烛。多作书灯用。谓置灯于笼中。

④万籁俱寂：形容周围环境非常安静，一点儿声响都没有。万籁，自然界中万物发出的各种声响。籁，从孔穴中发出的声音。寂，静。

⑤疏钟：稀疏的钟声。

⑥简编：书籍。此指读书。

⑦衾枕：被子和枕头。泛指卧具。御：使用。

【译文】

闵元衢《增订玉壶冰》记载：景色美好的夜晚闲坐，点着书灯，烹煮茶叶，周围环境非常安静，不时传来远处稀疏的钟声，当此情景，读书而忘记疲倦，彻夜不眠，这也是一种乐事。

《瓯江逸志》：永嘉岁进茶芽十斤，乐清茶芽五斤①，瑞安、平阳岁进亦如之②。

【注释】

①乐清：东晋宁康二年（374）分永宁县置乐成县，治今浙江乐清，属永嘉郡。隋唐几经废立，五代梁开平（908）吴越钱镠避梁祖讳改乐清县。

②瑞安：唐天复三年（903）改固安县置，治今浙江瑞安，属温州府。

平阳：西晋太康四年(283)析安固南境横屿船屯置始阳县，寻改横阳县，治今浙江平阳。五代梁乾化四年(914)入吴越版图，取横既平，改名平阳，属温州。

【译文】

劳大舆《瓯江逸志》记载：浙江永嘉每年进贡茶芽十斤，乐清进贡茶芽五斤，瑞安、平阳每年进贡茶芽也是一样。

雁山五珍[①]：龙湫茶、观音竹、金星草、山乐官、香鱼也[②]。茶即明茶，紫色而香者，名玄茶，其味皆似天池而稍薄。

【注释】

①雁山：即雁荡山。

②龙湫茶：明清名茶。产于浙江雁荡山区，被誉为雁荡山五珍之一。观音竹：竹名。形小，可供盆栽。元李衎《竹谱》卷四："观音竹，江浙、两淮俱有之，一种与淡竹无异，但叶差细瘦，仿佛杨柳，高止五六尺，婆娑可喜，亦有紫色者。永州祁阳有一种止高五七寸，人家多植于水石之上，数年不凋瘁，彼人亦名观音竹。"金星草：草名。又名凤尾草、七星草。山乐官：鸟名。因其鸣声如箫管，故称。香鱼：鱼名。肉质鲜美，有香味，故名。

【译文】

雁荡山的五珍：龙湫茶、观音竹、金星草、山乐宫、香鱼。龙湫茶就是明茶，紫色而芳香，叫做玄茶，其味道都与天池茶相似而稍淡薄。

王世懋《二酉委谭》[①]：余性不耐冠带[②]，暑月尤甚[③]，豫章天气蚤热[④]，而今岁尤甚。春三月十七日，觞客于滕王阁[⑤]，日出如火，流汗接踵[⑥]，头涔涔几不知所措[⑦]。归而烦闷，妇为具汤沐[⑧]，便科头裸身赴之[⑨]。时西山云雾新茗初至，张右伯适以见遗，茶色白，大作豆子香，几与虎丘埒[⑩]。余时浴出，露坐明月下，亟命侍儿汲新水烹尝之。觉沆瀣入咽[⑪]，两腋风生。念此境味，都非宦路所有[⑫]。琳泉蔡先生老而嗜茶，尤甚于余。时已就寝，不可邀之共啜。晨起复烹遗之，然已作第二义矣[⑬]。追忆夜来风味，书一通以赠先生[⑭]。

【注释】

①王世懋《二酉委谭》：一卷，明王世懋撰。二酉，藏书也。二酉委谭，犹"藏书积谈"。书中所记，或观书所得，或道听途说，杂以撰者评议，内容以表述怪异为多。王世懋(1536—1588)，字敬美，号麟洲、损斋、墙东生、少美等。王世贞弟。明苏州太仓(今属江苏)人。历南京礼部主事、江西参议、南京太常寺少卿等职。好文学，习农艺。另著有《学圃杂疏》《艺圃撷余》《墙东类稿》《闽疏》《王奉常集》等。

②不耐：不能忍受。冠带：戴帽子束腰带。

③暑月：夏天。

④豫章：江西的别称。

⑤觞(shāng)客：飨宴宾客。

⑥接踵：连续不断。

⑦头涔涔(cén)：形容汗水从头上不断向下流的样子。

⑧汤沐：洗澡水。

⑨科头裸身：谓光头露体。科头，谓不戴冠帽，裸露头髻。

⑩埒(liè)：等同，比并。

⑪沆瀣(hàng xiè)：夜间的水气，露水。旧谓仙人所饮。此指清凉气息。

⑫宦路：犹宦途。

⑬第二义：佛教术语。相对“第一义”而言。第一义，在佛家常用以表示超越言语思维的终极境地。如脱离第一义宗旨，则称为第二义、第三义。此处以第二义借喻茶的风味已经不同。

⑭一通：一封。

【译文】

王世懋《二酉委谭》记载：我生性不能忍受戴帽子束腰带，夏天更是如此，江西天气燥热，而今年更为严重。今年春天三月十七日，飨宴宾客于滕王阁，太阳出来如火一样，连续不断地流汗，头上涔涔汗水让人不知所措。回到家很烦闷，夫人准备好了洗澡水，就光头露体去洗。当时西山云雾新茶刚到，张右伯正好寄送于我，茶色白，有豆子香味，几乎可以与苏州虎丘茶相媲美。我洗澡出来后，露天坐在明月之下，急忙命侍儿汲新水烹煮品尝。只觉得清凉气息如仙人所饮，人有轻逸欲飞之感。想到这意境风味，都不是宦途所能体会到的。蔡琳泉先生年老而嗜好饮茶，更胜于我。只是当时已就寝，不能邀请他一同品尝。早晨起来又烹茶送给他，然而风味已经不同了。追忆夜间品饮的风味，修书一封赠给先生。

《涌幢小品》[①]：王琎[②]，昌邑人。洪武初，为宁波知府。有给事来谒，具茶。给事为客居间[③]，公大呼：“撤去！”给事惭而退，因号撤茶太守。

【注释】

①《涌幢小品》：明朱国桢撰。作者杂记见闻，亦间有考证，是研究明代政治、经济、文化史的重要资料。

②王琎：字器之。昌邑（今属山东）人。明初廉吏，官至宁波知府。

③居间：指处于双方之间调解或说合。

【译文】

朱国桢《涌幢小品》记载：王琎，山东昌邑人。明太祖洪武初年，担任宁波知府。有给事中前来拜见，就上茶招待。给事中却为客人说合，王琎大呼："撤去！"给事中惭愧而退，因而号称撤茶太守。

《临安志》[①]：栖霞洞内有水洞，深不可测，水极甘冽，魏公尝调以瀹茗[②]。

【注释】

①《临安志》：即《咸淳临安志》，宋潜说友撰。

②魏公：即苏颂。北宋文学家、天文学家、药物学家、机械制造家。

【译文】

潜说友《咸淳临安志》记载：栖霞洞内有个水洞，深不可测，泉水极为甘美清澄。苏颂曾用此水煎茶。

《西湖志余》[①]：杭州先年有酒馆而无茶坊[②]，然富家燕会[③]，犹有专供茶事之人，谓之茶博士。

【注释】

①《西湖志余》：即《西湖游览志余》，二十六卷，明田汝成撰。此书是继《西湖游览志》而作，内容以记载杭州掌故轶闻为主。田汝成（1503—1557），字叔禾。钱塘（今浙江杭州）人。嘉靖五年（1526）进士，授南京刑部主事，历员外，迁礼部郎中。后经宦途沉浮，罢归。归里后，盘桓湖山，穷探浙西各地名胜。著有《田叔禾集》《武夷游咏》《西湖游览志》《炎徼纪闻》《龙凭纪略》《辽记》等。

②先年：往年，从前。

③燕会：宴饮会聚。

【译文】

田汝成《西湖游览志余》记载：杭州往年有酒馆而没有茶坊，然而富贵人家宴饮会聚，依然有专供茶事的人，称为茶博士。

《潘子真诗话》[①]：叶涛诗极不工而喜赋咏[②]，尝有《试茶》诗云："碾成天上龙兼凤，煮出人间蟹与虾。"好事者戏云："此非试茶，乃碾玉匠人尝南食也[③]。"

【注释】

①《潘子真诗话》：又名《诗话补遗》《诗话补阙》，一卷，宋潘淳撰。潘淳，字子真。新建（今属江西）人。少颖异，好学不倦，淹贯经史。师事黄庭坚，尤工诗。曾为建昌县尉，后夺官归，自称谷口小隐。

②叶涛（1050—1110）：字致远。龙泉（今属浙江）人。累官至中书舍人。赋咏：创作和吟诵诗文。

③碾玉匠人：打磨雕琢玉器的工匠。南食：用南方烹饪方法做成的饭菜。

【译文】

潘淳《潘子真诗话》记载：叶涛作诗很不工整，却又喜创作和吟诵诗文，曾有《试茶》诗写道："碾成天上龙兼凤，煮出人间蟹与虾。"有好事之人嘲弄他说："这不是品茶，而是玉器工匠品尝南方菜肴。"

董其昌《容台集》[①]：蔡忠惠公进小团茶，至为苏文忠公所讥，谓与钱思公进姚黄花同失士气[②]。然宋时君臣之际，情意蔼然[③]，犹见于此。且君谟未尝以贡茶干宠[④]，第点缀太平世界一段清事而已。东坡书欧阳公滁州二记[5]。知其不肯书《茶录》,余以苏法书之,为公忏悔。否则"蛰龙"诗句[6],几临"汤火"[7],有何罪过?凡持论不大远人情可也。

【注释】

①董其昌《容台集》:明代诗文别集,董其昌著。董其昌(1555—1636),明书画家、诗文作家。

②钱思公:即钱惟演(962—1034),字希圣。钱塘(今浙江杭州)人。历任右神武将军、太仆少卿、命直秘阁,累迁工部尚书,拜枢密使,官终崇信军节度使,卒赠侍中,谥号思。著有《家王故事》《金坡遗事》《玉堂逢辰录》等。姚黄花:牡丹中的珍品。初由民间姚氏栽培而成,开黄色大花,故名。钱惟演曾说:"人谓牡丹为花王,今姚黄真为花王,魏紫乃后也。"士气:读书人的节操。

③蔼然:和气友善的样子。

④干宠:追求恩宠。干,追求。

⑤欧阳公滁州二记:即欧阳修所著《醉翁亭记》和《丰乐亭记》。

⑥"蛰龙"诗句:出自苏轼《咏桧》诗:"根到九泉无曲处,世间惟有蛰龙知。"叶梦得《石林诗话》卷上:"元丰间,苏子瞻系大理狱。神宗本无意深罪子瞻,时相进呈,忽言苏轼于陛下有不臣意。神宗改容曰:'轼固有罪,然于朕不应至是,卿何以知之?'时相因举轼《桧诗》'根到九泉无曲处,世间惟有蛰龙知'之句,对曰:'陛下飞龙在天,轼以为不知己,而求之地下之蛰龙,非不臣而何?'神宗曰:'诗人之词,安可如此论,彼自咏桧,何预朕事!'时相语塞。"苏轼因为这一首诗,几乎死于非命。

⑦汤火:出自苏轼《绝命诗》:"梦绕云山心似鹿,魂飞汤火命如鸡。"原指梦中那颗向往自由的心依然像鹿一样地奔向云山,可是现实中的自己已命在旦夕,好像面临着滚汤烈火的鸡。此处比喻

极端危险的处境。

【译文】

董其昌《容台集》记载：蔡襄进贡小龙团茶，以至为苏轼所讥讽，认为与钱惟演进贡姚黄花一样失去读书人的节操。然而宋朝时君臣之间关系，和气友善，于此可见一斑。并且蔡襄未曾以贡茶而求恩宠，只是点缀太平世界的一段清雅之事而已。苏轼曾书写欧阳修的《醉翁亭记》和《丰乐亭记》。知道他不肯书写蔡襄《茶录》，我就以苏轼的笔法来书写，为蔡襄忏悔。否则苏轼《咏桧》诗中所责备的“蛰龙”，几乎使自己命在旦夕，有什么罪过？大凡立论不能太远离人之常情才可以。

金陵春卿署中[①]，时有以松萝茗相贻者，平平耳[②]。归来山馆得啜尤物，询知为闵汶水所蓄[③]。汶水家在金陵，与余相及。海上之鸥，舞而不下[④]，盖知希为贵，鲜游大人者[⑤]。昔陆羽以精茗事，为贵人所侮，作《毁茶论》，如汶水者，知其终不作此论矣。

【注释】

①春卿：周春官为六卿之一，掌邦礼。后因称礼部长官为春卿。

②平平：普通，平常。

③闵汶水：徽州休宁(今属安徽)人。茶艺大师。明末清初时，他曾在金陵(今江苏南京)桃叶渡摆摊卖茶。

④海上之鸥，舞而不下：语出战国郑列御寇《列子》卷八：“海上之人好鸥鸟者，每旦之海上，从鸥鸟游，鸥鸟之至者百住而不止。其父曰：‘吾闻鸥鸟皆从汝游，汝取来，吾玩之。’明日之海上，鸥鸟舞而不下也。”此处喻闵汶水为遁世之人。

⑤鲜：很少。

【译文】

金陵礼部署中，不时有赠送松萝茶的，香味平平。回到山中的宅舍，得以品尝茶中珍品，一问才知是闵汶水所收藏。闵汶水家住在金陵，与我相隔不远。他是如欧鹭高洁，以遁世无名为贵，疏于结交权贵之人。以前陆羽因为精于茶事，被贵人侮辱，愤而作《毁茶论》，至于闵汶水，我知道他终究不会作此毁茶之论的。

李日华《六研斋笔记》：摄山栖霞寺有茶坪[①]，茶生榛莽中[②]，非经人剪植者。唐陆羽入山采之，皇甫冉作诗送之[③]。

【注释】

①摄山：又名伞山。即今江苏南京东北栖霞山。《太平寰宇记》卷九〇“升州上元县摄山”条引《舆地志》云：“江乘县西北有扈谦所居宅，村侧有摄山，山多药草可以摄生，故以名之。”

②榛莽：杂乱丛生的草木。

③皇甫冉作诗送之：乾元元年（758），陆羽与皇甫冉在南京栖霞寺采茶之时相遇。皇甫冉与陆羽离别之时，作《送陆鸿渐栖霞寺采茶》诗：“采茶非采菉，远远上层崖。布叶春风暖，盈筐白日斜。旧知山寺路，时宿野人家。借问王孙草，何时泛碗花？”

【译文】

李日华《六研斋笔记》记载：摄山栖霞寺有茶坪，茶生长在杂乱丛生的草木中，没有经过人的种植剪裁。唐代陆羽进山中采茶，皇甫冉作《送陆鸿渐栖霞寺采茶》诗相送。

《紫桃轩杂缀》：泰山无茶茗，山中人摘青桐芽点饮[①]，号女儿茶。又有松苔，极饶奇韵。

【注释】

①青桐：树木名。即梧桐。因其皮青，故称。

【译文】

李日华《紫桃轩杂缀》记载：泰山不出产茶叶，山中人摘青梧桐芽烹煮饮用，称为女儿茶。又有用松苔作茶叶饮用的，富有珍奇韵味。

《锺伯敬集》[①]：《茶讯》诗云："犹得年年一度行，嗣音幸借采茶名[②]。"伯敬与徐波元叹交厚[③]，吴楚风烟相隔数千里[④]，以买茶为名，一年通一讯，遂成佳话，谓之茶讯。

【注释】

①《锺伯敬集》：即锺惺的文集。锺惺(1574—1624)，字伯敬，号退谷。湖广竟陵(今湖北天门)人。累官至福建提学佥事。不久辞官归乡，闭户读书，晚年入寺院。另著有《隐秀轩集》《如面潭》《诗经图史合考》等。

②嗣音：保持音信。

③徐波元叹：即徐波(1590—1663)，字元叹，号顽庵。江南吴县(今江苏苏州)人。明清之际诗人。著有《谥箫堂集》《落木庵集》等。

④吴楚：指吴地和楚地。比喻不同区域。

【译文】

锺惺《锺伯敬集》记载：《茶讯》诗写道："犹得年年一度行，嗣音幸借采茶名。"锺惺与徐波交情深厚，吴地和楚地遥望相隔数千里，两人以买茶为名，一年通一次音讯，于是成为佳话，称为茶讯。

钱谦益《茶供说》[①]：娄江逸人朱汝圭[②]，精于茶事，将以茶隐，欲求为之记，愿岁岁采渚山青芽，为余作供。余观楞严坛中设供，取白牛乳、砂糖、纯蜜之类；西方沙门、婆罗门，以葡萄、甘蔗浆为上供，未有以茶供者。鸿渐长于苾刍者也[③]，杼山禅伯也[④]，而鸿渐《茶经》、杼山《茶歌》俱不云供佛。西土以贯花燃香供佛[⑤]，不以茶供，斯亦供养之缺典也[⑥]。汝圭益精心治办茶事，金芽素瓷，清净供佛，他生受报[⑦]，往生香国[⑧]。以诸妙香而作佛事，岂但如丹丘羽人饮茶，生羽翼而已哉[⑨]！余不敢当汝圭之茶供，请以茶供佛。后之精于茶道者，以采茶供佛为佛事，则自余之谂汝圭始[⑩]，爰作《茶供说》以赠。

【注释】

①钱谦益《茶供说》：清钱谦益撰。钱谦益（1582—1664），字受之，号牧斋，晚号蒙叟，东涧老人，学者称虞山先生。苏州府常熟（今属江苏）人。官至礼部尚书，降清后为礼部侍郎。著有《牧斋诗抄》《有学集》《初学集》《投笔集》等。

②娄江：今江苏太仓旧称，因境内娄江得名。逸人：隐士。

③苾刍（bì chú）：即比丘。本西域草名，梵语以喻出家的佛弟子。为受具足戒者之通称。

④杼山禅伯：即诗僧皎然（730—799），俗姓谢，字清昼。湖州（今属浙江）人。吴兴杼山妙喜寺主持，在文学、佛学、茶学等方面颇有造诣。著有《昼上人集》。禅伯，对有道僧人的尊称。

⑤贯花：亦作“贯华”。佛教传说，佛祖说法感动天神散落各色香花。后因以“贯花”喻佛教的精义妙旨。亦借指说偈颂，唱导佛法。

⑥缺典：指仪制、典礼等有所欠缺。

⑦他生：来生，下一世。

⑧香国:《维摩诘经·香积佛品》曰:"上方界分过四十二恒河沙佛土,有国名众香,佛号香积……其界一切皆以香作楼阁,经行香地,苑园皆香,其食香气周流十方无量世界。"因以"香国"指佛国。

⑨岂但如丹丘羽人饮茶,生羽翼而已哉:语出唐皎然《饮茶歌送郑容》:"丹丘羽人轻玉食,采茶饮之生羽翼。"皎然在诗中原注有"《天台记》云,丹丘出大茗,服之羽化"之语,认为饮茶后能够使人羽化成仙。丹丘,传说中神仙所居之地。羽人,道家学仙,因称道士为羽人。

⑩谂(shěn):告诉。

【译文】

钱谦益《茶供说》记载:娄江的隐士朱汝圭,精于茶事,将要因茶而归隐,让我帮他写一篇文章,并表示愿意年年采顾渚山的紫笋青芽,供奉给我。我观察佛坛中所设置的供品,取白色的牛奶、砂糖、纯蜜等物;西方的沙门、婆罗门,以葡萄、甘蔗汁为供品,没有用茶作为供品的。陆羽是生长于佛寺的佛家弟子,皎然是杼山妙喜寺住持,但是陆羽的《茶经》、皎然的《茶歌》都不讲以茶供佛。西方世界倡导佛法燃香供佛,不以茶供佛,这也是供养制度的欠缺。朱汝圭更为精心地置办茶事,用金色的茶芽、白色瓷器清净供佛,来生受到好报,往生佛国。以各种殊妙的香气而作佛事,难道只是像丹丘羽人饮茶而生羽翼而已?我不敢作为朱汝圭的茶供对象,只请以茶供佛。后来精于茶道的人,以采茶供佛作为佛事,那就从我告诉朱汝圭开始,于是写下这篇《茶供说》赠给他。

《五灯会元》①:摩突罗国有一青林②,枝叶茂盛,地名曰优留茶。

【注释】

①《五灯会元》:二十卷,宋普济编纂。"五灯"为《景德传灯录》《天

圣广灯录》《建中靖国续灯录》《联灯会要》《嘉泰普灯录》，各三十卷，篇幅繁冗，互相多重复之处。普济删繁就简，合五灯为一，故称《五灯会元》。普济（1179—1253），俗姓张，字大川。奉化（今属浙江）人。宋代禅僧，另著有《大川普济禅师语录》。

②摩突罗：亦译“摩偷罗”“摩度罗”“摩头罗”等，意译为“蜜善”“孔雀”。古代印度城市及国家名。即今印度马图拉。

【译文】

释普济《五灯会元》记载：摩突罗国有一苍翠的树林，枝叶茂盛，地名叫优留茶。

僧问如宝禅师曰①：“如何是和尚家风？”师曰：“饭后三碗茶。”僧问谷泉禅师曰②：“未审客来③，如何祇待④？”师曰：“云门胡饼⑤，赵州茶⑥。”

【注释】

①如宝禅师：五代禅僧。至袁州（今江西宜春）仰山西塔师事光穆禅师，嗣其法，为沩仰宗传人。居吉州（今江西吉安）资福寺。

②谷泉禅师：宋代禅僧，号大道。泉州（今属福建）人。佯狂不检束，数有异行，所作诗偈，为人乐颂。嘉祐（1056—1063）中，有以妖言诛者，牵连谷泉，杖配郴州（今属湖南）。卒年九十二。著有《六巴鼻歌》。

③审：知道。

④祇待：恭敬地招待，款待。

⑤云门胡饼：又作云门糊饼、韶阳糊饼。禅宗公案名。系云门宗之祖云门文偃禅师与某僧有关“如何是超佛越祖”一问所作之机缘问答。《碧岩录》第七十七则：“僧问云门：‘如何是超佛越祖之谈？’门云：‘糊饼。’”云门以“糊饼”（胡麻所制之饼）回答佛意、祖

意如何是超佛越祖之问，而绝不容以思量分别之余地，即显示超佛越祖之言，除著衣吃饭、屙屎送尿外，别无他意，故即便是超佛越祖之谈，亦无如一个糊饼吃却了事。

⑥赵州茶：《五灯会元·南泉愿禅师法嗣·赵州从谂禅师》载：唐代高僧从谂代称赵州，曾问新到的和尚："曾到此间么？"和尚说："曾到。"赵州说："吃茶去。"又问另一和尚，答："不曾到。"赵州说："吃茶去。"院主疑而问之，赵州亦呼院主"吃茶去"。后因用"赵州茶"指寺院招待的茶水。亦指顿悟禅机。

【译文】

僧人问如宝禅师说："怎样才是和尚的家风？"如宝禅师回答说："饭后三碗茶。"僧人又问谷泉禅师说："不知客人到来，如何款待呢？"谷泉禅师回答说："云门胡饼，赵州茶。"

《渊鉴类函》：郑愚《茶诗》[①]："嫩芽香且灵，吾谓草中英。夜臼和烟捣，寒炉对雪烹。"因谓茶曰草中英。

【注释】

①郑愚：番禺（今广东广州）人。唐文宗开成二年（837）举进士，官终尚书左仆射。唐诗人。

【译文】

张英等《渊鉴类函》记载：郑愚《茶诗》写道："嫩芽香且灵，吾谓草中英。夜臼和烟捣，寒炉对雪烹。"因此称茶为草中英。

素馨花曰裨茗，陈白沙《素馨记》以其能少裨于茗耳[①]。一名那悉茗花。

【注释】

①陈白沙：即陈献章(1428—1500)，字公甫，号石斋，学者称白沙先生。新会(今属广东)人。明正统十二年(1447)举人，以荐授翰林检讨。另著有《白沙集》。

【译文】

素馨花叫做禅茗，陈献章《素馨记》认为素馨花稍有助于茶而已。也叫那悉茗花。

《佩文韵府》[①]：元好问诗注[②]："唐人以茶为小女美称。"

【注释】

①《佩文韵府》：四百四十四卷，清张玉书等奉清圣祖康熙皇帝之命于康熙五十年(1711)编辑而成。是一部大型类书，以元阴时夫《韵府群玉》及明凌稚隆《五车韵瑞》为基础，再增补以其他类书中的有关材料。"佩文"为康熙皇帝的书斋名，书以此命名。初为一百零六卷，乾隆年间修《四库全书》时，因其"篇页繁重"，析为四百四十四卷。共收字一万零二百五十八个，收二字、三字、四字语词共约四十八万余条，引书约一百五十余种。全书近二千一百一十五万余字。

②元好问(1190—1257)：字裕之，号遗山。太原秀容(今山西忻州)人。累官至尚书省掾、左司都事。著有《续夷坚志》《遗山先生文集》《中州集》等。

【译文】

张玉书等《佩文韵府》记载：元好问诗中注说："唐人用茶作为小女孩的美称。"

《黔南行记》[①]：陆羽《茶经》纪黄牛峡茶可饮[②]，因令舟人求之[3]。有媪卖新茶一笼，与草叶无异，山中无好事者故耳。

【注释】

①《黔南行记》：即宋黄庭坚《黔南道中行记》。

②黄牛峡：即黄牛山，在今湖北宜昌西。南朝宋盛弘之《荆州记》："宜都西陵峡中有黄牛山，江湍纡回，途经信宿，犹望见之，行者语曰：朝发黄牛，暮宿黄牛，三朝三暮，黄牛如故。"

③舟人：船夫。

【译文】

黄庭坚《黔南道中行记》记载：陆羽《茶经》记载黄牛峡的茶叶可以饮用，因此令船夫去寻求。有一老妇人卖新茶一笼，与草叶没有差异，只是因为山中没有好茶事的人而已。

初余在峡州问士大夫黄陵茶，皆云粗涩不可饮。试问小吏，云："唯僧茶味善。"令求之，得十饼，价甚平也。携至黄牛峡，置风炉清樾间，身自候汤，手捼得味[1]。既以享黄牛神，且酌元明、尧夫[2]，云："不减江南茶味也。"乃知夷陵士大夫以貌取之耳。

【注释】

①捼(ruí)：按，揉。

②元明：即黄大临，字元明，号寅庵。洪州分宁(今江西修水)人，黄庭坚之兄。宋哲宗绍圣中，任萍乡令。宋词人。尧夫：即辛纮，字尧夫。曾任巫山尉。

【译文】

起初我在峡州问士大夫黄陵茶怎么样，都说粗糙苦涩不可饮用。又试问小吏,回答说:"只有僧人采制的茶味道不错。"命他去求购,得到十饼,价格很公平。携带到黄牛峡,放置风炉在树荫之间,亲自煎水候汤,并用手揉搓茶试味。以茶祭祀过黄牛神之后,并与黄大临、辛纮品饮,说:"不比江南茶味道差。"由此才知道夷陵士大夫是以外表论茶而已。

《九华山录》[①]:至化城寺[②],谒金地藏塔,僧祖瑛献土产茶,味可敌北苑。

【注释】

①《九华山录》:一卷,宋周必大撰,为其在游览安徽九华山时所作。

②化城寺:在今安徽青阳九华山中心化城盆地。据清《九华山志》记载,唐至德二载(757),青阳人诸葛节等建寺,请金地藏居之。建中二年(781)辟为地藏道场,皇帝赐额"化城寺"。

【译文】

周必大《九华山录》记载:到化城寺,拜谒金地藏塔,僧人祖瑛献出土产茶,味道可以和北苑茶媲美。

冯时可《茶录》:松郡佘山亦有茶[①],与天池无异,顾采造不如。近有比丘来,以虎丘法制之,味与松萝等。老衲亟逐之[②],曰:"毋为此山开膻径而置火坑[③]。"

【注释】

①松郡:即松江府。元至元十五年(1278)改华亭府置,治华亭县(今上海松江)。佘山:在今上海松江区北部。

②老衲(nà):年老的僧人。亦为老僧自称。

③膻径:腥膻之路。此处指俗世红尘。

【译文】

冯时可《茶录》记载：松江府佘山也出产茶，与天池茶没有差异，只是采摘制造不如天池茶。最近有僧人前来，以虎丘茶的方法制作，味道就与松萝茶等同。年老的僧人急忙把他驱逐出去，说："不要让这座宝山开俗世红尘之路而陷火坑之内。"

冒巢民《岕茶汇钞》[①]：忆四十七年前，有吴人柯姓者，熟于阳羡茶山，每桐初露白之际，为余入岕，箬笼携来十余种[②]。其最精妙者，不过斤许数两耳。味老香深，具芝兰、金石之性。十五年以为恒。后宛姬从吴门归余[③]，则岕片必需半塘顾子兼[④]，黄熟香必金平叔[⑤]，茶香双妙，更入精微。然顾、金茶香之供，每岁必先虞山柳夫人、吾邑陇西之蒨姬与余共宛姬[⑥]，而后他及。

【注释】

①冒巢民：即冒襄，字辟疆，号巢民。明末清初文学家。

②箬(ruò)笼：用箬叶与竹篾编成的盛器。

③宛姬：即董小宛(1624—1651)，名白，字小宛，号青莲。金陵(今江苏南京)人。因家道中落而沦落青楼，后嫁冒辟疆为妾。明亡后小宛随冒家逃难，此后与冒辟疆同甘共苦直至去世。

④半塘：在今江苏苏州七里山塘处，明末秦淮八艳之一的董小宛曾寄寓于此。顾子兼：人名，当时著名茶艺家。

⑤黄熟香：香名。晋嵇含《南方草木状·蜜香等》："交趾有蜜香树，干似柜柳，其花白而繁，其叶如橘……其根为黄熟香。"金平叔：人名，善于制作黄熟香。

⑥虞山：指钱谦益。柳夫人：即柳如是(1618—1664)，本名杨爱，字

如是，又称河东君。因读宋朝辛弃疾《贺新郎》中“我见青山多妩媚，料青山见我应如是”，故自号“如是”。后嫁有“学贯天人”“当代文章伯”之称的明朝大才子钱谦益为侧室。著有《戊寅草》《柳如是诗》《红豆村庄杂录》《梅花集句》《东山酬唱集》等。

【译文】

冒襄《岕茶汇钞》记载：回忆四十七年前，有一个姓柯的吴地人，对于阳羡的茶山非常熟悉，每年桐树花初发的时候，为我进入岕山，用箬叶与竹篾编成的茶笼带来十多种茶叶。其中最精妙的茶叶，不过一斤多或数两而已。味道老到，香气馥郁，具有芝兰、金石的品性。十五年以来都是如此。后来董小宛从苏州嫁给我，岕茶必须由苏州半塘顾子兼负责制作，黄熟香必须要金平叔负责制作，茶香双妙，更加精深微妙。然而顾、金两家供应的茶和香，每年必先供奉钱谦益的夫人柳如是、我们同郡的陇西蒨姬及我和夫人董小宛，然后才供应其他人。

金沙于象明携岕茶来[①]，绝妙。金沙之于精鉴赏，甲于江南，而岕山之棋盘顶，久归于家，每岁其尊人必躬往采制[②]。今夏携来庙后、棋顶、涨沙、本山诸种，各有差等，然道地之极真极妙，二十年所无。又辨水候火，与手自洗，烹之细洁，使茶之色香性情，从文人之奇嗜异好，一一淋漓而出[③]。诚如丹丘羽人所谓饮茶生羽翼者，真衰年称心乐事也[④]。

【注释】

①金沙：地名，在今江苏南通通州区中部、通吕运河北岸。唐初为江海交汇处沙洲，名南布洲，俗名古沙。北宋太平兴国年间取“披沙拣金”之意，名金沙。

②尊人：对他人或自己父母的敬称。

③淋漓：形容酣畅。

④衰年：衰老之年。

【译文】

金沙于象明携岕茶来，品质绝妙。金沙于氏精于茶的鉴赏，在整个江南都是第一等，而岕山的棋盘顶，其地久归于家，每年于象明的父母必定亲往采制。今年夏天他带来庙后、棋盘顶、涨沙、本山等品种，各有等级，但都是名副其实的岕茶，极真极妙，二十年来所未有。另外他又辨别水品、把握火候，亲手洗茶，烹点细致洁净，从而使茶的色泽、香味，根据文人奇异的嗜好，一一酣畅而出。正如丹丘羽人所谓饮茶能生羽翼，真是衰老之年的称心乐事啊！

吴门七十四老人朱汝圭，携茶过访。与象明颇同，多花香一种。汝圭之嗜茶，自幼如世人之结斋于胎年[①]，十四入岕，迄今春夏不渝者百二十番[②]，夺食色以好之。有子孙为名诸生[③]，老不受其养。谓不嗜茶，为不似阿翁[④]。每竦骨入山[⑤]，卧游虎虒[⑥]，负笼入肆，啸傲瓯香[⑦]。晨夕涤瓷洗叶，啜弄无休，指爪齿颊与语言激扬赞颂之津津[⑧]，恒有喜神妙气与茶相长养，真奇癖也。

【注释】

①结斋于胎年：生来就吃素。

②不渝：不改变。

③子孙：单指儿子。诸生：明清两代称已入学的生员。

④阿翁：父亲。

⑤竦骨：即毛骨悚然。形容极度惊慌与恐惧。

⑥卧游：谓欣赏山水画以代游览。此指周旋。虺(huǐ)：古称蝮蛇一类的毒蛇。

⑦啸傲：放歌长啸，傲然自得。形容放旷不受拘束。

⑧津津：兴味浓厚的样子。

【译文】

苏州七十四岁的老人朱汝圭，携带茶叶前来拜访。他的茶与于象明带来的茶差不多，只是多花香一种。朱汝圭嗜好饮茶，从小如同生来就吃素的人一样，十四岁开始进入岕山，到如今春夏不改变已经多达一百二十次，这种嗜好已经超过了食色的本性。他的儿子是有名的生员，到老也不接受其赡养。因为他们不嗜好饮茶，不像他们的父亲一样。朱汝圭每次壮着胆子进山，周旋于老虎、毒蛇出没之地，背负茶笼进入茶馆，以茶傲然自得于同道。每日早晚洗茶涤器，品饮无终时，指爪、齿颊留有余香，言语激扬，赞颂不绝，常有欢喜之态和灵妙之气，与茶相互助精养神，真是奇特的癖好。

《岭南杂记》[①]：潮州灯节，饰姣童为采茶女，每队十二人或八人，手挈花篮[②]，迭进而歌[③]，俯仰抑扬，备极妖妍。又以少长者二人为队首，擎彩灯，缀以扶桑、茉莉诸花[④]。采女进退作止，皆视队首。至各衙门或巨室唱歌[⑤]，赉以银钱、酒果。自十三夕起，至十八夕而止。余录其歌数首，颇有《前溪》《子夜》之遗[⑥]。

【注释】

①《岭南杂记》：二卷，清吴震方撰。该书上卷多记山川风土，兼及时事；下卷记物产。吴震方，字青坛。仁和(今浙江杭州)人。官至监察御史。另著有《晚树楼诗稿》《读书正音》等。

②挈(qiè):举。

③迭进:递进。

④扶桑:亦名朱槿,著名观赏植物。

⑤巨室:指名望高势力大的世家大族。

⑥《前溪》:即《前溪歌》,乐府《吴声歌曲》名。《宋书·乐志》云:"《前溪歌》者,晋车骑将军沈充所制。"《子夜》:即《子夜歌》。乐府《吴声歌曲》名。《宋书·乐志》云:"《子夜歌》者,有女子名子夜,造此声。晋孝武太元中,琅邪王轲之家有鬼歌《子夜》。殷允为豫章时,豫章侨人庾僧度家亦有鬼歌《子夜》。殷允为豫章,亦是太元中,则子夜是此时以前人也。"

【译文】

吴震方《岭南杂记》记载:潮州的灯节,装扮漂亮的儿童为采茶女,每队十二人或八人,手提花篮,递进而唱歌,俯仰进退,抑扬顿挫,非常艳丽。又让年龄稍长的二人作为队首,举着彩灯,灯上点缀以朱槿、茉莉等花。采茶女进还是退,行还是止,都要看队首的指示。到了各衙门或世族大家去唱歌,会赏以银钱、酒和茶食、水果。从正月十三的晚上开始,到正月十八的晚上结束。我记录他们的词曲数首,颇有《前溪歌》《子夜歌》的遗风。

周亮工《闽小记》:歙人闵汶水,居桃叶渡上,予往品茶其家,见其水火皆自任,以小酒盏酌客,颇极烹饮态,正如德山担《青龙钞》[①],高自矜许而已,不足异也。秣陵好事者[②],尝诮闽无茶,谓闽客得闵茶,咸制为罗囊[③],佩而嗅之以代旃檀[④]。实则闽不重汶水也。闽客游秣陵者,宋比玉、洪仲章辈[⑤],类依附吴儿强作解事[⑥],贱家鸡而贵野鹜[⑦],宜为其所诮欤!三山薛老亦秦淮汶水也。薛尝言汶水假他味作兰香,究使茶之真味尽失。汶水而在,闻此亦当色沮[⑧]。薛尝住屴崱[⑨]，自为剪焙，遂欲驾汶水上。余谓茶难以香名，况以兰定茶，乃咫尺见也，颇以薛老论为善。

【注释】

①德山：唐代禅僧。俗姓周，剑南（今四川成都）人。少年出家，二十岁受具足戒。咸通初（860），应武陵太守薛延望之请，始居德山（今湖南常德境内），弘传禅法。禅众辐辏，堂中常有五百人。故世称“德山宣鉴”。卒谥“见性大师”。《青龙钞》：即《青龙疏钞》。德山宣鉴对佛教经书的注疏。

②秣陵：古地名。今江苏南京。

③罗囊：指作佩饰的丝质香袋。

④旃（zhān）檀：即檀香。

⑤宋比玉：即宋珏（1576—1632），又名宋瑴，字比玉，号荔支子、浪道人、国子仙。福建莆田（今属福建）人。国子监生。明诗人、书画家。洪仲章：即洪宽。万历年布衣。

⑥解事：懂事。

⑦贱家鸡而贵野鹜（wù）：贬低家鸡而以野鸭为贵。宋李昉等《太平御览》卷九一八：“庾翼……在荆州与都下人书云：‘小儿辈厌家鸡，爱野雉，皆学逸少书，须吾下，当比之。’”庾翼以家鸡喻自己的书法，以野雉喻王羲之书法。后比喻人贱近贵远。

⑧色沮：神情颓丧。

⑨屴崱（lì zè）：形容山峰高耸。

【译文】

周亮工《闽小记》记载：安徽歙县人闵汶水，居住在金陵桃叶渡上，我曾到他家去品茶，见他煎水候火都亲自操作，用小酒盏给客人斟茶，很专业的烹饮情态，就好像僧人德山宣鉴担着《青龙疏钞》，自视清高而已，不足为奇。秣陵有好事的人，曾经嘲讽福建没有茶叶，说福建的客人得到闵汶水的茶,全部都制为罗囊,佩带在身上代替檀香。实际上福建人并不重视闵汶水。到南京游历的福建客人,宋珏、洪宽等人,只是依附吴人勉强装作懂事,贬低家鸡而以野鸭为贵,受到讥讽也是应该。南京三山街的薛老也是秦淮河边的闵汶水。薛老曾经说过闵汶水假借他的调味品来制作兰香茶,使茶的原有味道全部失去。如果闵汶水在世,听到这话也应当神情颓丧。薛老曾经居住在陡峭的山上,亲自修剪茶树,烘焙茶叶,于是想凌驾闵汶水之上。我认为茶很难靠香味而闻名,更何况用兰花香来确定茶的品质,也是短视之见,所以我认同薛老的观点。

延邵人呼制茶人为碧竖①,富沙陷后,碧竖尽在绿林中矣②。

【注释】

①延邵:即延平县和邵武县。延平县,古县名。西晋太康初改南平县置,治今福建南平。属建安郡。邵武县,古县名。西晋太康三年(282)改昭武县置,治今福建邵武西北故县街。属建安郡。

②绿林:原为山名,位于湖北当阳东北。西汉末,新市人王匡、王凤等领导过绿林山起义,后以此称聚众抗官或劫富济贫的行为为绿林好汉。

【译文】

福建延平人、邵武人称呼制茶人为碧竖,南唐攻陷富沙之后,制作茶叶的人都成为绿林好汉了。

蔡忠惠《茶录》石刻在瓯宁邑庠壁间①。予五年前拓数纸寄所知,今漫漶不如前矣②。

【注释】

①瓯宁:今福建建瓯。邑庠:明清时称县学为邑庠。

②漫漶(huàn):模糊不可辨别。

【译文】

蔡襄《茶录》的石刻位于瓯宁县学的墙壁间。我在五年前拓了多张寄给知己,如今已模糊不可辨别,不如以前了。

闽酒数郡如一,茶亦类是。今年予得茶甚夥[1],学坡公义酒事[2],尽合为一,然与未合无异也。

【注释】

①夥(huǒ):众多,盛多。

②坡公义酒:宋苏轼《书雪堂义墨》:"予昔在黄州,邻近四五郡皆送酒,予合置一器中,谓之'雪堂义樽'。"

【译文】

福建各郡所酿的酒都差不多,茶也如此。今年我得茶很多,学习苏轼义酒的故事,将这些茶叶全部合而为一,然而合后之茶与未合的没有什么区别。

李仙根《安南杂记》[1]:交趾称其贵人曰翁茶[2]。翁茶者,大官也。

【注释】

①李仙根《安南杂记》:一卷,清李仙根撰。共七百六十余字,简介安南(越南)沿革、四邻、所属道、州、府县。于当地风土民情、物产记述最详。李仙根(1621—1690),字子静,号南津。四川遂宁(今属

四川)人。1668—1669年奉使安南,另著有《安南使事纪要》等。

②交趾:亦作"交阯"。原为古地区名,泛指五岭以南。汉武帝时为所置十三刺史部之一,辖境相当今广东、广西大部和越南的北部、中部。东汉末改为交州。越南于10世纪独立建国后,宋亦称其国为交趾。

【译文】

李仙根《安南杂记》记载:交趾称呼富贵之人为翁茶。所谓翁茶,就是大官的意思。

《虎丘茶经补注》:徐天全自金齿谪回[①],每春末夏初,入虎丘开茶社。

【注释】

①徐天全:即徐有贞(1407—1472),初名徐珵,字元玉,号天全。吴县(今江苏苏州)人。官至华盖殿大学士,封武功伯。著有《武功集》。金齿:地名。约指今云南澜沧江到保山腾冲一带。

【译文】

陈鉴《虎丘茶经补注》记载:徐有贞从被贬之地云南金齿回家,每年春末夏初,就到苏州虎丘去开茶社。

罗光玺作《虎丘茶记》[①],嘲山僧有替身茶。

【注释】

①罗光玺《虎丘茶记》:不详,待考。

【译文】

罗光玺作《虎丘茶记》,嘲讽山里僧人有替身茶。

吴匏庵与沈石田游虎丘[①]，采茶手煎对啜，自言有茶癖。

【注释】

①吴匏庵：即吴宽（1435—1504），字原博，号匏庵、玉亭主，世称匏庵先生。直隶长州（今江苏苏州）人。官至礼部尚书。著有《匏庵集》。沈石田：即沈周。

【译文】

吴宽与沈周一起游历虎丘，亲自采茶煎水对饮，自己说有茶癖。

《渔洋诗话》[①]：林确斋者[②]，亡其名，江右人。居冠石[③]，率子孙种茶，躬亲畚锸负担[④]，夜则课读《毛诗》《离骚》[⑤]。过冠石者，见三四少年，头着一幅布，赤脚挥锄，琅然歌出金石[⑥]，窃叹以为古图画中人。

【注释】

①《渔洋诗话》：三卷，清王士祯著。该书以记录"生平与兄弟友朋论诗，及一时诙谐之语"为主。

②林确斋：即林时益（1618—1678），字确斋，原名朱议雳，字作霖。南昌（今属江西）人。明宁王后裔，授奉国中尉。入清，变姓名。康熙七年（1668），清廷命明故宗室子弟回乡复姓氏，时益久客宁都，不愿归，以耕种自养。晚好禅悦。善制茶，远近名曰"林茶"。著有《冠石诗集》《确斋文集》《朱中尉集》等。

③冠石：即冠石山。在今江西宁都县西郊。因形如冠，故名。

④躬亲：亲自，亲身从事。畚锸（běn chā）：亦作"畚臿""畚插"。畚，盛土器。锸，起土器。泛指挖运泥土的用具。负担：背负肩挑。

⑤课读：谓进行教学活动，传授知识。《毛诗》：即今本《诗经》。相传

为汉初学者毛亨和毛苌所传。《离骚》：亦称《离骚经》《离骚赋》《骚》。《楚辞》篇名。战国楚屈原作。

⑥琅然：声音清朗。歌出金石：歌声像从钟磬发出的一样。金石，指钟磬一类乐器。

【译文】

王士祯《渔洋诗话》记载：林确斋，不知道他的名字，江西人。居住在冠石，率领子孙种茶，亲自背负肩挑挖运泥土，夜晚教授《毛诗》《离骚》。经过冠石的人，见到三四个少年，头裹一幅布，赤脚挥锄耕耘，清朗的歌声像从钟磬发出的一样，私下感叹这是古代图画中的人物。

《尤西堂集》有《戏册茶为不夜侯制》①。

【注释】

①《尤西堂集》：清尤侗著。尤侗(1618—1704)，字同人，一字展成，号西堂、艮斋。江南长洲(今江苏苏州)人。康熙十八年(1679)举博学鸿儒，授翰林院检讨，参与纂修《明史》，撰写《志》《传》多至三百余篇。另著有《鹤栖堂稿》等。

【译文】

尤侗《尤西堂集》中有《戏册茶为不夜侯制》。

朱彝尊《日下旧闻》①：上巳后三日②，新茶从马上至，至之日宫价五十金，外价二三十金。不一二日，即二三金矣。见《北京岁华记》③。

【注释】

①朱彝尊《日下旧闻》：四十二卷，清朱彝尊撰。朱彝尊所说“日下”

是清代京都，即现在的北京。相传朱彝尊常在北京“天桥酒楼”上起稿，最后成书于曝书亭。该书是第一次系统地整理关于北京的文献。全书分为十八门，依次为：星土、世纪、形胜、国朝宫室等。朱彝尊(1629—1709)，字锡鬯，号竹垞，晚号小长芦钓鱼师。秀水(今浙江嘉兴)人。清康熙十八年(1679)举博学鸿词，授翰林院检讨，充《明史》纂修官。稍后又充日讲官，知起居注，入值南书房。另著有《曝书亭集》《经义考》等。

②上巳：旧时节日名。汉以前以农历三月上旬巳日为“上巳”；魏晋以后，定为三月三日，不必取巳日。

③《北京岁华记》：一卷，明陆启浤(hóng)撰。为一部明代北京岁时节日民俗志。该书原本已佚。陆启浤(1590—1648)，字叔度。浙江平湖(今属浙江)人。另著有《贲趾山房诗文集》《经世谱》等。

【译文】

朱彝尊《日下旧闻》记载：上巳后的第三天，新茶从马上运来，到达之日宫内的价格是五十两，宫外的价格是二三十两。不到一两天，就只有二三两了。见陆启浤《北京岁华记》。

《曝书亭集》[①]：锡山听松庵僧性海[②]，制竹火炉，王舍人过而爱之[③]，为作山水横幅，并题以诗。岁久炉坏，盛太常因而更制[④]，流传都下[⑤]，群公多为吟咏。顾梁汾典籍仿其遗式制炉[⑥]，及来京师，成容若侍卫以旧图赠之[⑦]。丙寅之秋[⑧]，梁汾携炉及卷过余海波寺寓，适姜西溟、周青士、孙恺似三子亦至[⑨]，坐青藤下，烧炉试武夷茶，相与联句成四十韵，用书于册，以示好事之君子。

【注释】

①《曝书亭集》:八十卷,诗文别集,清朱彝尊著。

②锡山:即无锡惠山寺。听松庵:在今江苏无锡西惠山寺桃花坞下。

③王舍人:即王绂(1362—1416),一作芾,字孟端,号友石生、鳌叟、九龙山人。后以字行。无锡(今属江苏)人。永乐元年(1403),以擅长书法被荐举,供事文渊阁。永乐十年(1412),官中书舍人。著有《友石山房稿》等。

④盛太常:即刑部侍郎盛冰壑。

⑤都下:京都。

⑥顾梁汾:即顾贞观(1637—1714),字华峰,号梁汾。江南无锡(今属江苏)人。康熙十一年(1672)举人,官内阁中书。著有《积书岩集》《征纬堂诗》《弹指词》等。遗式:前人留下的法式,先前事物的样式。

⑦成容若:即纳兰性德(1655—1685),其姓纳兰本作纳喇,初名成德,后改性德,字容若,号楞伽山人。满洲正黄旗人。武英殿大学士明珠长子。康熙十四年(1675)进士,由三等侍卫再迁至一等侍卫,曾奉使塞外。著有《通志堂集》《纳兰词》等。

⑧丙寅之秋:即康熙丙寅年(1686)的秋天。

⑨姜西溟:即姜宸英(1628—1699),字西溟,号湛园。慈溪(今属浙江)人。康熙三十六年(1697)进士,授翰林院编修。著有《湛园未定稿》《西溟文钞》《湛园札记》《苇闲诗集》等。周青士:即周筼(1623—1687),初名筠,字青士,别字筼谷。嘉兴(今属浙江)人。入清后弃诸生,以开米店为业。著有《词纬》《今词综》《采山词》《采山堂诗》《析津日记》等。孙恺似:即孙致弥(1642—1709),字恺似,一字海似,号松坪。嘉定(今属上海)人。康熙二十七年(1688)进士,累官至侍读学士。著有《杕左堂诗集》《别花余事

词》《梅汧词》《衲琴词》等。

【译文】

朱彝尊《曝书亭集》记载：无锡惠山寺听松庵的僧人性海，自制竹火炉，中书舍人王绂登门拜访，见到后很是喜爱，为它画山水横幅，并题诗纪念。年岁久了竹火炉坏掉，侍郎盛冰壑因此就根据旧炉重新制作，流传到京都，公卿大臣多有诗词吟咏。顾贞观根据典籍仿照它的样式制成竹火炉，等来到京都，侍卫纳兰性德赠送他旧图。丙寅年的秋天，顾贞观携带竹火炉和图卷到海波寺寄居，刚好姜宸英、周篔、孙致弥三人也在，坐在青藤下，烧炉烹试武夷茶，共同联句成四十韵，书写于册页之上，用来给好事的君子欣赏。

蔡方炳《增订广舆记》：湖广长沙府攸县①，古迹有茶王城，即汉茶陵城也。

【注释】

①攸县：西汉高祖五年(前 202)置攸县，治今湖南攸县城东北。元元贞元年(1295)升为攸州，属潭州路。天历二年(1329)属天临路。明洪武三年(1370)降攸州为攸县，属长沙府。

【译文】

蔡方炳《增订广舆记》记载：湖广长沙府的攸县，有茶王城古迹，也就是汉代茶陵城。

葛万里《清异录》：倪元镇饮茶用果按者，名清泉白石。非佳客不供。有客请见，命进此茶。客渴，再及而尽，倪意大悔，放盏入内。

【译文】

葛万里《清异录》记载:倪瓒饮茶要加进果子,称为清泉白石。不是贵客不予提供。一次,有客人相见,倪瓒命进献此茶。客人口渴,两口喝完,倪瓒非常后悔,放下茶盏就进内室去了。

黄周星九烟梦读《采茶赋》[①],只记一句云:"施凌云以翠步。"

【注释】

①黄周星九烟:即黄周星(1611—1680),一姓周,字景虞,号九烟。湘潭(今属湖南)人,寄居上元(今江苏南京)。崇祯十三年(1640)进士,曾授户部主事。入清不仕,更名人,字略似,号半非,晚号笑苍道人,侨寓吴兴(今浙江湖州)。后效屈原,于端午节投江自沉。著有《夏为堂别集》《九烟先生遗集》等。

【译文】

黄周星在梦中读《采茶赋》,只记得其中的一句,叫做:"施凌云以翠步。"

《别号录》[①]:宋曾几吉甫,别号茶山。明许应元子春[②],别号茗山。

【注释】

①《别号录》:九卷,清葛万里撰。该书辑录宋、金、元、明人的别号,以别号的尾字分韵编辑。其中宋、金、元人共一卷,录一千八百余人;明朝人八卷,录一千二百人。宋、金、元人只注明时代,明人则又注明爵里。即时代越近则越详尽。

②许应元子春：即许应元(1506—1565)，字子春，号茗山。钱塘(今浙江杭州)人。嘉靖十一年(1532)进士，官至广西布政使。著有《陭堂摘稿》。

【译文】

葛万里《别号录》记载：宋人曾几，字吉甫，别号茶山。明人许应元，字子春，别号茗山。

《随见录》：武夷五曲朱文公书院内有茶一株，叶有臭虫气，及焙制出时，香逾他树，名曰臭叶香茶。又有老树数株，云系文公手植，名曰宋树。

【译文】

屈擢升《随见录》记载：武夷山五曲朱熹紫阳书院内有茶树一株，茶叶有臭虫气息，等到焙制出来时，香味却超过其他树，称为臭叶香茶。又有老树好多棵，据说是朱熹亲手种植，称为宋树。

补《西湖游览志》[①]：立夏之日，人家各烹新茗，配以诸色细果，馈送亲戚比邻[②]，谓之七家茶。

【注释】

①《西湖游览志》：二十四卷，清田汝成撰。卷一为西湖总叙，卷二为孤山三堤胜迹，卷三至卷七为南山胜迹，卷八至卷一一为北山胜迹，卷一二为南山城内胜迹，卷一三至卷一八为南山分脉城内胜迹，卷一九为南山分脉城外胜迹，卷二〇至卷二一为北山分脉城内胜迹，卷二二至卷二三为北山分脉城外胜迹，卷二四为浙江胜迹。

②比邻：乡邻，邻居。

【译文】

田汝成《西湖游览志》记载：立夏那天，各家各户烹制新茶，搭配各种精细水果，馈赠给亲戚街坊，称为七家茶。

南屏谦师[1]，妙于茶事，自云得心应手[2]，非可以言传学到者。

【注释】

①南屏谦师：元祐四年(1089)，苏东坡第二次来杭州上任，这年的十二月二十七日，他游览西湖葛岭的寿星寺。南屏山麓净慈寺的谦师听到这个消息，便赶到北山，为苏东坡点茶。苏轼品尝谦师的茶后，专门作《送南屏谦师》诗记述此事，诗中对谦师的茶艺给予了很高的评价。

②得心应手：心里怎样想，手里就能怎样做。比喻技艺纯熟，心手相应。

【译文】

杭州净慈寺的南屏谦师精于茶艺，自认为技艺纯熟，心手相应，不是可以通过言语传授能学到的。

刘士亨有《谢璘上人惠桂花茶》诗云[1]："金粟金芽出焙篝，鹤边小试兔丝瓯。叶含雷信三春雨，花带天香八月秋。味美绝胜阳羡种，神清如在广寒游。玉川句好无才续，我欲逃禅问赵州。"

【注释】

①刘士亨：即刘泰，字士亨。钱塘(今浙江杭州)人。主要活动在正

统、景泰年间。其人隐居不仕，布衣终身，以诗词名一时。陆昂、马洪皆是其门人。当时以为陆得其诗，马得其词。著有《菊庄》《晚香》等集。

【译文】

刘士亨有《谢璘上人惠桂花茶》诗写道："金粟金芽出焙篝，鹤边小试兔丝瓯。叶含雷信三春雨，花带天香八月秋。味美绝胜阳羡种，神清如在广寒游。玉川句好无才续，我欲逃禅问赵州。"

李世熊《寒支集》[①]：新城之山有异鸟，其音若箫，遂名曰箫曲山。山产佳茗，亦名箫曲茶。因作歌纪事。

【注释】

①李世熊《寒支集》：十七卷，李世熊著。诗文别集。含《寒支初集》十卷，《二集》六卷，《寒支岁纪》一卷。李世熊(1602—1686)，字元仲，号但月、愧庵。宁化(今属福建)人。明末清初诗文作家。另著有《钱神志》《宁化县志》等。

【译文】

李世熊《寒支集》记载：新城的山中有奇异的鸟，它的鸣叫如同吹箫，因此称为箫曲山。山中产好茶，也称为箫曲茶。因此作歌记录此事。

《禅玄显教编》[①]：徐道人居庐山天池寺，不食者九年矣。畜一墨羽鹤[②]，尝采山中新茗，令鹤衔松枝烹之。遇道流[③]，辄相与饮几碗[④]。

【注释】

①《禅玄显教编》：一卷，明杨溥撰。杨溥(1375—1446)，字弘济。

石首(今属湖北)人。正统中进少保、武英殿大学士,入内阁典机务。卒谥文定。著有《杨文定公全集》。

②畜:饲养。

③道流:道士之辈。

④相与:共同,一道。

【译文】

杨溥《禅玄显教编》记载:徐道人居住在庐山天池寺,已经九年不进食了。饲养了一只墨羽鹤,曾经采摘山中的新茶,让鹤衔来松枝烹煮。遇到道士之流,就共同饮上几碗。

张鹏翀《抑斋集》有《御赐郑宅茶赋》云[①]:"青云幸接于后尘,白日捧归乎深殿[②]。从容步缓,膏芬齐出螭头[③];肃穆神凝,乳滴将开蜡面。用以濡毫[④],可媲文章之草[⑤];将之比德[⑥],勉为精白之臣[⑦]。"

【注释】

①张鹏翀(chōng,1688—1745):字天扉,一字抑斋,号南华山人。江苏嘉定(今属上海)人。清诗人。著有《南华文钞》《南华诗钞》等。

②"青云"二句:引用杜甫《寄李十二白二十韵》:"白日来深殿,青云满后尘。"白日,指受君主重视,如睹白日。青云,比喻位高名显的人。后尘,指追随者。

③螭(chī)头:形容团茶龙形图案。

④濡(rú)毫:指润笔锋。

⑤文章之草:即文章草,又名五加皮。中药名。明李时珍《本草纲目·木之三·五加》:"蜀人呼为白刺。谯周《巴蜀异物志》名文

章草。有赞云：'文章作酒，能成其味。以金买草，不言其贵。'是矣。"

⑥比德：谓德行、德教可与之比拟、比配。

⑦精白之臣：以乳白的茶色比喻士的精忠清白。精白，精忠洁白。

【译文】

张鹏翀《抑斋集》有《御赐郑宅茶赋》写道："郑宅茶位高名显追随者甚多，受君主重视而进入皇家宫殿。悠闲舒缓，步履缓慢，茶膏芬芳齐出龙形图案；严肃恭敬，神情集中，用乳汤冲开蜡面茶。用以润笔锋，可以媲美文章草；将其比拟德行，努力成为忠贞清白的臣子。"

八之出

【题解】

本章共搜集文献一百六十六则，主要论述了自唐至清主要的产茶区和名茶产地，同时又记载古代名茶数百种。

本章与《茶经·八之出》类似却又不尽相同。《茶经》中以八个道、四十三个州郡、四十四个县茶叶产地为主线，依次介绍各个产茶地茶叶名称以及茶叶品质。《续茶经·八之出》则通过一篇篇的历史文献记载，尽可能多地为我们讲述清代以前各个产茶地，并且评说了其地所产茶叶的优劣。文献中所提及的产茶地包括今四川、湖北、湖南、江西、广西、广东、江苏、浙江、安徽、贵州、陕西、福建、河南、云南、山东、重庆、上海等十七个省市，这与当今中国四大茶区所含省市基本一致，只是缺少西藏、甘肃、海南、台湾四个相对偏远的地区，但在当时的文献条件下，已属难得。

宋赵彦卫《云麓漫钞》："茶出浙西，湖州为上，江南常州次之。"赵彦卫与陆羽相隔三百余年，但对浙西茶叶品质的评判却仍然与陆羽《茶经·八之出》"浙西：以湖州上，常州次"的评价相同。按明罗廪《茶解》记载，陆羽所列唐代产茶地，没有提及后来的虎丘茶、罗岕茶、天池茶、顾渚茶、松萝茶、龙井茶、雁荡茶、武夷茶、灵川茶、大盘茶、日铸茶、朱溪茶等名茶，可知当时人们栽种培育茶树的技术不高，或是不善于制造加工,而使诸多名茶湮没无闻。宋欧阳修《归田录》记载,在浙江东道和浙江西道所有品种中,绍兴日注茶被称为第一。但自景祐年间以后,洪州所产双井白芽的制作工艺更为精细,并用红纱囊来包裹,每包不超过一二两,用十多斤普通茶来保养它,以避免炎热潮湿之气。自此之后,双井白芽的品质远超日注茶,被称为草茶第一。可见茶的品级也不是一成不变,茶叶的品质是由制作方法和后期的贮存保养来决定的。

宋叶梦得《避暑录话》记载,出产于曾坑的北苑茶与出产于沙溪的北苑茶,两地相距不远,但茶的品质却相差悬殊。屈擢升《随见录》记载,武夷山所出产的茶,岩茶胜于洲茶,岩茶又以出产于北山的为上品,北山又以工夫茶为最佳。由此可见,土地的肥力、地形的陡缓、气候的干湿对茶的影响是巨大的。

《国史补》:风俗贵茶,其名品益众。剑南有蒙顶石花①,或小方、散芽,号为第一。湖州顾渚之紫笋,东川有神泉小团、绿昌明、兽目②,峡州有小江园、碧涧寮、明月房、茱萸寮③,福州有柏岩、方山露芽④,婺州有东白、举岩、碧貌⑤,建安有青凤髓⑥,夔州有香山⑦,江陵有楠木⑧,湖南有衡山,睦州有鸠坑⑨,洪州有西山之白露,寿州有霍山之黄芽⑩,绵州之松岭⑪,雅州之露芽,南康之云居⑫,彭州之仙崖、石花,渠江之薄片⑬,邛州之火井、思安⑭,黔阳之都濡、高株⑮,泸川之纳溪梅岭⑯,义兴之阳羡、春池、阳凤岭,皆品第之最著者也。

【注释】

①剑南:即剑南道。唐贞观十道之一。贞观元年(627)置,辖境相当今四川大部,云南澜沧江、哀牢山以东及贵州北端、甘肃文县

一带。

②东川:即剑南东川。唐方镇名。至德二载(757)分剑南节度使东部地为剑南东川节度使,简称东川节度使,治梓州(今四川三台)。辖境相当今四川东部。神泉小团:即神泉小团茶。唐代名茶。产于神泉县(今四川绵阳安州区),因其为小团饼茶而得名。绿昌明:唐代名茶,产于四川。兽目:即兽目茶。唐代名茶。产于神泉县(今四川绵阳安州区)。

③小江园:一名小江源,唐代名茶。产于峡州夷陵(今湖北宜昌)。

④柏岩:又名半岩茶。唐代名茶。周亮工《闽小记》:“鼓山半岩茶,色香风味,当为闽中第一。”方山露芽:唐代名茶。因产于福建五虎山(又名方山),故名。

⑤东白:即东白茶。唐宋名茶。产于婺州(今浙江金华)东阳县。举岩:即举岩茶。唐代名茶。产于婺州(今浙江金华)。碧貌:即碧貌茶。产于婺州(今浙江金华)。

⑥青凤髓:宋代福建名茶。产于建瓯县。《茶谱通考》称为建安青凤髓。

⑦夔州:唐武德二年(619)以信州改名,治人复县(今重庆奉节东)。天宝元年(742)改为云安郡,乾元元年(758)复为夔州。香山:即香山茶。唐代名茶。产于峡州(今湖北宜昌)和夔州(今重庆奉节)一带。

⑧江陵:古县名。唐、宋为江陵府治。即今湖北江陵。

⑨睦州:隋仁寿三年(603)置,治所在新安县(今浙江淳安)。万岁通天二年(697)移治建德县(今浙江建德)。天宝元年(742)改为新定郡,乾元元年(758)又复为睦州。鸠坑:即鸠坑茶。因产浙江淳安县鸠坑乡而得名。

⑩寿州:隋开皇九年(589)改扬州置,治寿春县(今安徽寿县)。大业三年(607)改为淮南郡。唐武德三年(620)复为寿州。天宝元

年(742)又改寿春郡,乾元元年(758)复为寿州。霍山:安徽天柱山的别名。在今安徽潜山县。

⑪绵州:隋开皇五年(585)改潼州置,治巴西县(今四川绵阳东)。大业初改为金山郡。唐武德元年(618)复为绵州。天宝元年(742)改为巴西郡,乾元元年(758)复为绵州。松岭:即松岭茶。因产于锦州龙安县生松岭关而得名。

⑫南康:古县名,治南安县(今江西赣州南康区)。唐属虔州。云居:即云居茶。

⑬渠江:古县名。唐天宝元年(742)改始安县置,治今四川广安市广安区东北,属潾山郡。乾元元年(758)属渠州。薄片:即薄片茶。产于渠州(今四川广安)。

⑭邛州:唐武德元年(618)分雅州置,显庆二年(657)移治临邛县(今四川邛崃),天宝年间曾改为临邛郡。火井:即火井茶。产于邛州(今四川邛崃)火井,以地名转作茶名。思安:即思安茶。产于邛州(今四川邛崃)。

⑮黔阳:古地名,今湖南怀化。都濡:即都濡茶。宋代名茶。产于夔州路黔州(今四川彭水)。高株:即高株茶。产于黔阳(今湖南怀化)。

⑯泸川:古地名,今四川泸州。纳溪梅岭:即纳溪梅岭茶。因产于四川纳溪县(今四川泸州市纳溪区)的梅岭而得名。

【译文】

李肇《唐国史补》记载:民间风俗以茶为贵,所以茶叶名品众多。剑南道有蒙顶石花茶,有小方、散芽,号称天下第一。湖州顾渚紫笋茶,东川有神泉小团茶、绿昌明茶、兽目茶,峡州有小江园茶、碧涧寮茶、明月房茶、茱萸寮茶,福州有柏岩茶、方山露芽茶,婺州有东白茶、举岩茶、碧貌茶,建安有青凤髓茶,夔州有香山茶,江陵有楠木茶,湖南有衡山茶,睦州有鸠坑茶,洪州有西山白露茶,寿州有霍山黄芽茶,绵州的松岭茶,雅州的露芽茶，南康的云居茶，彭州的仙崖茶和石花茶，渠江的薄片茶，邛州的火井茶、思安茶，黔阳的都濡茶、高株茶，泸川的纳溪梅岭茶，义兴的阳羡茶、春池茶、阳凤岭茶，这些都是品质和等级最为著名的。

《文献通考》：片茶之出于建州者，有龙、凤、石乳、的乳、白乳、头金、蜡面、头骨、次骨、末骨、粗骨、山挺十二等，以充岁贡及邦国之用[①]，洎本路食茶[②]。余州片茶，有进宝、双胜、宝山、两府，出兴国军[③]；仙芝、嫩蕊、福合、禄合、运合、脂合，出饶、池州[④]；泥片出虔州[⑤]；绿英、金片出袁州[⑥]；玉津出临江军[⑦]；灵川出福州；先春、早春、华英、来泉、胜金出歙州[⑧]；独行灵草、绿芽片金、金茗出潭州[⑨]；大拓枕出江陵[⑩]；大小巴陵、开胜、开棬、小棬、生黄翎毛出岳州[⑪]；双上绿牙、大小方出岳、辰、澧州[⑫]；东首、浅山、薄侧出光州[⑬]。总二十六名。其两浙及宣、江、鼎州止以上中下或第一至第五为号[⑭]。其散茶，则有太湖、龙溪、次号、末号出淮南[⑮]；岳麓、草子、杨树、雨前、雨后出荆湖[⑯]；清口出归州[⑰]；茗子出江南[⑱]。总十一名。

【注释】

①邦国：国家。

②洎(jì)：到，及。食茶：宋代百姓向主管机关购买的供日常饮用的茶叶。《宋史·食货志》："民之欲茶者售于官，其给日用者，谓之食茶，出境则给券。"

③兴国军：北宋太平兴国三年(978)改永兴军置，治所在永兴县(今湖北阳新)。

④饶:饶州。隋开皇九年(589)以鄱阳郡改名。治所在鄱阳县(今江西波阳)。大业初改为鄱阳郡。唐武德四年(621)复为饶州。天宝元年(742)又改为鄱阳郡。乾元元年(758)复为饶州。池州:唐武德四年(621)置,治秋浦县(今安徽池州贵池区)。贞观元年(627)废。永泰元年(765)复置,移治今池州。元至元十四年(1277)升为路。

⑤虔州:隋开皇九年(589)置,因虔化水得名。治赣县(今江西赣州)。大业初改为南康郡。唐初复为虔州。

⑥袁州:隋开皇十一年(591)置,治所即今江西宜春。大业初改为宜春郡。唐武德四年(621)复为袁州,并以宜春县(今江西宜春)为州治。天宝元年(742)改为宜春郡,乾元元年(758)复为袁州。

⑦临江军:北宋淳化三年(992)分筠、袁、吉三州地置,治清江县(今江西樟树)。属江南西路。

⑧歙州:隋开皇九年(589)置,治所在海宁县(后改为休宁县,今安徽休宁东万安镇)。大业三年(607)改为新安郡。隋末移治歙县(今安徽歙县)。唐武德四年(621)复为歙州,治所仍在歙县。天宝元年(742)改为新安郡。乾元元年(758)又改为歙州。

⑨潭州:隋开皇九年(589)改湘州为潭州,治长沙县(今湖南长沙)。以州治南昭潭为名。

⑩江陵:古县名。秦置江陵县。《大明一统志·湖广荆州府志名胜》:"近地无高山,所有皆陵阜之属,故名江陵。"又清光绪《荆州府志》称:江陵"以地临江,故名"。秦汉为南郡治。晋兼为荆州治。南朝梁萧绎、萧詧、萧岿,五代南平国尚季兴等均曾建都江陵。唐、宋为江陵府治。即今湖北江陵。

⑪大小巴陵:即宋代片茶茶名。产于荆湖南路岳州(今湖南岳阳),有大、小巴陵两个品种。岳州:隋开皇九年(589)改巴州置,治巴陵县(今湖南岳阳)。

⑫辰州：隋开皇九年(589)改武州置，治龙檦县(今湖南洪江市西北黔城镇)，旋移治沅陵县(今属湖南)。以境内辰溪得名。唐贞观中分南部置巫州，垂拱中分西南部置锦州，天授中又分西北部置溪州。澧州：隋开皇九年(589)置松州，寻改澧州。治澧阳县(今湖南澧县)。以澧水得名。大业初改为澧阳郡。唐初复为澧州。天宝、至德间又改为澧阳郡。

⑬光州：南朝梁置，治所在光城县(今河南光山)。隋大业初改弋阳郡。唐武德三年(620)复为光州，治所在光山县(今河南光山)，太极元年(712)移治定城县(今河南潢川)。

⑭两浙：两浙路简称。北宋至道十五路之一，亦为天圣十八路、元丰二十三路之一。治杭州(今浙江杭州)。熙宁七年(1074)曾分为东、西两路，寻合为一，九年复分，次年复合。宋室南渡后，始定分为两浙东路和两浙西路。宣州：隋开皇九年(589)改宣城郡置，治所在宛陵县(今安徽宣城)。大业初改为宣城郡。唐武德三年(620)复为宣州。天宝元年(748)改为宣城郡。乾元元年(758)复为宣州。江州：西晋元康元年(291)分荆、扬两州置，治南昌县(今江西南昌)。因江水得名。自东晋至南朝陈，治所屡有迁徙，隋大业三年(607)改为九江郡。唐武德四年(621)复为江州。开元二十一年(733)后属江南西道。鼎州：北宋大中祥符五年(1012)改朗州置，治所在武陵县(今湖南常德)。以神鼎出于其地而得名。

⑮淮南：即淮南路。北宋至道三年(997)置，治扬州(今江苏扬州)。熙宁五年(1072)分为东、西二路。

⑯荆湖：即荆湖南路、荆湖北路。荆湖南路，简称湖南路。北宋初置。雍熙二年(985)与荆湖北路合并为荆湖路，至道三年(997)析荆湖路南部复置，治潭州(今湖南长沙)。荆湖北路，简称湖北路。北宋初置。雍熙二年(985)与荆湖南路合并为荆湖路。至

道三年(997)析荆湖路北部复置,治江陵府(今湖北荆州)。

⑰归州:唐武德二年(619)析夔州秭归、巴东两县置,治秭归县(今湖北秭归)。

⑱江南:即江南路。宋至道十五路之一,治江宁府(今江苏南京)。天禧四年(1020)分为东、西两路:东路治江宁府,西路治洪州(今江西南昌)。

【译文】

马端临《文献通考》记载:建州出产的片茶,有龙团茶、凤团茶、石乳茶、的乳茶、白乳茶、头金茶、蜡面茶、头骨茶、次骨茶、末骨茶、粗骨茶、山挺茶十二个等级,这些都是作为每年进贡以及在国家大事所用,以及本路百姓日常饮用的茶叶。其余各州出产的片茶,有进宝茶、双胜茶、宝山茶、两府茶,出产于兴国军;仙芝茶、嫩蕊茶、福合茶、禄合茶、运合茶、脂合茶,出产于饶州和池州;泥片茶出产于虔州;绿英茶、金片茶出产于袁州;玉津茶出产于临江军;灵川茶出产于福州;先春茶、早春茶、华英茶、来泉茶、胜金茶出产于歙州;独行灵草茶、绿芽片金茶、金茗茶出产于潭州;大拓枕茶出产于江陵;大小巴陵茶、开胜茶、开棬茶、小棬茶、生黄翎毛茶出产于岳州;双上绿牙茶、大小方茶出产于岳州、辰州和澧州;东首茶、浅山茶、薄侧茶出产于光州。这些茶共有二十六种名色。其中浙江东路和浙江西路以及宣州、江州、鼎州这些地方只是以上、中、下或者是第一至第五等为号。至于散茶,则有太湖茶、龙溪茶、次号茶、末号茶出产于淮南;岳麓茶、草子茶、杨树茶、雨前茶、雨后茶出产于荆湖南路和荆湖北路;清口茶出产于归州;茗子茶出产于江南。这些茶共有十一种名色。

叶梦得《避暑录话》:北苑茶正所产为曾坑,谓之正焙;非曾坑为沙溪,谓之外焙。二地相去不远,而茶种悬绝[①]。沙溪色白过于曾坑,但味短而微涩,识者一啜,如别泾渭也[②]。余始疑地气土宜,不应顿异如此。及来山中,每开辟径路，刳治岩窦[③]，有寻丈之间[④]，土色各殊，肥瘠紧缓燥润，亦从而不同。并植两木于数步之间，封培灌溉略等，而生死丰悴如二物者[⑤]。然后知事不经见，不可必信也。草茶极品惟双井、顾渚，亦不过各有数亩。双井在分宁县[⑥]，其地属黄氏鲁直家也。元祐间，鲁直力推赏于京师，族人交致之，然岁仅得一二斤尔。顾渚在长兴县，所谓吉祥寺也，其半为今刘侍郎希范家所有[⑦]。两地所产，岁亦止五六斤。近岁寺僧求之者，多不暇精择，不及刘氏远甚。余岁求于刘氏，过半斤则不复佳。盖茶味虽均，其精者在嫩芽。取其初萌如雀舌者，谓之枪。稍敷而为叶者，谓之旗。旗非所贵。不得已取一枪一旗犹可，过是则老矣。此所以为难得也。

【注释】

①悬绝：相差极远。

②泾渭：指泾水和渭水。此指区分明显。

③刳(kū)：剖开。岩窦：即岩穴。

④寻丈：泛指八尺到一丈之间的长度。

⑤丰悴：盛衰。

⑥分宁县：古县名。唐贞元十六年(800)析武宁县置，治今江西修水。属洪州。因分自武宁县得名。

⑦刘侍郎希范：即刘珏(1078—1132)，字希范。湖州长兴(今浙江湖州)人。曾官吏部侍郎。著有《吴兴集》等。

【译文】

叶梦得《避暑录话》记载：正宗的北苑茶是出产于曾坑，称为正焙；不出产于曾坑而出产于沙溪的北苑茶，则被称为外焙。这两个地方相距不远，但所出产茶的品质却相差悬殊。沙溪出产的茶要比曾坑出产的色泽鲜白,但是回味较短而略微苦涩,懂茶的人一经品尝,就如同判别泾渭一样分明。我起初怀疑是由于气候与土壤的缘故,不应该差异如此明显。等到去了山中,每当开辟小路,剖山填洞,在八尺到一丈间,土的颜色各不相同,土地的肥瘠、陡缓、燥润也因而不同。若是相距数步之间同时种植两株茶树,种上以后对茶树的封土、培植、灌溉等基本一样,可是两株茶树的生死、盛衰却如同两种不同的植物一样。通过这个例子我才知道很多事物若不是亲眼所见,不可确信。草茶中的极品只有双井茶和顾渚茶,这两种茶也不过有数亩。双井茶出产于分宁县,这片地方属于黄庭坚家。元祐年间,黄庭坚在京师极力推荐,他家族里的人也都将这块地上所收的茶一并寄送给他,但是每年也仅仅收获一二斤而已。顾渚茶出产于长兴县,所谓的吉祥寺,茶园的一半归今朝侍郎刘希范家所有。这两个地方所出产的茶,每年也就不过五六斤。近些年来,寺院中的僧人求取茶叶,大都顾不上精挑细选,茶的品质远不及刘家所产。我每年向刘氏家索求茶叶,超过半斤质量就不太好了。即使茶的味道差别不大,但是茶的精华都是在嫩芽。摘取刚刚萌发如雀舌的嫩芽,称为枪。等到稍微舒展成为叶子,称为旗。旗就不是很珍贵了。实在不得已取一枪一旗也是可以的,超过这个标准就嫌老了。这就是极品名茶之所以难得的缘故。

《归田录》:腊茶出于剑、建①,草茶盛于两浙。两浙之品,日注为第一②。自景祐以后③,洪州双井白芽渐盛④,近岁制作尤精,囊以红纱,不过一二两,以常茶十数斤养之,用辟暑湿之气⑤。其品远出日注上,遂为草茶第一。

【注释】

①腊茶:茶的一种。腊,取早春之义。以其汁泛乳色,与溶蜡相似,

故也称蜡茶。剑:即南剑州。本为剑州,北宋太平兴国四年(979)西(利州路)有剑州,故名为南剑州。治剑浦县(今福建南平)。建:即建州。唐武德四年(621)置,治建安县(今福建建瓯)。属江南东道。

②日注:又名“日铸茶”“日铸雪芽”,宋代贡茶。因产于越州(今浙江绍兴)会稽东南之日铸岭,因以地名而为茶名。

③景祐:宋仁宗年号(1034—1038)。

④洪州双井白芽:北宋贡茶。因产于洪州分宁(今江西修水)双井,因以地名而为茶名。

⑤辟:躲避。

【译文】

欧阳修《归田录》记载:腊茶出产于南剑州和建州,草茶盛产于浙江东道和浙江西道。在浙江东道和浙江西道所有品种中,绍兴的日注茶称为第一。自景祐年间以后,洪州所产的双井白芽日渐兴盛,近年来其制茶更为精致,用红纱囊包裹,每包不超过一二两,而要用十多斤普通茶来保养它,以避免炎热潮湿之气。双井白芽的品质要远远超出日注茶,于是被称为草茶第一。

《云麓漫钞》:茶出浙西,湖州为上①,江南常州次之。湖州出长兴顾渚山中,常州出义兴君山悬脚岭北岸下等处。

【注释】

①湖州:隋仁寿二年(602)置,治乌程县(今浙江湖州)。大业初废。唐武德四年(621)复置。

【译文】

赵彦卫《云麓漫钞》记载:茶叶出产于浙江西路,以湖州出产为上品,江南常州出产的茶稍次。湖州茶出产于长兴顾渚山中,常州茶出产于义兴君山悬脚岭北岸下等地。

《蔡宽夫诗话》[1]：玉川子《谢孟谏议寄新茶》诗有"手阅月团三百片"及"天子须尝阳羡茶"之句。则孟所寄，乃阳羡茶也。

【注释】

①《蔡宽夫诗话》：宋蔡居厚著。今存八十七条，多品评诗人诗作，兼及遗闻轶事、声律音乐、典章制度、风土习俗等，其中不少精辟见解为后人称引。蔡居厚，字宽夫。临安（今浙江杭州）人。绍圣元年（1094）进士，累官吏部员外郎。另著有《诗史》。

【译文】

蔡居厚《蔡宽夫诗话》记载：卢仝《谢孟谏议寄新茶》诗中有"手阅月团三百片"以及"天子须尝阳美茶"的诗句。可知孟谏议所寄赠的，就是阳羡茶。

《杨文公谈苑》：蜡茶出建州，陆羽《茶经》尚未知之，但言福、建等州未详，往往得之，其味极佳。江左近日方有蜡面之号。丁谓《北苑茶录》云："创造之始，莫有知者。"质之三馆检讨杜镐[1]，亦曰在江左日，始记有研膏茶。欧阳公《归田录》亦云出福建，而不言所起。按唐氏诸家说中，往往有蜡面茶之语，则是自唐有之也。

【注释】

①三馆检讨：宋孙逢吉《职官分纪·崇文院》："三馆：昭文馆、史馆、集贤院，凡三馆，并隶崇文院。国朝从唐制，昭文馆、集贤殿置大

学士，史馆有监修国史，皆宰相兼领。昭文馆、集贤又置学士、直学士、史馆、集贤修撰，史馆有直馆、检讨，集贤有直院、校理，崇文院有检讨、校书，皆以他官领。”杜镐(938—1013)：字文周。常州府无锡(今属江苏)人。历官崇文院检讨、龙图阁直学士、给事中、礼部侍郎。另著有《铸钱故事》《君臣赓载集》等。

【译文】

杨亿《杨文公谈苑》记载：蜡茶出产于建州，陆羽写作《茶经》时尚不知，只是说关于福州、建州茶的情况不详，只是经常得到这些地方的茶，并且茶的味道非常好。江南地区近日才有了蜡面茶的称号。丁谓《北苑茶录》中说：“北苑贡茶创建之初，没有人知道。”询问三馆检讨杜镐，他也是说曾经在江南任职的时候，才记得有研膏茶。欧阳修《归田录》中也说蜡面茶出产于福建，但没有说明它的起源。唐朝各家文献中，常常有蜡面茶的说法，由此可以推断蜡面茶是从唐代开始有的。

《事物记原》：江左李氏，别令取茶之乳作片，或号京铤、的乳及骨子等，是则京铤之品，自南唐始也。《苑录》云：“的乳以降，以下品杂炼售之，唯京师去者，至真不杂，意由此得名。”或曰，自开宝来①，方有此茶。当时识者云，金陵僭国②，唯曰都下，而以朝廷为京师。今忽有此名，其将归京师乎！

【注释】

①开宝：宋太祖年号(968—976)。

②金陵僭(jiàn)国：指南唐李氏政权。

【译文】

高承《事物记原》记载：五代时期的南唐李氏，另外命令人取出茶乳制作成片茶，有人称京铤茶、的乳茶以及骨子茶等，由此可知京铤茶这一品种，是从南唐创始。《北苑贡茶录》记载："的乳茶以下的茶，用下品的茶叶掺杂炼制而成以出售，只有进贡京师的茶，才是真正没有掺杂的茶，可能正是由此而被取名为京铤茶。"有人说，自宋太祖开宝年间以来，方才有这种茶。当时了解茶事的人说，五代时期南唐李氏的古都金陵，只被称为都下，而以北宋朝廷的都城汴京为京师。如今忽然有了这个名称，恐怕是南唐将要归附朝廷了罢！

罗廪《茶解》：按唐时产茶地，仅仅如季疵所称。而今之虎丘、罗岕、天池、顾渚、松萝、龙井、雁荡、武夷、灵川、大盘、日铸、朱溪诸名茶，无一与焉。乃知灵草在在有之，但培植不嘉，或疏于采制耳。

【译文】

罗廪《茶解》记载：唐代出产茶叶的地方，仅仅如陆羽所讲到的。如今的虎丘茶、罗岕茶、天池茶、顾渚茶、松萝茶、龙井茶、雁荡茶、武夷茶、灵川茶、大盘茶、日铸茶、朱溪茶等名茶，没有一个列入其中。由此可知，灵异的瑞草处处都有，但是人们栽种培育的技术不高，或者不善于采制加工罢了。

《潜确类书》：《茶谱》：袁州之界桥①，其名甚著，不若湖州之研膏、紫笋②，烹之有绿脚垂下。又婺州有举岩茶③，片片方细，所出虽少，味极甘芳，煎之如碧玉之乳也。

【注释】

①袁州：隋开皇十一年(591)置，治所即今江西宜春。大业初改为

宜春郡。唐武德四年(621)复为袁州,治宜春县(今江西宜春)。天宝元年(742)改为宜春郡,乾元元年(758)复为袁州。界桥:即界桥茶。古代江西名茶。因产于江西宜春的界桥而得名。

②不若:不如。

③婺州:隋开皇九年(589)分吴州置,治所在吴宁县(今浙江金华)。大业初改为东阳郡。唐武德四年(621)复置婺州。天宝元年(742)又改东阳郡,乾元元年(758)复为婺州。

【译文】

陈仁锡《潜确类书》中说:《茶谱》记载:袁州的界桥茶,名声非常大,但不如湖州的研膏茶和紫笋茶,烹点时会有绿脚垂下。此外婺州又有举岩茶,其茶每一片都方正细小,虽然产量很少,但是茶的味道却极其甘香甜美,煎煮之后如碧玉之乳。

《农政全书》:玉垒关外宝唐山①,有茶树产悬崖,笋长三寸五寸,方有一叶两叶。涪州出三般茶②:最上宾化③,其次白马④,最下涪陵⑤。

【注释】

①玉垒关:唐大中十一年(857)建,属导江县(今四川都江堰)。在今四川都江堰西玉垒山下。宝唐山:山名。在今四川都江堰市。

②涪州:古地名。今重庆涪陵。

③宾化:宾化茶,唐代名茶。产于涪州(今重庆涪陵)。

④白马:白马茶,唐代茶名。产于涪州(今重庆涪陵)。

⑤涪陵:涪陵茶,唐代茶名。产于涪州(今重庆涪陵)。

【译文】

徐光启《农政全书》记载:玉垒关外的宝唐山,有茶树生长于悬崖之上,茶笋长到三到五寸时,才有一到两片的叶芽。涪州出产三种茶叶:

最上品的是宾化茶，其次是白马茶，最差的是涪陵茶。

《煮泉小品》：茶自浙以北皆较胜。惟闽广以南[1]，不惟水不可轻饮，而茶亦当慎之。昔鸿渐未详岭南诸茶，但云“往往得之，其味极佳”。余见其地多瘴疠之气，染着水草，北人食之，多致成疾，故谓人当慎之也。

【注释】

①闽广：指福建及广东、广西。

【译文】

田艺蘅《煮泉小品》记载：茶叶，浙江以北地区出产的品质较好。只有在福建、两广以南地区，不仅那里的水不可以轻易饮用，所出产的茶叶也应当谨慎选择。以前陆羽《茶经》没有详细记载岭南所产的各种茶叶，只是说“往往能得到一些，味道非常好”。我看到福建以及两广地区多有瘴气，这些气体熏染到草木上面，北方人饮用后，大多会导致疾病发生，因此人们一定要谨慎饮用。

《茶谱通考》[1]：岳阳之含膏冷[2]，剑南之绿昌明，蕲门之团黄，蜀川之雀舌[3]，巴东之真香[4]，夷陵之压砖[5]，龙安之骑火。

【注释】

①《茶谱通考》：书名，不详待考。

②含膏冷：即含膏冷茶。茶的别名。宋杨伯岩《臆乘·茶名》：“福闽曰生第、露第，岳阳曰含膏冷。”

③蜀川：指蜀地。

④真香：即真香茶。产于今湖北秭归，唐代称为“巴东之真香”。

⑤压砖：即压砖茶。产于今湖北宜昌。

【译文】

《茶谱通考》记载：岳阳的含膏冷茶，剑南的绿昌明茶，蕲门的团黄茶，蜀地的雀舌茶，巴东的真香茶，夷陵的压砖茶，龙安的骑火茶，这些都是一代名茶。

《江南通志》[①]：苏州府吴县西山产茶，谷雨前采焙。极细者，贩于市，争先腾价，以雨前为贵也。

【注释】

①《江南通志》：记述江南的历史、地理、风俗、人物、文教、物产、气候等的官修志书。

【译文】

《江南通志》记载：苏州府吴县西山所出产的茶叶，要在谷雨前采摘焙制。其中极为细小的茶被贩卖到市场上，人们争先抢购，以至价格飞涨，以雨前茶为最贵。

《吴郡虎丘志》[①]：虎丘茶，僧房皆植，名闻天下。谷雨前摘细芽焙而烹之，其色如月下白，其味如豆花香。近因官司征以馈远[②]，山僧供茶一斤，费用银数钱，是以苦于赍送[③]，树不修葺，甚至刈斫之[④]，因以绝少。

【注释】

①《吴郡虎丘志》：书名，不详待考。

②官司：官府。

③赍(jī)送:赠送。

④刈(yì)斫:砍断。

【译文】

《吴郡虎丘志》记载:虎丘茶,寺院僧人的房前都种植,名闻天下。谷雨前采摘细小的叶芽经过焙制而煎煮,茶的色泽就如月下白色,味道就如同豆花的清香。近来因为官府征收茶叶用于馈赠远方,虎丘山中的僧人都要供奉一斤茶叶,官府只给几钱银,因此僧人苦于这种赠送,所以也不再修剪打理茶树,甚至砍倒茶树,因而虎丘茶极为稀少。

《米襄阳志林》[①]:苏州穹窿山下有海云庵[②],庵中有二茶树,其二株皆连理,盖二百余年矣。

【注释】

①《米襄阳志林》:十七卷,明范明泰辑。包括《米襄阳外纪》十三卷、《米襄阳遗迹》《海岳名言》《宝章待访录》《研史》各一卷。范明泰,字长康。秀水(今属浙江)人。万历二十八年(1600)举人。

②穹窿山:位于江苏苏州西太湖东岸,被称为"吴郡名山第一山"。

【译文】

范明泰辑《米襄阳志林》记载:苏州穹窿山下有一座海云庵,庵中有两株茶树,这两株茶树交合生长在一起,已经两百多年了。

《姑苏志》[①]:虎丘寺西产茶,朱安雅云:"今二山门西偏,本名茶岭。"

【注释】

①《姑苏志》:六十卷,明王鏊撰。记载郡之封域、山川、户口、物产、

人才、风俗，以至城池、廨宇、井邑、先贤之遗迹，下至佛、老之庐，皆次焉。王鏊（1450—1524），字济之，又字守溪，学者称震泽先生。吴县（今江苏苏州）人。累官至户部尚书，文渊阁大学士。著有《震泽集》《姑苏志》《震泽长语》《震泽纪闻》等。

【译文】

王鏊《姑苏志》记载：苏州虎丘寺西边出产茶叶，朱安雅说："如今二山门向西略偏，本名叫茶岭。"

陈眉公《太平清话》：洞庭中西尽处，有仙人茶，乃树上之苔藓也。四皓采以为茶[①]。

【注释】

①四皓：即商山四皓。指秦末隐居商山的东园公、甪里先生、绮里季、夏黄公。四人须眉皆白，故称商山四皓。高祖召，不应。后高祖欲废太子，吕后用张良计，迎四皓，使辅太子，高祖以太子羽翼已成，乃消除改立太子之意。事见《史记·留侯世家》《汉书·张良传》。后以"商山四皓"称美年高望重才识过人的隐居高士。

【译文】

陈继儒《太平清话》记载：太湖洞庭西山中最西边地方，有仙人茶，竟是树上的苔藓。商山四皓采摘制成茶来饮用。

《图经续记》[①]：洞庭小青山坞出茶，唐宋入贡。下有水月寺，因名水月茶。

【注释】

①《图经续记》：即朱长文《吴郡图经续记》。因宋真宗大中祥符年

间曾修《吴郡图经》，故名《续记》。全书分封域、城邑、户口等二十八门。内容宏富，门类齐全，叙述简洁。朱长文（1039—1098），字伯原。吴县（今江苏苏州）人。仁宗嘉祐四年（1059）进士，以足疾不仕。筑室乐圃坊，潜心著书。元祐中起教授于乡，召为太学博士。绍圣间迁秘书省正字兼枢密院编修。另著有《乐圃余稿》《墨池编》《琴史》等。

【译文】

朱长文《吴郡图经续记》记载：太湖洞庭小青山坞出产茶叶，唐宋时期就已经进贡朝廷。在其下面有一座水月寺，于是就将这里所产的茶命名为水月茶。

《古今名山记》[①]：支硎山[②]，茶坞多种茶。

【注释】

①《古今名山记》：即《古今游名山记》，明何镗辑。该书采集前人所作两京名山游记以及何镗自己游览之文，以类编为历代名山游记集成。何镗（1507—1585），字振卿，号宾岩。丽水（今属浙江）人。历官开封知府、潮阳知县、江西提学佥事等职。另著有《修攘通考》《翠微阁集》等。

②支硎（xíng）山：在江苏苏州吴中区西南。相传晋高僧支遁曾隐居于此，削平大石为硎，故名。

【译文】

何镗《古今游名山记》记载：支硎山，茶园多种植茶树。

《随见录》：洞庭山有茶[①]，微似岕而细，味甚甘香，俗呼为"吓杀人"。产碧螺峰者尤佳，名碧螺春。

【注释】

①洞庭山：太湖中东洞庭山和西洞庭山的合称。

【译文】

屈擢升《随见录》记载：太湖洞庭山出产茶叶，与罗岕茶略微相似而更加精细，味道非常香甜，俗语称为“吓杀人”。出产于碧螺峰的茶最好，名为碧螺春。

《松江府志》[①]：佘山在府城北，旧有佘姓者修道于此，故名。山产茶与笋，并美，有兰花香味。故陈眉公云：“余乡佘山茶与虎丘相伯仲[②]。”

【注释】

①《松江府志》：志书，详细记述松江府及所属各县建置以来的地情、政情、民情及诸县之间的政治、经济、文化往来与相互影响。松江府，元至元十五年（1278）改华亭府置，治华亭县（今上海松江区）。

②佘山茶：江苏古代名茶。因产于松江县（今属上海市）之佘山而得名。

【译文】

《松江府志》记载：佘山位于松江府城的北面，从前有一位佘姓的人在这里修道，因而称为佘山。山上出产的茶与笋都非常好，带有兰花的香味。因此陈继儒说：“我家乡的佘山茶与虎丘茶不相上下。”

《常州府志》[①]：武进县章山麓有茶巢岭[②]，唐陆龟蒙尝种茶于此。

【注释】

①《常州府志》:三十八卷,清于琨修、陈玉璂纂。志书,详细记述常州府及所属各县建置以来的地情、政情、民情及诸县之间的政治、经济、文化往来与相互影响。于琨,字胜斯,号瑶圃。大兴(今属北京)人。由内秘书院中书舍人掌典籍事,升湖州府同知。康熙二十九年(1690)任常州知府。陈玉璂,字赓明,号椒峰,武进(今属江苏)人。官中书舍人。

②武进县:古县名。唐垂拱二年(686)析晋陵县置,治今江苏常州武进区。属常州。章山:在今江苏宜兴西南。《读史方舆纪要》卷二十五"常州府宜兴县"条:章山在"县西南六十里。一名黄山,亦曰芳岩。周广六十八里。相接曰沸泉山、武花山,连亘入宁国县界"。茶巢岭:在武进新塘乡(今江苏常州武进区雪堰乡),距离顾渚山三十里左右,陆龟蒙种茶处。陆龟蒙后种茶顾渚山下,就是从此岭所移种。

【译文】

《常州府志》记载:武进县章山山麓有茶巢岭,唐朝时陆龟蒙曾经在这里种植茶树。

《天下名胜志》:南岳古名阳羡山,即君山北麓。孙皓既封国后,遂禅此山为岳,故名。唐时产茶充贡,即所云南岳贡茶也。

【译文】

曹学佺《天下名胜志》记载:南岳,古代叫做阳羡山,也就是君山的北麓。三国东吴君主孙皓即位之后,就曾到此山封禅,将其称为南岳。唐时产茶来充作贡品,就是所谓的南岳贡茶。

常州宜兴县东南别有茶山。唐时造茶入贡,又名唐贡山,在县东南三十五里均山乡。

【译文】

常州宜兴县东南另有一处茶山。唐朝制茶进贡朝廷,又称为唐贡山,在宜兴县东南三十五里的均山乡。

《武进县志》①:茶山路,在广化门外十里之内②,大墩小墩连绵簇拥,有山之形。唐代湖、常二守会阳羡造茶修贡,由此往返,故名。

【注释】

①《武进县志》:十四卷,清王祖肃修、虞鸣球纂。详细记述武进县的地情、政情、民情及政治、经济、文化往来与相互影响。王祖肃(1717—1792),字季龙,号敬亭。山东新城(今山东桓台)人。以生员历任州判、武进知县、镇远知府。虞鸣球(1708—1787),字拊石,号锦亭。金坛县(今江苏常州金坛区)人。乾隆十三年(1748)进士,官吏部考功郎中。

②广化门:俗称小南门,又称次南门、石幢门。原为常州城门之一,始建于五代。旧时广化门外有官道直通宜兴,从宜兴采来的阳羡茶朝贡,都得通过此道到达州府,于是就称为茶山道。

【译文】

《武进县志》记载:茶山路,在广化门外十里以内,大墩小墩连绵不断,前后簇拥,有山的形状。唐代湖州、常州两郡的太守会于阳羡,造茶修贡,从这里往返,所以叫做茶山路。

《檀几丛书》：茗山，在宜兴县西南五十里永丰乡。皇甫曾有《送羽南山采茶》诗[①]，可见唐时贡茶在茗山矣。

【注释】

①皇甫曾有《送羽南山采茶》诗：疑为《送陆鸿渐山人采茶回》诗。皇甫曾（？—785），字孝常。润州丹阳（今属江苏）人。约大历六年（771），自殿中侍御史贬舒州司马。大历九年（774）游湖州，与皎然、颜真卿等联句唱和，后官阳翟令。与兄冉齐名，时人比为张载、张协。兄弟二人均与陆羽有交游。有《皇甫曾集》。

【译文】

王晫《檀几丛书》记载：茗山，在宜兴县西南五十里的永丰乡。唐朝诗人皇甫曾有《送羽南山采茶》诗，由此可见唐时贡茶就在茗山了。

唐李栖筠守常州日，山僧献阳羡茶。陆羽品为芬芳冠世，产可供上方。遂置茶舍于洞灵观[①]，岁造万两入贡。后韦夏卿徙于无锡县罨画溪上[②]，去湖汊一里所[③]。许有谷诗云“陆羽名荒旧茶舍，却教阳羡置邮忙”是也[④]。

【注释】

①洞灵观：又称天申万寿宫、朝阳道院，为道教七十二福地之一。位于今江苏宜兴禹峰山麓张公洞前。

②韦夏卿（742—806）：字云客。京兆万年（今陕西西安）人。大历中，与弟正卿同举贤良方正科，皆对策高第，授高陵县主簿。累迁至检校工部尚书。以疾辞官，改太子少保。唐文学家。罨画溪：在今浙江长兴西，即长兴港自合溪至画溪的一段江道。《舆地纪胜》卷四：“罨画溪，在长兴县西八里。花时游人竞集，溪半

有罨画亭。”

③湖汊(fù):江苏宜兴古镇。因“太湖第一源”“太湖之父”而得名。

④许有谷:字子仁。明直隶宜兴(今属江苏)人。

【译文】

唐李栖筠担任常州刺史时,山中的僧人曾进献阳羡茶。陆羽将其品评为香气天下一流,经过精心制作的茶可以进贡朝廷。于是李栖筠就在洞灵观设置茶舍,每年可以制造一万两茶来进贡。后来韦夏卿将茶舍迁移至无锡县罨画溪上,距离湖汊大约一里的地方。明人许有谷诗中所谓“陆羽名荒旧茶舍,却教阳羡置邮忙”,指的就是此事。

义兴南岳寺[①],唐天宝中有白蛇衔茶子坠寺前,寺僧种之庵侧,由此滋蔓,茶味倍佳,号曰蛇种。土人重之,每岁争先饷遗。官司需索,修贡不绝。迨今方春采茶,清明日,县令躬享白蛇于卓锡泉亭,隆厥典也。后来檄取,山农苦之,故袁高有“阴岭茶未吐,使者牒已频”之句[②]。郭三益诗[③]:“官符星火催春焙,却使山僧怨白蛇。”卢仝《茶歌》:“安知百万亿苍生,命坠颠崖受辛苦。”可见贡茶之累民[④],亦自古然矣。

【注释】

①义兴南岳寺:又称南岳禅寺,始建于齐永明二年(484)。位于今江苏宜兴西南的铜官山北麓。

②袁高(727—786):字公颐。沧州(今属河北)人。累迁给事中。德宗时曾任湖州刺史,负责督造贡茶。

③郭三益(? —1128):字慎求。海盐(今属浙江)人。历任吏部员外郎、给事中、同知枢密院事等。宋诗人。

④累：祸害。

【译文】

江苏义兴南岳寺，唐玄宗天宝年间曾有白蛇口衔茶籽坠落在寺前，寺院僧人就将其种植在寺院旁边，从此生长蔓衍，茶的味道更好，称为蛇种。当地人都很看重，每年争先恐后馈赠亲友。官府索要，献纳贡品不断。至今每到春天就如期采茶，清明这天县令要亲自在卓锡泉亭祭祀白蛇，其典礼非常隆重。后来官府索取太多，茶农深受其苦，所以袁高《茶山诗》有“阴岭茶未吐，使者牒已频”的诗句。宋人郭三益《题南岳寺》诗写道：“官符星火催春焙，却使山僧怨白蛇。”唐卢仝《茶歌》中写道：“安知百万亿苍生，命坠颠崖受辛苦。”可见贡茶祸害人民，也是自古如此啊！

《洞山茶系》：罗岕，去宜兴而南，逾八九十里。浙直分界[①]，只一山冈，冈南即长兴山。两峰相阻，介就夷旷者[②]，人呼为岕云。履其地，始知古人制字有意。今字书“岕”字，但注云“山名”耳。有八十八处，前横大涧，水泉清驶，漱润茶根[③]，泄山土之肥泽[④]，故洞山为诸岕之最。自西氿溯涨渚而入[⑤]，取道茗岭[⑥]，甚险恶。县西南八十里。自东氿溯湖汊而入，取道瀍岭，稍夷，才通车骑[⑦]。

【注释】

①浙直：浙江与南直隶。

②夷旷：平坦而宽阔。

③漱润：淘洗滋养。

④肥泽：此指肥效。

⑤西氿：在江苏宜兴城内有两个湖，宜兴人分别把它称为“东氿”和“西氿”。涨渚：地名。在今江苏宜兴。

⑥茗岭：岭名。因产名茶而得名。在今江苏宜兴境内。

⑦车骑：车马。

【译文】

周高起《洞山岕茶系》记载：罗岕，在宜兴的南边，超过八九十里。位于浙江和南直隶的交界处，只有一座山冈，在山冈的南面就是长兴山。两边山峰阻隔，中间为平坦而宽阔的山岗，人们将其称之为岕。只有亲自到这里，才知道古人造字的用意。如今字典中的"岕"字，只注释为"山的名字"而已。此地共有八十八个去处，前面一条大的山涧横流，山泉水清流疾，淘洗滋养着茶树的根本，流泄着山中土壤的肥效，所以洞山所出产的茶叶为岕茶中的最上品。从西氿逆涨渚而上，取道茗岭，道路十分险恶。距离县城的西南方八十里。从东氿逆湖汊而上，取道瀍岭，这里的地势稍微平坦，才可以通车马。

所出之茶，厥有四品：第一品，老庙后。庙祀山之土神者，瑞草丛郁，殆比茶星肸蠁矣[①]。地不下二三亩，苕溪姚象先与婿分有之。茶皆古本，每年产不过二十斤，色淡黄不绿，叶筋淡白而厚，制成梗绝少。入汤色柔白如玉露，味甘，芳香藏味中，空濛深永[②]，啜之愈出，致在有无之外。第二品，新庙后、棋盘顶、纱帽顶、手巾条、姚八房及吴江周氏地，产茶亦不能多。香幽色白，味冷隽[③]，与老庙不甚别，啜之差觉其薄耳。此皆洞顶岕也。总之岕品至此，清如孤竹[④]，和如柳下[⑤]，并入圣矣。今人以色浓香烈为岕茶，真耳食而眯其似也[⑥]。第三品，庙后涨沙、大袁头、姚洞、罗洞、王洞、范洞、白石。第四品，下涨沙、梧桐洞、余洞、石场、丫头岕、留青岕、黄龙、岩灶、龙池，此皆平洞本岕也。外山之长潮、青口、箵庄、顾渚、茅山岕[⑦]，俱不入品。

【注释】

①茶星：对极品名茶的誉称，斗茶或名茶评比中夺魁者。星，古人常用语，如寿星、老人星，即指年届古稀的长寿老人。此意正同，谓茶之佼佼者。宋范仲淹诗《和章岷从事斗茶歌》："森然万象中，焉知无茶星！"肸蠁(xī xiǎng)：比喻灵感通微。

②空濛：混濛迷茫的样子，多形容烟岚、雨雾。深永：精深。

③冷隽：意味深长。

④孤竹：《史记·伯夷列传》："伯夷、叔齐，孤竹君之二子也。父欲立叔齐。及父卒，叔齐让伯夷。伯夷曰：'父命也。'遂逃去。叔齐亦不肯立而逃之。国人立其中子。于是伯夷、叔齐闻西伯昌善养老，盍往归焉。……武王已平殷乱，天下宗周，而伯夷、叔齐耻之，义不食周粟，隐于首阳山，采薇而食之。……遂饿死于首阳山。"后遂用"孤竹"借指伯夷、叔齐。

⑤柳下：即柳下惠(前720—前621)，本名展获，字子禽(一字季)，谥号惠，因其封地在柳下，后人尊称其为"柳下惠"或"和圣柳下惠"。鲁国柳下邑(今山东曲阜)人。柳下惠是遵守中国传统道德的典范，他"坐怀不乱"的故事被广为传颂，孟子尊称其为"和圣"。

⑥耳食：谓不加省察，徒信传闻。眯：不明真相。

⑦箵：音 xīng，又读 xǐng。

【译文】

罗岕所出产的茶叶，共分为四个等级：第一等级的茶，是出产于老庙后面。老庙祭祀山里土地神，这里的茶树郁郁葱葱，大概象征极品名茶能够灵感通微。这里的地不少于二三亩，归茗溪的姚象先和他的女婿所有。茶树都是些古木，每年所出产茶不超过二十斤，茶叶色泽淡黄而不绿，茶叶的筋脉淡白而厚，由这样的茶叶制成的茶极少有梗。这样的茶入汤后，其色泽柔和鲜白如玉露一般，味道甘甜，其芳香蕴藏于味道之中，空濛精深，越细品就越有滋味，其雅致的风韵在于有无之外。第二等级的茶，是出产于新庙后、棋盘顶、纱帽顶、手巾条、姚八房以及吴江周氏田地，所出产的茶数量也不多。芳香清幽，色泽鲜白，味道长久，与老庙后的茶差别不大，只是品啜起来略感淡薄罢了。这些都是洞山的顶级岕茶。总的来说，岕茶品质清雅高尚如伯夷、叔齐兄弟，与和圣柳下惠，一并可被尊称为圣人了。如今的人将色泽浓重，味道香烈作为岕茶的特征，这真是听信传闻，不明真相啊！第三等级的茶，是出产于老庙后涨沙、大袁头、姚洞、罗洞、王洞、范洞、白石等地。第四等级的茶，是出产于下涨沙、梧桐洞、余洞、石场、丫头岕、留青岕、黄龙、岩灶、龙池等地，这些都是平常的洞山岕茶。而外山的长潮、青口、箵庄、顾渚、茅山等地出产的岕茶，都不入等级了。

《岕茶汇钞》：洞山茶之下者，香清叶嫩，着水香消。棋盘顶、纱帽顶、雄鹅头、茗岭，皆产茶地。诸地有老柯、嫩柯，惟老庙后无二，梗叶丛密，香不外散，称为上品也。

【译文】

冒襄《岕茶汇钞》记载：洞山岕茶中的下等品，也是香气清新，绿叶娇嫩，但是入水之后香味就会消失。棋盘顶、纱帽顶、雄鹅头、茗岭等，都是岕茶的产地。各个产地有老柯、嫩柯，只有老庙后没有这两种，梗叶丛密，香气不向外飘散，这样的茶称为上等品。

《镇江府志》：润州之茶[①]，傲山为佳[②]。

【注释】

①润州：隋开皇十五年(595)置。治延陵县(今江苏镇江)。以州东

有润浦得名。大业初废。唐武德三年(620)复置。天宝元年(742)改为丹阳郡,乾元元年(758)复名润州。

②傲山:在今江苏南京江宁。古属润州。

【译文】

《镇江府志》记载:润州所出产的茶,以傲山所产为最佳。

《寰宇记》:扬州江都县蜀冈有茶园[①],茶甘旨如蒙顶[②]。蒙顶在蜀,故以名冈。上有时会堂、春贡亭,皆造茶所,今废。见毛文锡《茶谱》。

【注释】

①扬州江都县:古县名。即今江苏扬州江都区。西汉景帝四年(前153)置,治今江苏扬州西南。

②甘旨:甜美。

【译文】

乐史《太平寰宇记》记载:扬州江都县蜀冈有一座茶园,茶味甜美犹如蒙顶茶。蒙顶山在蜀地,所以就以蜀来命名此冈。冈上有时会堂、春贡亭,这些都是制造茶叶的场所,如今都已荒废。详情见五代毛文锡所著的《茶谱》。

《宋史·食货志》:散茶出淮南,有龙溪、雨前、雨后之类。

【译文】

《宋史·食货志》记载:散茶出产于淮南,有龙溪、雨前、雨后等品种。

《安庆府志》[①]：六邑俱产茶，以桐之龙山、潜之闵山者为最[②]。莳茶源在潜山县[③]，香茗山在太湖县[④]，大小茗山在望江县[⑤]。

【注释】

①《安庆府志》：志书，详细记述了安庆府及所属各县建置以来的地情、政情、民情及诸县之间的政治、经济、文化往来与相互影响。安庆府，南宋庆元元年(1195)升安庆军置，治怀宁县(今安徽潜山)，景定元年(1260)移治今安徽安庆。

②桐：指安徽桐城。龙山：一名龙眠山，古称龙舒山。在今安徽舒城西南、桐城北，为二地界山。《舆地纪胜》卷四五"庐州"条："龙眠山，在舒城县西南八十里春秋村。如卧龙状。邑人李公麟因此取山号龙眠居士。"潜：指安徽潜山县。闵山：在今安徽潜山县西。《方舆纪要》卷二六"潜山"条："闵山，在县西八十里。有果老岭。产茶甚佳，山最深处曰蟠山，以蟠曲名。"

③莳茶源：从前有人在此种木莳茶，因名，俗呼茶庄。距安徽潜山天柱寺约三里。潜山县：县名。今安徽潜山。因潜山在县西北，故名。

④香茗山：一名茗山。在今安徽太湖县东南。《舆地纪胜》卷四六："茗山在太湖县南五十里。"太湖县：县名。《太平寰宇记》卷一九九载：太湖县在"龙山太湖水之侧，因为县名"。

⑤大小茗山：即今安徽望江县西北与太湖县接界处的香茗山。(嘉庆)《大清一统志》卷五六〇：香茗山："《太湖县志》：中一峰曰莲花峰，左曰小茗山，右曰大茗山，尤为高峻，上有丹砂，险不可取。"望江县：县名。即今安徽望江县。

【译文】

《安庆府志》记载：安庆府所属六县都出产茶叶，而以桐城的龙山、潜山县的闵山最为著名。莳茶源在潜山县,香茗山在太湖县,大小茗山在望江县。

《随见录》:宿松县产茶[①],尝之颇有佳种,但制不得法。倘别其地,辨其等,制以能手,品不在六安下。

【注释】

①宿松县:县名。今安徽宿松县。

【译文】

屈擢升《随见录》记载:宿松县出产茶叶,品尝后感觉有好的品种,只是制作不得要领。如果分别其产地,辨别其等级,请制茶能手制作,茶的品质定不在六安茶之下。

《徽州志》[①]:茶产于松萝,而松萝茶乃绝少,其名则有胜金、嫩桑、仙芝、来泉、先春、运合、华英之品,其不及号者为片茶八种。近岁茶名,细者有雀舌、莲心、金芽;次者为芽下白、为走林、为罗公;又其次者为开园、为软枝、为大方。制名号多端,皆松萝种也。

【注释】

①《徽州志》:疑为《徽州府志》。详细记述了徽州府及所属各县建置以来的地情、政情、民情及诸县之间的政治、经济、文化往来与相互影响。徽州府,朱元璋吴元年(1367)以兴安府改名,治歙县(今属安徽)。属江南行省。

【译文】

《徽州志》记载:茶出产于松萝,而称作松萝茶的却极少,其名称有胜金茶、嫩桑茶、仙芝茶、来泉茶、先春茶、运合茶、华英茶等品种，其中没有名号的被称为片茶八种。近些年来茶叶的名称，精细的上品有雀舌茶、莲心茶、金芽茶；稍次的有芽下白茶、走林茶、罗公茶；再次的有开园茶、软枝茶、大方茶等。这些制造出来的茶虽然名称多样，但都是松萝茶的品种。

吴从先《茗说》[①]：松萝，予土产也。色如梨花，香如豆蔻，饮如嚼雪。种愈佳，则色愈白，即经宿无茶痕，固足美也。秋露白片子，更轻清若空，但香大惹人，难久贮，非富家不能藏耳。真者其妙若此，略混他地一片，色遂作恶，不可观矣。然松萝地如掌[②]，所产几许？而求者四方云至，安得不以他混耶？

【注释】

①吴从先：字宁野。歙县（今属安徽）人。编撰出版《小窗自记》《小窗别记》《小窗清记》等。

②地如掌：形容产茶地极小，如巴掌大。

【译文】

吴从先《茗说》记载：松萝茶，我家乡的土产。其色泽如梨花，香味如豆蔻，品饮如嚼雪。品种越好，色泽越白，即使放置一夜，茶盏四周没有任何茶痕，本来足以称美。至于秋露白片子茶，则更轻清若空，它的香味过大，更惹人喜爱，很难长久贮存，不是富贵人家不能够收藏。真正的松萝茶如此精妙，要是略微混杂其他地方的一片茶叶，那么它的色泽就会被破坏，不可以观赏了。然而松萝茶的产地很小，所产能有多少呢？而人们从四面八方赶来求茶，怎么能不混杂进其他的茶呢？

《黄山志》[1]：莲花庵旁，就石缝养茶，多轻香冷韵[2]，袭人断腭[3]。

【注释】

①《黄山志》：二卷，清张佩芳撰。该书上卷首形胜、次寺观、次物产；下卷游记，所载诸家游记，皆作者自记足迹所及。张佩芳，字荪圃。山西平定（今属山西）人。

②冷韵：清幽的韵味或情趣。

③袭人断腭（yín è）：形容茶香浓烈，香气袭人，使人惊诧断腭。

【译文】

张佩芳《黄山志》记载：在莲花庵旁边，靠近石缝种植茶树，所产茶多有清幽的韵味，香气袭人，使人惊诧断腭。

《昭代丛书》[1]：张潮云："吾乡天都有抹山茶[2]，茶生石间，非人力所能培植。味淡香清，足称仙品。采之甚难，不可多得。"

【注释】

①《昭代丛书》：五百六十一种，清张潮编。此书初为张潮编，后有杨复吉等续辑，递相增益，汇为一编，遂从近百种增至五百余种，几乎全为清人杂著，故以"昭代"为名。张潮（1650—?），字山来，号心斋。歙县（今属安徽）人。曾任翰林苑孔目，能词，爱好文学，以刊刻丛书为世所称。辑有《虞初新志》，著有《心斋聊复集》等。

②抹山茶：明末清初名茶。产于安徽徽州。

【译文】

张潮编《昭代丛书》记载：张潮说："我的家乡黄山天都峰有抹山茶，

茶树生长在石缝之间，不是人工所能培育种植的。这种茶的味道淡薄，香气清新，足可以称为仙品。只是采摘很难，不可多得。”

《随见录》：松萝茶，近称紫霞山者为佳，又有南源、北源名色。其松萝真品，殊不易得。黄山绝顶有云雾茶，别有风味，超出松萝之外。

【译文】

屈擢升《随见录》记载：松萝茶，近来人称出产于紫霞山的最好，此外又有南源、北源等名称。其中松萝茶的真品，很不容易得到。黄山的绝顶有云雾茶，另有一番风味，其品质更是超出松萝茶。

《通志》：宁国府属宣、泾、宁、旌、太诸县①，各山俱产松萝。

【注释】

①宁国府：南宋乾道二年（1166）升宣州置，治宣城县（今安徽宣城），属江南路。泾：今安徽泾县。宁：今安徽宁国县。旌：今安徽旌德县。太：今安徽太湖县。

【译文】

《江南通志》记载：宁国府所属的宣城、泾县、宁国、旌德、太湖各县，山中都出产松萝茶。

《名胜志》：宁国县鸦山①，在文脊山北②，产茶充贡。《茶经》云“味与蕲州同”，宋梅询有“茶煮鸦山雪满瓯”之句③，今不可复得矣。

【注释】

①鸦山：在今安徽宁国县境。

②文脊山：在今安徽宁国县西北。

③梅询(964—1041)：字昌言。宣州宣城(今属安徽)人。历知数州，累官翰林侍读学士、给事中、知审官院。

【译文】

曹学佺《天下名胜志》记载：宁国县的鸦山，在文脊山的北面，这里出产的茶叶充作贡品。陆羽《茶经》曾说“味道与蕲州茶相同”，宋人梅询曾写有“茶煮鸦山雪满瓯”的诗句，如今这种茶不能再得到了。

《农政全书》：宣城县有丫山，形如小方饼横铺，茗芽产其上。其山东为朝日所烛[①]，号曰阳坡，其茶最胜。太守荐之京洛人士[②]，题曰“丫山阳坡横文茶”，一名“瑞草魁”。

【注释】

①烛：照，照亮。

②京洛：泛指国都。

【译文】

徐光启《农政全书》记载：宣城县有丫山，山的形状就好像是一块小方饼横铺在地上，茶芽就生长在山上。这座山的东面受早晨阳光照射，称为阳坡，所出产的茶最好。当地太守向京城人士推荐这种茶，故而题名为“丫山阳坡横文茶”，又名“瑞草魁”。

《华夷花木考》：宛陵茗池源茶[①]，根株颇硕，生于阴谷[②]，春夏之交，方发萌芽。茎条虽长，旗枪不展，乍紫乍绿。天圣初[③]，郡守李虚己同太史梅询尝试之[④]，品以为建溪、顾渚不如也。

【注释】

①宛陵：古县名。即今安徽宣城。西汉初置，隋改名宣城县。

②阴谷：山北之谷。

③天圣：宋仁宗年号(1023—1032)。

④李虚己：字公受。建安(今福建建瓯)人。太平兴国二年(977)进士，累官至给事中、知洪州，徙池州。宋文学家。

【译文】

慎懋官《华夷花木鸟兽珍玩考》记载：宛陵出产的池源茶，根株颇为硕大，生于山北之谷，春夏交替时才开始长出嫩芽。茶树茎条虽然较长，但是芽叶并不舒展，颜色或紫或绿。宋仁宗天圣初年，郡守李虚己和太史梅询曾经烹试此茶，品评以后认为建溪茶和顾渚茶都不如它。

《随见录》：宣城有绿雪芽，亦松萝一类。又有翠屏等名色。其泾川涂茶[①]，芽细、色白、味香，为上供之物。

【注释】

①泾川：又名泾溪、赏溪。在今安徽泾县西南青弋江与泾水合流口。

【译文】

屈擢升《随见录》记载：宣城出产有绿雪芽茶，也与松萝茶同一种类。还有翠屏茶等名称。其中泾川的涂茶，芽叶精细、色泽鲜白、味道清香，是进贡朝廷的佳品。

《通志》:池州府属青阳、石埭、建德[①],俱产茶。贵池亦有之[②],九华山闵公墓茶[③],四方称之。

【注释】

①池州府:元至正二十一年(1361)朱元璋改九华府置,治贵池县(今安徽池州)。石埭:古县名。南朝梁大同二年(536)置,今安徽石台县西北南陵。属南陵郡。建德:五代吴顺义初改至德县置,属池州。在今安徽东至县北梅城镇。

②贵池:古县名。五代吴顺义六年(926)改秋浦县置,即今安徽池州贵池区。

③闵公墓茶:即九华山闵茶。在安徽青阳县九华山颠东崖之侧,有闵园,相传闵姓长者曾居此。

【译文】

《江南通志》记载:池州府所属的青阳、石埭、建德等地,都出产茶叶。贵池也产茶,九华山闵公墓茶,其品质得到四方称赞。

《九华山志》[①]:金地茶[②],西域僧金地藏所植[③],今传枝梗空筒者是。大抵烟霞云雾之中,气常温润,与地上者不同,味自异也。

【注释】

①《九华山志》:描述九华山之史地、艺文、掌故之典籍。

②金地茶:明代名茶。按《茶董》记载,为“西域僧金地藏所植”,故名。

③金地藏(696—794):原名金乔觉。新罗国鸡林州(今韩国庆州)人,新罗圣德王(702—736)之子。自幼聪颖好学,不恋金銮,笃

信佛教，好学求道，毅然落发出家，相传僧号“地藏”。唐玄宗开元七年(719)，24岁时前往大唐，求法修道。后到九华山。素爱《无量寿经》《观无量寿经》《阿弥陀经》《鼓音声陀罗尼经》等四部佛经，手不释卷，潜心攻读。禅修期间，亲率弟子开渠引水，垦荒种田。唐贞元十年(794)圆寂。被尊奉为中国地藏王菩萨。因其姓金，故又称之为金地藏。

【译文】

《九华山志》记载：金地茶，西域僧人金地藏所种植，如今传说枝梗都是空筒的茶叶便是。大概烟霞云雾之中，空气通常较为温润，与地上所种植的茶叶不同，所以茶的味道自然也就不同。

《通志》：庐州府属六安、霍山[1]，并产名茶，其最著惟白茅贡尖，即茶芽也。每岁茶出，知州具本恭进。

【注释】

①庐州府：元至正二十四年(1364)朱元璋改庐州路置，治合肥县(今安徽合肥)。

【译文】

《江南通志》记载：庐州府所属的六安、霍山等地，都出产名茶，其中最著名的只有白茅贡尖，就是茶芽。每年新茶出来，知州就上疏进贡。

六安州有小岘山出茶[1]，名小岘春[2]，为六安极品。霍山有梅花片，乃黄梅时摘制，色、香两兼而味稍薄。又有银针、丁香、松萝等名色。

【注释】

①六安州：元至元末置，治六安县（今安徽六安）。属庐州路。

②小岘春：即六安茶。产于安徽六安县（今安徽六安），以境内有小岘山而得名。

【译文】

六安州有小岘山出产茶叶，叫做小岘春茶，是六安茶中的极品。霍山有梅花片茶，这种茶是在黄梅时节采摘制作而成，色泽与香气都好，只是茶的味道稍淡薄。还有银针茶、丁香茶、松萝茶等名称。

《紫桃轩杂缀》：余生平慕六安茶，适一门生作彼中守①，寄书托求数两，竟不可得，殆绝意乎②！

【注释】

①门生：汉人称亲受业者为弟子，相传受业者为门生。后世门生与弟子无别，甚至依附名势者，也自称门生。

②绝意：断绝某种意念。

【译文】

李日华《紫桃轩杂缀》记载：我一生倾慕六安茶，正好有一个门生做当地知州，寄去书信托他求取数两六安茶，竟然不能得到，大概这个愿望就要断绝了！

《陈眉公笔记》①：云桑茶，出琅琊山②，茶类桑叶而小，山僧焙而藏之，其味甚清。

【注释】

①《陈眉公笔记》：陈继儒撰。

②琅琊山：山名。在今安徽滁州西南。

【译文】

陈继儒《陈眉公笔记》记载：云桑茶，出产于安徽滁州琅琊山，这种茶类似桑叶而略小，山中的僧人采摘焙制而收藏起来，茶的味道十分清新。

广德州建平县雅山出茶[①]，色、香、味俱美。

【注释】

①广德州：明洪武四年(1371)改广兴府置，治广德县(今属安徽)。直隶南京。洪武十三年(1380)省广德县入州。建平县：古县名。今安徽郎溪。

【译文】

广德州建平县雅山出产茶叶，茶的色泽、香气、味道都非常好。

《浙江通志》：杭州钱塘、富阳及余杭径山多产茶[①]。

【注释】

①余杭径山：位于今浙江杭州城西北。余杭，今浙江杭州余杭区。径山，佛教名山。

【译文】

《浙江通志》记载：杭州的钱塘、富阳以及余杭径山等地多出产茶叶。

《天中记》：杭州宝云山出者[①]，名宝云茶。下天竺香林洞者，名香林茶。上天竺白云峰者，名白云茶[②]。

【注释】

①宝云山：清翟灏《湖山便览》卷四"宝云山"条："宝云山在葛岭左，东北与巾子峰接，亦称宝山茶坞。"

②"下天竺"几句：下天竺，即天竺寺。在浙江杭州灵隐寺南面山中。有上、中、下三天竺寺之分，下天竺名法镜寺，上天竺名法喜寺，均为杭州著名佛教寺院。

【译文】

陈耀文《天中记》记载：杭州宝云山出产的茶叶，叫做宝云茶。下天竺香林洞所出产的茶叶，叫做香林茶。上天竺白云峰所出产的茶叶，叫做白云茶。

田子艺云①：龙泓今称龙井，因其深也。《郡志》称有龙居之②，非也。盖武林之山，皆发源天目③，有龙飞凤舞之谶，故西湖之山以龙名者多，非真有龙居之也。有龙，则泉不可食矣。泓上之阁，亟宜去之，浣花诸池，尤所当浚④。

【注释】

①田子艺：即田艺蘅，字子艺。

②《郡志》：指《余杭郡郡志》。

③天目：即天目山，又名浮玉山。在今浙江西北部。

④浚：疏通。

【译文】

田艺蘅《煮泉小品·宜茶》记载：龙泓，如今称作龙井，因为泉水很深的缘故。《余杭郡郡志》里称是因为有龙在此居住才称作龙井，其实并非如此。大概因为杭州的山脉，都发源于天目山，有龙飞凤舞的谶语罢了，所以西湖附近的山多以龙来命名，并非真的有龙在这里居住。如果真的有龙，那么这里的泉水就不可以食用了。龙泓上面的亭阁，应马上拆除，浣花等池，更应该加以疏通。

《湖壖杂记》：龙井产茶，作豆花香，与香林、宝云、石人坞、垂云亭者绝异。采于谷雨前者尤佳，啜之淡然，似乎无味，饮过后，觉有一种太和之气，弥沦于齿颊之间，此无味之味，乃至味也。为益于人不浅，故能疗疾。其贵如珍，不可多得。

【译文】

陆次云《湖壖杂记》记载：杭州龙井出产的茶叶，作豆花香气，与出产于香林洞、宝云寺、石人坞、垂云亭的茶叶全然不同。在谷雨前采摘的尤其好，品啜时感觉淡然，似乎没有什么味道，但饮过以后，就会感觉到有一种天地间冲和之气，弥漫沉浸在牙齿和脸颊之间，这就是所谓的无味之味，才是最美好的滋味。饮用此茶给人带来的益处很多，所以能够治疗疾病。此茶非常珍贵，不可多得。

《坡仙食饮录》：宝严院垂云亭亦产茶①，僧怡然以垂云茶见饷②，坡报以大龙团。

【注释】

①宝严院：又名釜托寺、宝隆寺。位于今浙江杭州余杭区百丈镇北之釜托山中。

②僧怡然：即清顺，字怡然。北宋时杭州西湖北山的僧人。能诗，苏轼做杭州太守时也与清顺唱酬。垂云茶：宋代名茶。因产于杭州宝严禅院垂云亭而得名。

【译文】

孙矿《坡仙食饮录》记载：杭州宝严院垂云亭也出产茶叶，僧人怡然曾经以垂云茶寄赠给苏轼，苏轼回赠他大龙团茶。

陶穀《清异录》：开宝中[1]，窦仪以新茶饷予[2]，味极美，奁面标云"龙陂山子茶"。龙陂是顾渚山之别境。

【注释】

①开宝：宋太祖年号(968—976)。

②窦仪(914—966)：字可象。蓟州渔阳(今天津蓟县)人。后晋高祖天福三年(938)进士，入宋后任工部尚书，翰林学士，兼判大理寺。著有《端揆集》等。

【译文】

陶穀《清异录》记载：开宝年间，窦仪以新茶馈赠于我，茶味极其鲜美，装茶的盒子上面标明"龙陂山子茶"。龙陂是顾渚山的另一处地方。

《吴兴掌故》：顾渚左右有大小官山，皆为茶园。明月峡在顾渚侧，绝壁削立[1]，大涧中流，乱石飞走，茶生其间，尤为绝品。张文规诗所谓"明月峡中茶始生"[2]，是也。

【注释】

①削立：陡峭壁立。

②张文规诗所谓"明月峡中茶始生"：出自张文规《吴兴三绝》诗："清风楼下草初出，明月峡中茶始生。"

【译文】

徐献忠《吴兴掌故集》记载：顾渚山的左右两边有大小官山，都是茶园。明月峡在顾渚山一侧，悬崖陡峭壁立，又有大的山涧从崖壁中间流过，满地乱石飞走，茶生长在这种地方，更被称为极品。张文规诗中所谓的“明月峡中茶始生”，说的就是此事。

顾渚山，相传以为吴王夫差于此顾望原隰可为城邑[①]，故名。唐时，其左右大小官山皆为茶园，造茶充供，故其下有贡茶院。

【注释】

①吴王夫差（？—前473）：春秋末吴国国君。前495—前473年在位。原隰（xí）：广平与低湿之地。隰，低湿的地方。

【译文】

顾渚山，相传吴王夫差曾在此顾望原野寻可修建城邑之地，因此命名为顾渚。唐朝时候，顾渚山左右两边大小官山都是茶园，采摘制造茶叶充作贡品，所以顾渚山下有贡茶院。

《蔡宽夫诗话》：湖州紫笋茶出顾渚，在常、湖二郡之间，以其萌茁紫而似笋也[①]。每岁入贡，以清明日到，先荐宗庙，后赐近臣。

【注释】

①萌茁：草木发芽。

【译文】

蔡居厚《蔡宽夫诗话》记载：湖州紫笋茶出产于顾渚山，顾渚山位于常州、湖州两郡交界处，因为这种茶刚发芽时呈紫色而又似竹笋，所以命名为紫笋茶。每年进贡，要在清明节这天抵达京师，首先祭献宗庙，而后赏赐亲近的臣子。

冯可宾《岕茶笺》:环长兴境,产茶者曰罗嶰、曰白岩、曰乌瞻、曰青东、曰顾渚、曰篠浦[①],不可指数[②]。独罗嶰最胜。环嶰境十里而遥,为嶰者亦不可指数。嶰而曰岕,两山之介也。罗隐隐此[③],故名,在小秦王庙后[④],所以称庙后罗岕也。洞山之岕,南面阳光,朝旭夕辉,云滃雾浡[⑤],所以味迥别也。

【注释】

①罗嶰(jiè):在今浙江长兴西北七十里,产茶。相传以罗隐隐此得名。篠(xiǎo)浦:地名,在今浙江长兴周围,产茶。

②不可指数:用指头数不过来。形容数目极多。

③罗隐(833—910):字昭谏,自号江东生。原名横,后因屡试不第,改名为隐。新城(今浙江富阳)人。著有《江东甲乙集》《谗书》《淮海寓言》《两同书》《吴越掌记》等。

④小秦王庙:地名,在今浙江长兴周围。

⑤云滃(wěng)雾浡(bó):云雾氤氲笼罩。

【译文】

冯可宾《岕茶笺》记载:环绕长兴县境,出产茶叶的地方有罗嶰、白岩、乌瞻、青东、顾渚、篠浦等,多的用指头都数不过来。唯独罗嶰出产的茶叶最好。环绕罗嶰境内方圆十里之远,称为嶰的用指头也数不过来。嶰又被称作岕,是说介于两山之间。唐朝诗人罗隐曾隐居于此,因而称为罗岕;又因为位于小秦王庙的后面,所以称为庙后罗岕。出产于洞山的岕茶,南面有阳光照耀,早晨旭日傍晚夕阳,云雾氤氲笼罩,所以其茶的味道与别处大不相同。

《名胜志》：茗山在萧山县西三里，以山中出佳茗也。又上虞县后山[①]，茶亦佳。

【注释】

①上虞县：古县名。今浙江上虞。

【译文】

曹学佺《天下名胜志》记载：茗山在萧山县西三里，因为山中出产好茶而得名。又有上虞县后山，所产的茶叶也很好。

《方舆胜览》[①]：会稽有日铸岭，岭下有寺，名资寿。其阳坡名油车，朝暮常有日，茶产其地，绝奇。欧阳文忠云："两浙草茶，日铸第一。"

【注释】

①《方舆胜览》：七十卷，祝穆撰。该书以天子所在地临安府为首，所述限于南渡后疆域，分十七路，下领府、州、军、监，每郡以郡名、风俗、形胜、土产、山川、学馆、堂院、亭台、楼阁、轩榭、馆驿、桥梁、寺观、祠墓、古迹、名官、人物、名贤、题咏、四六（骈体）等事要分类。

【译文】

祝穆《方舆胜览》记载：会稽有日铸岭，岭下有一座寺院，叫做资寿寺。日铸岭南侧的山坡名为油车，从早晨到傍晚都有阳光照射，茶生长在这里，无比奇特。欧阳修曾说："两浙的草茶，以日铸茶为第一。"

《紫桃轩杂缀》：普陀老僧贻余小白岩茶一裹[①]，叶有白茸，瀹之无色，徐引，觉凉透心腑[②]。僧云："本岩岁止五六斤，专供大士[③]，僧得啜者寡矣。”

【注释】

①小白岩茶：又称“半岩茶”。乌龙茶的一种。属武夷岩茶。由武夷山范围内除沿溪两岸的平地茶园以及三大坑（慧宛坑、牛栏坑、大坑口）范围外生长的不同品种的茶树单独采制而成。品质不及正岩茶，但优于洲茶。一裹：一包。

②心腑：犹心脏。

③大士：佛教对菩萨的通称。

【译文】

李日华《紫桃轩杂缀》记载：普陀寺的老僧赠送给我小白岩茶一包，茶叶上有白色的茸毛，冲泡后没有色泽，慢慢品饮，感觉凉透心腑。僧人说：“本岩每年所产的茶只有五六斤，专门用于供奉菩萨，僧人能够品啜此茶的很少。”

《普陀山志》[①]：茶以白华岩顶者为佳。

【注释】

①《普陀山志》：描述普陀山之史地、艺文、掌故之典籍。

【译文】

《普陀山志》记载：茶叶，以出产于白华岩顶的为最好。

《天台记》[①]：丹丘出大茗，服之生羽翼。

【注释】

①《天台记》：不详，待考。

【译文】

《天台记》记载：丹丘出产大茗，服用后使人如生羽翼。

桑庄《茹芝续谱》[①]：天台茶有三品：紫凝、魏岭、小溪是也。今诸处并无出产，而土人所需多来自西坑、东阳、黄坑等处。石桥诸山[②]，近亦种茶，味甚清甘，不让他郡。盖出自名山雾中，宜其多液而全厚也。但山中多寒，萌发较迟，兼之做法不佳，以此不得取胜。又所产不多，仅足供山居而已。

【注释】

①桑庄《茹芝续谱》：即桑庄《茹芝续茶谱》，是《茹芝广谱》中的一部分。桑庄，字公肃，号茹芝。高邮（今属江苏）人。建炎间（1127—1130），摄天台县主簿。绍兴年间（1131—1162），桑庄寓居天台，尝任西安县令，又以承议郎知梧州，终官知柳州。

②石桥诸山：即石桥山。《明一统志》卷九十："石桥山，在天台县北五十里，傍有方广寺。"

【译文】

桑庄《茹芝续茶谱》记载：天台茶有三个品种：紫凝茶、魏岭茶、小溪茶。如今各处并不出产，而当地人生活所需的茶叶，大多来自于西坑、东阳、黄坑等地。石桥诸山，近来也种植茶树，味道十分清新甘甜，不比其他地方的茶叶差。这大概是因为出产于云雾缭绕的名山之中，应该是汁液多而味道醇厚。但是山里气候较为寒冷，茶树萌发较晚，再加上制作方法不佳，因此品质不能取胜。又因为茶的产量不多，仅仅够山里人日常用度而已。

《天台山志》[①]：葛仙翁茶圃在华顶峰上[②]。

【注释】

①《天台山志》:一卷,描述天台山之史地、艺文、掌故之典籍。

②葛仙翁:即葛玄。华顶峰:天台山主峰。在今浙江天台县东北。

【译文】

《天台山志》记载:葛玄的茶园,在华顶峰上。

《群芳谱》:安吉州茶,亦名紫笋。

【译文】

王象晋《群芳谱》记载:安吉州茶,也叫做紫笋。

《通志》:茶山,在金华府兰溪县[①]。

【注释】

①金华府:元至正二十年(1360)朱元璋改宁越府置,治金华县(今属浙江),属浙江布政使司。

【译文】

《通志》记载:茶山,在金华府兰溪县。

《广舆记》:鸠坑茶[①],出严州府淳安县[②]。方山茶[③],出衢州府龙游县[④]。

【注释】

①鸠坑茶:唐宋名茶。产于睦州(今浙江建德东北)。唐李肇《国史补》卷下:"睦州有鸠坑。"

②严州府:元至正二十二年(1362)改建德府置,治建德县(今浙江

建德)。

③方山茶:明清名茶。产于浙江龙游。明弘治《衢州府志》:“龙游县方山之阳草坡,广袤不过百余步,出早茶,味绝胜,可与北苑、双井争衡。”

④衢州府:元至正二十六年(1366)朱元璋改龙游府置,治西安县(今浙江衢州)。

【译文】

陆应旸《广舆记》记载:鸠坑茶,出产于严州府淳安县。方山茶,出产于衢州府龙游县。

劳大舆《瓯江逸志》:浙东多茶品,雁荡山称第一。每岁谷雨前三日,采摘茶芽进贡。一枪两旗而白毛者,名曰明茶;谷雨日采者,名雨茶。一种紫茶,其色红紫,其味尤佳,香气尤清,又名玄茶。其味皆似天池而稍薄。难种薄收,土人厌人求索,园圃中少种,间有之,亦为识者取去。按卢仝《茶经》云:温州无好茶,天台瀑布水、瓯水味薄,唯雁荡山水为佳。此山茶亦为第一,曰去腥腻、除烦恼、却昏散、消积食。但以锡瓶贮者,得清香味,不以锡瓶贮者,其色虽不堪观,而滋味且佳,同阳羡山岕茶无二无别。采摘近夏不宜早,炒做宜熟不宜生,如法可贮二三年。愈佳愈能消宿食醒酒①,此为最者。

【注释】

①宿食:指未能消化的食物。

【译文】

劳大舆《瓯江逸志》记载:浙江东部出产很多茶叶,而以雁荡山所产的茶为第一。每年谷雨前三天，采摘茶芽进贡给朝廷。一枪两旗而有白色茸毛的，叫做明茶；谷雨当天采摘的，叫做雨茶。还有一种紫茶，色泽红紫，味道更好，香气更为清新，又叫做玄茶。这些茶味道都与天池茶相似而稍微淡薄。这种茶树种植很难而且收获也少，当地的居民厌烦人们求取索要，所以园圃里面也很少种植，即使零星种植一些，也被懂茶的人取去。按照卢仝《茶经》的说法：温州没有好茶，天台山瀑布水、瓯江水味道淡薄，只有雁荡山的水为好。雁荡山的茶也称为第一，说是可以去除腥气油腻、消除烦恼、了却昏散、消化积食。只有用锡瓶贮存的茶，才能得清香之味，不用锡瓶贮存的，茶的色泽虽不值得观赏，但茶的味道很好，和阳羡山产的岕茶没什么两样。此茶采摘要接近夏天不宜过早，在炒制时也要宜熟不宜生，按照这个方法焙制出来的茶，可以贮存两三年。茶越好越能消除积食、醒酒，这是最具效果的。

王草堂《茶说》[①]：温州中墺及漈上茶皆有名[②]，性不寒不热。

【注释】

①王草堂：即王复礼，号草堂。

②墺（ào）：浙江、福建等沿海一带称山间平地为墺。漈（jì）：水边。

【译文】

王复礼《茶说》记载：温州山间平地及水边所产的茶都很有名，茶性不寒不热。

屠粹忠《三才藻异》：举岩[①]，婺茶也，片片方细，煎如碧乳。

【注释】

①举岩:即举岩茶。唐代名茶,产于婺州。

【译文】

屠粹忠《三才藻异》记载:举岩茶,婺州所产的茶,每一片都方正精细,煎煮后如碧乳一般。

《江西通志》:茶山,在广信府城北[①],陆羽尝居此。

【注释】

①广信府:元至正二十年(1360)朱元璋改信州路置,治所在上饶县(今江西上饶)。

【译文】

《江西通志》记载:茶山,在广信府城北,陆羽曾居住于此。

洪州西山白露、鹤岭[①],号绝品,以紫清香城者为最。及双井茶芽,即欧阳公所云"石上生茶如凤爪"者也[②]。又罗汉茶,如豆苗,因灵观尊者自西山持至[③],故名。

【注释】

①西山白露:唐宋名茶。产于洪州西山。唐李肇《国史补》卷下:"风俗贵茶,茶之名品益众……洪州有西山之白露。"鹤岭:即鹤岭茶。产于南昌市鹤岭岭脚。五代毛文锡《茶谱》:"又洪州西山白露及鹤岭茶极妙。"

②欧阳公所云"石上生茶如凤爪"者:出自欧阳修《双井茶》诗:"西江水清江石老,石上生茶如凤爪。"欧阳公,即欧阳修(1007—1072),字永叔,号醉翁,又号六一居士。谥号文忠,世称欧阳文

忠公。吉安永丰(今属江西)人。另有《欧阳文忠集》《集古录》等。凤爪,谓双井茶芽纤细如凤爪。

③灵观尊者:罗汉名。尊者,佛教语。亦泛指具有较高的德行、智慧的僧人。

【译文】

洪州西山白露茶、鹤岭茶,号称极品,其中以紫清香城为最好。双井茶芽,就是欧阳修所说的"石上生茶如凤爪"者。又有罗汉茶,形状如同豆苗一样,因为灵观尊者从西山带到此地来的,所以叫做罗汉茶。

《南昌府志》:新建县鹅冈西有鹤岭,云物鲜美①,草木秀润②,产名茶异于他山。

【注释】

①云物:景物,景色。

②秀润:清秀而有光泽。

【译文】

《南昌府志》记载:新建县鹅冈西有鹤岭,景色鲜艳美丽,草木清秀而有光泽,这里所产的名茶与其他山上所产不同。

《通志》:瑞州府出茶芽①,廖暹《十咏》呼为雀舌香焙云②。其余临江、南安等府俱出茶③,庐山亦产茶。

【注释】

①瑞州府:明洪武二年(1369)改瑞州路为府,属江西。治高安县(今江西高安)。

②廖暹:字日佳。高安(今属江西)人。嘉靖七年(1528)举人。

③临江：即临江府。元至正二十三年(1363)朱元璋改临江路为府，属江西行省。治所、辖境同临江路。南安：即南安府。元至正二十五年(1365)朱元璋改南安路为府。属江西行省。治所、辖境同南安路。

【译文】

《江西通志》记载：瑞州府出产茶芽，廖暹《十咏》中称呼为雀舌香焙。其余临江府、南安府都出产茶，庐山也出产茶。

袁州府界桥出茶[①]，今称仰山、稠平、木平者佳[②]，稠平者尤妙。

【注释】

①袁州府：元至正二十年(1360)朱元璋改袁州路为府，治所、辖境同袁州路。界桥：地名。在今江西宜春，宜春旧属袁州府。故《茶谱》有"袁州之界桥，其名甚著"的记载。

②仰山：地名。在今江西宜春南。《太平寰宇记》卷一〇九"袁州宜春县"："仰山，周回连延一千里，高耸万仞。夏有云气覆其岭上，雨即立降；冬若微阴，即停积雪。峻险不可登陟，但可仰观，以此为名。"稠平：地名。在今江西宜春。木平：地名。在今江西宜春。

【译文】

袁州府界桥出产茶叶，如今称仰山、稠平、木平出产的茶都很好，其中稠平出产的茶更为精妙。

赣州府宁都县出林岕[①]，乃一林姓者以长指甲炒之，采制得法，香味独绝，因之得名。

【注释】

①赣州府:元至正二十五年(1365)朱元璋改赣州路为府,属江西行省。明洪武九年(1376)属江西布政使司。治所、辖境同赣州。宁都县:今江西宁都。以境内太平里寓"安宁"之意为名。元大德元年(1297)升县为州,隶赣州路。明洪武九年(1376)又改州为县,隶赣州府。

【译文】

赣州府宁都县出产林岕茶,这是一位林姓的人用长指甲炒制而成,采摘制作都很得法,茶的香味独一无二,因而叫做林岕茶。

《名胜志》:茶山寺在上饶县城北三里①,按图经②,即广教寺③。中有茶园数亩,陆羽泉一勺。羽性嗜茶,环居皆植之,烹以是泉,后人遂以广教寺为茶山寺云。宋有茶山居士曾吉甫,名几,以兄开忤秦桧④,奉祠侨居此寺⑤,凡七年,杜门不问世故⑥。

【注释】

①上饶县:古县名,今江西上饶。以珍奇之物丰饶,又居余水(今信江)上游得名。元为信州路治。明洪武三年(1370)迁今江西上饶,为广信府治。

②图经:附有图画、地图的书籍或地理志。

③广教寺:又名茶山寺,在今江西上饶北。唐陆羽居山植茶,撰有《茶经》,号茶山御史。

④兄开:即曾几之兄曾开(1083—1153),字天游。累官至中书舍人。秦桧(1090—1155):字会之。江宁(今江苏南京)人。南宋权相。

⑤奉祠：宋代设宫观使、判官、都监、提举、提点、主管等职，以安置五品以上不能任事或年老退休的官员。他们只领官俸而无职事。因宫观使等职原主祭祀，故亦称奉祠。

⑥杜门：闭门。世故：世上的事情。

【译文】

曹学佺《天下名胜志》记载：茶山寺，在上饶县城北三里，按照图经记载，就是广教寺。寺中有好几亩茶园，一泓陆羽泉。陆羽生性嗜好饮茶，居所四周都种植茶树，并用此泉水煎茶，所以后人就把广教寺称为茶山寺。宋代有一位茶山居士曾吉甫，名曾几，因为其兄曾开得罪了秦桧，于是被派到此寺主持祭祀，前后共七年，闭门不出，不问世上的事情。

《丹霞洞天志》[①]：建昌府麻姑山产茶[②]，惟山中之茶为上，家园植者次之。

【注释】

①《丹霞洞天志》：又名《麻姑山丹霞洞天志》，十七卷，清罗森撰。该书卷首绘图，正文分考、表、志、记四大类。罗森，字约斋。大兴（今属北京）人。顺治间进士，累官至四川巡抚。

②建昌府：元至正二十二年（1362）朱元璋改建昌路为肇昌府。寻改为建昌府，属江西行省。治所、辖境同建昌军。麻姑山：在今江西南城县西南。《太平寰宇记》卷一一〇："麻姑山，在县西南二十二里。山顶有古坛，相传麻姑得道于此。"

【译文】

罗森《麻姑山丹霞洞天志》记载：建昌府麻姑山出产茶叶，只有山中所产的茶才为上品，自家园林中种植的茶就稍差一些。

《饶州府志》[1]:浮梁县阳府山[2],冬无积雪,凡物早成,而茶尤殊异。金君卿诗云:"闻雷已荐鸡鸣笋,未雨先尝雀舌茶。"[3]以其地暖故也。

【注释】

①《饶州府志》:一部详细记述饶州府及所属各县建置以来的地情、政情、民情及诸县之间的政治、经济、文化往来与相互影响的志书。

②浮梁县:县名,今属江西景德镇。唐武德四年(621)析置新平县,开元四年(716)改置新昌县。天宝元年(742)以溪水时泛,民多伐木为梁,浮水而运,故易名浮梁县。阳府山:在今江西景德镇。《舆地纪胜》卷二十三:"阳府山,在景德镇,冬无积雪,凡物皆早。"

③"金君卿诗云"几句:谓春雷响时,这里已有了鸡鸣笋;谷雨之前,已能喝上嫩绿的新茶。金君卿,字正叔。饶州浮梁(今江西景德镇)人。累官至广东转运使。鸡鸣笋,饶州产有鸡鸣竹,其笋味美。

【译文】

《饶州府志》记载:浮梁县阳府山,冬天山上没有积雪,各种物产都提早生长,而这里所出产的茶更不相同。宋人金君卿《阳府山》诗中写道:"闻雷已荐鸡鸣笋,未雨先尝雀舌茶。"这是因为当地气候暖和的缘故。

《通志》:南康府出匡茶[1],香味可爱,茶品之最上者。

【注释】

①南康府:本南康路,元至正二十一年(1361)朱元璋改为西宁府,

次年又改为南康府，属江西行省。治所、辖境同南康路。匡茶：古代名茶。产于江西南康。

【译文】

《江西通志》记载：南康府出产匡茶，其香味惹人喜爱，这种茶是茶叶品质中最上等的。

九江府彭泽县九都山出茶[①]，其味略似六安。

【注释】

①九江府：元至正二十一年(1361)朱元璋改江州路置，治所在德化县(今江西九江)。彭泽县：县名，今属江西。西汉高祖六年(前201)置彭泽县，属豫章郡，治今湖口县境之小凤山下。以彭蠡泽得名。九都山：在今江西彭泽县。

【译文】

九江府彭泽县九都山出产茶，这种茶的味道略似六安茶。

《广舆记》：德化茶出九江府[①]。又崇义县多产茶[②]。

【注释】

①德化：即德化县。古县名。五代南唐改浔阳县置，今江西九江。

②崇义县：古县名。即今江西崇义。《读史方舆纪要》卷八八："崇义县……近上犹之崇义乡，因名。"

【译文】

陆应旸《广舆记》记载：德化茶出产于九江府。另外崇义县多出产茶。

《吉安府志》[①]:龙泉县匡山有苦斋[②],章溢所居[③]。四面峭壁,其下多白云,上多北风,植物之味皆苦。野蜂巢其间,采花蕊作蜜,味亦苦。其茶苦于常茶。

【注释】

①《吉安府志》:志书,详细记述吉安府及所属各县建置以来的地情、政情、民情及诸县之间的政治、经济、文化往来与相互影响。吉安府,元至正二十二年(1362)朱元璋改吉安路置,治庐陵县(今江西吉安)。

②龙泉县:古县名。唐乾元二年(759)置,治所在今浙江龙泉。匡山:即今浙江龙泉市西南与福建浦城县交界处之天山斗。《读史方舆纪要》卷九四"龙泉县"条:"匡山,县西南百二十里。匡水出焉……宋濂云:'其山西旁奋起,而中窊下,状如箕筐,因号匡山。'"

③章溢(1315—1369):字三益,号匡山居士。明龙泉(今属浙江)人。朱元璋聘至应天(今江苏南京),询以治道。与刘基、宋濂、叶琛被称为"四先生"。受命理营田司事,历官湖广按察佥事、浙东按察副使,洪武元年(1368)升御史中丞兼赞善大夫。著有《章氏家乘》。

【译文】

《吉安府志》记载:龙泉县匡山有一处苦斋,是章溢曾经居住的地方。苦斋四面是陡峭的山崖,其下多白云缭绕,上面多刮北风,这里生长的植物味道都苦涩。野蜂在这里筑巢,采摘花蕊酿成蜂蜜,蜂蜜的味道也苦。这里出产的茶比平常的茶味道都苦。

《群芳谱》:太和山骞林茶[①],初泡极苦涩,至三四泡,清香特异，人以为茶宝。

【注释】

①太和山骞林茶：即武当山骞林茶。太和山，即武当山，古有“太岳”“玄岳”之称，中国道教圣地。位于今湖北十堰丹江口境内。骞林茶，汉代张骞出使西域时引进茶树于武当山所种植，故名。

【译文】

王象晋《群芳谱》记载：太和山骞林茶，初次冲泡时味道十分苦涩，等到冲泡三四次时，味道清香独特，人们称为茶宝。

《福建通志》：福州、泉州、建宁、延平、兴化、汀州、邵武诸府[①]，俱产茶。

【注释】

①建宁：即建宁府。南宋绍兴三十二年(1162)以孝宗曾封为建王，升建州置，治建安、瓯宁(今福建建瓯)二县。元至元十六年(1279)改为建宁路。明洪武元年(1368)复为府，属福建承宣布政使司。延平：即延平府。明洪武元年(1368)改延平路置，治所、辖境同延平路。兴化：即兴化府。明洪武元年(1368)改兴化路置，治所、辖境同兴化路。汀州：即汀州府。明洪武元年(1368)改汀州路置，治所、辖境同汀州路。邵武：即邵武府。元至正二十七年(1367)朱元璋改邵武路置，治所、辖境同邵武路。

【译文】

《福建通志》记载：福州、泉州、建宁、延平、兴化、汀州、邵武各府，都出产茶叶。

《合璧事类》:建州出大片[①],方山之芽,如紫笋,片大极硬。须汤浸之,方可碾。治头痛,江东老人多服之。

【注释】

①建州:古地名。今福建建瓯。

【译文】

谢维新《古今合璧事类》记载:建州出产大片茶,方山露芽,像是紫笋茶,叶片肥大而且坚硬。必须要先用开水浸泡,方可碾碎。这种茶可以治疗头痛,江东的老人多服用这种茶。

周栎园《闽小记》[①]:鼓山半岩茶[②],色香风味当为闽中第一,不让虎丘、龙井也。雨前者每两仅十钱,其价廉甚。一云前朝每岁进贡,至杨文敏当国[③],始奏罢之。然近来官取,其扰甚于进贡矣。

【注释】

①周栎园:即周亮工。

②鼓山:别名石鼓。位于今福建福州东郊、闽江北岸。因山顶有巨石如鼓得名。

③杨文敏:即杨荣(1371—1440),初名子荣,字勉仁。建安(今福建建瓯)人。累官至工部尚书。宣德(1426—1435)中加少傅,卒谥文敏。著有《杨文敏集》《后北征记》等。

【译文】

周亮工《闽小记》记载:鼓山的半岩茶,其色泽、香气、风韵、味道都为福建第一,不比虎丘茶、龙井茶差。在谷雨前采摘下来的茶,每两仅售十钱,价格十分低廉。一种说法是说前朝每年进贡给朝廷,到了杨荣主管其事时，才开始奏请取消贡茶。但是近年来官府索取，其滋扰的程度更甚于贡茶了。

柏岩[1]，福州茶也。岩即柏梁台[2]。

【注释】

①柏岩：即柏岩茶。产于福州（今福建闽侯一带）。

②柏梁台：不详，待考。

【译文】

柏岩茶，是福州出产的茶叶。柏岩，就是柏梁台。

《兴化府志》：仙游县出郑宅茶[1]，真者无几，大都以赝者杂之，虽香而味薄。

【注释】

①仙游县：今福建仙游。《元和郡县志》卷四〇："仙游山以县西三十里，县因为名。"郑宅茶：清代名茶。产于福建仙游，又称郑氏茶。清乾隆《仙游县志》卷七："茶有数种，惟郑宅为最。而出于九座山、九鲤湖者亦佳。"

【译文】

《兴化府志》记载：仙游县出产郑宅茶，真正的郑宅茶没有多少，大多都以赝品掺杂，虽有香味但比较淡薄。

陈懋仁《泉南杂志》[1]：清源山茶[2]，青翠芳馨，超轶天池之上。南安县英山茶[3]，精者可亚虎丘，惜所产不若清源之多也。闽地气暖，桃李冬花，故茶较吴中差早。

【注释】

①陈懋仁《泉南杂志》：地理杂志。二卷，明陈懋仁撰。该书卷一主记古迹、物产、风俗。卷二重人文，载宋曾公亮、薛天华、苏随、欧阳詹等八十余人事迹。对研究该地人文、古迹、土产、风俗颇有价值。陈懋仁，字无功。浙江嘉兴（今属浙江）人。官泉州府经历。另著有《年号韵编》《庶物异名疏》等。

②清源山茶：福建名茶之一。因产于福建泉州的清源山而得名。

③英山茶：因产于福建南安英山而得名。

【译文】

陈懋仁《泉南杂志》记载：清源山茶，色泽青翠，味道芳香，胜过苏州天池茶。南安县出产的英山茶，其中的精品仅次于苏州虎丘茶，可惜产量不如清源茶多。福建气候温暖，桃树、李树冬天开花，所以茶的采制比苏州略早一些。

《延平府志》：棕毛、茶。出南平县半岩者佳[①]。

【注释】

①南平县半岩：福建南平县半岩村，位于茫荡山三千八百坎中部。

【译文】

《延平府志》记载：延平府出产棕毛、茶。出产于南平县半岩村的茶较好。

《建宁府志》：北苑在郡城东，先是建州贡茶首称北苑龙团，而武夷石乳之名未著。至元时，设场于武夷，遂与北苑并称。今则但知有武夷，不知有北苑矣。吴越间人颇不足闽茶，而甚艳北苑之名[①]，不知北苑实在闽也。

【注释】

①艳：羡慕。

【译文】

《建宁府志》记载：北苑在府城的东部，起先建州的贡茶以北苑龙团最为著名，而武夷石乳茶的称号还未盛。到了元代，在武夷开设茶场，于是武夷茶开始与北苑茶并称。如今只知道有武夷茶，而不知有北苑茶了。吴越人很不看重福建茶，而十分羡慕北苑茶的名气，不知道北苑其实就在福建！

宋无名氏《北苑别录》：建安之东三十里，有山曰凤凰，其下直北苑，旁联诸焙，厥土赤壤[①]，厥茶惟上上。太平兴国中[②]，初为御焙，岁模龙凤，以羞贡篚[③]，盖表珍异。庆历中[④]，漕台益重其事[⑤]，品数日增，制度日精。厥今茶自北苑上者，独冠天下，非人间所可得也。方其春虫震蛰[⑥]，群夫雷动，一时之盛，诚为大观。故建人谓至建安而不诣北苑，与不至者同。仆因摄事[⑦]，遂得研究其始末，姑摭其大概[⑧]，修为十余类目，曰《北苑别录》云。

【注释】

①厥土赤壤：那里的土壤是红色的黏性土。

②太平兴国：宋太祖年号(976—984)。

③贡篚(fěi)：进贡，贡献。篚，盛物的竹器。

④庆历：宋仁宗年号(1041—1048)。

⑤漕台：漕运总督。主管漕粮的取齐、上缴、监押、运输等。

⑥春虫震蛰：指二十四节气中的惊蛰。

⑦摄事：治事，理事。

⑧摭(zhí)：选取，摘取。

【译文】

宋赵汝砺《北苑别录》记载：建安以东三十里，有一座山叫凤凰山，山下就是北苑茶园，旁边连着各个茶焙，这里的土是红壤，所出产的茶为最上品。宋太宗太平兴国年间，第一次作为皇家的御焙，用龙凤模具来制造龙凤团茶，作为佳味进贡给朝廷，以表其珍异。宋仁宗庆历年间，福建转运使更加重视这件事，制造的品种和数量都日益增加，贡茶的制作也愈加精细。至今北苑所制的上品贡茶，已经天下第一，不是寻常民间可以得到的。当春天惊蛰时节，千万人如响雷震动，一时的景况，的确盛大壮观。所以建安人认为到建安而不去拜谒北苑，就和没有来过建安一样。我因为负责此事，得以研究贡茶的始末，暂且摘取其大致的情况，分为十多个类别，编为《北苑别录》。

御园[①]：

九窠十二陇[②]	麦窠	壤园	龙游窠
小苦竹	苦竹里	鸡薮窠[③]	苦竹
苦竹源	鼯鼠窠[④]	教练陇[⑤]	凤凰山[⑥]
大小焊	横坑	猿游陇	张坑
带园	焙东	中历	东际
西际	官平	石碎窠	上下官坑
虎膝窠	楼陇	蕉窠	新园
天楼基	院坑	曾坑	黄际
马安山	林园	和尚园	黄淡窠
吴彦山	罗汉山	水桑窠	铜场
师如园	灵滋	苑马园	高畲
大窠头	小山		

右四十六所，广袤三十余里。自官平而上为内园，官坑而下为外园。方春灵芽萌坼[⑦]，先民焙十余日，如九窠十二陇、龙游窠、小苦竹、张坑、西际，又为禁园之先也[⑧]。

【注释】

①御园：出产贡茶的茶园。

②九窠十二陇：宋宋子安《东溪试茶录·北苑》："自青山曲折而北，岭势属如贯鱼，凡十有二，又隈曲窠巢者九，其地利为九窠十二陇。"

③鸡薮窠：《东溪试茶录·北苑》："又西至于大园，绝山尾，疏竹蓊翳，昔多飞雉，故曰鸡薮窠。"

④鼯鼠窠：《东溪试茶录·北苑》："直西定山之隈，土石回向如窠然，南挟泉流积阴之处而多飞鼠，故曰鼯鼠窠。"

⑤教练陇：《东溪试茶录·北苑》："又焙南直东，岭极高峻，曰教练陇。"

⑥凤凰山：《东溪试茶录·北苑》："坑又北出凤凰山，其势中跱，如凤之首，两山相向，如凤之翼，因取象焉。"

⑦萌坼(chè)：萌发。

⑧禁园：指官焙御茶园，即御园。

【译文】

御园：

九窠十二陇	麦窠	壤园	龙游窠
小苦竹	苦竹里	鸡薮窠	苦竹
苦竹源	鼯鼠窠	教练陇	凤凰山
大小焊	横坑	猿游陇	张坑
带园	焙东	中历	东际
西际	官平	石碎窠	上下官坑

虎膝窠	楼陇	蕉窠	新园
天楼基	院坑	曾坑	黄际
马安山	林园	和尚园	黄淡窠
吴彦山	罗汉山	水桑窠	铜场
师如园	灵滋	苑马园	高畲
大窠头	小山		

以上共四十六所，方圆三十余里。自官平而上为内园，官坑而下为外园。每当春天茶树开始萌芽，经常比民焙早十多天，如九窠十二陇、龙游窠、小苦竹、张坑、西际，又为官园中造茶较早的。

《东溪试茶录》：旧记建安郡官焙三十有八。

【译文】

宋子安《东溪试茶录》记载：从前的记录中，建安郡官焙共有三十八座。

丁氏旧录云：官私之焙千三百三十有六，而独记官焙三十二。东山之焙十有四：北苑龙焙一，乳橘内焙二，乳橘外焙三，重院四，壑岭五，渭源六，范源七，苏口八，东宫九，石坑十，连溪十一，香口十二，火梨十三，开山十四。南溪之焙十有二：下瞿一，濛洲东二，汾东三，南溪四，斯源五，小香六，际会七，谢坑八，沙龙九，南乡十，中瞿十一，黄熟十二。西溪之焙四：慈善西一，慈善东二，慈惠三，船坑四。北山之焙二：慈善东一，丰乐二。

【译文】

丁谓《茶录》记载：官焙和私焙共计有一千三百三十六座，单独记录的官焙三十二座。东山的官焙有十四座：北苑龙焙一，乳橘内焙二，乳橘外焙三，重院四，壑岭五，渭源六，范源七，苏口八，东宫九，石坑十，连溪十一，香口十二，火梨十三，开山十四。南溪的官焙有十二座：下瞿一，濛洲东二，汾东三，南溪四，斯源五，小香六，际会七，谢坑八，沙龙九，南乡十，中瞿十一，黄熟十二。西溪的官焙有四座：慈善西一，慈善东二，慈惠三，船坑四。北山的官焙有两座：慈善东一，丰乐二。

外有曾坑、石坑、壑源、叶源、佛岭、沙溪等处。惟壑源之茶，甘香特胜。

【译文】

外焙则有曾坑、石坑、壑源、叶源、佛岭、沙溪等处。只有壑源出产的茶叶，甘馨香甜，风味独特。

茶之名有七：一曰白茶，民间大重[①]，出于近岁，园焙时有之。地不以山川远近，发不以社之先后[②]。芽叶如纸，民间以为茶瑞，取其第一者为斗茶。次曰柑叶茶，树高丈余，径头七八寸，叶厚而圆，状如柑橘之叶，其芽发即肥乳，长二寸许，为食茶之上品。三曰早茶，亦类柑叶，发常先春，民间采制为试焙者。四曰细叶茶，叶比柑叶细薄，树高者五六尺，芽短而不肥乳，今生沙溪山中，盖土薄而不茂也。五曰稽茶，叶细而厚密，芽晚而青黄。六曰晚茶，盖稽茶之类，发比诸茶较晚，生于社后。七曰丛茶，亦曰丛生茶，高不数尺，一岁之间发者数四，贫民取以为利。

【注释】

①大重：特别看重。

②发：萌芽。社：春社。古时于春耕前（立春之后的第五个戊日，约在春分前后）祭祀土神，以祈丰收，谓之春社。

【译文】

茶的名称有七种：第一种叫做白茶，民间特别看重，这种茶出产于近些年，茶园焙茶时有生产。其产地不分山川远近，萌芽也不论春社前后。其茶的芽叶像纸一样，民间以为是茶中的祥瑞，故而取其第一等作为斗茶。第二种叫做柑叶茶，茶树高一丈多，树干直径七八寸，叶芽肥厚而圆润，形状好像柑橘的叶子，其茶芽萌发出来就是肥乳，长二寸多，这是食茶中的上品。第三种叫做早茶，也与柑橘的叶子相似，其萌芽常在早春，民间采制作为试焙。第四种叫做细叶茶，芽叶比柑橘叶子较细而薄，茶树高有五六尺，茶芽短小且不是肥乳，如今生长在沙溪山中，因为土地贫瘠生长得并不茂盛。第五种叫做稽茶，茶叶细嫩而厚密，茶芽萌发较晚且色泽青黄。第六种叫做晚茶，大概属于稽茶一类，萌芽要比其他茶都晚，生长于春社之后。第七种叫做丛茶，也叫做丛生茶，茶树高不过数尺，一年之内会四次萌芽，贫民采摘用来牟利。

《品茶要录》：壑源、沙溪，其地相背，而中隔一岭，其去无数里之遥，然茶产顿殊。有能出力移栽植之，亦为风土所化。窃尝怪茶之为草，一物耳，其势必犹得地而后异。岂水络地脉偏钟粹于壑源①，而御焙占此大冈巍陇，神物伏护②，得其余荫耶③？何其甘芳精至而美擅天下也。观夫春雷一鸣，筠笼才起④，售者已担簦挈橐于其门⑤，或先期而散留金钱，或茶才入笪而争酬所直。故壑源之茶，常不足客所求。其有桀猾之园民⑥，阴取沙溪茶叶，杂就家棬而制之。人耳其名，睨其规模之相若[7]，不能原其实者，盖有之矣。凡婺源之茶售以十，则沙溪之茶售以五，其直大率仿此。然沙溪之园民，亦勇于觅利，或杂以松黄，饰其首面。凡肉理怯薄，体轻而色黄者，试时鲜白，不能久泛，香薄而味短者，沙溪之品也。凡肉理实厚，质体坚而色紫，试时泛盏凝久，香滑而味长者，婺源之品也。

【注释】

①钟萃：汇集。

②神物：神灵。

③余荫：比喻前辈惠及子孙的恩泽。

④筠笼：竹篮之类盛器。

⑤担簦（dēng）：背着伞。簦，古代有柄的笠，类似现在的伞。挈橐（tuó）：提着口袋。橐，口袋。

⑥桀猾：凶残狡黠。

⑦睨（nì）：旁观，斜视。

【译文】

黄儒《品茶要录》记载：婺源和沙溪这两个地方，地理条件正好相背，中间隔着一道山岭，两地相距不过几里，然而所产的茶叶却迥然不同。有能力的人曾经将婺源的茶树移植栽培到沙溪去，其茶性也会被当地的地理环境所同化。我曾经暗自奇怪茶这种草木，一种普通的植物而已，可是其生长之势必定会随着适宜的土壤而有所变异。难道说上好的水络地脉单单汇集于婺源一地？或者是因为皇家的茶焙和茶园建在高山峻岭之中，得到了神灵的护佑，连这里的茶也一起得其余荫和恩泽？若非如此，这里的茶如何能够甘甜芳香、精美至极而独享天下第一的美名呢？每年春雷一响，采摘茶叶的茶农们刚背着竹笼进山采茶，茶商就已经背着伞、提着口袋来到茶农家门口，有的给茶农提前预付订金，有的茶叶才经过加工放在竹编的笪席上晾晒，而茶商就争相按货付酬抢购。所以壑源的茶叶，通常都是供不应求。于是就会有一些凶残狡黠的茶农，偷偷取来沙溪的茶叶混杂其中，放进卷模制成茶饼，假冒壑源茶。人们只是听闻壑源茶的盛名，看到其茶饼形制相像，而不能推究其原委与本质，难免会上当受骗而不觉，这种情况也不少。大凡是壑源茶的售价为十，那么沙溪茶的售价就为五，两者之间在价格上大概如此。然而沙溪的那些茶农，也敢于图谋利润，有的往茶里面掺杂松黄，以便装饰美化茶饼表面。凡是茶饼肉质纹理虚薄，茶饼轻而色泽发黄，烹试时色泽鲜白，却不能久浮，香气淡薄而且回味较短的，就是沙溪茶。凡是茶饼肉质纹理厚实，茶饼坚实而且色泽发紫，烹试时浮在茶汤表面凝重而持久，香气醇正甘滑且回味长久的，就是壑源茶。

《潜确类书》：历代贡茶以建宁为上，有龙团、凤团、石乳、滴乳、绿昌明、头骨、次骨、末骨、鹿骨、山挺等名，而密云龙最高，皆碾屑作饼。至国朝始用芽茶，曰探春、曰先春、曰次春、曰紫笋，而龙凤团皆废矣。

【译文】

陈仁锡《潜确类书》记载：历代的贡茶都以福建建宁所出产的为上品，有龙团、凤团、石乳、滴乳、绿昌明、头骨、次骨、末骨、鹿骨、山挺等名称，而以密云龙为最高等级，都碾成碎屑制成茶饼。到明朝时，才开始进贡芽茶，分别叫做探春、先春、次春、紫笋，而龙凤团饼茶都被废弃了。

《名胜志》：北苑茶园属瓯宁县。旧《经》云："伪闽龙启中[①]，里人张晖以所居北苑地宜茶[②]，悉献之官，其名始著。"

【注释】

①龙启:闵惠帝年号(933—934)。

②里人:同里的人,同乡。此指当地人。

【译文】

曹学佺《天下名胜志》记载:北苑茶园隶属于瓯宁县。以前经籍记载:"伪闽惠宗龙启年间,当地人张晖以他居住的北苑土地适宜种植茶树,将所产茶叶全部进献给官府,其名声才逐渐流传。"

《三才藻异》:石岩白,建安能仁寺茶也[1],生石缝间。

【注释】

①能仁寺:《八闽通志》卷七六"建宁府"条:"能仁寺,旧名'承天',伪闽时建。宋至道中赐今额。元大德六年重建。"

【译文】

屠粹忠《三才藻异》记载:石岩白,就是建安能仁寺出产的茶,这种茶树生长在石缝之间。

建宁府属浦城县江郎山出茶[1],即名江郎茶。

【注释】

①浦城县:唐天宝元年(742)改唐兴县置,属建州。治所即今福建浦城。江郎山:疑为今浙江江山市南江郎山。简称江山。《太平寰宇记》卷九七"江山县"条:"江郎山,山上有五色石,日照炫耀。"

【译文】

建宁府所属浦城县江郎山出产的茶叶,就叫做江郎茶。

《武夷山志》:前朝不贵闽茶,即贡者亦只备宫中涴濯瓯盏之需[①]。贡使类以价[②],货京师所有者纳之。间有采办[③],皆剑津廖地产[④],非武夷也。黄冠每市山下茶[⑤],登山贸之[⑥],人莫能辨。

【注释】

①涴濯(zhuó):洗刷。

②贡使:进贡的使臣。

③采办:明代各地向朝廷进贡的土产称"岁办"。岁办的物资不能满足需要,或不合要求,官府就出钱向商民采购,称"采办"。

④剑津廖地:今福建南平市延平区茂地镇。剑津,在今福建南平东,建溪、西溪相会入闽江处。《舆地纪胜》卷一三三"剑津"条:"在剑浦县建州、邵武二水合流之处也。"廖地,原盛产蓼草名廖地,后叶姓移居,见树多叶茂,遂改为茂地。

⑤黄冠:道士之冠。此借指道士。

⑥贸:替换。

【译文】

《武夷山志》记载:前朝不重视福建茶,即使进贡也只是作为宫中洗刷茶碗、茶盏而已。进贡的使臣大多在京师按价购买然后进贡朝廷。偶尔也有一些采办,也都是福建南平茂地镇所产,而不是武夷山出产的茶。山中的道士每次到集市购买山下的茶,上山后又将其替换掉,人们无法辨别。

茶洞在接笋峰侧,洞门甚隘,内境夷旷[①],四周皆穹崖壁立。土人种茶,视他处为最盛。

【注释】

①夷旷：平坦而宽阔。

【译文】

茶洞在武夷山接笋峰的旁边，洞门十分狭窄，洞内平坦而宽阔，四面都是悬崖峭壁。当地人种茶，与其他地方相比，认为这里最好。

崇安殷令招黄山僧，以松萝法制建茶，真堪并驾，人甚珍之，时有“武夷松萝”之目。

【译文】

崇安县的殷县令招来黄山的僧人，让他们以制作松萝茶的方法来制作建安茶，真的可以与松萝茶并驾齐驱，人们非常珍爱，当时就有“武夷松萝”的名号。

王梓《茶说》[①]：武夷山周回百二十里[②]，皆可种茶。茶性他产多寒，此独性温。其品有二：在山者为岩茶，上品；在地者为洲茶，次之。香清浊不同，且泡时岩茶汤白，洲茶汤红，以此为别。雨前者为头春，稍后为二春，再后为三春。又有秋中采者[③]，为秋露白，最香。须种植、采摘、烘焙得宜，则香味两绝。然武夷本石山，峰峦载土者寥寥，故所产无几。若洲茶，所在皆是，即邻邑近多栽植，运至山中及星村墟市贾售，皆冒充武夷。更有安溪所产，尤为不堪。或品尝其味，不甚贵重者，皆以假乱真误之也。至于莲子心、白毫皆洲茶，或以木兰花熏成欺人，不及岩茶远矣。

【注释】

①王梓：即王复礼。

②周回：周围。

③秋中：秋季之中，多指中秋节。

【译文】

王复礼《茶说》记载：武夷山周围一百二十里，都可以种植茶树。在其他地方所产茶多为寒性，唯独这个地方是温性。这里的茶有两个品种：产于山上的为岩茶，可称为上品；产于平地的为洲茶，品质稍次。这两种茶的香气、清浊都不同，并且在冲泡时岩茶的茶汤色泽鲜白，洲茶的茶汤色泽发红，人们就以此作为区别。谷雨之前采制的叫做头春，稍后采制的叫做二春，再往后采制的叫做三春。还有中秋节时采制的，称为秋露白，最为馨香。这种茶必须做到种植、采摘、烘焙都得当，这样香气和味道才能绝佳。然而武夷山本身多山石，连绵的山峰可供种茶的土地很少，所产茶叶也寥寥无几。然而洲茶，到处都是，即使邻近县市近些年也多有种植，将其运到山中及零星的村子和集市买卖，都冒充武夷茶。更有安溪所产的茶叶，差到极点。有人品尝这种茶的味道，不怎么贵重的，都是被以假乱真所误导。至于莲子心、白毫等都是洲茶，有人以木兰花熏制成茶欺骗人，品质远不如岩茶。

张大复《梅花笔谈》：《经》云："岭南生福州、建州。"今武夷所产，其味极佳，盖以诸峰拔立[①]，正陆羽所云"茶上者生烂石中"者耶。

【注释】

①拔立：挺拔耸立。

【译文】

张大复《梅花草堂笔谈》记载：陆羽《茶经》说："岭南茶出产于福州、

建州。”如今武夷山所出产的茶，味道非常好，大概因为武夷山山峰都挺拔耸立，正如陆羽所说“上等的茶生长在碎石中”。

《草堂杂录》：武夷山有三味茶，苦酸甜也，别是一种。饮之，味果屡变，相传能解酲消胀。然采制甚少，售者亦稀。

【译文】

王复礼《草堂杂录》记载：武夷山有三味茶，有苦、酸、甜三种味道，另是一番风味。饮用时，味道果然经常变换，相传这种茶能够解酒、消除腹胀。然而这种茶采摘制作的很少，贩卖的也很少。

《随见录》：武夷茶，在山上者为岩茶，水边者为洲茶。岩茶为上，洲茶次之。岩茶，北山者为上，南山者次之。南北两山，又以所产之岩名为名，其最佳者，名曰工夫茶。工夫之上，又有小种，则以树名为名。每株不过数两，不可多得。洲茶名色，有莲子心、白毫、紫毫、龙须、凤尾、花香、兰香、清香、奥香、选芽、漳芽等类。

【译文】

屈擢升《随见录》记载：武夷山所出产的茶，出产于山上的称为岩茶，出产于水边的称为洲茶。岩茶为上品，洲茶稍次。岩茶，出产于北山的为上品，出产于南山的稍次。南、北两座山，又以所出产茶叶的岩名来命名，其中最好的茶，叫做工夫茶。比工夫茶再好的，又有小种茶，就是以茶树的名字来命名。每株茶树产茶不超过数两，不可多得。洲茶的名称，有莲子心、白毫、紫毫、龙须、凤尾、花香、兰香、清香、奥香、选芽、漳芽等品类。

《广舆记》:泰宁茶出邵武府[①]。

【注释】

①邵武府:元至正二十七年(1367)朱元璋改邵武路置,治所、辖境同邵武路。

【译文】

陆应旸《广舆记》记载:泰宁茶,出产于福建邵武府。

福宁州大姥山出茶[①],名绿雪茶。

【注释】

①福宁州:元至元二十三年(1286)升长溪县置,治霞浦县(今属福建)。属福州路。大姥山:在今福建浦城县东北。《太平寰宇记》卷一〇一"建州浦城县"条:"大姥山在县东北七十里。《记》云,大姥山即魏夫人山也。《老子玉真经》云,魏夫人以罗浮、天台、大霍、洞宫四处为栖真之所,此山乃洞宫之邻也。上有太母祠存焉。"

【译文】

福宁州大姥山出产茶叶,叫做绿雪芽。

《湖广通志》:武昌茶,出通山者上[①],崇阳、蒲圻者次之[②]。

【注释】

①通山:即今湖北通山县。

②崇阳:唐天宝二年(743)析蒲圻县置唐年县,治今湖北崇阳县西

南，属鄂州。五代吴顺义七年(927)改名崇阳县。蒲圻：古县名。今湖北蒲圻。

【译文】

《湖广通志》记载：武昌茶，出产于湖北通山县的为上品，出产于湖北崇阳、蒲圻的稍次。

《广舆记》：崇阳县龙泉山，周二百里。山有洞，好事者持炬而入，行数十步许，坦平如室，可容千百众，石渠流泉清冽，乡人号曰鲁溪。岩产茶，甚甘美。

【译文】

陆应旸《广舆记》记载：湖北崇阳县龙泉山，方圆二百里。山上有一个洞，有好事的人就手持火炬进入山洞，行走数十步，发现洞内平坦如同室内，可以容纳千百人，其中石渠里面流淌的泉水清醇甘冽，当地人叫做鲁溪。山岩出产的茶叶，味道十分香甜。

《天下名胜志》：湖广江夏县洪山①，旧名东山。《茶谱》云："鄂州东山出茶②，黑色如韭，食之已头痛。"

【注释】

①湖广：指湖南、湖北。江夏县：古县名。今湖北武汉江夏区。洪山：旧名东山，在江夏县东，唐大观中改洪山。

②鄂州东山：隋开皇九年(589)改郢州置，治江夏县(今湖北武汉武昌)。取鄂渚为名。东山，即江夏县洪山。

【译文】

曹学佺《天下名胜志》记载：湖北江夏县洪山，旧称东山。《茶谱》中说:“鄂州东山出产茶叶,黑色,形状如同韭菜,饮用后可以治愈头痛。”

《武昌郡志》[①]:茗山在蒲圻县北十五里,产茶。又大冶县亦有茗山[②]。

【注释】

①《武昌郡志》:即《武昌府志》,十六卷,清杜毓秀纂修。分十四纲,无子目,卷首缺如,自卷二始为山川、古迹、学校、坛祠、田赋、水利、风俗、灾异、封爵、秩官、宦迹、选举、人物、艺文等。杜毓秀,字岳灵。陕西定边堡(今陕西吴旗)人,官武昌知府。

②大冶县:古县名。今湖北大冶。宋乾德五年(967),南唐升青山场院,并划武昌(今湖北鄂州)三乡与之合并,始建大冶县。县名取“大兴炉冶”之意。

【译文】

杜毓秀《武昌郡志》记载:茗山在湖北蒲圻县北十五里,出产茶叶。另外湖北大冶县也有茗山。

《荆州土地记》[①]:武陵七县通出茶,最好。

【注释】

①《荆州土地记》:书名,撰人及成书年代不详。据胡立初《齐民要术》引用书目考证,大概是西晋时作品。

【译文】

《荆州土地记》记载:武陵所属七县都出产茶叶,品质最好。

《岳阳风土记》[①]:灉湖诸山旧出茶[②],谓之灉湖茶,李肇所谓"岳州灉湖之含膏"是也。唐人极重之,见于篇什[3]。今人不甚种植,惟白鹤僧园有千余本[4]。土地颇类北苑,所出茶一岁不过一二十斤,土人谓之白鹤茶,味极甘香,非他处草茶可比。并茶园地色亦相类,但土人不甚植尔。

【注释】

①《岳阳风土记》:一卷,宋范致明撰。该书记岳阳地名变更、沿革及辖属,载岳阳楼、白鹤老松、灵妃庙、君山等名胜、古迹数十处,凡有关历史典故、神话、传说多出自地方文献。述捕鱼过程和渔民生活甚详。所载四季气温、风候、降雨量、江豚、巨鱼及汉、苗民族风俗习惯颇具史料价值。范致明,字晦叔。建安(今福建建瓯)人。元符进士,官至宣德郎。

②灉(yōng)湖:古湖名,在今湖南岳阳。

③篇什:《诗经》的"雅"和"颂"以十篇为一什,所以诗章又称"篇什"。

④本:用于植物,指株、棵。

【译文】

范致明《岳阳风土记》记载:灉湖附近各山过去出产茶叶,叫做灉湖茶,就是唐人李肇所说的"岳州灉湖之含膏茶"。唐朝人极其看重这种茶,见于诗文记载。如今人们不大种植这种茶,只有白鹤僧园有千余株茶树。这里的土地与建州北苑相似,所产的茶一年也不过就一二十斤而已,当地人称为白鹤茶,味道非常甘甜香美,不是其他地方的草茶可与之相比的。并且茶园的土色也与北苑相类似,只是当地人不怎么种植这种茶罢了。

《通志》:长沙茶陵州[1],以地居茶山之阴,因名。昔炎帝葬于茶山之野。茶山即云阳山[2],其陵谷间多生茶茗故也。

【注释】

①茶陵州：元至元十九年(1282)升茶陵县置，治今湖南茶陵。属湖广行省。至正二十四年(1364)朱元璋又降为县。明成化十八年(1482)复升为州，属长沙府。

②云阳山：在今湖南茶陵县西。《读史方舆纪要》卷八〇“茶陵州”条：“云阳山，州西十五里，有七十一峰。其大者，紫薇、偃霞、石柱、白莲、隐形、正阳、石耳，凡七峰。其余岩洞泉石皆奇胜。”

【译文】

《通志》记载：长沙府茶陵州，因为这个地方处于茶山的阴坡，因而得名。传说从前炎帝就埋葬在茶山的原野。茶山也就是云阳山，丘陵和山谷之间有很多茶树生长，所以叫做茶山。

长沙府出茶[①]，名安化茶。辰州茶出溆浦[②]。郴州亦出茶[③]。

【注释】

①长沙府：五代初改潭州置，治所在长沙县(今湖南长沙)。北宋复为潭州。明洪武五年(1372)又改潭州府为长沙府。

②溆浦：县名。今湖南溆浦。

③郴州：隋开皇九年(589)置，治郴县(今湖南郴州)。

【译文】

长沙府出产茶叶，叫做安化茶。辰州茶出产于溆浦。郴州也出产茶叶。

《类林新咏》：长沙之石楠叶[①]，摘芽为茶，名栾茶，可治头风。湘人以四月四日摘杨桐草[②]，捣其汁拌米而蒸，犹糕糜之类[3]，必啜此茶，乃去风也，尤宜暑月饮之。

【注释】

①石楠叶：又称石眼树叶、老少年叶等，为蔷薇科植物石楠的叶。气微，味微苦、涩。野生或栽培。用于风温痹痛，腰背酸痛，足膝无力，偏头痛等。

②杨桐草：亦称南烛、乌饭草等，常绿灌木。产于我国江南各地。

③糕糜：糕饼。

【译文】

姚之骃《类林新咏》记载：长沙的石楠叶，采摘嫩芽制作成茶，名字叫做栾茶，可以治疗头痛。湖南人在每年四月四日采摘杨桐草，并将这种草捣碎成汁拌上米蒸熟，就像糕饼一类的东西，一定要饮用这种茶，才可以治愈中风，特别适合夏天饮用。

《合璧事类》：潭郡之间有渠江[1]，中出茶，而多毒蛇猛兽，乡人每年采撷不过十五六斤，其色如铁，而芳香异常，烹之无脚。

【注释】

①潭郡：疑为“潭邵”之误。潭，潭州。隋开皇九年(589)改湘州为潭州，治长沙县(今属湖南)。邵，邵州。唐贞观十年(636)改南梁州置，治邵阳县(今属湖南)。渠江：资水支流。在湖南中部偏北。源出新化西南部雪峰山脉西北麓。经新化西部、溆浦东北，至安化渠江口注入干流。

【译文】

谢维新《古今合璧事类备要》记载：潭州、邵州之间有渠江，江中出产一种茶，然而多有毒蛇猛兽，当地人每年采摘到的茶也不过十五六斤，这种茶的色泽像铁一样，但是异常芳香，烹点时没有云脚茶痕。

湘潭茶[1]，味略似普洱[2]，土人名曰芙蓉茶。

【注释】

①湘潭茶：又名"芙蓉茶"。湖南湘潭所产茶叶的统称。

②普洱：即普洱茶。产于云南南部和西南部的大叶种茶，又称普茶、普茗。

【译文】

湘潭茶，味道略似普洱茶，当地人称为芙蓉茶。

《茶事拾遗》[1]：潭州有铁色[2]，夷陵有压砖。

【注释】

①《茶事拾遗》：一卷，明曹士谟撰。

②潭州：隋开皇九年(589)改湘州为潭州，治长沙县(今湖南长沙)。以州治南七十里昭潭为名。

【译文】

曹士谟《茶事拾遗》记载：潭州有铁色茶，夷陵有压砖茶。

《通志》：靖州出茶油[1]。蕲水有茶山[2]，产茶。

【注释】

①靖州：北宋崇宁二年(1103)以诚州改名，治今湖南靖州苗族侗族自治县，属荆湖北路。

②蕲水：古县名。南朝宋元嘉二十五年(448)置，治今湖北浠水县东，属蕲春郡。以南临蕲水得名。唐武德初并入蕲春县。

【译文】

《通志》记载：靖州出产茶油。蕲水有茶山，出产茶叶。

《河南通志》：罗山茶，出河南汝宁府信阳州[①]。

【注释】

①汝宁府：元至元三十年(1293)升蔡州置，治汝阳县(今河南汝南)。信阳州：元至元十五年(1278)改信阳军置，治所在信阳县(今属河南)。

【译文】

《河南通志》记载：罗山茶，出产于河南汝宁府信阳州。

《桐柏山志》[①]：瀑布山，一名紫凝山，产大叶茶。

【注释】

①《桐柏山志》：明薛应旂撰。描述桐柏山之史地、艺文、掌故之典籍。薛应旂，字仲常，号方山。武进(今属江苏)人。嘉靖十四年(1535)进士，累官至陕西按察司副使。另著有《四书人物考》《薛方山记述》《薛子庸语》等。

【译文】

薛应旂《桐柏山志》记载：瀑布山，也叫紫凝山，出产大叶茶。

《山东通志》：兖州府费县蒙山石巅[①]，有花如茶，土人取而制之，其味清香迥异他茶，贡茶之异品也。

【注释】

①兖州府:明洪武十八年(1385)升兖州置,治滋阳县(今山东兖州)。

【译文】

《山东通志》记载:兖州府费县蒙山石巅,生长着一种花很像茶,当地人将其采摘制作成茶,味道清香,和其他的茶完全不同,堪称贡茶中的奇异品种。

《舆志》[①]:蒙山,一名东山,上有白云岩产茶,亦称蒙顶。王草堂云:“乃石上之苔为之,非茶类也。”

【注释】

①《舆志》:即《舆地志》,三十卷,南朝陈顾野王撰。记周、秦以来政区沿革、山川道里、城邑、古迹、事件、风俗、物产等。顾野王(519—581),字希冯。吴郡吴(江苏苏州)人。另著有《玉篇》《符瑞图》《通史要略》等。

【译文】

顾野王《舆地志》记载:蒙山,又叫做东山,山上有白云岩出产茶叶,也叫做蒙顶茶。王复礼说:“这种茶是石上的苔藓制成,并不是茶类。”

《广东通志》:广州、韶州、南雄、肇庆各府及罗定州[①],俱产茶。西樵山在郡城西一百二十里,峰峦七十有二,唐末诗人曹松[②],移植顾渚茶于此,居人遂以茶为生业。

【注释】

①广州:即广州府。明洪武元年(1368)改广州路置,治南海、番禺(今广东广州)二县。属广东布政使司。韶州:即韶州府。明洪

武元年(1368)改韶州路置,治曲江县(今广东韶关)。属广东。南雄:即南雄府。明洪武元年(1368)改南雄路置,治保昌县(今广东南雄)。属广东。肇庆:即肇庆府。北宋重和元年(1118)升端州置,治高要县(今广东肇庆)。元至元十六年(1279)改为肇庆路。明洪武元年(1368)复为肇庆府。罗定州:明万历五年(1577)升泷水县置,治今广东罗定。直属广东布政使司。

②曹松(830? —902?):字梦征。舒州(今安徽潜山)人。光化四年(901)进士,特敕授校书郎。唐诗人。

【译文】

《广东通志》记载:广州、韶州、南雄、肇庆各府以及罗定州,都出产茶叶。西樵山,在广州府城西一百二十里,连绵的山峰有七十二座,唐末诗人曹松曾移植顾渚茶到这里,当地居民于是就以种茶为谋生的职业。

韶州府曲江县曹溪茶[①],岁可三四采,其味清甘。

【注释】

①曲江县:古县名,在今广东韶关。

【译文】

韶州府曲江县的曹溪茶,每年可以采摘三四次,茶味清香甘甜。

潮州大埔县、肇庆恩平县[①],俱有茶山。德庆州有茗山[②],钦州灵山县亦有茶山[③]。

【注释】

①潮州:隋开皇十一年(591),原义安郡境设置潮州,州治海阳县(今广东潮州)。其名取“在潮之洲,潮水往复”之意。大埔县:古

县名。即广东大埔。肇庆：即肇庆府。北宋重和元年(1118)升端州置，治高要县(今广东肇庆)。元至元十六年(1279)改为肇庆路，明洪武元年(1368)复为肇庆府。恩平县：古县名。今广东恩平。

②德庆州：明洪武九年(1376)降德庆府置，治今广东德庆。属肇庆府。

③钦州：隋开皇十八年(598)改安州置，治钦江县(今广西钦州)。因钦江得名。

【译文】

潮州大埔县、肇庆府恩平县，都有茶山。德庆州有茗山，钦州灵山县也有茶山。

吴陈琰《旷园杂志》[①]：端州白云山出云独奇[②]，山故莳茶在绝壁，岁不过得一石许，价可至百金。

【注释】

①吴陈琰《旷园杂志》：二卷，清吴陈琰撰。记述明末清初间事，多为神奇怪异，因果报应。吴陈琰，或作陈琬，字宝崖。钱塘(今浙江杭州)人。另著有《通玄观志》《凤池集》等。

②端州：隋开皇九年(589)置，治高要县(今广东肇庆)。因境内端溪得名。大业三年(607)改为信安郡。唐武德四年(621)复名端州，天宝元年(742)又改为高要郡，乾元元年(758)复为端州。

【译文】

吴陈琰《旷园杂志》记载：端州白云山，云雾十分奇特，山里居民原来在悬崖峭壁上种植茶树，每年收获不过一石多，价格却可以达到一百两银子。

王草堂《杂录》：粤东珠江之南产茶，曰河南茶。潮阳有凤山茶①，乐昌有毛茶②，长乐有石茗③，琼州有灵茶、乌药茶云④。

【注释】

①潮阳：古县名，今广东汕头潮阳区。

②乐昌：古县名，今广东乐昌。

③长乐：古县名，今广东五华。

④琼州：古地名，今海南海口。

【译文】

王复礼《杂录》记载：广东东部珠江之南出产茶叶，叫做河南茶。潮阳有凤山茶，乐昌有毛茶，长乐有石茗，琼州有灵茶、乌药茶等。

《岭南杂记》：广南出苦橙茶，俗呼为苦丁，非茶也。叶大如掌，一片入壶，其味极苦，少则反有甘味，噙咽利咽喉之症①，功并山豆根②。

【注释】

①噙：含在嘴里。

②山豆根：常绿灌木。根可入药，有解热消炎的作用。

【译文】

吴震方《岭南杂记》记载：广东南部出产苦橙茶，俗称为苦丁，这不是茶。茶叶有手掌那么大，将一片茶放在茶壶之中，茶的味道极其苦涩，若少放味道反而甘甜，含在嘴里可以治疗咽喉病，功效和山豆根相同。

化州有琉璃茶①，出琉璃庵。其产不多，香与峒岕相似。

僧人奉客,不及一两。

【注释】

①化州:北宋太平兴国五年(980)改辩州置,治所在石龙县(今广东化州)。

【译文】

化州有琉璃茶,出产于琉璃庵。这种茶的产量不多,香味和峒山岕茶相似。僧人用来招待客人,所奉不超过一两。

罗浮有茶[①],产于山顶石上,剥之如蒙山之石茶。其香倍于广岕,不可多得。

【注释】

①罗浮:即罗浮山。在今广东博罗县西北。《隋书·地理志》:"增城县有罗浮山。"《元和郡县志》卷三四"循州博罗县"条:"罗浮山,在县西北二十八里。罗山之西有浮山,盖蓬莱之一阜,浮海而至,与罗山并体,故曰罗浮。高三百六十丈,周回三百二十七里,峻天之峰,四百三十有二焉。"

【译文】

罗浮山有茶,生长在山顶的石上,剥落下来,就像蒙山的石茶。这种茶的香味比广岕茶更好,不可多得。

《南越志》[①]:龙川县出皋卢[②],味苦涩,南海谓之过卢[③]。

【注释】

①《南越志》:八卷,南朝宋沈怀远撰。该书记三代至晋南越疆域事

迹。沈怀远,吴兴武康(今浙江德清西)人。曾任始兴王征北长流参军、武康令。

②龙川县:古县名。秦置,属南海郡。治所在今广东龙川县西南。皋卢:木名。叶状如茶而大,味苦涩,可代饮料。

③南海:古县名。今广东广州南海区。

【译文】

沈怀远《南越志》记载:龙川县出产皋卢茶,味道苦涩,南海人称为过卢。

《陕西通志》:汉中府、兴安州等处产茶①,如金州、石泉、汉阴、平利、西乡诸县各有茶园②,他郡则无。

【注释】

①汉中府:明洪武三年(1370)改兴元路置,治南郑县(今陕西汉中)。属陕西布政司。兴安州:明万历十一年(1583)改金州置,二十三年(1585)升为直隶州,治今陕西安康。

②金州:西魏废帝三年(554)改东梁州置,治西城县(今陕西安康)。因其地产金得名。石泉:古县名。西魏废帝元年(552)改永乐县置,属魏昌郡。治所在今陕西石泉县南。《太平寰宇记》卷一四一"金州石泉县"条:"以县北石泉为名。"元省。明洪武三年(1370)复置,属兴安州。汉阴:古县名。唐至德二载(757)改安康县置,属金州。治所在今陕西石泉县南汉江西南岸石泉咀附近。南宋绍兴二年(1132)迁治新店(今陕西汉阴)。平利:古县名。唐武德元年(618)于今老县街南上廉城分金川县地始置平利县,属金州。八年迁治今老县街。因境内平利川得名。北宋熙宁六年(1073)降为镇,辖地入西城县。元祐二年(1087)复置,属金州。元省。明洪武三年(1370)于今石牛河口复置。西乡:古县名。在陕西南部,西南和四川接壤。属汉中。

【译文】

《陕西通志》记载：汉中府、兴安州等地出产茶叶，如金州、石泉、汉阴、平利、西乡等县都各自有茶园，其他的地方就没有。

《四川通志》：四川产茶州县凡二十九处。成都府之资阳、安县、灌县、石泉、崇庆等①；重庆府之南川、黔江、丰都、武隆、彭水等②；夔州府之建始、开县等③，及保宁府、遵义府、嘉定州、泸州、雅州、乌蒙等处④。

【注释】

①成都府：唐至德二载（757），以蜀郡为玄宗幸蜀驻跸之地升为成都府，建号南京，上元元年（760）罢京号。治成都县、蜀县（今四川成都）。剑南西川节度使驻此。蒙古入蜀，改为成都路。明洪武四年（1371）复为成都府。

②重庆府：南宋淳熙十六年（1189）升恭州置，治巴县（今属重庆）。属夔州路。

③夔州府：明洪武四年（1371）改夔州路置，治奉节县（今属重庆）。

④保宁府：元至元十三年（1276）升阆州置，治阆中县（今属四川），属广元路。至元二十年（1283）改为保宁路，旋复为府。遵义府：明万历二十九年（1601）改播州宣慰司置，治遵义县（今贵州遵义）。属四川布政使司。嘉定州：明洪武九年（1376）降嘉定府置，治今四川乐山市，属四川布政使司。乌蒙：土司、路、府名。古名斗敌甸。唐时为乌蛮乌蒙部。元初属乌撒路。至元二十四年（1287）置乌撒乌蒙宣慰司，后分置乌蒙路。治所在今云南昭通。仁宗延祐三年（1316），于其地立军屯。明洪武年间改为土府，隶于四川布政使司。

【译文】

《四川通志》记载：四川出产茶的州县共有二十九处。如成都府的资阳、安县、灌县、石泉、崇庆等；重庆府的南川、黔江、丰都、武隆、彭水等；夔州府的建始、开县等，以及保宁府、遵义府、嘉定州、泸州、雅州、乌蒙等处。

东川茶有神泉、兽目，邛州茶曰火井。

【译文】

东川茶有神泉、兽目等品种，邛州茶叫做火井。

《华阳国志》[①]：涪陵无蚕桑[②]，惟出茶、丹漆、蜜蜡[③]。

【注释】

①《华阳国志》：十二卷，东晋常璩（qú）著。巴、蜀地晋代为梁、益、宁三州地，属《尚书·禹贡》所说梁州之域，因取《禹贡》"华阳黑水惟梁州"句，以"华阳"为书名。该书包括巴、汉中、蜀、南中等十二志。记述远古至东晋永和三年（347）期间巴蜀一带的历史、地理、风俗，保存不少民谣、神话传说和文学家生平事迹。所述蜀汉及蜀中晋代史事较详，有不少有关西南少数民族历史、传说、风俗的资料。常璩，字道将。江原（今四川崇州）人。十六国成汉李势时，官至散骑常侍。晋穆帝永和三年（347），桓温伐蜀，他劝李势投降，晋封势为归义侯。

②蚕桑：养蚕与种桑。

③丹漆：朱红色的漆。蜜蜡：也称金珀。与琥珀同类而色淡。

【译文】

常璩《华阳国志》记载：涪陵没有蚕桑，只出产茶叶、丹漆、蜜蜡。

《华夷花木考》:蒙顶茶,受阳气全,故芳香。唐李德裕入蜀得蒙饼,以沃于汤瓶之上,移时尽化,乃验其真蒙顶。又有五花茶,其片作五出。

【译文】

慎懋官《华夷花木鸟兽珍玩考》记载:蒙顶茶,接受阳光照耀充足,所以味道芳香。唐朝李德裕来四川时得到蒙顶茶饼,就将茶饼浸泡在汤瓶之中,经过一段时间,茶饼全部化掉了,由此检验出这是真正的蒙顶茶。又有五花茶,这种茶的叶片分为五瓣。

毛文锡《茶谱》:蜀州晋原、洞口、横原、珠江、青城①,有横芽、雀舌、鸟嘴、麦颗,盖取其嫩芽所造以形似之也。又有片甲、蝉翼之异。片甲者,早春黄芽,其叶相抱如片甲也;蝉翼者,其叶嫩薄如蝉翼也。皆散茶之最上者。

【注释】

①蜀州:唐垂拱二年(686)析益州置,治晋原县(今四川崇州)。天宝元年(742)改唐安郡。乾元元年(758)复改蜀州。宋属成都府路。南宋淳熙四年(1177)升为崇庆府。

【译文】

毛文锡《茶谱》记载:蜀州的晋原、洞口、横原、珠江、青城,出产有横芽茶、雀舌茶、鸟嘴茶、麦颗茶,这些都是采取茶的嫩芽制作而成,以其形状类似而命名。另外还有片甲茶、蝉翼茶等不同名称。片甲茶,是早春的黄芽,其叶芽相抱如片甲一样;蝉翼茶,其叶芽嫩薄如蝉翼一样。这些都是散茶中最上佳的品种。

《东斋纪事》[①]：蜀雅州蒙顶产茶，最佳。其生最晚，每至春夏之交始出，常有云雾覆其上，若有神物护持之。

【注释】

①《东斋纪事》：即《东斋记事》。今本五卷，补遗一卷，宋范镇撰。该书撰述于宋熙宁间，为追忆馆阁中及在侍从时交游语言与里俗传说之时事见闻，因撰成于居地之东斋，故名。范镇（1007—1087），字景仁。成都华阳（今四川成都）人。曾预修《唐书》《仁宗实录》。有《范蜀公集》《东斋记事》等。

【译文】

范镇《东斋记事》记载：四川雅州蒙顶山所产茶叶品质最好。这种茶生长的最晚，每年到了春夏之交才开始发芽，经常有云雾覆盖在茶树之上，好像有神灵在护佑它。

《群芳谱》：峡州茶，有小江园、碧涧寮、明月房、茱萸寮等。

【译文】

王象晋《群芳谱》记载：峡州茶，有小江园茶、碧涧寮茶、明月房茶、茱萸寮茶等。

陆平泉《茶寮记事》：蜀雅州蒙顶上有火前茶，最好，谓禁火以前采者。后者谓之火后茶，有露芽、谷芽之名。

【译文】

陆树声《茶寮记事》记载：四川雅州蒙顶山上有火前茶，品质最好，是说在寒食禁火之前采摘的。在寒食禁火之后采摘的称为火后茶,有露芽、谷芽等名称。

《述异记》[1]:巴东有真香茗[2],其花白色如蔷薇,煎服令人不眠,能诵无忘。

【注释】

①《述异记》:二卷,南朝梁任昉撰。志怪小说集。任昉(460—508),字彦升。乐安博昌(今山东寿光)人。另著有《杂传》《地记》等。

②真香茗:古代名茶。产于四川巴东。

【译文】

任昉《述异记》记载:巴东有真香茗茶,这种茶花白色如同蔷薇花,煎煮后饮用使人清醒无眠,能够诵读而不遗忘。

《广舆记》:峨眉山茶,其味初苦而终甘。又泸州茶可疗风疾。又有一种乌茶,出天全六番招讨使司境内[1]。

【注释】

①天全六番招讨使司:明洪武六年(1373)并天全、六番两招讨司置,属四川布政使司。治所在今四川天全。洪武二十一年(1388)属四川都司。

【译文】

陆应旸《广舆记》记载:峨眉山所产茶叶,其味道起初苦涩而最终甘甜。另外,泸州茶可以治疗中风病。还有一种乌茶,出产于天全六番招讨使司管辖的境内。

王新城《陇蜀余闻》：蒙山，在名山县西十五里。有五峰，最高者曰上清峰。其巅一石，大如数间屋，有茶七株生石上，无缝罅，云是甘露大师手植。每茶时叶生，智炬寺僧辄报有司往视[①]，籍记其叶之多少。采制才得数钱许，明时贡京师仅一钱有奇。环石别有数十株，曰陪茶，则供藩府、诸司之用而已。其旁有泉，恒用石覆之，味清妙，在惠泉之上。

【注释】

①智炬寺：寺院名。在今四川雅安蒙顶山。

【译文】

王士祯《陇蜀余闻》记载：蒙山，在四川名山县西十五里。山上有五座高峰，其中最高的称为上清峰。上清峰山巅有一块石头，有好几间房屋大小，有七株茶树生长在石头下面，毫无缝隙，传说是甘露大师亲手种植。每当产茶时节芽叶萌发，智炬寺的僧人立即上报官府前来视察，登记在册并记录每株茶树芽叶有多少。采摘制作之后只能收获到数钱茶叶，明朝时进贡京师的仅有一钱多。环绕这块大石头的周边，另还生长着几十株茶树，叫做陪茶，这些茶则是供给藩府、诸司饮用而已。石头旁边有泉水，经常用石头覆盖在泉水上面，泉水味道极为清妙，在无锡惠山泉水之上。

《云南记》[①]：名山县出茶，有山曰蒙山，联延数十里，在西南。按《拾遗志》《尚书》所谓"蔡蒙旅平"者[②]，蒙山也。在雅州，凡蜀茶尽出此。

【注释】

①《云南记》：五卷，唐袁滋撰。德宗贞元十年(794，一说十九年)袁

氏奉命至南诏,曾至羊苴咩城(今云南大理),归后将其见闻撰为是书。袁滋,字德深。唐陈郡汝南(今属河南)人,一说蔡州朗山(今河南确山)人。建中初,以处士荐授试校书郎。

②《拾遗志》:书名,不详待考。蔡蒙旅平:语出《尚书·禹贡》。言蔡山、蒙顶山二道已平治。蔡,即蔡山,又名周公山。在今四川雅安东南。蒙,即蒙顶山。在今四川雅安境内。以出产贡品蒙顶山茶而闻名于世。旅,祭名。平,治。

【译文】

袁滋《云南记》记载:名山县出产茶叶,有座山叫蒙山,连绵数十里,在名山县的西南。按照《拾遗志》《尚书》中所说的"蔡蒙旅平",指的就是蒙山。蒙山在雅州,凡是蜀茶都出产于此。

《云南通志》:茶山,在元江府城西北普洱界①。太华山②,在云南府西③,产茶,色味似松萝,名曰太华茶。

【注释】

①元江府:明洪武十五年(1382)改元江路置。治奉化州(今云南元江哈尼族彝族傣族自治县),属云南布政使司。

②太华山:在今云南昆明西南滇池西岸。《清一统志·云南府》:"太华山,在昆明县西南,环拥苍秀,其麓为太平山,其左为华亭山,皆称名胜。"

③云南府:明洪武十五年(1382)改中庆路置。治昆明县(今云南昆明)。

【译文】

《云南通志》记载:茶山,在元江府城西北普洱地界。太华山,在云南府西部,所产茶的色泽、香味与松萝茶相似,叫做太华茶。

普洱茶，出元江府普洱山，性温味香。儿茶，出永昌府[①]，俱作团。又感通茶，出大理府点苍山感通寺[②]。

【注释】

①永昌府：大理后期改永昌节度置，治今云南保山市。

②大理府：明洪武十五年(1382)改大理路置，治太和县(今云南大理北大理镇)。属云南。感通寺：寺院名。在今云南大理寺北点苍山麓。明代至今称感通寺。《明一统志》卷八六“大理府”条：“感通寺在点苍山四峰之半，旧名荡山，又名上山，中有三十六院。”

【译文】

普洱茶，出产于元江府普洱山，茶性温和，味道香甜。儿茶，出产于永昌府，都被制作成团饼。又有感通茶，出产于大理府点苍山的感通寺。

《续博物志》：威远州[①]，即唐南诏银生府之地[②]。诸山出茶，收采无时，杂椒、姜烹而饮之。

【注释】

①威远州：元至元十二年(1275)以威远赕改置，治今云南景谷傣族彝族自治县。属威楚路。明洪武十七年(1384)升为府，后废。

②南诏：唐代以乌蛮为主体，包括白蛮等族建立的政权。唐初为蒙舍诏，贞观二十三年(649)，细奴罗建大蒙政权，以巍山(今云南巍山彝族回族自治县境)为首府。开元年间，其王皮罗阁在唐朝的支持下统一六诏，迁治太和城(今云南大理北太和村)。因蒙舍诏在其他五诏之南，故称为南诏。银生府：古城名。故址在今

云南景东。南诏时筑，曾置银生节度于此。为南诏南方重镇和对婆罗门（泛指印度）、波斯、阇门婆（今印尼爪哇）、勃泥（今缅甸勃古）、昆仑（狭义指今缅甸毛淡棉一带）等处贸易之所。

【译文】

李石《续博物志》记载：威远州，就是唐朝南诏银生府所在地方。这里各山都出产茶叶，采摘制作没有定时，而且会掺杂辣椒和姜一起烹煮饮用。

《广舆记》：云南广西府出茶①。又湾甸州出茶②，其境内孟通山所产③，亦类阳羡茶。谷雨前采者香。

【注释】

①广西府：明洪武十五年(1382)改广西路置，治今云南泸西县。

②湾甸州：明永乐五年(1407)升湾甸长官司置，治今昌宁县湾甸镇。

③孟通山：在今云南昌宁南。

【译文】

陆应旸《广舆记》记载：云南广西府出产茶叶。此外湾甸州也出产茶叶，其境内孟通山所产茶叶，也类似阳羡茶。谷雨之前采摘的味道甘香。

曲靖府出茶①，子丛生，单叶，子可作油。

【注释】

①曲靖府：明洪武十五年(1382)改曲靖路置，属云南布政司。

【译文】

曲靖府出产的茶叶，茶籽丛生，单叶，茶籽可以榨油。

许鹤沙《滇行纪程》[①]：滇中阳山茶，绝类松萝。

【注释】

①许鹤沙《滇行纪程》：一卷，清许缵曾撰。记载许缵曾赴云南任职时和卸任归还时路途所见事。大抵为山川古迹、物产土风等，多为史乘所载。许缵曾（1627—?），字孝修，号鹤沙。华亭（今上海松江）人。官至云南按察使。到任未及一年，即辞职归养。信奉天主教，教名巴西略。另著有《宝纶堂稿》《育婴编外》《三奇记院》等。

【译文】

许缵曾《滇行纪程》记载：滇中的阳山茶，与松萝茶非常相似。

《天中记》：容州黄家洞出竹茶[①]，其叶如嫩竹，土人采以作饮，甚甘美。广西容县，唐容州。

【注释】

①容州：唐贞观八年（634）改铜州置，治北流县（今广西北流）。以境内有容山得名。元和中移治普宁县（今广西容县）。

【译文】

陈耀文《天中记》记载：容州黄家洞出产竹茶，其芽叶如同鲜嫩的竹子，当地人采摘下来作为饮品，味道非常甜美。广西容县，就是唐朝容州。

《贵州通志》：贵阳府产茶[①]，出龙里东苗坡及阳宝山，土人制之无法，味不佳。近亦有采芽以造者，稍可供啜。威宁府茶出平远[②]，产岩间，以法制之，味亦佳。

【注释】

①贵阳府：明隆庆三年(1569)改程番府置，与贵州布政司、宣慰司同城，万历十四年(1586)置新贵县(今贵州贵阳)为附郭。

②威宁府：清康熙五年(1666)改乌撒土府置，治今贵州威宁彝族回族苗族县草海镇。

【译文】

《贵州通志》记载：贵阳府出产茶叶，出产于龙里东苗坡以及阳宝山，当地人对茶的制作不得其法，所以味道并不好。近来也有采摘茶芽而进行制作的茶，稍微可供人们品饮。威宁府茶叶出产于平远，生长于岩石之间，人们按照制茶方法制作，味道也很好。

《地图综要》[①]：贵州新添军民卫产茶[②]，平越军民卫亦出茶[③]。

【注释】

①《地图综要》：三卷，明末清初吴学俨、朱绍本等编辑。该书分总、内、外三卷。总卷十六篇，总论明代行政区划、疆域沿革、山川险塞和边疆形势。内卷十五篇，分述内地各省郡邑建置、山川关隘、名胜古迹、土产风俗、名宦人物。外卷分“九边”“四夷”两部，论述明代边塞要地、边陲民族和邻国概况等。吴学俨，字敬胜，天都人。朱绍本，字友百。广东海阳(今广东潮州)人。

②新添军民卫：军事指挥机关名。明代置。节制新添葛蛮地方土兵。《明史·地官志七》：“新添卫军民指挥使司：洪武二十二年置新添千户所，属贵州卫。二十三年二月，改为新添卫，属贵州都司。二十九年四月，升军民指挥使司。领长官司五。西距布政司百十里。”

③平越军民卫：明代设置的一个军政府。《明史·地理志七》：“平

越军民府，洪武十四年(1381)置平越守御千户所。十五年闰二月改为平越卫。十七年二月升军民指挥使司。领长官司五，属四川布政司，寻属贵州都司。万历二十九年四月置平越军民府于卫城，以播州地益之，属贵州布政司。领卫二，州一，县三，长官司二。西距布政司百八十里。”

【译文】

吴学俨、朱绍本《地图综要》记载：贵州新添军民卫出产茶叶，平越军民卫也出产茶叶。

《研北杂志》[①]：交趾出茶[②]，如绿苔，味辛烈，名曰登。北虏重译，名茶曰钗。

【注释】

①《研北杂志》：二卷，元陆友撰。该书主要记载轶闻琐事，评论诗文、金石书画及器物等。陆友，字友仁，亦字宅之，自号砚北生。平江(今江苏苏州)人。陆友自幼苦读，工诗善书，尤精于古器物鉴定。另著有《墨史》《砚史》《印史》《杞菊轩稿》等。

②交趾：汉武帝所置十三刺史部之一。辖境相当今广东、广西的大部和越南的北部、中部。

【译文】

陆友《研北杂志》记载：交趾出产的茶叶，如同绿色的苔藓，味道辛辣甘烈，名字叫做登。北方人对其重新翻译，将茶称之为钗。

九之略

【题解】

本章共搜集文献一百五十二则，主要论述了《茶事著述名目》七十二种、《诗文名目》二十五种和《诗文摘句》六十五种。

本章虽然依照陆羽《茶经·九之略》编次与体例来写作，但二者内容却极为不同。陆羽《茶经·九之略》中写的是在一定条件下怎样省略茶叶采制工具和饮茶用具，而本章在内容上却完全跳出陆羽《茶经·九之略》的思路，主要摘录与茶相关的书目、诗篇、诗句等。其中《茶事著述名目》共七十二种，其中包括唐代文献八种，宋代文献三十一种，明代文献三十一种，清代文献二种，这应基本囊括了上至唐陆羽《茶经》，下到清王象晋《佩文斋广群芳谱·茶谱》等所有重要茶书。《诗文名目》包括与茶有关的文赋、传记以及茶书序跋等共二十五种。《诗文摘句》记载茶诗文六十五种，均按朝代顺序编写。由本章可以看出，《续茶经》在创作形式上勇于创新，并不仅仅是《茶经》的续写，更是一部有独创意义的茶学专著。

茶事著述名目

《茶经》三卷　　唐太子文学陆羽撰

《茶记》三卷　　前人见《国史·经籍志》

《顾渚山记》二卷　　前人

《煎茶水记》一卷　江州刺史张又新撰

《采茶录》三卷　温庭筠撰

《补茶事》　太原温从云、武威段碣之

《茶诀》三卷　释皎然撰

《茶述》　裴汶

《茶谱》一卷　伪蜀毛文锡

《大观茶论》二十篇　宋徽宗撰

《建安茶录》三卷　丁谓撰

《试茶录》二卷　蔡襄撰

《进茶录》一卷　前人

《品茶要录》一卷　建安黄儒撰

《建安茶记》一卷　吕惠卿撰

《北苑拾遗》一卷　刘异撰

《北苑煎茶法》　前人

《东溪试茶录》　宋子安集，一作朱子安

《补茶经》一卷　周绛撰

又一卷　前人

《北苑总录》十二卷　曾伉录

《茶山节对》一卷　摄衢州长史蔡宗颜撰

《茶谱遗事》一卷　前人

《宣和北苑贡茶录》　建阳熊蕃撰

《宋朝茶法》　沈括

《茶论》　前人

《北苑别录》一卷　赵汝砺撰

《北苑别录》　无名氏

《造茶杂录》　张文规

《茶杂文》一卷　集古今诗文及茶者

《壑源茶录》一卷　章炳文

《北苑别录》　熊克

《龙焙美成茶录》　范逵

《茶法易览》十卷　沈立

《建茶论》　罗大经

《煮茶泉品》　叶清臣

《十友谱·茶谱》　失名

《品茶》一篇　陆鲁山

《续茶谱》　桑庄茹芝

《茶录》　张源

《煎茶七类》　徐渭

《茶寮记》　陆树声

《茶谱》　顾元庆

《茶具图》一卷　前人

《茗笈》　屠本畯

《茶录》　冯时可

《岕山茶记》　熊明遇

《茶疏》　许次纾

《八笺·茶谱》　高濂

《煮泉小品》　田艺蘅

《茶笺》　屠隆

《岕茶笺》　冯可宾

《峒山茶系》　周高起伯高

《水品》　徐献忠

《竹懒茶衡》　李日华

《茶解》　罗廪

《松寮茗政》　卜万祺

《茶谱》　钱友兰翁

《茶集》一卷　胡文焕

《茶记》　吕仲吉

《茶笺》　闻龙

《岕茶别论》　周庆叔

《茶董》　夏茂卿

《茶说》　邢士襄

《茶史》　赵长白

《茶说》　吴从先

《武夷茶说》　袁仲儒

《茶谱》　朱硕儒见《黄与坚集》

《岕茶汇钞》　冒襄

《茶考》　徐𤊹

《群芳谱·茶谱》　王象晋

《佩文斋广群芳谱·茶谱》

【译文】

（略）

诗文名目

杜毓《荈赋》

顾况《茶赋》

吴淑《茶赋》

李文简《茗赋》

梅尧臣《南有佳茗赋》

黄庭坚《煎茶赋》

程宣子《茶铭》

曹晖《茶铭》

苏廙《仙芽传》

汤悦《森伯传》

苏轼《叶嘉传》

支廷训《汤蕴之传》

徐岩泉《六安州茶居士传》

吕温《三月三日茶宴序》

熊禾《北苑茶焙记》

赵孟頫《武夷山茶场记》

暗都剌《喊山台记》

文德翼《庐山免给茶引记》

茅一相《茶谱序》

清虚子《茶论》

何恭《茶议》

汪可立《茶经后序》

吴旦《茶经跋》

童承叙《论茶经书》

赵观《煮泉小品序》

【译文】

（略）

诗文摘句

《合璧事类·龙溪除起宗制》有云:“必能为我讲摘山之制[①],得充厩之良[②]。”

【注释】

①摘山:在茶山采茶。

②充厩:补充马棚。

【译文】

谢维新《古今合璧事类备要·龙溪除起宗制》中说:“必能为我讲茶山采茶的制度,得到补充马棚的办法。”

胡文恭《行孙谘制》有云[①]:“领算商车[②],典领茗轴[③]。”

【注释】

①胡文恭(996—1067):字武平。常州晋陵(今江苏常州)人。嘉祐六年(1061),拜枢密副使。治平三年(1066),罢为观文殿学士、知杭州;次年以太子少师致仕,未拜而卒。赠太子太傅,谥文恭。另著有《文恭集》。

②算商车:西汉政府对车船所有者征收的车船税。为了解决财政

困难，汉武帝于元光六年(前129)冬“初算商车”，规定不是“三老”“骑士”而有轺车(一种轻便车)的，一辆轺车抽取一算，商人加倍征收，每辆出两算。船身长五丈以上的，每条船出一算。

③典领：主持领导，主管。

【译文】

胡文恭《行孙谘制》中说：“征取经商的车船税，主管茶叶税收。”

唐武元衡有《谢赐新火及新茶表》[①]。刘禹锡、柳宗元有《代武中丞谢赐新茶表》。

【注释】

①武元衡(758—815)：字伯苍。缑氏(今河南偃师)人。累官至御史中丞、门下侍郎同平章事。

【译文】

唐武元衡有《谢赐新火及新茶表》。刘禹锡、柳宗元有《代武中丞谢赐新茶表》。

韩翃《为田神玉谢赐茶表》，有“味足蠲邪[①]，助其正直；香堪愈疾，沃以勤劳。吴主礼贤，方闻置茗[②]；晋臣爱客，才有分茶”之句[③]。

【注释】

①蠲(juān)邪：去除邪祟。

②吴主礼贤，方闻置茗：《三国志·吴书·韦曜传》记载，孙皓每次宴饮，座中的人都要至少饮酒七升，即使不能全喝下去，也都要把酒全倒进嘴里，表示喝完。韦曜酒量不超过二升，孙皓当初很

照顾他，暗地里赐茶以代替酒。

③晋臣爱客，才有分茶：《晋中兴书》记载，陆纳任吴兴太守时，卫将军谢安常想拜访陆纳。谢安来后，陆纳摆出茶果进行招待。

【译文】

韩翃的《为田神玉谢赐茶表》，有“味足蠲邪，助其正直；香堪愈疾，沃以勤劳。吴主礼贤，方闻置茗；晋臣爱客，才有分茶”诗句。

《宋史》：李稷重秋叶、黄花之禁[①]。

【注释】

①李稷重秋叶、黄花之禁：《六典通考》卷九四“市政考”条：“李稷建议卖茶官非材，……重园户采造黄花秋叶茶之禁，犯者没官。”

【译文】

《宋史》：李稷重视秋叶、黄花的禁令。

宋《通商茶法诏》[①]，乃欧阳修笔。《代福建提举茶事谢上表》，乃洪迈笔[②]。

【注释】

①《通商茶法诏》：宋代茶文，欧阳修撰。欧阳修时任给事中，掌制诰的起草。诏颁于嘉祐四年(1059)二月四日。这是宋茶流通史上具有划时代意义的大事。欧阳修撰写的这道诏令，说理透辟，气势磅礴，不失为古文名篇，历为选家所重。

②洪迈(1123—1202)：字景卢，号容斋。鄱阳(今江西波阳)人。洪皓季子。幼读书勤学，绍兴十五年(1145)进士，卒赠光禄大夫，谥文敏。著有《容斋随笔》《夷坚志》《野处文集》《野处类稿》等。

【译文】

宋《通商茶法诏》，由欧阳修书写。《代福建提举茶事谢上表》，由洪迈书写。

谢宗《谢茶启》："比丹丘之仙芽，胜乌程之御荈[①]。不止味同露液[②]，白况霜华。岂可为酪苍头[③]，便应代酒从事。"

【注释】

①乌程之御荈：晋及南北朝时湖州名茶。南朝宋山谦之《吴兴记》："乌程温山，县西北二十里，出御荈。"陆羽《茶经·七之事》亦有引录："乌程县西二十里有温山，出御荈。"

②露液：五代王仁裕《开元天宝遗事》卷下"吸花露"条："贵妃每宿酒初消，多苦肺热，尝凌晨独游后苑，傍花树，以手攀枝，口吸花露，藉其露液，润于肺也。"

③酪苍头：茶的谑称。

【译文】

谢宗《谢茶启》写道："比丹丘之仙芽，胜乌程之御荈。不止味同露液，白况霜华。岂可为酪苍头，便应代酒从事。"

《茶榜》："雀舌初调，玉碗分时茶思健；龙团捶碎，金渠碾处睡魔降。"

【译文】

雪庵头陀《茶榜》写道：雀舌初调，玉碗分时茶思健；龙团捶碎，金渠碾处睡魔降。

刘言史《与孟郊洛北野泉上煎茶》[①],有诗。

【注释】

①刘言史(? —812):洛阳(今属河南)人。《唐才子传》谓赵州(今河北赵县)人,且言其"少尚气节,不举进士"。唐诗人。孟郊(751—814):字东野,行十二。湖州武康(今浙江德清)人。郡望平昌(今山东安丘),故其友人韩愈、李翱辈时称平昌孟东野或平昌孟郊。贞元十六年(800)选任溧阳尉。工诗,与贾岛齐名,并称"郊岛"。又以诗风瘦硬,有"郊寒岛瘦"之说。

【译文】

刘言史有《与孟郊洛北野泉上煎茶》诗。

僧皎然寻陆羽不遇[①],有诗。

【注释】

①不遇:没碰到。

【译文】

僧皎然寻找陆羽没找到,有《寻陆鸿渐不遇》诗。

白居易有《睡后茶兴忆杨同州》诗。

【译文】

白居易有《睡后茶兴忆杨同州》诗。

皇甫曾有《送陆羽采茶》诗[①]。

【注释】

①《送陆羽采茶》:疑为《送陆鸿渐山人采茶回》。

【译文】

皇甫曾有《送陆羽采茶》诗。

刘禹锡《石园兰若试茶歌》有云:“欲知花乳清冷味,须是眠云跂石人[①]。”

【注释】

①眠云跂石:山中多云多石,因称山居为眠云跂石。眠云,山中多云,故云。跂石,垂足而坐于石上。

【译文】

刘禹锡《石园兰若试茶歌》诗写道:“欲知花乳清冷味,须是眠云跂石人。”

郑谷《峡中尝茶》诗[①]:“入座半瓯轻泛绿,开缄数片浅含黄。”

【注释】

①郑谷(851? —?):字守愚。袁州宜春(今属江西)人。乾宁四年(897)拜都官郎中,世称“郑都官”。工诗,擅长五七言近体,多为咏物写景,送别酬赠,及感叹身世之作。

【译文】

郑谷《峡中尝茶》诗写道:“入座半瓯轻泛绿,开缄数片浅含黄。”

杜牧《茶山》诗:“山实东南秀,茶称瑞草魁[①]。”

【注释】

①瑞草魁：指茶为百草中之佼佼者。古人不知茶为木本植物，皆以茶为百草之王。

【译文】

杜牧《茶山》诗写道："山实东南秀，茶称瑞草魁。"

施肩吾诗[①]："茶为涤烦子[②]，酒为忘忧君[③]。"

【注释】

①施肩吾：字希圣，号栖真子、华阳真人。睦州分水（今浙江桐庐）人。曾寓居吴兴（今浙江湖州）、常州武进（今属江苏），故亦称吴兴人或常州人。诗名早播。酷好道教神仙之术。

②涤烦子：指茶。古人谓茶能消除烦恼，故称。

③忘忧君：酒的昵称。

【译文】

施肩吾有诗写道："茶为涤烦子，酒为忘忧君。"

秦韬玉有《采茶歌》[①]。

【注释】

①秦韬玉：字仲明。京兆（今陕西西安）人。中和二年（882）特敕赐进士及第。唐诗人。

【译文】

秦韬玉有《采茶歌》。

颜真卿有《月夜啜茶联句》诗。

【译文】

颜真卿有《月夜啜茶联句》诗。

司空图诗①:"碾尽明昌几角茶②。"

【注释】

①司空图(837—908):字表圣,自号知非子,耐辱居士。河中虞乡(今山西永济)人。光启元年,拜知制诰,迁中书舍人。唐亡后绝食而死。著有《诗品》二十四则,以四言韵语咏述诗的二十四境界,对后世诗论很有影响。

②明昌:唐开元十七年(729)置明昌州,后名雅州。其境蒙山顶之茶,香味馥郁。

【译文】

司空图《力疾山下吴村看杏花》诗之十一写道:碾尽明昌几角茶。

李群玉诗①:"客有衡山隐,遗余石廪茶②。"

【注释】

①李群玉(? —862?):字文山。澧州(今湖南澧县)人。善吹笙,工书法。其诗善写羁旅之情。有《李群玉集》。

②石廪茶:唐代湖南名茶。产于衡岳之间,为紧压黄茶。唐李群玉《龙山人惠石廪方及团茶》云:"客有衡岳隐,遗余石廪茶。自云凌烟露,采掇春山芽。珪璧相压叠,积芳莫能加。碾成黄金粉,轻嫩如松花……"

【译文】

李群玉《龙山人惠石廪方及团茶》写道:"客有衡山隐,遗余石廪茶。”

李郢《酬友人春暮寄枳花茶》诗[①]。

【注释】

①李郢:字楚望。长安(今陕西西安)人。曾任藩镇从事,后来做过侍御史。唐诗人。

【译文】

李郢有《酬友人春暮寄枳花茶》诗。

蔡襄有《北苑》《茶垄》《采茶》《造茶》《试茶》诗,共五首。

【译文】

蔡襄有《北苑》《茶垄》《采茶》《造茶》《试茶》诗,五首。

《朱熹集·香茶供养黄柏长老悟公塔》[①],有诗。

【注释】

①《香茶供养黄柏长老悟公塔》:应为《香茶供养黄檗长老悟公故人之塔并以小诗见意二首》。

【译文】

《朱熹集》中有《香茶供养黄檗长老悟公故人之塔并以小诗见意二首》。

文公《茶坂》诗:“携籯北岭西,采叶供茗饮。一啜夜窗寒,跏趺谢衾枕[①]。”

【注释】

①跏趺：结跏趺坐的略称。佛教中修禅者的坐法：两足交叉置于左右股上，称“全跏坐”。或单以左足押在右股上，或单以右足押在左股上，叫“半跏坐”。据佛经说，跏趺可以减少妄念，集中思想。衾枕：被子和枕头。泛指卧具。

【译文】

朱熹《茶坂》诗写道：“携籯北岭西，采叶供茗饮。一啜夜窗寒，跏趺谢衾枕。”

苏轼有《和钱安道寄惠建茶》诗。

【译文】

苏轼有《和钱安道寄惠建茶》诗。

《坡仙食饮录》有《问大冶长老乞桃花茶栽》诗。

【译文】

孙矿《坡仙食饮录》有《问大冶长老乞桃花茶栽》诗。

《韩驹集·谢人送凤团茶》诗①：“白发前朝旧史官，风炉煮茗暮江寒。苍龙不复从天下，拭泪看君小凤团。”

【注释】

①韩驹（？—1135）：字子苍，号陵阳。仁寿（今属四川）人，后移居汝州（今河南临汝）。著有《陵阳集》。

【译文】

《韩驹集》中有《谢人送凤团茶》诗写道："白发前朝旧史官，风炉煮茗暮江寒。苍龙不复从天下，拭泪看君小凤团。"

苏辙有《咏茶花诗》二首，有云："细嚼花须味亦长，新芽一粟叶间藏。"

【译文】

苏辙有《咏茶花诗》二首，诗中写道："细嚼花须味亦长，新芽一粟叶间藏。"

孔平仲《梦锡惠墨答以蜀茶》，有诗。

【译文】

孔平仲有《梦锡惠墨答以蜀茶》诗。

岳珂《茶花盛放满山》诗[1]，有"洁躬淡薄隐君子，苦口森严大丈夫"之句。

【注释】

①岳珂(1183—1234)：字肃之，号亦斋、东几，晚号倦翁。汤阴(今属河南)人。嘉泰末为承务郎监镇江府户部大军仓，历光禄丞、司农寺主簿、军器监丞、司农寺丞、户部侍郎等职。存词八首。

【译文】

岳珂《茶花盛放满山》诗，有"洁躬淡薄隐君子，苦口森严大丈夫"诗句。

《赵抃集·次谢许少卿寄卧龙山茶》诗[1]，有"越芽远寄入都时，酬唱争夸互见诗"之句。

【注释】

①赵抃(1008—1084)：字阅道，号知非子。衢州(今属浙江)人。累官至右谏议大夫、参知政事。晚年历知杭州、青州等地。元丰二年(1079)，以太子少保致仕。元丰七年(1084)逝世，追赠太子少师，谥号"清献"。北宋名臣。著有《赵清献公集》。

【译文】

《赵抃集》中有《次谢许少卿寄卧龙山茶》诗，有"越芽远寄入都时，酬唱争夸互见诗"诗句。

文彦博诗[1]："旧谱最称蒙顶味，露芽云液胜醍醐[2]。"

【注释】

①文彦博(1006—1097)：字宽夫。汾州介休(今属山西)人。庆历末(1048)拜相，元祐五年(1090)以老告退，封潞国公。著有《潞公集》。

②醍醐(tí hú)：古时指从牛奶中提炼出来的精华，味道甘美，可以入药。

【译文】

文彦博《蒙顶茶诗》写道："旧谱最称蒙顶味，露芽云液胜醍醐。"

张文规诗："明月峡中茶始生。"明月峡与顾渚联属[1]，茶生其间者，尤为绝品。

【注释】

①联属:连接。

【译文】

张文规《吴兴三绝》诗写道:"明月峡中茶始生。"明月峡与顾渚连接,生在其间的茶,更为绝品。

孙觌有《饮修仁茶》诗[①]。

【注释】

①孙觌(dí,1081—1169):字仲益,号鸿庆居士。晋陵(今江苏常州)人。工诗文,尤长四六。著有《鸿庆居士集》《内简尺牍》。

【译文】

孙觌有《饮修仁茶》诗。

韦处厚《茶岭》诗[①]:"顾渚吴霜绝,蒙山蜀信稀。千丛因此始,含露紫茸肥。"

【注释】

①韦处厚(773—828):本名韦淳,避唐宪宗李淳讳改名处厚,字德载。京兆万年(今陕西西安)人。著有《大和国计》等。

【译文】

韦处厚《茶岭》诗写道:"顾渚吴霜绝,蒙山蜀信稀。千丛因此始,含露紫茸肥。"

《周必大集·胡邦衡生日以诗送北苑八銙日注二瓶》:"贺客称觞满冠霞[①],悬知酒渴正思茶[②]。尚书八饼分闽焙,主簿双瓶拣越芽。"又有《次韵王少府送焦坑茶》诗。

【注释】

①冠霞：头戴霞冠。意谓成仙。

②悬知：料想，预知。

【译文】

《周必大集》中有《胡邦衡生日以诗送北苑八铸日注二瓶》诗写道："贺客称觞满冠霞，悬知酒渴正思茶。尚书八饼分闽焙，主簿双瓶拣越芽。"又有《次韵王少府送焦坑茶》诗。

陆放翁诗："寒泉自换菖蒲水，活火闲煎橄榄茶。"[1] 又《村舍杂书》："东山石上茶[2]，鹰爪初脱韝[3]。雪落红丝硙，香动银毫瓯。爽如闻至言，余味终日留。不知叶家白[4]，亦复有此否。"

【注释】

①寒泉自换菖蒲水，活水闲煎橄榄茶：出自陆游诗《夏初湖村杂题》。菖蒲，多年生水生草本，有香气。全草为提取芳香油、淀粉和纤维的原料。根茎亦可入药。民间在端午节常用来和艾叶扎束，挂在门前。橄榄茶，又称"元宝茶"，我国南方民间传统茶中珍品。橄榄茶具有滋咽润喉，生津爽口，清热解毒的功效。

②东山：指浙江绍兴的云门山。

③鹰爪初脱韝(gōu)：比喻茶芽已采下制好。鹰爪，指茶芽。韝，臂套，古时养鹰的人让它停在韝上。

④叶家白：苏轼《岐亭》："仍须烦素手，自点叶家白。"王十朋注："次公曰：叶家白，建溪茶名。"

【译文】

陆游《夏初湖村杂题》诗写道："寒泉自换菖蒲水，活火闲煎橄榄茶。"又《村舍杂书》诗写道："东山石上茶，鹰爪初脱鞲。雪落红丝硙，香动银毫瓯。爽如闻至言，余味终日留。不知叶家白，亦复有此否。"

刘诜诗[①]："鹦鹉茶香堪供客[②]，荼蘼酒熟足娱亲[③]。"

【注释】

①刘诜（shēn，1268—1350）：字桂翁，号桂隐。吉安庐陵（今江西吉安）人。时人评其诗，以为其风格高古逼人。其诗编为《桂隐存稿》。明人又编为《桂隐文集》四卷、《桂隐诗集》四卷。

②鹦鹉茶：茶名。形似一头鹦鹉，花中两瓣合而为腹，左右两瓣展而为翅，花须下垂似足，花蒂横生似首，且两面黑点各一，如同双目。此品明代正德年间有人见于青山一寺院中，惜后世不传。

③荼蘼酒：因以荼蘼花朵入酒，故名。

【译文】

刘诜《和友人病起自寿》诗写道："鹦鹉茶香堪供客，荼蘼酒熟足娱亲。"

王禹偁《茶园》诗："茂育知天意[①]，甄收荷主恩[②]。沃心同直谏[③]，苦口类嘉言[④]。"

【注释】

①茂育：努力育养。

②甄收：审核录用。

③沃心：谓使内心受启发。旧多指以治国之道开导帝王。

④嘉言：美言。

【译文】

王禹偁《茶园》诗写道："茂育知天意，甄收荷主恩。沃心同直谏，苦口类嘉言。"

《梅尧臣集·宋著作寄凤茶》诗[1]："团为苍玉璧，隐起双飞凤。独应近臣颁，岂得常寮共[2]。"

又《李求仲寄建溪洪井茶七品》云："忽有西山使，始遗七品茶。末品无水晕，六品无沉柤[3]。五品散云脚，四品浮粟花。三品若琼乳，二品罕所加。绝品不可议，甘香焉等差。"

又《答宣城梅主簿遗鸦山茶》诗云："昔观唐人诗，茶咏鸦山嘉。鸦衔茶子生，遂同山名鸦。"

又有《七宝茶》诗云："七物甘香杂蕊茶，浮花泛绿乱于霞。啜之始觉君恩重，休作寻常一等夸。"

又《吴正仲饷新茶》《沙门颖公遗碧霄峰茗》，俱有吟咏。

【注释】

①著作：晋秘书省著作郎省称。

②寮：百官，官吏。

③沉柤（zhā）：沉渣。柤，渣滓。

【译文】

《梅尧臣集》中有《宋著作寄凤茶》诗写道："团为苍玉璧，隐起双飞凤。独应近臣颁，岂得常寮共。"

又有《李求仲寄建溪洪井茶七品》诗写道："忽有西山使，始遗七品茶。末品无水晕，六品无沉柤。五品散云脚，四品浮粟花。三品若琼乳，二品罕所加。绝品不可议，甘香焉等差。”

又有《答宣城梅主簿遗鸦山茶》诗写道：“昔观唐人诗，茶咏鸦山嘉。鸦衔茶子生，遂同山名鸦。”

又有《七宝茶》诗写道：“七物甘香杂蕊茶，浮花泛绿乱于霞。啜之始觉君恩重，休作寻常一等夸。”

又有《吴正仲饷新茶》《沙门颖公遗碧霄峰茗》诗，都有吟咏。

戴复古《谢史石窗送酒并茶》诗曰[①]：“遣来二物应时须，客子行厨用有余[②]。午困政需茶料理，春愁全仗酒消除。”

【注释】

①戴复古（1167—?）：字式之，号石屏。黄岩（今属浙江）人。宋诗人、词人。著有《石屏诗集》等。

②客子：雇工。行厨：谓出游时携带酒食，亦谓传送酒食。

【译文】

戴复古《谢史石窗送酒并茶》诗写道：“遣来二物应时须，客子行厨用有余。午困政需茶料理，春愁全仗酒消除。”

费氏《宫词》[①]：“近被宫中知了事[②]，每来随驾使煎茶[③]。”

【注释】

①费氏：即花蕊夫人，后蜀后主孟昶妃子，姓费（一说姓徐），青城（今属四川）人。得幸蜀主孟昶，封慧妃，赐号花蕊夫人。五代十国女诗人，尤长于宫词，代表作《述国亡诗》。

②了事：明白事理，精明能干。

③随驾：跟随帝王左右。

【译文】

费氏《宫词》写道:"近被宫中知了事,每来随驾使煎茶。"

杨廷秀有《谢木舍人送讲筵茶》诗[①]。

【注释】

①杨廷秀:即杨万里。

【译文】

杨万里有《谢木舍人送讲筵茶》诗。

叶适有《寄谢王文叔送真日铸茶》诗云[①]:"谁知真苦涩,黯淡发奇光。"

【注释】

①叶适(1150—1223):字正则,号水心居士。温州永嘉(今属浙江)人。卒后赠光禄大夫,获谥"文定"(一作"忠定"),故又称"叶文定""叶忠定"。著有《水心先生文集》《水心别集》《习学记言》等。

【译文】

叶适有《寄谢王文叔送真日铸茶》诗写道:"谁知真苦涩,黯淡发奇光。"

杜本《武夷茶》诗[①]:"春从天上来,嘘咈通寰海[②]。纳纳此中藏[③],万斛珠蓓蕾[④]。"

【注释】

①杜本(1276—1350):字伯原、原父,或作原文,号清碧,学界称清

碧先生。清江(今江西樟州)人。著有《四经表义》《六书通编》《清江碧嶂集》等。

②嘘咈(fú):呼吸。寰(huán)海:海内,全国。

③纳纳:包容貌。

④万斛:极言容量之多。古代以十斗为一斛,南宋末年改为五斗。

【译文】

杜本《武夷茶》诗写道:"春从天上来,嘘咈通寰海。纳纳此中藏,万斛珠蓓蕾。"

刘秉忠《尝云芝茶》诗云①:"铁色皱皮带老霜,含英咀美入诗肠。"

【注释】

①刘秉忠(1216—1274):字仲晦,号藏春散人,初名刘侃,出家为僧时法名子聪。顺德邢台(今河北邢台)人。著有《藏春集》《刘文贞公全集》等。

【译文】

刘秉忠《尝云芝茶》诗写道:"铁色皱皮带老霜,含英咀美入诗肠。"

高启有《月团茶歌》,又有《茶轩》诗。

【译文】

高启有《月团茶歌》诗,又有《茶轩》诗。

杨慎有《和章水部沙坪茶歌》,沙坪茶出玉垒关外宝唐山。

【译文】

杨慎有《和章水部沙坪茶歌》诗，沙坪茶产于玉垒关外的宝唐山。

董其昌《赠煎茶僧》诗："怪石与枯槎[①]，相将度岁华[②]。凤团虽贮好，只吃赵州茶。"

【注释】

①枯槎（chá）：老树的枝杈。

②岁华：时光，年华。

【译文】

董其昌《赠煎茶僧》诗写道："怪石与枯槎，相将度岁华。凤团虽贮好，只吃赵州茶。"

娄坚有《花朝醉后为女郎题品泉图》诗[①]。

【注释】

①娄坚（1554—1631）：字子柔。长洲（今江苏苏州）人。著有《吴歈小草》《学古绪言》等。

【译文】

娄坚有《花朝醉后为女郎题品泉图》诗。

程嘉燧有《虎丘僧房夏夜试茶歌》[①]。

【注释】

①程嘉燧（1565—1644）：字孟阳，号松园、偈庵。休宁（今属安徽）人，寓居嘉定（今属上海）。著有《松园浪淘集》《偈庵集》《耦耕堂

集》等。

【译文】

程嘉燧有《虎丘僧房夏夜试茶歌》诗。

《南宋杂事诗》云[①]："六一泉烹双井茶[②]。"

【注释】

①《南宋杂事诗》：七卷，清厉鹗、沈嘉辙等同撰。

②六一泉：位于今浙江杭州西湖孤山西南麓。苏轼于元祐四年(1089)任杭州知府时，为怀念他的老师欧阳修而命名。欧阳修，自号六一居士，因有《集古录》一千卷、藏书一万卷、酒一壶、棋一局、琴一张及自身一老翁，故名。双井茶：宋代名茶。因产于洪州分宁双井而得名。

【译文】

《南宋杂事诗》写道："六一泉烹双井茶。"

朱隗《虎丘竹枝词》[①]："官封茶地雨前开，皂隶衙官搅似雷。近日正堂偏体贴，监茶不遣掾曹来[②]。"

【注释】

①朱隗：字云子。明长洲(今江苏苏州)人。著有《咫闻斋集》。

②掾曹：犹掾史。古代分曹治事，故称。

【译文】

朱隗《虎丘竹枝词》写道："官封茶地雨前开，皂隶衙官搅似雷。近日正堂偏体贴，监茶不遣掾曹来。"

绵津山人《漫堂咏物》有《大食索耳茶杯》诗云[①]："粤香泛永夜，诗思来悠然。"注：武夷有粤香茶。

【注释】

①绵津山人：即宋荦(luò，1634—1713)，字牧仲，号漫堂，又号西陂，别署绵津山人，室号清德堂、宛委堂。河南商丘人。官至吏部尚书，加太子太师。精鉴藏，善画事。另著有《西陂类稿》《绵津山人诗集》等。

【译文】

宋荦《漫堂咏物》中有《大食索耳茶杯》诗写道："粤香泛永夜，诗思来悠然。"注：武夷山有粤香茶。

薛熙《依归集》有《朱新庵今茶谱序》[①]。

【注释】

①薛熙(1644—?)：字孝穆，号半园主人。清吴县(今江苏苏州)人。另著有《秦楚之际游记》《练阅火器阵纪》《依归集》《耕绿草堂诗草》等。

【译文】

薛熙《依归集》中有《朱新庵今茶谱序》。

十之图

【题解】

本章共搜集文献二十三则，主要列举了《历代图画书目》十余种以及南宋审安老人《茶具图赞》、明顾元庆《茶谱》和元罗先登《续文房图赞》等有关茶图。

陆羽的《茶经·十之图》在其最后说到把《茶经》前九章的内容用白绢四幅或六幅分别写出来，张挂在座位旁边，以便人们熟悉和记忆。作者在《续茶经·凡例》中提到《茶经》“至其图无传，不敢臆补，以茶具、茶器图足之”，因而本章列出历代与茶相关的名家画作，并且标有出处，以便于读者查找。又新增加了茶具图版，使得后人能够直接观看茶具的各异形态而获得感性认识。本章收录的三组图版，其中《茶具十二图》全文按照宋审安老人《茶具图赞》，只改题名；《竹炉并分封茶具六事》引自明顾元庆《茶谱》，摹刻了八幅图版；元罗先登《续文房图赞》。本章列出的历代与茶相关的名家画作与三组茶具图版，使《十之图》之名名副其实。

历代图画名目

唐张萱有《烹茶士女图》①，见《宣和画谱》②。

【注释】

①张萱：京兆（今陕西西安）人。工于人物画，以擅绘贵族妇女、婴儿、鞍马而名冠当时，与周昉不相上下。所画妇女惯用朱色晕染耳根，又以点簇笔法构成亭台、树木、花鸟等宫苑景物，此与周昉所作不同。传世有《明皇纳凉图》《整妆图》《卫夫人像》《虢国夫人游春图》等。

②《宣和画谱》：中国画著录书，无编著者姓名，二十卷。首有宋徽宗赵佶宣和二年（1120）《御制序》，序中称"今天子"云云，类臣属的颂词，疑标题有误。记录宋徽宗宫廷所藏历代名画家二百三十一人的作品，共六千三百九十六件。分道释人物、宫室、番族、龙鱼、山水、兽畜、花鸟、蔬果、墨竹等门类。每门先作叙论，次为画家评传，传后则列画目和件数。

【译文】

唐张萱画有《烹茶士女图》，见于《宣和画谱》。

唐周昉寓意丹青[①]，驰誉当代[②]，宣和御府所藏有《烹茶图》一。

【注释】

①周昉（fǎng）：字景玄，又字仲朗。京兆（今陕西西安）人。工士女画。传世有《三家像》《簪花仕女图》《五星真形图》《杨妃出浴图》《妃子数鹦鹉图》等。寓意：寄情，寄托。丹青：绘画，作画。

②驰誉：犹驰名。

【译文】

唐周昉寄情于绘画，驰名当代，宣和御府中藏有一幅《烹茶图》。

五代陆滉《烹茶图》一[1]，宋中兴馆阁储藏[2]。

【注释】

①陆滉：五代画家。其他不详。

②中兴馆：南宋时期(1127—1279)的皇家图书馆。

【译文】

五代陆滉有一幅《烹茶图》，宋中兴馆阁储藏。

宋周文矩有《火龙烹茶图》四[1]，《煎茶图》一。

【注释】

①周文矩：句容(今属江苏)人。五代南唐画家。工画人物，尤擅士女，存世作品有《重屏会棋》《明皇会棋》《琉璃堂人物》等。

【译文】

宋周文矩有四幅《火龙烹茶图》，一幅《煎茶图》。

宋李龙眠有《虎阜采茶图》[1]，见题跋[2]。

【注释】

①李龙眠：即李公麟(1049—1106)，字伯时。老居龙眠山庄，号龙眠山人。宋舒州(今属安徽)人。好学博古，善画山水、佛像。

②题跋：写在书籍、字画等前后的文字。“题”指写在前面的，“跋”指写在后面的，总称题跋。内容多为品评、鉴赏、考订、记事等。

【译文】

宋李公麟有《虎阜采茶图》，见于题跋。

宋刘松年绢画《卢仝煮茶图》一卷①，有元人跋十余家。范司理龙石藏②。

【注释】

①刘松年：钱塘（今浙江杭州）人。居清波门，人称刘清波。因清波门俗称“暗门”，人又呼为“暗门刘”。孝宗淳熙时（1174—1189）为画院学生，光宗绍熙时（1190—1194）为画院待诏。

②司理：司理参军的简称。北宋太宗太平兴国四年（979）改诸州司寇参军置，掌本州讼狱勘鞫之事。

【译文】

宋刘松年绢画《卢仝煮茶图》一卷，绢画上有元人跋语十余家。范司理龙石收藏。

王齐翰有《陆羽煎茶图》①，见王世懋《澹园画品》。

【注释】

①王齐翰：金陵（今江苏南京）人。后主李煜朝（961—975）为宫廷翰林图画院待诏。工画人物、佛道宗教画，兼擅山水、花鸟，以画猿獐出名。传世作品有《勘书图》《荷亭婴戏图》等。

【译文】

王齐翰画有《陆羽煎茶图》，见于王世懋《澹园画品》。

董逌《陆羽点茶图》，有跋。

【译文】

董逌《陆羽点茶图》，有跋语。

元钱舜举画《陶学士雪夜煮茶图》[①]，在焦山道士郭第处[②]，见詹景凤《东冈玄览》[③]。

【注释】

①钱舜举：即钱选（1239—1301），字舜举，号玉潭、霅川翁、习翁等。湖州（今属浙江）人。南宋末至元初著名花鸟画家。传世作品有《牡丹图》《柴桑翁像》《卢仝烹茶图》《浮玉山居图》等。

②郭第：字次甫，有游五岳之愿，自号五游。长洲（今江苏苏州）人。少时意气豪横，晚年游京口，登上焦山，斩丛莽荆棘筑室二层，称"飞云"，又筑礼斗坛、炼丹室，中列名书名画及鼎彝古物。

③詹景凤（约1537—1602）：字东图，号白岳山人等。休宁（今属安徽）人。著有《画苑》《詹氏小辨》等。

【译文】

元人钱选画《陶学士雪夜煮茶图》，收藏在焦山道士郭第住处，见于詹景凤《东冈玄览》。

史石窗名文卿[①]，有《煮茶图》，袁桷作《〈煮茶图〉诗序》[②]。

【注释】

①史石窗：即史文卿，字景贤，自号石窗山樵。鄞县（今浙江宁波）人。宋绍定五年（1232）知南康军。

②袁桷（jué，1266—1327）：字伯长，号清容居士。庆元鄞县（今浙江宁波）人。著有《清容居士集》《延祐四明志》《澄怀录》等。

【译文】

史石窗名文卿，有《煮茶图》一幅，袁桷作《〈煮茶图〉诗序》。

冯璧有《东坡海南烹茶图》并诗。

【译文】

冯璧有《东坡海南烹茶图》并题诗。

《严氏书画记》有杜柽居《茶经图》[①]。

【注释】

①《严氏书画记》：明文嘉撰。文嘉(1501—1583)，字休承，号文水、文水道人、文江隐吏。长洲(今江苏苏州)人。传世画作有《垂虹亭图》《寒林钟馗图》《江南春色图》《水亭觅句图》《设色山水图》《夏山高隐图》等，另著有《钤山堂书画记》《和州诗》等。杜柽(chēng)居：即杜堇，本姓陆，字惧男，一作惧南，号柽居、古狂，又号青霞亭长。丹徒(今江苏镇江)人。传世画作有《竹林七贤图》《梅下横琴图》《绿蕉当暑图》《林堂秋色图》等。

【译文】

文嘉《严氏书画记》中有杜堇《茶经图》。

汪珂玉《珊瑚网》载《卢仝烹茶图》[①]。

【注释】

①汪珂玉《珊瑚网》：四十八卷，明汪珂玉编。中国书画著录。成书于崇祯十六年(1643)。此书分《书录》《画录》两部分，即法书题跋二十四卷，各画题跋二十四卷，载录其家藏、自见及抄集的书画款识、题跋，以及藏家的收藏目录，其间也有自作的跋语和论说。汪珂玉(1587—?)，字玉水，号乐卿、乐闲外史。徽州(今安

徽歙县)人。崇祯中,官山东盐运使判官。著名鉴藏家。

【译文】

汪珂玉《珊瑚网》载有《卢仝烹茶图》。

明文徵明有《烹茶图》[①]。

【注释】

①文徵明(1470—1559):原名璧,字徵明。四十二岁起以字行,更字徵仲。因先世衡山人,故号衡山居士,世称"文衡山"。长州(今江苏苏州)人。在诗文上,与祝允明、唐寅、徐祯卿并称"吴中四才子"。在画史上与沈周、唐寅、仇英合称"吴门四家"。

【译文】

明人文徵明有《烹茶图》。

沈石田有《醉茗图》[①],题云:"酒边风月与谁同,阳羡春雷醉耳聋。七碗便堪酬酩酊[②],任渠高枕梦周公。"

【注释】

①沈石田:即沈周。

②酩酊(mǐng dǐng):大醉。

【译文】

沈周有《醉茗图》,题写道:"酒边风月与谁同,阳羡春雷醉耳聋。七碗便堪酬酩酊,任渠高枕梦周公。"

沈石田有《为吴匏庵写虎丘对茶坐雨图》。

【译文】

沈周有《为吴匏庵写虎丘对茶坐雨图》。

《渊鉴斋书画谱》,陆包山治有《烹茶图》[①]。

【注释】

①陆包山治:即陆治(1496—1576),字叔平,号包山、包山子、阳城居士。长洲(今江苏苏州)人,家居太湖包山。传世画作有《彭泽高踪图》《竹泉试茗图》《元夜宴集图》《青绿山水图》《三峰春色图》等。

【译文】

《渊鉴斋书画谱》,陆治有《烹茶图》。

补元赵松雪有《宫女啜茗图》[①],见《渔洋诗话·刘孔和诗》。

【注释】

①赵松雪:即赵孟頫(1254—1322),字子昂,号松雪、水精宫道人、鸥波,中年曾作孟俯。吴兴(今浙江湖州)人。累官翰林学士承旨、荣禄大夫等。卒后获赠江浙中书省平章政事、魏国公,谥号"文敏",故称"赵文敏"。赵孟頫博学多才,能诗善文,懂经济,工书法,精绘艺,擅金石,通律吕,解鉴赏。特别是书法和绘画成就最高,开创元代新画风,被称为"元人冠冕"。著有《松雪斋文集》等。

【译文】

补元赵孟頫有《宫女啜茗图》,见于王士祯《渔洋诗话·刘孔和诗》。

茶具十二图

韦鸿胪

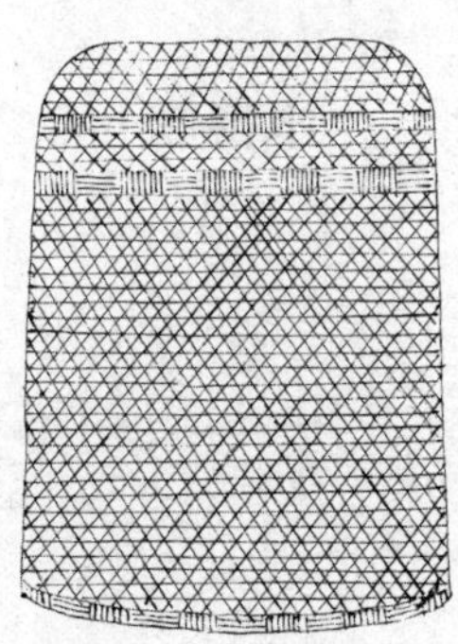

赞曰：祝融司夏[①]，万物焦烁[②]，火炎昆冈，玉石俱焚[③]，尔无与焉[④]。乃若不使山谷之英堕于涂炭[⑤]，子与有力矣。上卿之号[⑥]，颇著微称[⑦]。

【注释】

①祝融：三皇五帝时夏官火正的官名，即火神。司：掌管。

②焦烁：犹烧灼。形容酷热。

③火炎昆冈，玉石俱焚：大火烧了昆冈，美玉和顽石都遭到毁灭。《尚书·胤征》："火炎昆冈，玉石俱焚。天吏逸德，烈于猛火。"

④无与：不参预，不相干。

⑤涂炭：蹂躏，摧残。

⑥上卿：官名。周制天子及诸侯皆有卿，分上中下三等，最尊贵者谓"上卿"。

⑦微：通"徽"，美，善。

【译文】

赞语说：火神掌管着夏天，万物都被高温炙烤，大火燃烧昆仑山时，美玉和顽石都遭到毁灭，这些与你都不相干。如果不使那些生长在山谷中的嘉禾被毁掉，你是有能力做到这一点的。上卿这样美好的称呼是非常合适的。

木待制

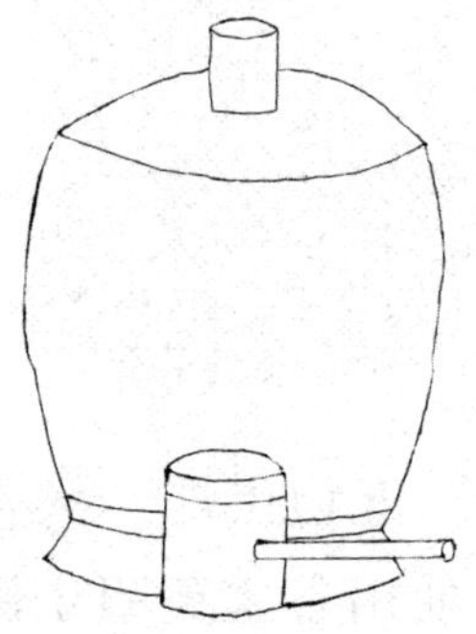

上应列宿[①]，万民以济。禀性刚直，摧折强梗[②]，使随方逐圆之徒不能保其身[③]。善则善矣，然非佐以法曹[④]，资之枢密，亦莫能成厥功。

【注释】

①列宿：众星宿。特指二十八宿。

②强梗：指骄横跋扈、胡作非为的人。

③随方逐圆：指立身行事无定则。

④法曹：古代司法官署。亦指掌司法的官吏。

【译文】

作为一个木待制官，上应天上的星宿，你的职责是救助天下的百姓。你本性刚强正直,可以打击骄横跋扈、胡作非为的人,使那些立身行事无定则的人不能够保全自身。虽然特别出色,然而如果没有法曹的辅助和枢密使提供的条件,想取得成功也是不可能的。

金法曹

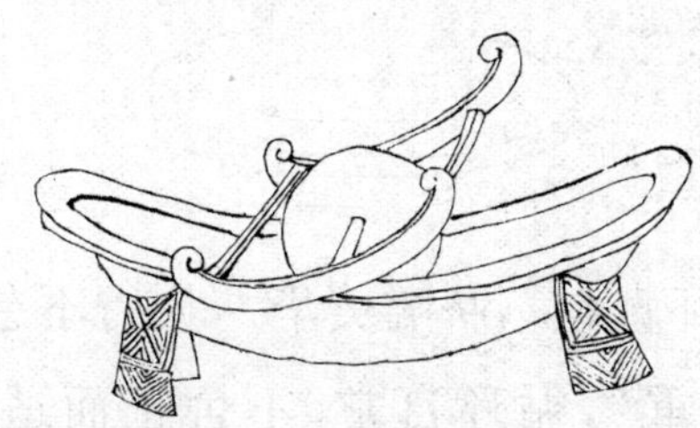

柔亦不茹,刚亦不吐[①],圆机运用[②],一皆有法,使强梗者不得殊轨乱辙[③],岂不韪与[④]?

【注释】

①柔亦不茹,刚亦不吐:柔和而不忍气吞声,刚强而不露锋芒,形容人刚正不阿,不欺软怕硬。茹,吃。出自《诗经·大雅·烝民》:"人亦有言,柔则茹之,刚则吐之。维仲山甫,柔亦不茹,刚亦不吐,不侮矜寡,不畏强御。"

②圆机:指见解超脱,圆通机变。

③殊轨乱辙:指走不同的道路。

④韪(wěi):对,正确。

【译文】

你就像司法者法曹一样,为人刚正不阿,不欺软怕硬,见解超脱,圆通机变运用,一切都有法度,使那些骄横跋扈、胡作非为的人不得走不同的道路,难道不对吗?

石转运

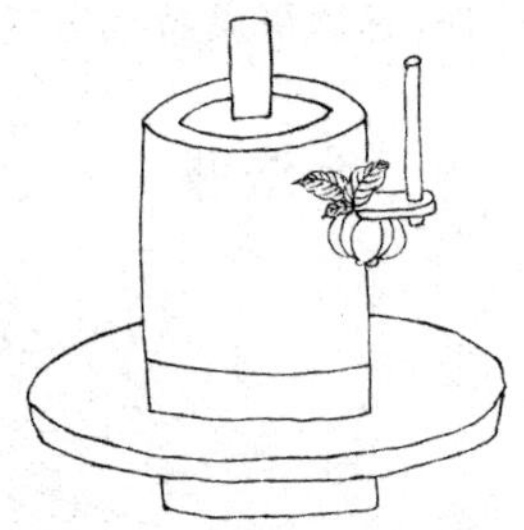

抱坚质[①],怀直心[②],哜嚅英华[③],周行不怠[④]。斡摘山之利[⑤],操漕权之重[⑥],循环自常,不舍正而适他,虽没齿无怨言[⑦]。

【注释】

①坚质:石质坚硬。

②直心:正直的心胸,亦形容心地直爽。此指石磨中心的直柱。

③哜嚅(jì rú):吸取。

④周行:循环运行。不怠:不懈怠,不放松。

⑤斡(guǎn):古同“管”,主管,掌管。

⑥操:操纵。

⑦没齿无怨言:比喻永无怨言。

【译文】

你质地坚硬,身强心直,吸取精华,循环运行不懈怠。掌握着采摘的便利,操纵着漕运的大权,不停地来回循环转动,只是认真地做好本职工作而没有其他要求,永无怨言。

胡员外

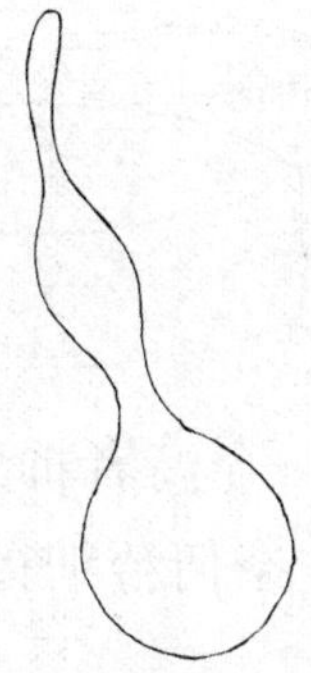

周旋中规而不逾其间①,动静有常而性苦其卓②,郁结之患③,悉能破之。虽中无所有,而外能研究,其精微不足以望圆机之士。

【注释】

①周旋:运转。中规:引申为合乎准则、要求。逾:超越。

②动静有常:行动和静止都有一定常规。指行动合乎规范。常,常规,法则。

③郁结:凝结,蕴结。

【译文】

运转合乎准则、要求,行动和静止都有一定常规,为工作付出了很多的劳苦,对于那些隐藏之患,你也能够把它们去除掉。虽然你腹中一无所有,然而却拥有独到的外表,能够做到斟酌研究,但在精细微妙方面还比不上那些见解超脱、圆通机变的士人。

罗枢密

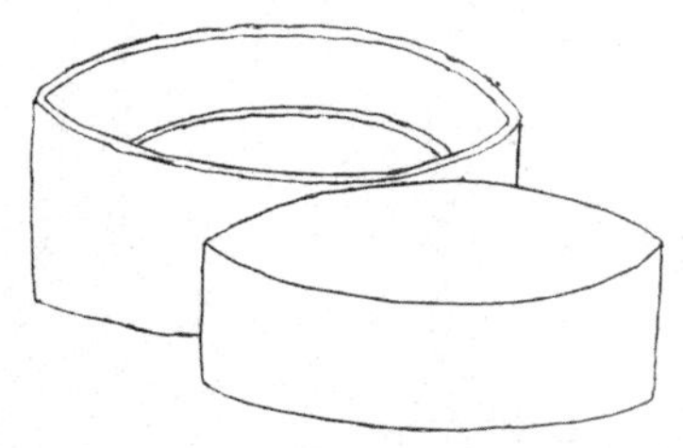

机事不密则害成[1]。今高者抑之[2],下者扬之。使精粗不致于混淆,人其难诸。奈何矜细行而事喧哗,惜之。

【注释】

①机事不密:指泄漏秘密。

②高者:此处指粗茶末,下文的"下者"指细茶末。

【译文】

作为一名掌管机密的官员枢密,如果泄漏机密就会影响事情的成功。现在是粗茶末在上面受到抑制,而细茶末在下面却受到重视。要想使粗茶和细茶不混淆,这一点人们很难做到。奈何却注重小事小节而行事喧哗,可惜。

宗从事

孔门高弟,当洒扫应对事之末者,亦所不弃。又况能萃

其既散[①]，拾其已遗，运寸毫而使边尘不飞[②]，功亦善哉。

【注释】

①萃：聚集。

②边尘不飞：原指边疆无战事，此处指使茶末不飞散。

【译文】

作为一位治事的从事官，不愧是孔子的高徒，应对清扫之类琐碎之事也从不嫌弃。又何况还要把过去分散的东西再聚集起来，把曾经遗失的东西再捡回来，能够运用一寸长的毫毛而使茶末不飞散，功劳的确是不小啊！

漆雕秘阁

危而不持，颠而不扶[①]，则吾斯之未能信。以其弭执热之患[②]，无坳堂之覆[③]，故宜辅以宝文而亲近君子。

【注释】

①危而不持，颠而不扶：即持危扶颠。扶持危困的局面。

②弭(mǐ)：止息，中断。

③坳堂：堂上的低洼处。

【译文】

作为一名秘阁官员，就是要能扶持危困的局面，这一点我们不一定相信。它能把端茶杯时触摸到的烫热中断，没有不平处使茶杯倾覆，故而在它的身上雕刻一些吉祥的文字而使君子雅士们亲近。

陶宝文

出河滨而无苦窳[1]，经纬之象，刚柔之理，炳其弸中[2]。虚己待物，不饰外貌，休高秘阁，宜无愧焉。

【注释】

①苦窳(yǔ)：粗糙质劣。

②炳：光明，显著。弸(péng)：充满。

【译文】

陶土是从河边取来，但制作成陶器并不粗糙质劣，它纹理分明、刚柔相济，体内充满了光明。它虚怀若谷，从不修饰外貌，把它放置在秘阁上面，也是当之无愧。

汤提点

养浩然之气，发沸腾之声，以执中之能[1]，辅成汤之德[2]。

斟酌宾主间，功迈仲叔圉[③]。然未免外烁之忧，复有内热之患，奈何？

【注释】

①执中：谓持中庸之道，无过与不及。

②成汤：即成商，亦作商汤（约前1670—前1587），商开国之君。契的后代。夏桀无道，汤伐之，遂有天下，国号商，都于亳。

③仲叔圉：即孔叔圉（前535—前480），亦称文叔、孔圉、孔文子。春秋时卫国大夫。卫灵公二十九年（前506），率师随晋伐鲜虞。四十一年（前494），率师会同齐、鲁、鲜虞攻晋赵鞅，占取棘蒲（今河北赵县）。曾问军旅之事于孔子，被拒绝，但孔子称赞他"敏而好学，不耻下问"。

【译文】

作为一名提点官，胸中要充满浩然正气，能够发出沸腾之声，办事讲究中庸之道，要有使茶变成茶汤的能力，就像辅佐成汤取得天下一样。在宾主之间进行斟酌，他的功劳已经超过了卫国大夫仲叔圉。然而，对外有烧灼之忧，对内则要防止因为水滚开而过热的现象，能有什么好办法呢？

竺副帅

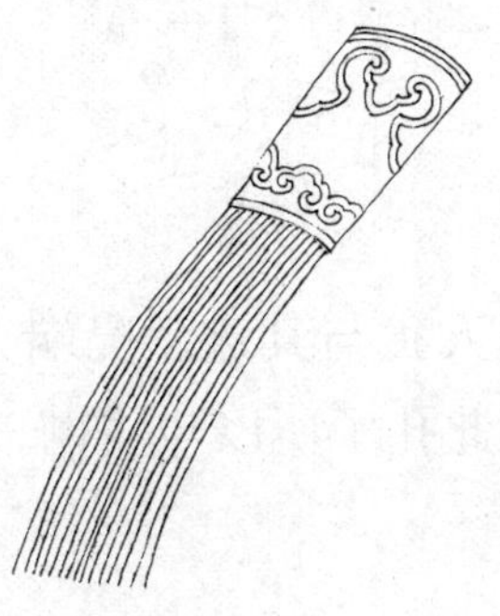

首阳饿夫[①]，毅谏于兵沸之时。方今鼎扬汤，能探其沸

者几希[②]。子之清节[③]，独以身试，非临难不顾者畴见尔。

【注释】

①首阳饿夫：相传商末孤竹君二子伯夷、叔齐于周武王灭商后，耻食周粟而饿死于首阳山。首阳，一称雷首山，在山西永济南。

②几希：极少。

③清节：清操。高洁的节操。

【译文】

宁愿饿死也不食周粟的伯夷、叔齐能够把周武王浩浩荡荡前进的大军阻挡住，并毅然提出自己的建议。如今能够把锅里沸腾的水来回搅动，使它不再沸腾的人极少。你有高洁的节操，面临危险而毫不畏惧以身赴难，像你这样的人，已很难见到。

司职方

互乡童子[①]，圣人犹与其进。况端方质素[②]，经纬有理，终身涅而不缁者[③]，此孔子所以与洁也。

【注释】

①互乡童子：《论语·述而》："互乡难与言，童子见，门人惑。子曰：

‘与其进也,不与其退也,唯何甚?人洁己以进,与其洁也,不保其往也。’”互乡,又作合邑。春秋宋邑。在今山东滕州东北。

②端方:庄重正直。质素:质朴。

③涅而不缁:谓用黑色染料也染不黑。比喻内质秀美者不受恶劣环境的影响。涅,可作黑色染料的矾石。缁,黑色。

【译文】

互乡有个童子很难交往,孔子却对他的进步表示了肯定,并接见了他。何况他正直质朴,条理清晰,内质秀美不受恶劣环境影响,这就是被孔子所肯定的高洁行为啊!

竹炉并分封茶具六事

苦节君

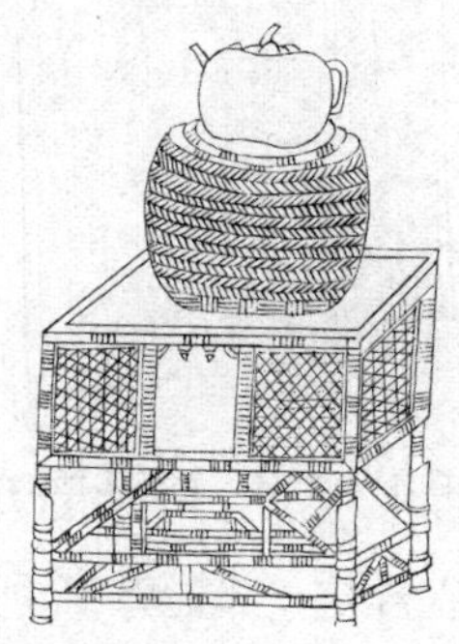

铭曰:肖形天地[①],匪冶匪陶。心存活火,声带湘涛。一滴甘露,涤我诗肠[②]。清风两腋,洞然八荒[③]。锡山盛颙[④]

【注释】

①肖形:犹仿形。亦泛指形状。

②诗肠:指诗思、诗情。

③洞然：深入、清楚地察知。八荒：八方荒远的地方。

④盛颙(yóng,1418—1429)：字时望。无锡(今属江苏)人。累迁陕西左布政、刑部右侍郎。

【译文】

铭文说：模仿天地之形，既不是金属冶炼也不是用陶土制成的。在它的中心可以放置燃烧着的炭火，水沸腾的声响就像湘江汹涌的波涛。饮一滴如同饮了甘露，能够荡涤我的诗情。品饮后感觉两腋习习清风自然而生，能够洞察八方荒远之地。锡山盛颙

苦节君行省

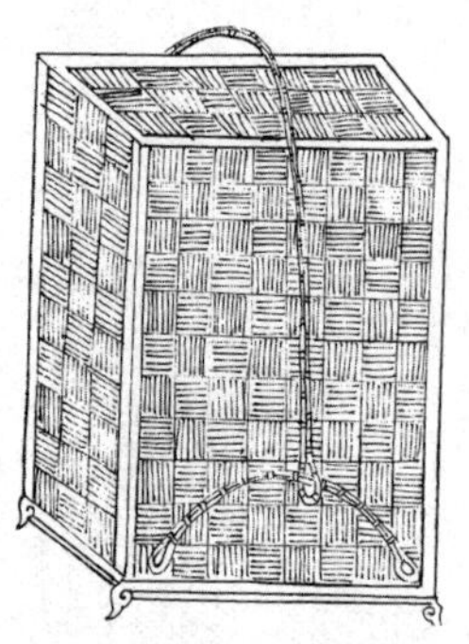

茶具六事，分封悉贮于此，侍从苦节君于泉石山斋亭馆间，执事者故以行省名之。陆鸿渐所谓“都篮”者，此其是与。

【译文】

六种封有官职的茶具，都被封存在这个竹制的篮子里，侍从苦节君竹灶在泉石山斋亭馆间煮茶时，可以把它带去使用，主管其事的人所以称它为苦节君行省。陆羽所说的“都篮”指的就是它。

建城

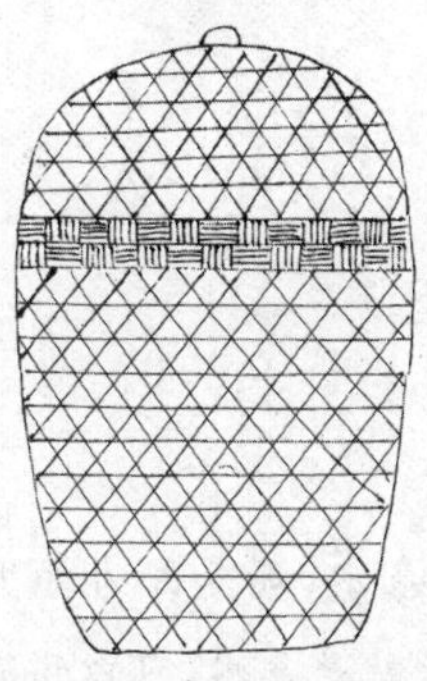

茶宜密裹，故以箬笼盛之，今称建城。按《茶录》云：“建安民间以茶为尚。”故据地以城封之。

【译文】

茶应该密封包裹起来，因此要用箬竹制成的茶笼盛放，如今称为建城。按照《茶录》中所说：“在福建建安民间都把喝茶作为一种时尚。”所以据此把它封为建城。

云屯

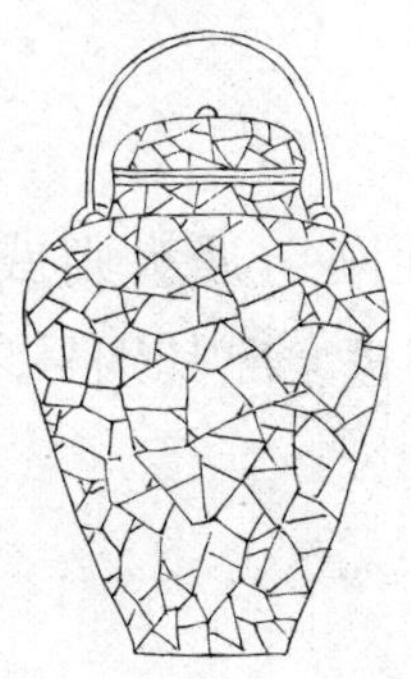

泉汲于云根①，取其洁也。今名云屯，盖云即泉也，贮得

其所。虽与列职诸君同事，而独屯于斯，岂不清高绝俗而自贵哉[2]？

【注释】

①云根：深山云起之处。

②绝俗：超出世俗。

【译文】

在深山云起之处汲取泉水，那是因为那里的水特别洁净。现在把泉水称为云屯，大概是说云就是泉水，可以说是贮得其所。虽然它和其他茶具相与共事，而单把泉水存放在里面，岂不是品德高尚超出世俗而显得尊贵吗？

乌府

炭之为物，貌玄性刚[1]，遇火则威灵气焰[2]，赫然可畏。苦节君得此，甚利于用也。况其别号乌银，故特表章其所藏之具曰乌府，不亦宜哉？

【注释】

①玄：黑色。

②威灵：威势，声威。

【译文】

炭是一种外貌黑而性格刚烈的事物，遇到火它就燃烧起来并冒出火焰，令人生畏。但是苦节君竹炉得到它却能把它充分利用起来。况且它别名“乌银”，因此特别将贮存它的器具称为“乌府”，难道不是很合适吗？

水曹

茶之真味，蕴诸旗枪之中，必浣之以水而后发也。凡器物用事之余，未免残沥微垢，皆赖水沃盥[①]，因名其器曰“水曹”。

【注释】

①沃盥（guàn）：浇水洗手。此指用水洗涤。

【译文】

茶的真正味道，都蕴藏在旗枪中，必须要经过水的浸泡才能散发出来。大部分茶具用过之后，不免会残留一些微小的污垢，都需要用水洗涤，所以把这一器具叫做“水曹”。

器局

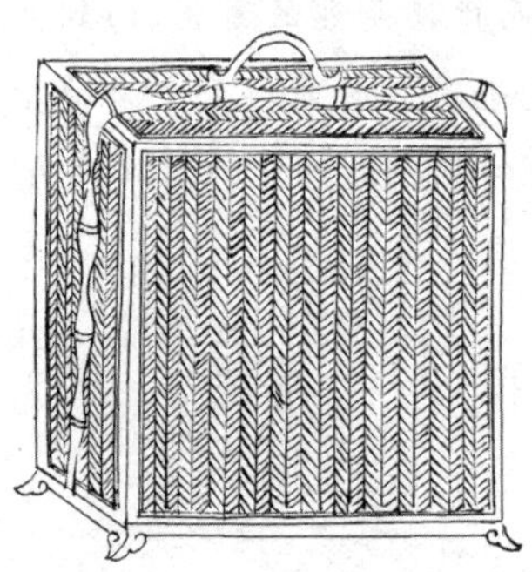

一应茶具，收贮于器局。供役苦节君者，故立名"管之"。

【译文】

所有的茶具，都收放到由竹编的方形箱笼里。这样使用的时候会很方便，因此命名为"管之"。

品司

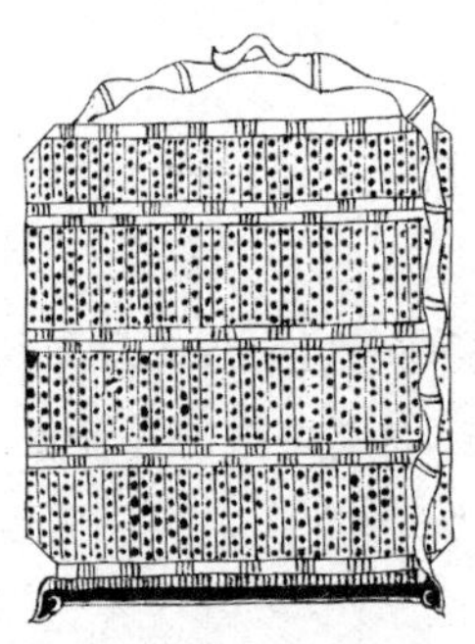

茶欲啜时，入以笋、榄、瓜仁、芹、蒿之属[①]，则清而且佳。

因命湘君[2]，设司检束。

【注释】

①蒿（hāo）：即青蒿。

②湘君：即湘妃竹。

【译文】

在品茶的时候，如果放一些竹笋、橄榄、瓜仁、芹、青蒿之类的食品，就会产生一种清香的味道，十分可口。所以用湘妃竹编制成品司，把这些茶的佐料保存起来。

罗先登《续文房图赞》[1]

玉川先生

毓秀蒙顶[2]，蜚英玉川[3]，搜搅胸中，书传五千[4]。儒素家风，清淡滋味，君子之交，其淡如水。

【注释】

①罗先登：字子仁，号道庵。宋端宗景炎（1276—1278）时举孝廉，任湖广宝庆府训导。

②毓(yù)秀：孕育精华。

③蜚英：扬名，驰名。

④搜搅胸中，书传五千：卢仝《七碗茶歌》中有“三碗搜枯肠，惟有文字五千卷”，此处化用此典故，说卢仝喝茶之后触动文思，为后世留下优美文字。

【译文】

天地精华所孕育的蒙顶茶，扬名于玉川先生，先生饮茶触动文思，为后世留下了优美文字。先生门风儒雅质朴，清新淡泊，君子之间建立在道义基础上的交情清淡如水。

附录

茶法

《唐书》[①]:德宗纳户部侍郎赵赞议[②],税天下茶、漆、竹、木,十取一以为常平本钱[③]。及出奉天[④],乃悼悔[⑤],下诏亟罢之。及朱泚平[⑥],佞臣希意兴利者益进[⑦]。贞元八年[⑧],以水灾减税。明年,诸道盐铁使张滂奏[⑨]:出茶州县若山及商人要路[⑩],以三等定估,十税其一。自是岁得钱四十万缗。

【注释】

①《唐书》:即《新唐书》,纪传体唐朝史,二百二十五卷,北宋欧阳修、宋祁等撰。

②德宗:即唐德宗李适(742—805),唐代宗李豫长子,779—805年在位。在位前期试图抑制藩镇势力,然无果。建中四年(783)发生泾原兵变,一度逃往奉天,史称"奉天之难"。此后政治上对藩镇姑息,方镇日强。贞元二十一年(805),李适于会宁殿驾崩。谥号神武孝文皇帝,庙号德宗,葬于崇陵。纳:采纳。赵赞:唐德宗建中(780—783)时任户部侍郎,倡议设常平轻重本钱,奏请于诸道要津都会之所,置吏收取商税,充常平本钱。茶税即自此始。

③常平本钱：指施行常平法的资金。唐德宗时赵赞议行的方法。《新唐书·食货志二》："请于两都、江陵、成都、扬、汴、苏、洪置常平轻重本钱，上至百万缗，下至十万，积米、粟、布、帛、丝、麻，贵则下价而出之，贱则加估而收之。诸道津会置吏，阅商贾钱，每缗税二十，竹、木、茶、漆税十之一，以赡常平本钱。"

④奉天：即奉天县，古县名。即今陕西乾县。唐文明元年(684)置，因其地为高宗乾陵所在，有奉祖先陵寝之意，故名。建中时，德宗曾避难于此。

⑤悼悔：感伤悔恨。

⑥朱泚(742—784)：唐幽州昌平(今属北京)人。初为幽州节度使朱希彩部将，受军众推为留后，被任为卢龙节度使。建中三年(782)因弟朱滔叛唐，他被免职，以太尉衔留居长安。次年，泾原兵在京师哗变，德宗出奔奉天(今陕西乾县)，朱泚被立为帝，国号秦，年号应天。兴元元年(784)改国号为汉，自号汉元天皇，与朱滔相呼应。不久被李晟击败，逃奔至彭原(今甘肃庆阳南)，被部将杀死。

⑦佞臣：奸邪谄上之臣。

⑧贞元八年：792年。贞元，唐德宗年号(785—805)。

⑨张滂：字孟博。唐贝州清河(今河北清河)人。贞元九年(793)，张滂创立税茶法，形成定制。

⑩要路：主要通道。

【译文】

《新唐书》记载：唐德宗采纳户部侍郎赵赞的建议，对全国的茶、漆、竹、木一律征税，按其价值十分之一征收，作为施行常平法的资金。及至唐德宗出逃奉天，才感伤悔恨，便下诏立刻停征。等到平定朱泚叛乱后，迎合旨意追逐财利的奸邪谄上之臣日益得到进用。贞元八年，因水灾减税。次年，诸道盐铁使张滂上奏：在产茶州县的茶山和商人经过的主要通道上，将茶分三等定价，按价值的十分之一征税。从此茶税每年收入四十万缗。

穆宗即位[①]，盐铁使王播图宠以自幸[②]，乃增天下茶税，率百钱增五十。天下茶加斤至二十两，播又奏加取焉。右拾遗李珏上疏谓[③]："榷率本济军兴[④]，而税茶自贞元以来方有之，天下无事，忽厚敛以伤国体[⑤]，一不可；茗为人饮，盐粟同资，若重税之，售必高，其弊先及贫下[⑥]，二不可；山泽之产无定数，程斤论税[⑦]，以售多为利，若腾价则市者寡[⑧]，其税几何？三不可。"其后王涯判二使[⑨]，置榷茶使[⑩]，徙民茶树于官场，焚其旧积者，天下大怨。令狐楚代为盐铁使兼榷茶使[⑪]，复令纳榷，加价而已。李石为相[⑫]，以茶税皆归盐铁，复贞元之制[⑬]。

【注释】

①穆宗：即唐穆宗李恒（795—824），原名李宥，唐宪宗李纯第三子，820—824年在位。长庆四年（824）驾崩于寝殿，谥号为睿圣文惠孝皇帝，葬于光陵。

②王播（759—830）：字明扬。太原（今属山西）人。唐穆宗、文宗时中书侍郎、同中书门下平章事。

③李珏（785—853）：字待价，赵郡（今河北赵县南）人。唐文宗时同中书门下平章事、检校尚书右仆射。

④榷：专营专卖。军兴：谓征集财物以供军用。

⑤厚敛：重敛财物。亦指征收重税。国体：国家或朝廷的根本。

⑥贫下：指贫困的小民。

⑦程：衡量，计量。

⑧腾价：价格提升。

⑨王涯(771—835)：字广津。太原(今属山西)人。唐宪宗、文宗朝中书侍郎、同中书门下平章事。

⑩榷茶使：官名。唐穆宗时始置，以王涯为之，掌茶税的征收。

⑪令狐楚(765—836)：字壳士。宜州华原(今陕西铜川)人。以文学知名。历任宣武军、天平军、河东三镇节度使，卒于山南西道节度使任内。所至皆有善政。著有《漆奁集》等。

⑫李石(约784—845)：字中玉，陇西(今属甘肃)人。唐文宗、武宗时同中书门下平章事、检校尚书右仆射。

⑬贞元：唐德宗年号(785—805)。

【译文】

唐穆宗即位后，盐铁使王播希图皇上恩宠以抬高身价，就增加全国的茶税，平均每百钱加五十。全国的茶每斤重量增加到二十两，王播又奏请加税。右拾遗李珏向皇帝进呈奏章说："实行专营专卖的起因是征集财物以供军用，而税茶制度自贞元年间以后才有，现在边境无事，却征收重税以伤国家的根本，这是不可加税的第一条理由；饮茶是百姓生活的需要，与盐粮同样重要，如果实行重税，则茶价必然会提高，它的弊端必先累及贫困的小民，这是不可加税的第二条理由；山川与林泽的出产没有定数，计量斤数征收税额，销售的多得利多，但价格昂贵买的人就少，能收取多少税钱呢？这是不可加税的第三条理由。"其后王涯兼任二职，设置榷茶使，把百姓的茶树移植到官府茶场，烧毁积存的旧茶，百姓大为怨恨。令狐楚接任盐铁使兼任榷茶使，又命令依照旧法征茶税，只是提高了茶价。李石任宰相，将茶税归属盐铁使管理，恢复了贞元时期的制度。

武宗即位[①]，崔珙又增江淮茶税[②]。是时，茶商所过州县有重税，或夺掠舟车，露积雨中。诸道置邸以收税[③]，谓之

“踏地钱”。大中初[4]，转运使裴休著条约[5]，私鬻如法论罪[6]，天下税茶，增倍贞元。江淮茶为大模，一斤至五十两。诸道盐铁使于悰[7]，每斤增税钱五，谓之“剩茶钱”。自是斤两复旧。

【注释】

①武宗：即唐武宗李炎(814—846)，原名李瀍，陇西成纪(今甘肃秦安)人。唐穆宗李恒第五子，840—846年在位。会昌六年(846)，驾崩于大明宫，谥号至道昭肃孝皇帝，庙号武宗，葬于端陵。

②崔珙(？—约849)：博陵安平(今河北安平)人。唐武宗时同中书门下平章事、尚书左仆射。

③邸：邸店，旅馆。

④大中：唐宣宗年号(847—860)。

⑤裴休(788—861?)：字公美。孟州济源(今属河南)人。累官至户部、吏部尚书，加太子少师。工于翰墨，精于佛典。

⑥私鬻(yù)：秘密贩卖。

⑦于悰：唐代官员，宣宗大中初年(847)曾任诸道盐铁使。

【译文】

唐武宗即位后，盐铁转运使崔珙又提高江淮地区的茶税。那时，茶商经过州县都要缴纳苛重的租税，有时车船被抢夺，茶叶露天堆放在雨中。各道都设置邸店征收税课，叫做“踏地钱”。大中初年，盐铁转运使裴休制定条例，秘密贩卖茶叶依法论罪，全国茶税收入比贞元时期增加一倍。江淮茶都用大模制成，每斤达五十两。诸道盐铁使于悰规定每斤茶加税五钱，叫做“剩茶钱”。从此斤两又恢复旧制。

元和十四年[1]，归光州茶园于百姓，从刺史房克让之请也[②]。

【注释】

①元和十四年：819年。元和，唐宪宗年号(806—820)。

②房克让：唐初名相房玄龄后人。

【译文】

元和十四年，按照刺史房克让的请求，归还光州的茶园给百姓。

裴休领诸道盐铁转运使[①]，立税茶十二法[②]，人以为便。

【注释】

①领：兼任。

②立：制定。税茶十二法：即茶法十二条。唐相裴休于大中六年(852)五月制定的关于杜绝横税、禁止私贩、规范茶税的茶法十二条禁令。

【译文】

裴休兼任诸道盐铁转运使，制定茶法十二条，人们认为方便。

藩镇刘仁恭禁南方茶[①]，自撷山为茶，号山曰“大恩”，以邀利。

【注释】

①藩镇：唐初在边地设立军镇，以镇遏周边游牧部族的侵扰。至唐玄宗天宝时统一规划为九节度一经略使，通称“藩镇”，亦称“方镇”。刘仁恭(？—914)：唐末五代初深州乐寿(今河北献县)人。早年事幽州节度使李可举，善掘地道攻城，军中号为刘窟头。后

附晋王李克用，为幽州节度使。乾化三年(913)，父子均为晋军所俘。次年，被杀。

【译文】

藩镇刘仁恭禁止贩运南方的茶叶，自己从山上采摘制茶，给山起名为“大恩”，以牟取暴利。

何易于为益昌令①，盐铁官榷取茶利②，诏下，所司毋敢隐③。易于视诏曰：“益昌人不征茶且不可活，矧厚赋毒之乎④！”命吏阁诏⑤，吏曰：“天子诏，何敢拒？吏坐死⑥，公得免窜耶⑦？”易于曰：“吾敢爱一身，移暴于民乎？亦不使罪及尔曹⑧。”即自焚之。观察使素贤之，不劾也。

【注释】

①何易于：唐文宗太和年间(826—836)益昌(今四川广元南)县令，为官清正廉洁、勤政爱民。益昌：古县名。南朝宋置，治今四川广元西南昭化镇，属白水郡。

②榷取：征收。

③所司：有司。指主管的官吏。毋：不。

④矧(shěn)：文言连词。况，况且。毒：毒害。

⑤阁诏：搁置诏书。谓不奉诏命。

⑥坐死：谓坐罪被处死。

⑦免窜：免于逃脱。

⑧尔曹：犹言汝辈、你们。

【译文】

何易于为益昌县令，盐铁使征收茶税，诏令传达下来，主管的官吏不敢隐瞒。何易于看着诏书说：“益昌县的百姓不征收茶税尚且难以维持生活，何况加重赋税来毒害他们呢！”命令属员不奉诏令，属员说：“天子的诏令，怎么敢抗拒？属员因坐罪被处死，您能免于逃脱吗？”何易于说：“我敢爱惜自己的生命，移祸于百姓吗？我也不会使朝廷加罪于你们。”就自己焚烧了诏书。观察使素来认为他贤明，便没有弹劾他。

陆贽为宰相①，以赋役烦重②，上疏云：“天灾流行，四方代有。税茶钱积户部者，宜计诸道户口均之。”

【注释】

①陆贽（754—805）：字敬舆。苏州嘉兴（今浙江嘉兴）人。德宗即位，由监察御史召为翰林学士。历任兵部侍郎、同门下平章事等职。为相时，指陈弊政，废苛税。卒后谥“宣”。著有《陆宣公翰苑集》《陆氏集验方》等。

②赋役：赋税和徭役。

【译文】

陆贽为宰相时，以赋税和徭役烦多而沉重，向皇帝呈进奏章说道：“天灾流行，各地交替都有发生。积存在户部的茶税钱，应按各道的户口数目均摊开。”

《五代史》①：杨行密②，字化源。议出盐茗，俾民输帛③。幕府高勖曰④：“创破之余⑤，不可以加敛。且帑赀何患不足⑥，若悉我所有，以易四邻所无，不积财而自有余矣。”行密纳之。

【注释】

①《五代史》：即《新五代史》，七十四卷，宋欧阳修撰。记载自后梁开平元年（907）至后周显德七年（960）共五十三年的历史。

②杨行密(852—905):原名行愍,字化源。庐州合肥(今安徽合肥长丰)人。五代十国时期吴国奠基人,史称南吴太祖。

③输:交出,缴纳。帛:丝织品总称。

④高勖:舒城(今属安徽)人。五代十国谋士。

⑤刓破:残缺破损。

⑥帑(tǎng):财帛。赀(zī):通“资”,货物,钱财。

【译文】

《五代史》记载:杨行密,字化源。他与部下商议废盐与茶税,使百姓缴纳丝织品。幕僚高勖说:“国家残缺破损之时,不可增加征敛。况且财物哪用担心不足,假如尽出我所有,与四邻交易我所无,不需积累财富而自然就有余了。”杨行密采纳了他的建议。

《宋史》[①]:榷茶之制,择要会之地[②],曰江陵府[③],曰真州[④],曰海州[⑤],曰汉阳军[⑥],曰无为军[⑦],曰蕲之蕲口[⑧],为榷货务六。初京城、建安、襄、复州皆有务[⑨],后建安、襄、复之务废,京城务虽存,但会给交钞往还而不积茶货。在淮南则蕲、黄、庐、舒、光、寿六州[⑩],官自为场,置吏总谓之山场者十三。六州采茶之民皆隶焉,谓之园户。岁课作茶输租,余则官悉市之。总为税课八百六十五万余斤,其出鬻者皆就本场。在江南则宣、歙、江、池、饶、信、洪、抚、筠、袁十州[⑪],广德、兴国、临江、建昌、南康五军[⑫];两浙则杭、苏、明、越、婺、处、温、台、湖、常、衢、睦十二州[⑬];荆湖则江陵府、潭、澧、鼎、鄂、岳、归、峡七州、荆门军[⑭];福建则建、剑二州,岁如山场输租折税。总为税课江南百二十七万余斤,两浙百二十七万九千余斤,荆湖二百四十七万余斤,福建三十九万三千余斤,悉送六榷货务鬻之。

【注释】

①《宋史》:四百九十六卷,元脱脱主修。详细记载了自宋太祖建隆元年(960)赵匡胤称帝,迄于赵昺祥兴二年(1279),共三百二十年历史。

②要会:通都要道。

③江陵府:唐上元元年(760)升荆州置,治江陵县(今属湖北)。宋属荆湖北路。南宋建炎四年(1130)改为荆南府,淳熙中复改江陵府。

④真州:北宋大中祥符六年(1013)升建安军置,治扬子县(今江苏仪征)。属淮南东路。

⑤海州:东魏武定七年(549)改青、冀二州置。治龙沮城(今江苏灌云西北龙苴镇)。南宋端平二年(1235)徙治东海县(今江苏连云港东南南城镇),淳祐十二年(1252)还治朐山县(今江苏连云港西南海州镇)。景定二年(1261)改置西海州,寻复改海州。两宋属淮南东路。

⑥汉阳军:五代周显德五年(958)置,治汉阳县(今湖北武汉汉阳区)。北宋属荆湖北路。熙宁四年(1071)废,元祐元年(1086)复。南宋绍兴五年(1135)又废,七年(1137)复置。

⑦无为军:北宋太平兴国三年(978)以巢县无为镇置,治今安徽无为。属淮南西路。

⑧蕲之蕲口:即今湖北蕲春西南长江北岸蕲州镇。

⑨建安:建安县。北宋为建州治。南宋至清,与瓯宁县同为建宁府、建宁路治。宋在此置银场,并以产北苑茶著名。襄:襄州。西魏恭帝元年(554)改雍州置,治所在襄阳县(今湖北襄樊汉水南襄阳城)。北宋徽宗宣和元年(1119)改名襄阳府,属京西南

路。复州:北周武帝置,以复池湖为名。治建兴县(今湖北仙桃西南)。两宋属荆湖北路,南宋端平三年(1236)又移治沔阳镇(今湖北仙桃西南)。

⑩淮南:即淮南路。北宋至道三年(997)置,治扬州(今江苏扬州)。熙宁五年(1072)分为东、西二路。蕲:蕲州。南朝陈改罗州置,治所在齐昌县(今湖北蕲春西北罗州城)。南宋景定四年(1263)移治麒麟山(今湖北蕲春西南蕲州镇)。两宋属淮南西路。黄:黄州。隋开皇五年(585)改衡州置,治南安县(今湖北黄冈北)。两宋属淮南西路。庐:庐州。隋开皇元年(581)改合州置,治所在合肥县(今安徽合肥)。北宋属淮南西路,为安抚使驻所。南宋绍兴初改治巢县(今安徽巢湖)。舒:舒州。唐武德四年(621)改同安郡置,治所在怀宁县(今安徽潜山)。南宋绍兴十七年(1147)改为安庆军。庆元元年(1195)升为安庆府。两宋属淮南西路。

⑪江南:即江南路。北宋至道三年(997)置,治所在升州(今江苏南京)天禧二年(1018)分为东、西两路。江:江州。西晋元康元年(291)分荆、扬两州置,治南昌县(今江西南昌)。因江水得名。北宋属江南东路,南宋属江南西路。池:池州。唐武德四年(621)置,治秋浦县(今安徽池州西南)。北宋属江南东路,南宋属江南西路。饶:饶州。隋开皇九年(589)置,治鄱阳县(今属江西)。两宋属江南东路。信:信州。唐乾元元年(758)分饶、衢、建、抚四州地置。治上饶县(今江西上饶西北)。两宋属江南东路。洪:洪州。隋开皇九年(589)置,因州治内有洪崖井得名。治豫章县(今江西南昌)。南宋隆兴元年(1163)升为隆兴府,属江南西路。抚:抚州。隋开皇九年(589)改临川郡置,治临川县(今江西抚州临川区西)。两宋属江南西路。筠:筠州。唐武德七年(624)改米州置,治高安县(今江西高安)。北宋分樟树市置

临江军，割万载县属袁州，属江南西路。南宋宝庆元年(1225)避理宗赵昀讳，改名瑞州。袁：袁州。隋开皇十一年(591)置，治所即今江西宜春。大业初改为宜春郡。北宋属江南西路。

⑫广德：广德军。北宋太平兴国四年(979)析宣州置，治广阳县(今安徽广德)。属江南东路。兴国：兴国军。北宋太平兴国二年(977)，升鄂州永兴县置永兴军，次年改为兴国军。治永兴县(今湖北阳新)。属江南西路。临江：临江军。北宋淳化三年(992)分筠、袁、吉三州地置，治清江县(今江西樟树临江镇)。属江南西路。建昌：建昌军。北宋太平兴国四年(979)以建武军改名，治南城县(今属江西)。属江南西路。南康：南康军。北宋太平兴国七年(982)分洪、江等州置，治星子县(今属江西)。属江南西路。南宋绍兴初改属江南东路。

⑬两浙：即两浙路。北宋至道十五路之一，亦为天圣十八路、元丰二十三路之一。治杭州(今属浙江)。熙宁七年(1074)曾分为东、西两路，寻合为一，九年复分，次年复合。宋室南渡后，始定分为两浙东路和两浙西路。明：明州。唐开元二十六年(738)分越州置，治所在鄮县(今浙江鄞县西南鄞江镇)。北宋淳化三年(992)移杭州市舶司于州，属定海县。咸平二年(999)设市舶司于此，为唐宋时与高丽、日本、新罗等国贸易重要港口。南宋绍熙五年(1194)改为庆元府。宋属两浙路。越：越州。隋大业元年(605)改吴州置，治所在会稽县(今浙江绍兴)。南宋绍兴元年(1131)升为绍兴府。宋属两浙路。婺：婺州。隋开皇九年(589)分吴州置，治所在吴宁县(今浙江金华)。北宋属两浙路，南宋属两浙东路。处：处州。隋开皇九年(589)置，治括苍县(今浙江丽水东南)。北宋属两浙路，南宋属两浙东路。温：温州。唐上元二年(675)析括州置。北宋属两浙路，南宋属两浙东路。台：台州。唐武德五年(622)改海州置，天宝元年(742)改临海郡，治所

在临海县(今属浙江)。北宋属两浙路,南宋时属两浙东路。湖:湖州。隋仁寿二年(602)置,治乌程县(今浙江湖州)。北宋属两浙路。常:常州。隋开皇九年(589)改晋陵郡置,治所在常熟县(今属江苏)。后移治晋陵县(今江苏常州)。北宋属两浙路,南宋属两浙西路。衢:衢州。唐武德四年(621)置,治信安县(今浙江衢州)。北宋属两浙路,南宋属两浙东路。

⑭荆湖:即荆湖路。宋初置荆湖南路、荆湖北路,雍熙二年(985)合并为荆湖路,治江陵府(今湖北荆州)。至道以后,以今湖南省汨罗江、洞庭湖、雪峰山为界,又分为南、北两路。南路简称湖南,治潭州(今湖南长沙);北路简称湖北,治江陵府(今湖北荆州)。鄂:鄂州。隋开皇九年(589)改郢州置,治江夏县(今湖北武汉武昌)。取鄂渚为名。两宋属荆湖北路。岳:岳州。隋开皇九年(589)改巴州置,治巴陵县(今湖南岳阳)。南宋绍兴二十五年(1155)改为纯州,三十一年(1161)复为岳州。两宋属荆湖北路。荆门军:五代荆南升荆门县置,治今湖北荆门。北宋开宝五年(972)移长林县于郭下。南宋属荆湖北路。

【译文】

《宋史》记载:宋代的榷茶制度,选择通都要道,在江陵府、真州、海州、汉阳军、无为军、蕲州的蕲口镇,设榷货务六处。起初,京城、建安、襄州、复州都设榷货务,后来建安、襄州、复州榷货务撤销,京城榷货务虽存,仅发给交钞往还,而不贮存茶货。在淮南路则蕲州、黄州、庐州、舒州、光州、寿州六州产茶,官方设场,设官员管理总称作山场的共十三个。六州采茶的百姓都隶属十三山场,称作园户。每年按定额制茶缴租,缴税所余官方全部收购。总计定额年产茶八百六十五万余斤,都在本场出售。在江南路则有宣州、歙州、江州、池州、饶州、信州、洪州、抚州、筠州、袁州十州,广德军、兴国军、临江军、建昌军、南康军五军;两浙路则有杭州、苏州、明州、越州、婺州、处州、温州、台州、湖州、常州、衢州、睦州十二州；荆湖路则有江陵府及潭州、澧州、鼎州、鄂州、岳州、归州、峡州七州以及荆门军；福建则有建州、南剑州二州，每年像山场一样缴租折税。总计每年定额产茶江南一百二十七万余斤，两浙一百二十七万九千余斤，荆湖二百四十七万余斤，福建三十九万三千余斤，全都送六榷货务出售。

茶有二类，曰片茶，曰散茶。片茶蒸造，实棬模中串之；唯建、剑则既蒸而研①，编竹为格，置焙室中，最为精洁，他处不能造。有龙凤、石乳、白乳之类十二等②，以充岁贡及邦国之用③。其出虔、袁、饶、池、光、歙、潭、岳、辰、澧州、江陵府、兴国、临江军④，有仙芝、玉津、先春、绿芽之类二十六等⑤。两浙及宣、江、鼎州，又以上中下或第一至第五为号。散茶出淮南、归州、江南、荆湖，有龙溪、雨前、雨后之类十一等⑥。江浙又有上中下或第一等至第五为号者。

【注释】

①建：建州。剑：南剑州。

②龙凤：即龙凤团茶。宋代贡茶名。产于福建建州（今福建建瓯）。因团饼表面饰有龙、凤花饰而得名。石乳：石乳茶。宋代贡茶名。产于建州（今福建建瓯），为蜡面茶品种之一。白乳：白乳茶。宋代名茶。产于建州（今福建建瓯）。专以赐馆阁儒臣。

③岁贡：古代诸侯或属国每年向朝廷进献礼品。邦国：国家。

④虔：虔州。辰：辰州。

⑤仙芝：仙芝茶。宋代名茶，产于江西鄱阳县。玉津：玉津茶。宋代名茶，产于江西清江县（今江西樟树）。先春：宋代贡茶北苑茶的雅称。因其在春社前即入贡，故称先春茗。绿芽：翠绿的

芽茶。

⑥龙溪：福建漳州名茶之一。因产于龙溪县（今福建漳州）而得名。雨前：雨前茶。泛指谷雨前采制的春茶。雨后：雨后茶。泛指谷雨后采制的春茶。

【译文】

茶有二类，有片茶，有散茶。片茶蒸制，在环形模内压制成形贯穿成串；只有建州、南剑州既要蒸又要研磨，编竹为格，放置在焙室中烘干，最为精细洁净，别的地方不能造。有龙凤、石乳、白乳之类十二等，用以作每年向朝廷进献的贡品以及国家重要用途。其中出产于虔州、袁州、饶州、池州、光州、歙州、潭州、岳州、辰州、澧州、江陵府、兴国军、临江军，有仙芝、玉津、先春、绿芽之类二十六等。两浙路及宣州、江州、鼎州，又以上中下或第一至第五等为名号。散茶出产于淮南、归州、江南、荆湖，有龙溪、雨前、雨后之类十一等。江南、两浙又有以上中下或第一至第五等为名号的。

民之欲茶者，售于官。给其食用者，谓之食茶；出境者，则给券[①]。商贾贸易，入钱若金帛京师榷货务，以射六务、十三场[②]。愿就东南入钱若金帛者听[③]。

【注释】

①券：此指茶引。指旧时茶商纳税后由官厅发给的运销执照。上开运销数量及地点，准予按引上的规定从事贸易。

②射：谋求。

③听：准许，接纳。

【译文】

百姓想要茶叶的从官方购买。凡供日用的，叫作食茶；出境则给茶引。商贾贸易，缴现钱或金银绢帛于京师榷货务，可以谋求六榷货务、十三山场中的茶。愿意就在东南地区缴现钱或金银绢帛的也准许。

凡民茶，匿不送官及私贩鬻者，没入之，计其直论罪。园户辄毁败茶树者，计所出茶，论如法。民造温桑伪茶[①]，比犯真茶计直，十分论二分之罪。主吏私以官茶贸易及一贯五百者，死。自后定法，务从轻减。太平兴国二年[②]，主吏盗官茶贩鬻钱三贯以上，黥面送阙下[③]。淳化三年[④]，论直十贯以上，黥面配本州牢城[⑤]。巡防卒私贩茶，依旧条加一等论。凡结徒持仗贩易私茶，遇官司擒捕抵拒者，皆死。太平兴国四年，诏鬻伪茶一斤，杖一百；二十斤以上弃市[⑥]。厥后，更改不一，载全史。

【注释】

①温桑伪茶：温桑茶，宋代已有的一种名茶。《宋史·食货志下五·茶上》记有："雍熙二年，民造温桑伪茶。"由此可见温桑茶应是一种品质上乘、价格较高的茶，否则民众不会伪造。金代民间也有伪造温桑茶者，并致使监管制茶的官员被罢官的记录。如《金史·食货志四·茶条》载："以尚书省令史承德郎刘成往河南视官造者，以不亲尝其味，但采民言谓为温桑，实非茶也，还即白上。上以为不干，杖七十，罢之。"

②太平兴国二年：977年。太平兴国，宋太宗年号(976—984)。

③黥面：在脸上刺上记号或文字并涂上墨，古代用作刑罚，后来也施于士兵，以防逃跑。阙下：借指京城。

④淳化三年：992年。淳化，宋太宗年号(990—994)。

⑤牢城：宋时囚禁流配罪犯之所。

⑥弃市：弃之于市。谓处死刑。

【译文】

凡百姓所产茶，隐匿不缴送官府及私自贸易的，全部没收，计算茶叶价值论罪。园户随意毁坏茶树的，计算产茶数依法论罪。百姓制造温桑伪茶，比照私贩真茶刑法以十斤折合二斤真茶论罪。主管官员私自以官茶贸易，达到一贯五百文的处死刑。从此以后修订刑法，致力于不断减轻处罚。太平兴国二年，主管官员盗用官茶出售卖得钱三贯以上，刺面送至京城。淳化三年，犯前述罪十贯以上的，刺面发配本州牢城。巡防士兵私贩茶，依本条加一等论罪。凡纠集徒众持武器贩卖私茶，遇官方抓捕抵抗拒捕的，都判死刑。太平兴国四年，诏书规定卖假茶一斤，杖打一百；二十斤以上判死刑。自此之后，更改不一，载入全史中。

陈恕为三司使①，将立茶法，召茶商数十人，俾条陈利害，第为三等，具奏太祖曰："吾视上等之说，取利太深，此可行于商贾，不可行于朝廷。下等之说，固灭裂无取②。惟中等之说，公私皆济，吾裁损之③，可以经久。"行之数年，公用足而民富实。

【注释】

①陈恕(946—1004)：字仲言。洪州南昌(今属江西)人。北宋太宗时参知政事，真宗时尚书左丞。精通吏治，掌财权十余年，胥吏畏服。三司使：官名。唐代以判户部、判度支及盐铁使为三司，然各置一人，不相统属，至五代后唐明宗时始合为一职，称三司使。宋沿五代之制，以三司使为国家最高财政主管官，号称计相。但仍为差遣，不是实官。员额一人，以两省五品以上及知制诰杂学士、学士充任。亦有辅臣罢政出外，召还充使者。依官位高低，有判三司使、权三司使、权三司使公事、权发遣三司使、权

发遣三司使公事诸称。太宗至真宗朝两度废三司，分设盐铁、度支、户部三部，三司使停废。咸平六年(1003)又将三部合为三司，重设三司使。

②灭裂：谓言行粗疏草率。

③裁损：裁汰，削减。此指删改。

【译文】

陈恕为三司使，将要制定茶叶专卖法，召集茶商数十人，让他们各自陈述利弊，陈恕过目后列成三个等级，向太祖上奏说："我看上等的说法，取利太过，这种方式可以由商人使用，不能由朝廷施行。下等的说法，言论粗疏草率没有可取之处。惟有中等的说法，公私两方面都有利，我对之进行删改，可以长期施行。"实行数年以后，朝廷税收充足百姓富裕。

太祖开宝七年[①]，有司以湖南新茶异于常岁[②]，请高其价以鬻之。太祖曰："道则善[③]，毋乃重困吾民乎[④]？"即诏第复旧制，勿增价值。

【注释】

①太祖开宝七年：974年。太祖，即宋太祖赵匡胤(927—976)，字元朗。涿郡(今河北涿州)人。宋朝开国皇帝，960—976年在位。开宝，宋太祖年号(968—976)。

②有司：官吏。古代设官分职，各有专司，故称。常岁：往年。

③道则善：建议很好。

④毋乃：莫非，岂非。

【译文】

宋太祖开宝七年，官吏以湖南新茶比往年好，请求抬高价格以出售。太祖说："建议很好，莫非使我的百姓加重困苦吗？"立即下诏依旧制，不增加价格。

熙宁三年[①]，熙河运使以岁计不足[②]，乞以官茶博籴[③]，每茶三斤，易粟一斛[④]，其利甚溥[⑤]。朝廷谓茶马司本以博马[⑥]，不可以博籴，于茶马司岁额外，增买川茶两倍，朝廷别出钱二万给之，令提刑司封桩[⑦]。又令茶马官程之邵兼转运使[⑧]，由是数岁边用粗足。

【注释】

①熙宁三年：1070年。熙宁，宋神宗年号(1068—1077)。

②熙河：路名。宋熙宁五年(1072)置熙河路经略安抚使。治所在熙州(今甘肃临洮)。岁计：一年内收入和支出的计算。

③博：抽取。籴(dí)：买进粮食。

④斛：古量器名，也是容量单位，十斗为一斛。

⑤溥(pǔ)：大。

⑥茶马司：宋明两朝专掌茶马贸易的职官机构，宋代全称为都大提举茶马司，简称为茶马司。

⑦封桩：宋代的一种财政制度。凡岁终用度之余，皆封存不用，以备急需，故称。宋太祖建隆三年(962)始行于中央，后各地皆有封桩，乃至按月而桩，称月桩钱，与初意大异。《宋史纪事本末·太祖建隆以来诸政》："三年八月，置封桩库。帝平荆、湖、西蜀，收其金帛，别为内库储之，号'封桩'。凡岁终用度之余皆入之，以为军旅、饥馑之备。"

⑧程之邵(？—1105)：字懿叔。北宋眉州眉山(今属四川)人。以父荫为新繁县主簿。熙宁间，曾主管秦、蜀茶马公事，以茶易战马，革黎州买马之弊。元符中，复主管茶马，市马万匹，获茶课至

四百万缗。

【译文】

熙宁三年，熙河转运使因每年财政收支不足，乞求用官茶换取粮食，每三斤茶叶换一斛粟米，获利相当大。朝廷认为茶马司原本用来换取马匹的，不可用来换取粮食，在茶马司每年定额以外，增加收购川茶两倍的茶叶，朝廷另外支出钱二万供给它们，命令提刑司封桩。又命令茶马官程之邵兼领转运使，由此几年的边防费用大致够了。

神宗熙宁七年①，干当公事李杞入蜀②，经画买茶③，秦凤、熙河博马④。王上韶言⑤，西人颇以善马至边交易⑥，所嗜惟茶。

【注释】

①熙宁七年：1074年。

②干当：主管，经办。公事：朝廷之事。李杞：宋神宗熙宁七年(1074)曾任三司干当公事，入蜀经营筹划榷茶买马事宜。

③经画：经营筹划。

④秦凤：即秦凤路。北宋熙宁五年(1072)设置，治所在凤翔府，故址即今凤翔县城。

⑤王上韶：应为王韶(1030—1081)，字子纯，号敷阳子。江州德安(今江西德安)人，北宋名将，用兵有机略。在熙宁元年(1068)提出“收复河湟，招抚羌族，孤立西夏”方略，被宋神宗采纳。在熙河之役中，形成了对西夏包围之势，使西夏腹背受敌。元丰四年(1081)去世，追赠金紫光禄大夫，谥号“襄敏”。政和四年(1114)，追赠太尉、司空、燕国公。

⑥西人：宋代称西夏人。善马：良马。

【译文】

宋神宗熙宁七年，经办朝廷之事的李杞进入四川，经营筹划购买茶叶，到秦凤路、熙河路换取马匹。王韶说，西夏人喜欢以良马到边境交易，最爱的是茶。

自熙、丰以来①，旧博马皆以粗茶，乾道之末②，始以细茶遗之③。成都、利州路十二州④，产茶二千一百二万斤，茶马司所收，大较若此。

【注释】

①丰：元丰。宋神宗年号(1078—1085)。

②乾道：宋孝宗年号(1165—1173)。

③遗(wèi)：赠与，送给。

④成都：成都府。北宋嘉祐四年(1059)改益州路置，治成都府(今四川成都)。利州路：北宋咸平四年(1001)分西川路置，治所在利州(今四川广元)。皇祐三年(1051)移治兴元府(今陕西汉中)。

【译文】

自熙宁、元丰年间以来，原先换取马匹都以粗茶，直到乾道末年，才开始以细茶相赠。成都府、利州路十二州，产茶二千一百零二万斤，茶马司所收，大概如此。

茶利①，嘉祐间禁榷时②，取一年中数③，计一百九万四千九十三贯八百八十五钱。治平间通商后④，计取数一百一十七万五千一百四贯九百一十九钱。

【注释】

①茶利：茶叶生产、流通过程中产生的利润。

②嘉祐：宋仁宗年号(1056—1063)。

③中数：居中之数。

④治平：宋英宗年号(1064—1067)。

【译文】

茶叶生产、流通所得利润，嘉祐年间禁止民间私自贸易而由政府专卖时，取一年居中之数，共计一百零九万四千零九十三贯八百八十五钱。治平年间通商后，计取一百一十七万五千一百零四贯九百一十九钱。

琼山邱氏曰[①]："后世以茶易马，始见于此；盖自唐世回纥入贡，先已以马易茶，则西北之嗜茶，有自来矣。"

【注释】

①琼山邱氏：即邱濬(1421—1495)，字仲深，号琼台、琼山、深庵、玉峰。琼山(今海南海口)人。官至礼部尚书、文渊阁大学士。著有《大学衍义补》《家礼仪节》等。

【译文】

琼山邱濬说："后世以茶叶换取马匹，始见于此；大概到唐代回纥向朝廷进献财物土产，先已以马匹换取茶叶，由此可见西北少数民族嗜好饮茶，是有其原因的。"

苏辙《论蜀茶状》[①]：园户例收晚茶[②]，谓之秋老黄茶，不限早晚，随时即卖。

【注释】

①苏辙《论蜀茶状》:即苏辙《论蜀茶五害状》。该状条分缕析,论事精详,将蜀茶五害说得非常清晰。

②园户:指唐宋时种植、制作茶叶的民家。晚茶:谓迟采摘的茶叶。一般指粗茶。

【译文】

苏辙《论蜀茶五害状》写道:种植茶叶的民家照例采收晚茶,称为秋老黄茶,不限采摘的早晚,随时售卖。

沈括《梦溪笔谈》:乾德二年[①],始诏在京、建州、汉阳、蕲口各置榷货务。五年[②],始禁私卖茶,从不应为情理重。太平兴国二年[③],删定禁法条贯,始立等科罪。淳化二年[④],令商贾就园户买茶,公于官场贴射,始行贴射法[⑤]。淳化四年,初行交引[⑥],罢贴射法。西北入粟给交引,自通利军始[⑦]。是岁,罢诸处榷货务,寻复依旧。至咸平元年[⑧],茶利钱以一百三十九万二千一百一十九贯为额。至嘉祐三年[⑨],凡六十一年,用此额,官本杂费皆在内,中间时有增亏,岁入不常。咸平五年[⑩],三司使王嗣宗始立三分法[⑪],以十分茶价,四分给香药,三分犀象,三分茶引。六年,又改支六分香药、犀象,四分茶引。景德二年[⑫],许人入中钱帛金银[⑬],谓之三说。至祥符九年[⑭],茶引益轻,用知秦州曹玮议[⑮],就永兴、凤翔以官钱收买客引[⑯],以救引价,前此累增加饶钱[⑰]。至天禧二年[⑱],镇戎军纳大麦一斗[⑲],本价通加饶,共支钱一贯二百五十四。乾兴元年[⑳],改三分法,支茶引三分,东南见钱二分半,香药四分半。天圣元年[㉑],复行贴射法。行之三年,茶利尽归大商,官场但得黄晚恶茶,乃诏孙奭重议[22],罢贴射法。明年,推治元议[23],省吏计覆官、旬献官皆决配沙门岛[24],元详定枢密副使张邓公、参知政事吕许公、鲁肃简各罚俸一月[25],御史中丞刘筠、入内内侍省副都知周文质、西上阁门使薛招廊、三部副使各罚铜二十斤[26],前三司使李谘落枢密直学士[27],依旧知洪州。皇祐三年[28],算茶依旧只用见钱[29]。至嘉祐四年二月五日[30],降赦罢茶禁。

【注释】

①乾德二年:964年。乾德,宋太祖年号(963—968)。

②五年:即乾德五年,967年。

③太平兴国二年:977年。太平兴国,宋太宗年号(976—984)。

④淳化二年:991年。淳化,宋太宗年号(990—994)。

⑤贴射法:宋代实行的一种有关茶叶买卖的税收制度。商人直接向园户买茶,茶官居中估价,以估定价与园户的实际售出价之间的差额入官。茶亦须先经官验定,园户不得私售。

⑥交引:宋代采办军粮使用的代价证券,商人凭交引再赴京城或产地领取钱、茶、盐、香、矾等专卖物资抵偿。因支取钱货方式不同,交引又区分为见钱交引、茶交引、盐交引、香药交引、矾交引等。

⑦通利军:北宋端拱元年(988)置,治黎阳(今河南浚县东北)。属河北路。天圣元年(1023)改为安利军,明道中复改通利军,熙宁三年(1070)废,元祐元年(1086)复置,属河北西路。政和五年(1115)改置浚州。

⑧咸平元年:998年。咸平,宋真宗年号(998—1003)。

⑨嘉祐三年:1058年。嘉祐,宋仁宗年号(1056—1063)。

⑩咸平五年：1002年。咸平，宋真宗年号(998—1003)。

⑪王嗣宗(944—1021)：字希阮。汾州(今山西汾阳)人。历官三司使、御史中丞。三分法：宋代实行的一种官营茶叶的制度。神宗熙宁七年(1074)，根据宗闵建议行于四川。《宋史·食货志下》："川峡路民茶息收十之三，尽卖于官场。更严私交易之令，稍重至徒刑，仍没缘身所有物，以待赏给。于是蜀茶尽榷，民始病焉。"当时其他地区茶叶准许通商，官府只收息钱(茶税)，息钱不过十分之二，且每年只征收一次。而四川榷茶，不但要取息三分，而且"随买随卖，取息十之三，或今日买十千之茶，明日即作十三千卖之，变转不休，比至岁终，岂止三分？"名为三分之息，实际远不止此。更加上奸商从中作弊，茶户的负担甚重。熙宁十年(1077)后，改为征息十分之一。

⑫景德二年：1005年。景德，宋真宗年号(1004—1007)。

⑬入中：商人入纳粮草于规定的沿边地点，给予钞引，使至京师或他处领取现钱或金银、盐、茶、香药等，称作"入中"。

⑭祥符九年：1016年。祥符，即大中祥符，宋真宗年号(1008—1016)。

⑮曹玮(973—1030)：字宝臣。真定灵寿(今属河北)人。北宋将领，官至御史大夫、签书枢密院事等。

⑯永兴：永兴军。北宋太平兴国二年(977)置，治永兴县(今湖北阳新)。次年改为兴国军。凤翔：凤翔府。唐至德二载(757)升凤翔郡置，号西京。宋时属秦凤路，辖境相当今宝鸡、岐山、凤翔、麟游、扶风、眉县、周至一带。

⑰加饶钱：即加耗钱，以各种损耗为名多收的费用。

⑱天禧二年：1018年。天禧，宋真宗年号(1017—1021)。

⑲镇戎军：北宋至道元年(995)置，治所即今宁夏固原县。

⑳乾兴元年：1022年。乾兴，宋真宗年号(1022)。

㉑天圣元年：1023年。天圣，宋仁宗年号(1023—1032)。

㉒孙奭(962—1033)：字宗古。博州博平(今山东茌平)人，后徙居须城(今山东东平)。官至兵部侍郎、龙图阁学士。以太子少傅致仕。著有《经典徽言》《五经节解》《孟子音义》《孟子正义疏》等。

㉓推治：审问治罪。元：通"原"。

㉔计覆官、旬献官：皆为三司的官吏。决配：判处流放之刑。沙门岛：海岛名。在山东蓬莱西北海中，为宋元时流放罪犯之地。

㉕张邓公：即张士逊(964—1049)，字顺之。光化军(今湖北老河口)人。官至宰相，封邓国公。吕许公：即吕夷简(979—1044)，字坦夫。开封(今属河南)人。官至宰相，封许国公。鲁肃简：即鲁宗道(966—1029)，字贯之。亳州谯(今安徽亳州)人。官至参知政事，卒谥肃简。

㉖刘筠(971—1031)：字子仪。大名(今属河北)人。官至翰林学士承旨兼龙图阁直学士。著有《册府应言》《三入玉堂》等。周文贾：不详，待考。薛招廓：不详，待考。

㉗李谘(？—1036)：字仲询。新喻(今江西新余)人。官至户部侍郎、三司使。

㉘皇祐三年：1051年。皇祐，宋仁宗年号(1049—1054)。

㉙算茶：宋代实行茶叶专卖制度，对茶户征税，用茶叶折算，称为"算茶"。

㉚嘉祐四年：1059年。嘉祐，宋仁宗年号(1056—1063)。

【译文】

沈括《梦溪笔谈》记载：本朝的茶法，乾德二年，开始下诏在京师、建州、汉阳、蕲口各设置榷货务。乾德五年，开始禁止私自买卖茶叶，不服从禁令的，按犯罪情节严重的条款进行处罚。太平兴国二年，删订禁止私自买卖茶叶的法令条例，开始定出犯罪的等级以处罚犯禁者。淳化二年，下令商人到种茶的园户买茶，官府官卖茶场收取榷茶利息，开始推行贴射法。淳化四年，首次实行交引措施，停止贴射法。商人向西北边境输纳粮食即给以交引，这一措施自通利军开始实行。这一年，撤去各地的榷货务，不久又恢复如旧。至咸平元年，茶税钱以一百三十九万二千一百一十九贯为定额。直至嘉祐三年，共六十一年，行用这一定额，官府的本钱及各种杂费都计算在内，中间有的年份增收，有的年份亏损，年收入不固定。咸平五年，三司使王嗣宗开始创立三分法，以茶价为十分计算，四分支付香药，三分支付犀牛角和象牙，三分支付茶引。咸平六年，又改为六分支付香药、犀牛角和象牙，四分支付茶引。景德二年，允许商人以钱、帛、金银入中，当时称为"三说"。至祥符九年，茶引越来越不值钱，朝廷采纳秦州知州曹玮的建议，在永兴军、凤翔府用官府的钱收购商人手中的茶引，以挽救茶引的价格，在此之前还屡次增加耗钱。到天禧二年，镇戎军缴纳大麦一斗，本价一律加耗钱，总共支出一贯二百五十四文钱。乾兴元年，改变三分法，支付茶引三分、东南现钱二分半、香药四分半。天圣元年，再次实行贴射法。实行三年之后，茶叶贸易的利润尽归于大商人，官卖茶场只得到发黄晚采的劣质茶叶，于是下诏令孙奭重新审议，停止贴射法。第二年，审查追究先前建议复行贴射法的三司官吏，计覆官、旬献官等都被判决发配至沙门岛；元详定官枢密副使张邓公、参知政事吕许公、鲁肃简各自被罚扣一个月的俸禄；御史中丞刘筠、入内内侍省副都知周文贵、西上閤门使薛招廊以及盐铁、度支、户部三部副使，各自被罚铜钱二十斤；前三司使李谘免去枢密直学士之职，依旧任为洪州知州。皇祐三年，茶税依旧只用现钱缴纳。至嘉祐四年二月五日，发布敕令解除茶禁。

洪迈《容斋随笔》[1]：蜀茶税额，总三十万。熙宁七年[2]，遣三司干当公事李杞经画买茶[3]，以蒲宗闵同领其事[4]。创设官场，增为四十万。后李杞以疾去，都官郎中刘佐继之[5]，蜀茶尽榷,民始病矣。知彭州吕陶言[⑥]:“天下茶法既通,蜀中独行禁榷。杞、佐、宗闵作为弊法,以困西南生聚。”佐虽罢去,以国子博士李稷代之[⑦],陶亦得罪。侍御史周尹复极论榷茶为害[⑧],罢为河北提点刑狱[⑨]。利路漕臣张宗谔、张升卿复建议废茶场司[⑩],依旧通商,皆为稷劾坐贬[⑪]。茶场司行札子[⑫],督绵州彰明知县[⑬],宋大章缴奏[⑭],以为非所当用。又为稷诋[⑮],坐冲替[⑯]。一岁之间,通课利及息耗至七十六万缗有奇[⑰]。

【注释】

①洪迈《容斋随笔》:五集七十四卷,宋洪迈撰。该书是宋代笔记中内容较丰富、篇幅颇大的一种,较广泛地涉及了文学艺术、历史事件、典章制度等许多方面,对于宋代的典故史实,记述相当详尽。洪迈(1123—1202),字景卢,号容斋,又号野处。南宋饶州乐平(今属江西)人。官至宰执(副相),封魏郡开国公、光禄大夫。卒年八十,谥“文敏”。著有《野处类稿》《夷坚志》等。

②熙宁七年:1074年。熙宁,宋神宗年号(1068—1077)。

③三司:唐宋以盐铁、度支、户部为三司,主理财赋。《资治通鉴·唐昭宣帝天祐三年》:“(三月)戊寅,以朱全忠为盐铁、度支、户部三司都制置使。三司之名始于此。”

④蒲宗闵:宋官员,曾与李杞共同负责入蜀买茶之事。

⑤都官郎中刘佐:宋官员,曾任都官郎中。都官郎中,官名。唐宋刑部都官司的主官,掌管徒刑流放配隶等事。

⑥吕陶(1027—1103):字元钧,号净德。成都人,一作眉州彭山人。皇祐五年(1053)进士,熙宁三年(1070),改蜀州通判,迁知彭州。因累疏反对榷茶,贬监怀安军商税。著有《净德集》。

⑦李稷(？—1082)：字长卿。北宋邛州(今四川邛崃)人。以父荫为将作监主簿，历河北西路、东路转运判官。提举成都府路茶事，两年间课羡七十六万缗，擢盐铁判官。

⑧侍御史周尹：字正儒。新繁(今属四川)人。曾任尚书屯田郎侍御史。

⑨提点刑狱：宋提点刑狱公事的省称。掌察所辖地域的司法和刑狱。

⑩利路：即利州路。北宋咸平四年(1001)分西川路置，治利州(今四川广元)。皇祐三年(1051)后移治兴元府(今陕西汉中)。为川峡四路之一。南宋绍兴十四年(1144)分为东、西路，乾道四年(1168)又合为一路，其后又有分合。嘉定十一年(1218)复分为东、西两路。张宗谔：曾为利州路漕臣。张升卿：字公诩。开封(今属河南)人。元丰初为利州路转运判官，坐茶税不实勒停。茶场司：官署名。又名都大提举茶场司。北宋神宗熙宁七年(1074)，始于秦州(今甘肃天水)及成都府利州路分别置茶场司和买马司。元丰四年(1081)，合并为茶马司。掌收茶利以佐用度，凡市马于蕃部者，率以茶易之。设都大提举、都大主管、同主管、提举、同提举，各因其资品高下而除授之。凡产茶及市马州郡官属，得自辟置，视茶马数额之登耗以诏赏罚。

⑪坐贬：因罪贬官。

⑫札子：古代官方公文中的下行文书。用于发指示或委职派差。

⑬绵州：隋开皇五年(585)改潼州置，治巴西县(今四川绵阳东)。大业初改为金山郡。唐武德元年(618)复为绵州。天宝元年(742)改为巴西郡，乾元元年(758)复为绵州。宋、元辖境略有变化。彰明：即彰明县。五代唐改昌明县置，属绵州。治所即今四川江油南彰明镇。

⑭宋大章：字文辅。曾任彰明县知县，因上疏反对榷茶而被贬。缴

奏：谓给事中行使职权，驳正制敕之违失而封还章奏。

⑮诋：污蔑。

⑯冲替：宋代公文习用语。谓贬降官职。

⑰课利：定额的赋税。息耗：犹损耗。有奇：有余。

【译文】

洪迈《容斋随笔》记载：蜀地茶的税额，总计三十万。神宗熙宁七年，派遣三司干当公事李杞经营筹划买茶事宜，并让蒲宗闵共同负责。李杞创设了官场，总计增为四十万。后来李杞因疾病离任，都官郎中刘佐继任，蜀地产的茶叶全部由官场专卖，老百姓更为难以承受。彭州知州吕陶进言："天下的茶法已通行，唯有蜀中实行专卖。李杞、刘佐、蒲宗闵的做法不合时宜，严重困扰了西南百姓的生计。"刘佐虽被罢免，国子博士李稷接替其职，吕陶也因此被治罪。侍御史周尹又大力论述专卖茶叶的害处，被贬为河北提点刑狱。利路漕臣张宗谔和张升卿二人又建议废除茶场司，依旧恢复茶叶通商，又被李稷弹劾而被贬官。茶场司行公文，督促绵州彰明县知县，宋大章将奏章驳回，认为实行专卖不当。李稷又诬蔑陷害宋大章，宋大章因此被贬降官职。一年之间，整个专卖茶叶定额的赋税及损耗达到七十六万缗有余。

熊蕃《宣和北苑贡茶录》①：陆羽《茶经》、裴汶《茶述》②，皆不第建品③。说者但谓二子未尝至闽④，而不知物之发也⑤，固自有时⑥。盖昔者山川尚閟⑦，灵芽未露⑧。至于唐末，然后北苑出为之最。时伪蜀词臣毛文锡作《茶谱》⑨，亦第言建有紫笋⑩，而蜡面乃产于福⑪。五代之季⑫，建属南唐⑬。岁率诸县民⑭，采茶北苑，初造研膏⑮，继造蜡面。既又制其佳者，号曰京挺⑯。本朝开宝末⑰，下南唐。太平兴国二年⑱，特置龙凤模，遣使即北苑造团茶，以别庶饮⑲，龙凤茶盖始于此。

【注释】

①熊蕃《宣和北苑贡茶录》:一卷,熊蕃撰,其子熊克增补。该书为宋代北苑贡茶简史。熊蕃,字叔茂,号独善先生。建州建阳(今福建南平建阳区)人。

②裴汶《茶述》:一卷,唐裴汶撰。《茶述》原书已佚。据宋刘弇《龙云集》卷二八《策问》中第十八条"茶":"然犹陆羽著经,毛文锡缀谱,温庭筠、张又新、裴汶之徒,或纂茶录、或制水经、或述顾渚,至相踵于世",则知《茶述》是有关顾渚茶的。裴汶,河东(今属山西)人。宪宗元和六年(811)自澧州刺史改任湖州刺史,八年(813),迁常州刺史,又为左司员外郎。

③不第建品:没有对建安的茶叶发表品评。第,品论高下次第。

④子:古代对人的尊称,称老师或有道德、有学问的人。

⑤发:出现。

⑥固自有时:本来就有一定的时间机遇。

⑦山川尚闷(bì):名山大川还被掩蔽。闷,掩蔽。

⑧灵芽:此指茶。

⑨伪蜀:指五代十国时期在四川的割据政权,前期由王建所建的又称"前蜀",后期孟知祥所建称为"后蜀",两者都是"五代十国"中的"十国"之一,传两代而亡。后蜀的第二任国君孟昶即蜀后主,为北宋俘虏而灭国。宋人统称这两个地方政权为"伪蜀"。毛文锡作《茶谱》:一卷,毛文锡撰,已佚。毛文锡,字平珪。高阳(今属河北)人。五代西蜀词人,著有《前蜀纪事》等。

⑩第言:只是说。紫笋:茶名,紫色,叶似笋芽,故名。

⑪蜡面:即蜡面茶,茶名。

⑫五代之季:五代末年。

⑬建属南唐:建安地属南唐。南唐,五代十国时期建立于长江中下游的李氏政权,定都南京,仅存三十九年。

⑭岁率:每年率领。

⑮研膏:即研膏茶,茶名。

⑯京挺:又作"京铤",茶名。

⑰开宝:宋太祖年号(968—976)。

⑱太平兴国二年:977年。太平兴国,宋太宗年号(976—984)。

⑲庶饮:百姓茶饮。

【译文】

熊蕃《宣和北苑贡茶录》记载:陆羽《茶经》、裴汶《茶述》,没有对建安的茶叶发表品评。说者只知二位先生未曾到过福建,却不知道事物的出现,本来就有一定的时间机遇。大概当时名山大川还被掩蔽,茶未曾显现。到了唐朝末年,北苑出产的茶最为著名。当时伪蜀词臣毛文锡作《茶谱》,也只是说建安有紫笋茶,而蜡面茶乃出产于福建。五代末年,建安地属南唐。每年率领各县百姓,在北苑采茶,起初制造研膏茶,后来又制造蜡面茶。随后又制造的佳品,称作京挺茶。本朝开宝末年,攻取南唐。太平兴国二年,特意制作雕有龙凤图案的茶饼模,派遣使臣到北苑制造龙凤团茶,以区别百姓茶饮,龙凤茶大概始于此时。

又一种茶,丛生石崖,枝叶尤茂,至道初[①],有诏造之,别号石乳。又一种号的乳,又一种号白乳。此四种出,而腊面斯下矣。

【注释】

①至道:宋太宗年号(995—997)。

【译文】

又有一种茶,丛生在石壁中,枝叶尤其繁茂,至道初年,皇上下令制造，另起名号为石乳。又有一种茶号为的乳，还有一种茶号为白乳。此四种茶出现，腊面茶于是就被列为下等。

真宗咸平中[①]，丁谓为福建漕[②]，监御茶，进龙凤团，始载之于《茶录》[③]。仁宗庆历中[④]，蔡襄为漕，改创小龙团以进，甚见珍惜，旨令岁贡，而龙凤遂为次矣。神宗元丰间[⑤]，有旨造密云龙，其品又加于小龙团之上。哲宗绍圣中[⑥]，又改为瑞云翔龙。至徽宗大观初[⑦]，亲制《茶论》二十篇[⑧]，以白茶自为一种[⑨]，与他茶不同。其条敷阐[⑩]，其叶莹薄[⑪]，崖林之间，偶然生出，非人力可致。正焙之有者不过四五家，家不过四五株，所造止于二三铸而已。浅焙亦有之[⑫]，但品格不及，于是白茶遂为第一。既又制三色细芽，及试新铸、贡新铸[⑬]。自三色细芽出，而瑞云翔龙又下矣。

【注释】

①咸平：宋真宗年号(998—1003)。

②丁谓(966—1037)：字谓之，后更字公言。宋长洲(今江苏苏州)人。曾任福建漕使，督造贡茶，创制大龙凤团饼茶。

③《茶录》：此指宋襄著《茶录》。

④庆历：宋仁宗年号(1041—1048)。

⑤元丰：宋神宗年号(1078—1085)。

⑥绍圣：宋哲宗年号(1094—1098)。

⑦大观：宋徽宗年号(1107—1110)。

⑧《茶论》二十篇：宋徽宗赵佶关于茶的专论，成书于大观元年(1107)。全书共二十篇，对北宋时期蒸青团茶的产地、采制、烹试、品质、斗茶风尚等均有详细记述。

⑨白茶：宋代北苑贡茶品种之一，因质优量少而难得，一直在北苑贡茶中名列第一。

⑩敷阐：有润泽而舒展。

⑪莹薄：有光泽而且细薄。

⑫浅焙：宋代建州北苑龙焙周围的茶焙，其茶之质量介乎正焙、外焙之间。

⑬试新銙：宋代贡茶名。贡新銙：宋代贡茶名。

【译文】

宋真宗咸平年间，丁谓为福建转运使，监督制造皇宫用茶，进贡龙凤团茶，开始记载于蔡襄《茶录》。宋仁宗庆历年间，蔡襄为福建转运使，改革创造小龙团茶以进贡，很是被珍重爱惜，圣旨下令每年进贡，而龙凤团茶就为次等了。宋神宗元丰年间，诏令制造密云龙，其品质又在小龙团茶之上。宋哲宗绍圣年间，又改为制造瑞云翔龙。到宋徽宗大观初年，宋徽宗亲自写作《大观茶论》二十篇，将白茶自成一个品种，与一般的茶不同。它的枝条润泽且舒展，茶的叶芽有光泽而且细薄，这种茶树是在崖壁丛林之间偶然自发生长出来的稀有品种，非人力可以获取。有这种茶的人家不过四五户，每户也就不过四五株，所能制造出的白茶也只有二三銙而已。北苑龙焙周围的茶焙也有，但质量规格比不上，于是白茶就成为第一。随后又制造三色细芽，及试新銙、贡新銙。自三色细芽出现，而瑞云翔龙又属于下等了。

凡茶芽数品，最上曰小芽，如雀舌、鹰爪，以其劲直纤挺，故号芽茶。次曰拣芽，乃一芽带一叶者，号一枪一旗。次曰中芽，乃一芽带两叶，号一枪两旗，其带三叶、四叶者，渐老矣。芽茶早春极少。景德中[①]，建守周绛为《补茶经》[②]，言芽茶只作早茶，驰奉万乘尝之可矣[③]。如一枪一旗，可谓奇茶也。故一枪一旗号拣芽，最为挺特光正。舒王送人闽中诗云“新茗斋中试一旗”④，谓拣芽也。或者谓茶芽未展为枪，已展为旗，指舒王此诗为误，盖不知有所谓拣芽也。夫拣芽犹贵重如此，而况芽茶以供天子之新尝者乎！

【注释】

①景德：宋真宗年号(1004—1007)。

②建守：建州太守。周绛《补茶经》：一卷，宋周绛撰。因为陆羽所著《茶经》不载建安北苑茶，周绛欲补其缺漏，于北宋大中祥符四年(1012)作《补茶经》，亦名《茶苑总录》。周绛，字幹臣。常州溧阳(今属江苏)人。少为道士，名智进。后还俗发愤读书。大中祥符初(1008)知建州主管茶事，于北苑御茶补种茶三万株。

③万乘：指天子。周制，王畿方千里，能出兵车万乘，故称。

④舒王：指王安石。王安石(1021—1086)，字介甫，号半山，抚州临川(江西临川)人。神宗熙宁二年(1069)授参知政事，次年任宰相，开始“熙宁变法”。熙宁九年(1076)退居金陵，封荆国公。死后追封为舒王。送人闽中诗：即《送元厚之知福州诗》，也称《送福建张比部》。

【译文】

大凡茶芽数种，最上等的为小芽，如雀舌、鹰爪，以其挺直而尖细，因此称作芽茶。次等为拣芽，是一芽带一叶的，称为一枪一旗。次等中芽，是一芽带两叶，称为一枪两旗，其中带三叶、四叶的，渐渐老了。芽茶初春极少。宋真宗景德年间，建州太守周绛所著《补茶经》，说芽茶只是作为早茶，乘快马进奉给皇帝，品尝新茶就可以了。如果是一叶一芽的嫩茶叶，可以称为茶中极品。因此一枪一旗号拣芽，最为挺拔突出纯正。王安石送人闽中诗说“新茗斋中试一旗”，说的就是拣芽。有人说茶芽没有展开为枪，已经展开为旗，因此认为王安石这首诗有误，大概是不知道有所谓的拣芽。这拣芽尚且贵重,而何况芽茶是只供天子品尝的啊!

夫芽茶绝矣。至于水芽[①],则旷古未之闻也。宣和庚子岁[②],漕臣郑公可简始创为银丝水芽[③]。盖将已拣熟芽再为剔去,只取其心一缕,用珍器贮清泉渍之,光明莹洁,如银丝然[④]。以制方寸新銙,有小龙蜿蜒其上,号龙团胜雪。又废白、的、石乳,鼎造花銙二十余色[⑤]。初,贡茶皆入龙脑,至是虑夺真味,始不用焉。盖茶之妙,至胜雪极矣,故合为首冠[⑥]。然犹在白茶之次者,以白茶上之所好也。

【注释】

①水芽:古代制茶时,先蒸后拣,从小芽中精挑的芽尖芽心,存放在水盆中,叫做"水芽"。

②宣和庚子岁:即宋徽宗宣和二年,1120年。宣和,宋徽宗年号(1119—1125)。

③郑可简:宋人,宣和年间任建安漕臣,因进献"水线银芽"得宠,进福建路转运使。

④如银丝然:像一根银线一样。

⑤鼎造:更造,新造。

⑥合:应当。首冠:第一,最上等。

【译文】

这芽茶绝无仅有。至于水芽,则自古以来未曾听说过。宋徽宗宣和二年,福建转运使郑可简最早创制了银丝水芽。大概将已拣的熟芽再次剔除,只取其芽心一缕,用珍贵的器物贮存清泉浸泡,明亮而光洁,像一根银线一样。用来制造一寸见方的新銙,有小龙蜿蜒在上面,称为龙团胜雪。又废除白乳、的乳、石乳,新造花銙二十余种。起初,贡茶都加入龙脑香料，至此考虑侵夺茶的真正味道，才不用了。大概茶的神奇，到龙团胜雪达到顶点，因此应当推为第一。然而仍然在白茶之下，因为白茶是皇帝所喜爱的。

异时[①]，郡人黄儒撰《品茶要录》[②]，极称当时灵芽之富[③]，谓使陆羽数子见之，必爽然自失[④]。蕃亦谓使黄君而阅今日之品，则前此者未足诧焉。然龙焙初兴[⑤]，贡数殊少，累增至于元符[⑥]，以斤计者一万八千，视初已加数倍，而犹未盛。今则为四万七千一百斤有奇矣。此数见范逵所著《龙焙美成茶录》[⑦]。逵，茶官也。白茶、胜雪以次，厥名实繁，今列于左，使好事者得以观焉。

【注释】

①异时：从前。

②郡人：同乡。黄儒撰《品茶要录》：一卷，宋黄儒撰。全书十篇。一至九篇论制造茶叶过程中应当避免的采造过时、混入杂物、蒸不熟、蒸过熟、烤焦等问题；第十篇讨论选择地理条件的重要性。黄儒，字道辅。建安(今福建建瓯)人。

③极称：极力称赞。灵芽：茶的雅称。古人以为，茶萌芽时得天地山川灵气，故云。

④爽然自失：形容茫无主见、无所适从。

⑤龙焙：宋代生产龙凤贡茶的建州北苑茶焙。

⑥元符：宋哲宗年号(1098—1100)。

⑦范逵所著《龙焙美成茶录》：一卷，已佚。此书仅见《宣和北苑贡茶录》注引，并称："逵，茶官。"龙焙，宋代生产龙凤贡茶的建州北苑茶焙。因此，该书为专记北苑龙焙之书。

【译文】

从前，同乡黄儒撰《品茶要录》，极力称赞当时茶叶丰富，说使陆羽数位先生看见，必茫无主见，无所适从。我也说使黄儒先生看到今日的品种，在此之前的名茶就算不上惊奇。然而龙焙刚开始兴建，进贡数量很少，累增至元符年间，计有一万八千余斤，看起来比起初已增加数倍，然而还没有达到兴盛。如今已为四万七千一百斤有余了。此数见范逵所著《龙焙美成茶录》。范逵，茶官。白茶、胜雪为次等，它们的名目实在很多，今列于左，使喜爱茶事的人得以观看。

贡新銙大观二年造[1]	试新銙政和二年造[2]	白茶宣和二年造[3]
龙团胜雪宣和二年	御苑玉芽大观二年	万寿龙芽大观二年
上林第一宣和二年	乙夜清供	承平雅玩
龙凤英华	玉除清赏	启沃承恩
雪英	云叶	蜀葵
金钱宣和二年	玉华宣和二年	寸金宣和三年
无比寿芽大观四年	万春银叶宣和二年	宜年宝玉
玉清庆云	无疆寿龙	玉叶长春宣和四年
瑞云翔龙绍圣二年[4]	长寿玉圭政和二年	兴国岩銙
香口焙銙	上品拣芽绍兴二年[5]	新收拣芽
太平嘉瑞政和二年	龙苑报春宣和四年	南山应瑞
兴国岩拣芽	兴国岩小龙	兴国岩小凤以上号细色
拣芽	小龙	小凤
大龙	大凤以上号粗色	

又有琼林毓粹、浴雪呈祥、壑源拱秀、贡篚推先、价倍南金、旸谷先春、寿岩都胜、延平石乳、清白可鉴、风韵甚高，凡

十色，皆宣和二年所制，越五岁省去[⑥]。

【注释】

①大观二年：1108 年。大观，宋徽宗年号(1107—1110)。

②政和二年：1112 年。政和，宋徽宗年号(1111—1118)。

③宣和二年：1120 年。宣和，宋徽宗年号(1119—1125)。

④绍圣二年：1095 年。绍圣，宋哲宗年号(1094—1098)。

⑤绍兴二年：1132 年。绍兴，宋高宗年号(1131—1162)。

⑥越五岁省去：过了五年就不再制造。

【译文】

贡新銙大观二年造	试新銙政和二年造	白茶宣和二年造
龙团胜雪宣和二年	御苑玉芽大观二年	万寿龙芽大观二年
上林第一宣和二年	乙夜清供	承平雅玩
龙凤英华	玉除清赏	启沃承恩
雪英	云叶	蜀葵
金钱宣和二年	玉华宣和二年	寸金宣和三年
无比寿芽大观四年	万春银叶宣和二年	宜年宝玉
玉清庆云	无疆寿龙	玉叶长春宣和四年
瑞云翔龙绍圣二年	长寿玉圭政和二年	兴国岩銙
香口焙銙	上品拣芽绍兴二年	新收拣芽
太平嘉瑞政和二年	龙苑报春宣和四年	南山应瑞
兴国岩拣芽	兴国岩小龙	兴国岩小凤以上名号都为细色茶
拣芽	小龙	小凤
大龙	大凤以上名号都为粗色茶	

又有琼林毓粹、浴雪呈祥、壑源拱秀、贡篚推先、价倍南金、旸谷先春、寿岩都胜、延平石乳、清白可鉴、风韵甚高，共十种，都是宣和二年所制，过了五年就不再制造。

右茶岁分十余纲[①]，惟白茶与胜雪，自惊蛰前兴役[②]，浃日乃成[③]，飞骑疾驰，不出仲春[④]，已至京师，号为头纲。玉芽以下，即先后以次发，逮贡足时，夏过半矣。欧阳公诗云[⑤]："建安三千五百里，京师三月尝新茶。"盖异时如此，以今较昔，又为最早。因念草木之微，有瑰奇卓异[⑥]，亦必逢时而后出，而况为士者哉？昔昌黎感二鸟之蒙采擢，而自悼其不如[⑦]。今蕃于是茶也，焉敢效昌黎之感[⑧]，姑务自警而坚其守以待时而已[⑨]。

【注释】

①纲：唐宋时成批运送大宗货物。每批以若干车或船为一组，分若干组，一组称一纲。

②兴役：开始动工。这里指动工采制茶叶。

③浃(jiā)日：古代以干支纪日，称自甲至癸一周十日为"浃日"。

④仲春：春季的第二个月，即农历二月。

⑤欧阳公：即欧阳修。

⑥瑰奇卓异：特别珍贵奇异之处。

⑦昔昌黎感二鸟之蒙采擢(zhuó)，而自悼其不如：昌黎，指韩愈。他曾在离开长安返乡途中遇到地方官吏正送白乌、白鸜鹆二鸟进京献给皇上。眼前二鸟，仅仅因为羽毛奇异，就能被采擢荐进，光耀加身。韩愈感慨万端，写下《感二鸟赋》，抒发自己怀才不遇的悲苦、愤慨。

⑧今蕃于是茶也，焉敢效昌黎之感：今天我写这部茶书，哪里敢仿效韩愈写作《感二鸟赋》那样抒发感慨。

⑨姑务自警：姑且用它来自我警策。坚其守：保持自己的操守。

【译文】

上面所说的茶每年分十余纲，只有白茶与龙团胜雪，自惊蛰前就动工采制茶叶，十天制造完毕，快马奔驰，不出农历二月，已送至京师，称为头纲。御苑玉芽以下，且按先后次序进贡，等到进贡完成的时候，夏天已过半了。欧阳修诗写道："建安三千五百里，京师三月尝新茶。"大概从前就是这样，以今天比较以前，又有比当时更早。因想细微如草木之类，有特别珍贵奇异之处，也必须遇上好时运而后才能脱颖而出，何况读书人啊？从前韩愈感慨二鸟仅仅羽毛奇异便得到举荐给皇帝的荣耀，而作《感二鸟赋》来抒发自己怀才不遇的感伤之情。今天我做这本书，哪里敢仿效韩愈写作《感二鸟赋》去抒发感慨，姑且用它来自我警策保持自己的操守以等待时机而已。

外焙

石门　乳吉　香口

右三焙，常后北苑五七日兴工。每日采茶蒸榨，以过黄悉送北苑并造①。

【注释】

①过黄：制茶术语。宋代制作贡茶时，制銙后的干燥过程称"过黄"。

【译文】

外焙

石门　乳吉　香口

以上这三个外焙茶的地方，通常要比北苑晚五到七天开工。每天采摘茶叶、蒸制茶叶、榨出茶汁，以将茶叶过黄，然后全部送到北苑一起烘焙并制造。

《北苑别录》[1]:先人作《茶录》[2],当贡品极盛之时,凡有四十余色。绍兴戊寅岁[3],克摄事北苑[4],阅近所贡皆仍旧[5]。其先后之序亦同,惟跻龙团胜雪于白茶之上[6],及无兴国岩小龙、小凤,盖建炎南渡[7],有旨罢贡三之一而省去之也。先人但著其名号,克今更写其形制[8],庶览之无遗恨焉。先是,壬子春[9],漕司再摄茶政[10],越十三载[11],乃复旧额,且用政和故事[12],补种茶二万株。政和周曹种三万株。此年益虔贡职[13],遂有创增之目。仍改京挺为大龙团,由是大龙多于大凤之数。凡此皆近事,或者犹未之知也。三月初吉[14],男克北苑寓舍书[15]。

【注释】

①《北苑别录》:一卷,宋赵汝砺撰。

②先人:指父亲熊蕃。《茶录》:即《宣和北苑贡茶录》。

③绍兴戊寅岁:即绍兴二十八年,1158 年。绍兴,南宋高宗年号(1131—1162)。

④摄事:代行其事。为官的自谦说法。

⑤阅:看到。

⑥跻(jī):上升。

⑦建炎南渡:指宋高宗南渡以后,南宋建国之初。建炎,宋高宗年号(1127—1130)。南渡,犹南迁。晋元帝、宋高宗皆渡长江迁于南方建都,故史称南渡。

⑧写其形制:刻画它的形状规模。

⑨壬子春:指绍兴二年,即 1132 年。

⑩漕司:即福建转运使。茶政:茶叶的政事。

⑪越:过了。

⑫政和故事：政和年间的旧例。

⑬益虔贡职：更加恭谨地对待贡茶这件事。

⑭三月初吉：三月初的吉日。

⑮男：儿子对父母的自称。寓舍：住所。

【译文】

《北苑别录》记载：先父熊蕃作《宣和北苑贡茶录》，贡品达到鼎盛时，共有四十余种。绍兴二十八年，我在北苑负责茶事，看到近来所进贡的都依照旧制。它的先后次序也一样，只有龙团胜雪跻身白茶之上，却没有兴国岩小龙、小凤，大概宋室南渡以后，有旨令停止进贡三分之一而减免去掉了。先父熊蕃只记录其名号，我今天再刻画出它的形状规模，但愿这样使看到的人没有遗憾。在此以前，绍兴二年，福建转运使再整治茶叶政事，过了十三年，又恢复原来的额度，而且采用政和年间的旧例，补种茶树二万株政和周曹种三万株。此年更加恭谨地对待贡茶这件事，于是增加新品种的条目。仍改京挺为大龙团，因此大龙便多于大凤的数目。所有这些都是过去不久的事情，或者还有不知道的。三月初的吉日，儿子熊克于北苑住所书写。

贡新銙竹圈，银模，方一寸二分　试新銙同上

龙团胜雪同上　白茶银圈，银模，径一寸五分

御苑玉芽银圈，银模，径一寸五分　万寿龙芽同上

上林第一方一寸二分　乙夜清供竹圈

承平雅玩　龙凤英华

玉除清赏　启沃承恩俱同上

雪英横长一寸五分　云叶同上

蜀葵径一寸五分　金钱银模，同上

玉华银模，横长一寸五分　寸金竹圈，方一寸二分

无比寿芽银模，竹圈，同上

万春银叶银模，银圈，两尖径二寸二分

宜年宝玉银圈，银模，直长三寸

玉清青云方一寸八分

无疆寿龙银模，竹圈，直长一寸

玉叶长春竹圈，直长三寸六分

瑞云翔龙银模，银圈，径二寸五分

长寿玉圭银模，直长三寸

兴国岩銙竹圈，方一寸二分　　香口焙銙同上

上品拣芽银模，银圈　　新收拣芽银模，银圈，俱同上

太平嘉瑞银圈，径一寸五分

龙苑报香径一寸七分

南山应瑞银模，银圈，方一寸八分

兴国岩拣芽银模，径三寸

小龙　小凤　大龙　大凤俱同上

【译文】

贡新銙竹圈，银模，方一寸二分　　试新銙同上

龙团胜雪同上　　白茶银圈，银模，径一寸五分

御苑玉芽银圈，银模，径一寸五分　　万寿龙芽同上

上林第一方一寸二分　　乙夜清供竹圈

承平雅玩　　龙凤英华

玉除清赏　　启沃承恩俱同上

雪英横长一寸五分　　云叶同上

蜀葵径一寸五分　　金钱银模，同上

玉华银模，横长一寸五分　　寸金竹圈，方一寸二分

无比寿芽银模，竹圈，同上

万春银叶银模，银圈，两尖径二寸二分

宜年宝玉银圈，银模，直长三寸

玉清青云方一寸八分

无疆寿龙银模，竹圈，直长一寸

玉叶长春竹圈，直长三寸六分

瑞云翔龙银模，银圈，径二寸五分

长寿玉圭银模，直长三寸

兴国岩銙竹圈，方一寸二分　　香口焙銙同上

上品拣芽银模，银圈　　新收拣芽银模，银圈，俱同上

太平嘉瑞银圈，径一寸五分

龙苑报香径一寸七分

南山应瑞银模，银圈，方一寸八分

兴国岩拣芽银模，径三寸

小龙　小凤　大龙　大凤俱同上

北苑贡茶最盛，然前辈所录[①]，止于庆历以上[②]。自元丰之密云龙、绍圣之瑞云翔龙相继挺出，制精于旧，而未有好事者记焉，但见于诗人句中。及大观以来，增创新銙，亦犹用拣芽。盖水芽至宣和始有，故龙团胜雪与白茶角立[③]，岁充首贡[④]，自御苑玉芽以下厥名实繁。先子观见时事[⑤]，悉能记之，成编具存[⑥]。今闽中漕台所刊《茶录》[⑦]，未备此书，庶几补其阙云。淳熙九年冬十二月四日[⑧]，朝散郎行秘书郎国史编修官学士院权直熊克谨记[⑨]。

【注释】

①前辈:年岁长、资历深的人。

②庆历:宋仁宗年号(1041—1048)。

③角立:并立。

④岁充首贡:每年最先进贡。

⑤先子:称亡父。观见:看见。时事:当时的政事、世事。

⑥成编具存:编成的著作都还存在。

⑦闽中漕台:指福建转运司。

⑧淳熙九年:1182 年。淳熙,宋孝宗年号(1174—1198)。

⑨学士院权直:官名。北宋前期,他官暂行学士院文书,称为权直。神宗元丰年间(1078—1085)改制后不设。南宋孝宗乾道九年(1173),复置翰林权直。淳熙五年(1178),改学士院权直。熊克:字子复。南宋建宁建阳(今属福建)人。历任校书郎、起居郎兼直学士院、知台州等职。好著述,博闻强记,尤谙朝章典故。曾著《九朝通略》《官制新典》《帝王经谱》等,多佚。今存《中兴小纪》。谨记:谓慎重地叙而记之。

【译文】

北苑贡茶最为兴盛,然而前辈们所记录,止于庆历年间以前。自元丰年间的密云龙、绍圣年间的瑞云翔龙相继出现,制作比以前精致,而没有喜欢茶事的人记录,只见于诗人的诗句中。到大观年间以来,增设创制新的銙茶,也还用拣芽。大概水芽到宣和年间才有,因此龙团胜雪与白茶并立,每年最先进贡,自御苑玉芽以下它们的名目实在太多。先父看见当时的政事,全部记录了下来,编成的著作都还存在。今天福建转运司所刊《茶录》,没有见到先父的著作,希望能补其缺憾。淳熙九年冬十二月四日,朝散郎行秘书郎国史编修官学士院权直熊克谨记。

北苑贡茶纲次

细色第一纲

龙焙贡新　水芽[①]　十二水[②]　十宿火[③]　正贡三十铸[④]　创添二十铸[⑤]

【注释】

①水芽:古代制茶时,先蒸后拣,从小芽中精挑的芽尖芽心,存放在水盆中,叫做“水芽”。

②十二水:加十二次水研茶。北苑加水研茶,以每注水研茶至水干为一水。

③十宿火:指烘烤茶饼十昼夜。

④正贡:进贡的正式定额。

⑤创添:在正贡之外添加数额。

【译文】

北苑贡茶纲次

细色第一纲

龙焙贡新　水芽　十二水　十宿火　正贡三十铸　创添二十铸

细色第二纲

龙焙试新　水芽　十二水　十宿火　正贡一百铸　创添五十铸

【译文】

细色第二纲

龙焙试新　水芽　十二水　十宿火　正贡一百铸　创添五十铸

细色第三纲

龙团胜雪　水芽　十六水　十二宿火　正贡三十銙　创添二十銙

白茶　水芽　十六水　七宿火　正贡三十銙　续添五十銙　创添八十銙

御苑玉芽　小芽　十二水　八宿火　正贡一百片

万寿龙芽　小芽　十二水　八宿火　正贡一百片

小林第一　小芽　十二水　十宿火　正贡一百銙

乙夜清供　小芽　十二水　十宿火　正贡一百銙

承平雅玩　小芽　十二水　十宿火　正贡一百銙

龙凤英华　小芽　十二水　十宿火　正贡一百銙

玉除清赏　小芽　十二水　十宿火　正贡一百銙

启沃承恩　小芽　十二水　十宿火　正贡一百銙

雪英　小芽　十二水　七宿火　正贡一百銙

云叶　小芽　十二水　七宿火　正贡一百片

蜀葵　小芽　十二水　七宿火　正贡一百片

金钱　小芽　十二水　七宿火　正贡一百片

寸金　小芽　十二水　七宿火　正贡一百銙

【译文】

细色第三纲

龙团胜雪　水芽　十六水　十二宿火　正贡三十銙　创添二十銙

白茶　水芽　十六水　七宿火　正贡三十銙　续添五十銙　创添八十銙

御苑玉芽　小芽　十二水　八宿火　正贡一百片

万寿龙芽　小芽　十二水　八宿火　正贡一百片

小林第一　小芽　十二水　十宿火　正贡一百铸

乙夜清供　小芽　十二水　十宿火　正贡一百铸

承平雅玩　小芽　十二水　十宿火　正贡一百铸

龙凤英华　小芽　十二水　十宿火　正贡一百铸

玉除清赏　小芽　十二水　十宿火　正贡一百铸

启沃承恩　小芽　十二水　十宿火　正贡一百铸

雪英　小芽　十二水　七宿火　正贡一百铸

云叶　小芽　十二水　七宿火　正贡一百片

蜀葵　小芽　十二水　七宿火　正贡一百片

金钱　小芽　十二水　七宿火　正贡一百片

寸金　小芽　十二水　七宿火　正贡一百铸

细色第四纲

龙团胜雪　见前　正贡一百五十铸

无比寿芽　小芽　十二水　十五宿火　正贡五十铸　创添五十铸

万寿银叶　小芽　十二水　十宿火　正贡四十片　创添六十片

宜年宝玉　小芽　十二水　十宿火　正贡四十片　创添六十片

玉清庆云　小芽　十二水　十五宿火　正贡四十片　创添六十片

无疆寿龙　小芽　十二水　十五宿火　正贡四十片　创添六十片

玉叶长春　小芽　十二水　七宿火　正贡一百片

瑞云翔龙　小芽　十二水　九宿火　正贡一百片
长寿玉圭　小芽　十二水　九宿火　正贡二百片
兴国岩銙　中芽　十二水　十宿火　正贡一百七十銙
香口焙銙　中芽　十二水　十宿火　正贡五十銙
上品拣芽　小芽　十二水　十宿火　正贡一百片
新收拣芽　中芽　十二水　十宿火　正贡六百片

【译文】

细色第四纲
龙团胜雪　见前　正贡一百五十銙
无比寿芽　小芽　十二水　十五宿火　正贡五十銙　创添五十銙
万寿银叶　小芽　十二水　十宿火　正贡四十片　创添六十片
宜年宝玉　小芽　十二水　十宿火　正贡四十片　创添六十片
玉清庆云　小芽　十二水　十五宿火　正贡四十片　创添六十片
无疆寿龙　小芽　十二水　十五宿火　正贡四十片　创添六十片
玉叶长春　小芽　十二水　七宿火　正贡一百片
瑞云翔龙　小芽　十二水　九宿火　正贡一百片
长寿玉圭　小芽　十二水　九宿火　正贡二百片
兴国岩銙　中芽　十二水　十宿火　正贡一百七十銙
香口焙銙　中芽　十二水　十宿火　正贡五十銙
上品拣芽　小芽　十二水　十宿火　正贡一百片
新收拣芽　中芽　十二水　十宿火　正贡六百片

细色第五纲
太平嘉瑞　小芽　十二水　九宿火　正贡三百片
龙苑报春　小芽　十二水　九宿火　正贡六十片　创

添六十片

南山应瑞　小芽　十二水　十五宿火　正贡六十铃

创添六十铃

兴国岩拣芽　中芽　十二水　十宿火　正贡五百十片

兴国岩小龙　中芽　十二水　十五宿火　正贡七百五片

兴国岩小凤　中芽　十二水　十五宿火　正贡五十片

先春两色[①]

太平嘉瑞　同前　正贡二百片

长寿玉圭　同前　正贡二百片

【注释】

①色：种。

【译文】

细色第五纲

太平嘉瑞　小芽　十二水　九宿火　正贡三百片

龙苑报春　小芽　十二水　九宿火　正贡六十片　创添六十片

南山应瑞　小芽　十二水　十五宿火　正贡六十铃　创添六十铃

兴国岩拣芽　中芽　十二水　十宿火　正贡五百十片

兴国岩小龙　中芽　十二水　十五宿火　正贡七百五片

兴国岩小凤　中芽　十二水　十五宿火　正贡五十片

先春两色

太平嘉瑞　同前　正贡二百片

长寿玉圭　同前　正贡二百片

续入额四色

御苑玉芽　同前　正贡一百片

万寿龙芽　同前　正贡一百片

无比寿芽　同前　正贡一百片

瑞云翔龙　同前　正贡一百片

【译文】

后续补入定额四种

御苑玉芽　同前　正贡一百片

万寿龙芽　同前　正贡一百片

无比寿芽　同前　正贡一百片

瑞云翔龙　同前　正贡一百片

粗色第一纲

正贡

不入脑子上品拣芽小龙[①]，一千二百片，六水，十宿火。

入脑子小龙，七百片，四水，十五宿火。

增添

不入脑子上品拣芽小龙，一千二百片。

入脑子小龙，七百片。

建宁府附发小龙茶，八百四十片。

【注释】

①脑子：香料，通常指龙脑。

【译文】

粗色第一纲

正贡

不添加香料的上品拣芽小龙茶，一千二百片，六水，十宿火。

添加香料的小龙茶，七百片，四水，十五宿火。

增添

不添加香料的上品拣芽小龙茶，一千二百片。

添加香料的小龙茶，七百片。

建宁府附发的小龙茶，八百四十片。

粗色第二纲

正贡

不入脑子上品拣芽小龙，六百四十片。

入脑子小龙，六百七十二片。

入脑子小凤，一千三百四十片，四水，十五宿火。

入脑子大龙，七百二十片，二水，十五宿火。

入脑子大凤，七百二十片，二水，十五宿火。

增添

不入脑子上品拣芽小龙，一千二百片。

入脑子小龙，七百片。

建宁府附发小凤茶，一千三百片。

【译文】

粗色第二纲

正贡

不添加香料的上品拣芽小龙茶，六百四十片。

添加香料的小龙茶，六百七十二片。

添加香料的小凤茶，一千三百四十片，四水，十五宿火。

添加香料的大龙茶，七百二十片，二水，十五宿火。

添加香料的大凤茶，七百二十片，二水，十五宿火。

增添

不添加香料的上品拣芽小龙茶，一千二百片。

添加香料的小龙茶，七百片。

建宁府附发小凤茶，一千三百片。

粗色第三纲

正贡

不入脑子上品拣芽小龙，六百四十片。

入脑子小龙，六百四十片。

入脑子小凤，六百七十二片。

入脑子大龙，一千八百片。

入脑子大凤，一千八百片。

增添

不入脑子上品拣芽小龙，一千二百片。

入脑子小龙，七百片。

建宁府附发大龙茶，四百片；大凤茶，四百片。

【译文】

粗色第三纲

正贡

不添加香料的上品拣芽小龙茶，六百四十片。

添加香料的小龙茶，六百四十片。

添加香料的小凤茶，六百七十二片。

添加香料的大龙茶，一千八百片。

添加香料的大凤茶，一千八百片。

增添

不添加香料的上品拣芽小龙茶，一千二百片。

添加香料的小龙茶，七百片。

建宁府附发大龙茶，四百片；大凤茶，四百片。

粗色第四纲

正贡

不入脑子上品拣芽小龙，六百片。

入脑子小龙，三百三十六片。

入脑子小凤，三百三十六片。

入脑子大龙，一千二百四十片。

入脑子大凤，一千二百四十片。

建宁府附发大龙茶，四百片；大凤茶，四百片。

【译文】

粗色第四纲

正贡

不添加香料的上品拣芽小龙茶，六百片。

添加香料的小龙茶，三百三十六片。

添加香料的小凤茶，三百三十六片。

添加香料的大龙茶，一千二百四十片。

添加香料的大凤茶，一千二百四十片。

建宁府附发的大龙茶，四百片；大凤茶，四百片。

粗色第五纲

正贡

入脑子大龙，一千三百六十八片。

入脑子大凤，一千三百六十八片。

京铤改造大龙，一千六百片。

建宁府附发大龙茶，八百片；大凤茶，八百片。

【译文】

粗色第五纲

正贡

添加香料的大龙茶，一千三百六十八片。

添加香料的大凤茶，一千三百六十八片。

京铤改造的大龙茶，一千六百片。

建宁府附发大龙茶，八百片；大凤茶，八百片。

粗色第六纲

正贡

入脑子大龙，一千三百六十片。

入脑子大凤，一千三百六十片。

京铤改造大龙，一千六百片。

建宁府附发大龙茶，八百片；大凤茶，八百片；又京铤改造大龙，一千二百片。

【译文】

粗色第六纲

正贡

添加香料的大龙茶，一千三百六十片。

添加香料的大凤茶，一千三百六十片。

京铤改造的大龙茶，一千六百片。

建宁府附发大龙茶，八百片；大凤茶，八百片；又京铤改造的大龙茶，一千二百片。

粗色第七纲

正贡

入脑子大龙，一千二百四十片。

入脑子大凤，一千二百四十片。

京铤改造大龙，二千三百二十片。

建宁府附发大龙茶，二百四十片；大凤茶，二百四十片；又京铤改造大龙，四百八十片。

【译文】

粗色第七纲

正贡

添加香料的大龙茶，一千二百四十片。

添加香料的大凤茶，一千二百四十片。

京铤改造的大龙茶，二千三百二十片。

建宁府附发的大龙茶，二百四十片；大凤茶，二百四十片；又京铤改造的大龙茶，四百八十片。

细色五纲

贡新为最上，后开焙十日入贡。龙团为最精，而建人有直四万钱之语①。夫茶之入贡，圈以箬叶，内以黄斗②，盛以花箱③，护以重篚④，花箱内外又有黄罗幕之⑤，可谓什袭之珍矣⑥。

【注释】

①直四万钱:《锦绣万花谷》:"北苑造贡茶,社前芽细如针,用御水研造,每片计工直钱四万分。"

②黄斗:黄色的像斗一样的器物。

③花箱:此指储藏饼茶的器具。

④篚(fěi):古代盛东西的一种竹器。

⑤黄罗:黄色罗纱。

⑥什袭:把货物重重叠叠地包裹起来,引申为郑重珍藏的意思。

【译文】

细色五纲

贡新为最上,延后十日开始采茶进贡。龙团胜雪最为精致,建安人有"直四万钱"的说法。茶作为贡品进献,包以箬竹叶,放入黄斗之中,再用花箱装盛,外面护以重篚,花箱内外又有黄色罗纱覆盖,可以说是郑重珍藏了。

粗色七纲

拣芽以四十饼为角[1],小龙凤以二十饼为角,大龙凤以八饼为角。圈以箬叶,束以红缕,包以红纸,缄以蒨绫[2]。惟拣芽俱以黄焉。

【注释】

①角:茶角。当为茶饼的包装。

②缄以蒨(qiàn)绫:用绛色的绫罗封好。缄,封。蒨,指绛色。

【译文】

粗色七纲

拣芽茶以四十饼为一角,小龙凤茶以二十饼为一角,大龙凤茶以八饼为一角。用箬竹叶环绕,用红线扎束,用红纸包裹,用绛色的绫罗封好。只有拣芽茶都用黄色。

《金史》:茶自宋人岁供之外,皆贸易于宋界之榷场①。世宗大定十六年②,以多私贩,乃定香茶罪赏格③。章宗承安三年④,命设官制之⑤。以尚书省令史往河南视官造者⑥,不尝其味,但采民言谓为温桑,实非茶也,还即白。上以为不干⑦,杖七十,罢之。四年三月,于淄、密、宁海、蔡州各置一坊造茶⑧。照南方例,每斤为袋,直六百文。后令每袋减三百文。五年春,罢造茶之坊。六年,河南茶树槁者,命补植之。十一月,尚书省奏禁茶,遂命七品以上官,其家方许食茶,仍不得卖及馈献⑨。七年,更定食茶制。八年,言事者以止可以盐易茶⑩。省臣以为所易不广⑪,兼以杂物博易⑫。

【注释】

①榷场:宋、辽、金、元时在边境所设的同邻国互市的市场。场内贸易由官吏主持,除官营外,商人需纳税、交牙钱,领得证明文件方能交易。

②大定十六年:1176年。大定,金世宗年号(1161—1189)。

③香茶罪赏格:金朝茶法,是为防止走私茶而制定于世宗大定十六年(1176)的茶法。

④承安三年:1198年。承安,金章宗年号(1196—1200)。

⑤设官:谓设立官府,设置治理政事的机构。

⑥尚书省令史:金朝尚书省的高级吏员。

⑦不干:无能,不称职。

⑧淄:淄州。隋开皇十六年(596)置,治贝丘县(今山东淄博淄川

区)。大业初省。唐武德元年(618)复置。天宝元年(742)改置为淄川郡。乾元元年(758)复为淄州。密:密州。隋开皇五年(585)以胶州改置,以境内密水为名。治所在东武县(今山东诸城)。宁海:宁海州。金大定二十二年(1182)升宁海军置,治牟平县(今山东烟台牟平区)。属山东东路。蔡州:隋大业二年(606)改溱州置,治所在上蔡县(今河南汝南)。三年(607)改为汝南郡。唐武德四年(621)改为豫州。宝应元年(762)复改蔡州,治汝阳县(今河南汝南)。

⑨馈献:赠送奉献。

⑩言事者:即谏官。古时专门设置规劝天子改正过失的官员。

⑪省臣:行省的长官。

⑫博易:交易。

【译文】

脱脱《金史》记载:茶除宋人每年供给的以外,都在宋朝边界的专卖场贸易。金世宗大定十六年,由于私贩很多,于是又制定香茶罪赏格。金章宗承安三年,命令设置官府制造茶叶。派尚书省令史到河南视察官府生产的茶叶,由于他没有亲自品尝味道,只听百姓说是温桑,实际上不是茶,回来后就禀告。皇上认为他不称职,杖七十下,罢免了他。四年三月,在淄州、密州、宁海、蔡州各设置一个作坊,制造新茶。按照南方的惯例,每斤为一袋,价值六百文。后来命令每袋减至三百文。五年春,撤销造茶的作坊。六年,河南茶树枯槁的,命令补栽。十一月,尚书省上奏禁止饮茶,于是命令七品以上官员,其家才准饮茶,但仍不准赠送奉献。七年,另外制定食用茶的法令。八年,谏官认为只有盐可换取茶叶。行省长官认为用来交换的东西不多,于是上奏兼用杂物交易。

宣宗元光二年①,省臣以茶非饮食之急,今河南、陕西凡五十余郡，郡日食茶率二十袋，直银二两，是一岁之中，妄费民间三十余万也。奈何以吾有用之货而资敌乎[②]？乃制亲王、公主及现任五品以上官，素蓄存者存之；禁不得买馈，余人并禁之。犯者徒五年[③]，告者赏宝泉一万贯[④]。

【注释】

①元光二年：1223 年。元光，金宣宗年号(1222—1223)。

②资敌：资助敌人。

③徒：徒刑。强制在一定监禁期内服苦役。

④宝泉：钱。金国货币名。

【译文】

金宣宗元光二年，行省的长官认为茶不是饮食所急需的，如今河南、陕西总共五十多郡，每郡平均每天吃茶二十袋，每袋值银二两，这样一年之中，浪费民间三十多万两白银。怎么能把我有用的东西拿去资助敌人呢？于是制定法令，亲王、公主及现任五品以上官，平常蓄积的可以保存；禁止出售和赠送，其他人一并禁止。违犯者判处五年徒刑，告发者赏钱币一万贯。

《元史》[①]：本朝茶课[②]，由约而博[③]，大率因宋之旧而为之制焉。至元六年[④]，始以兴元交钞[⑤]。同知运使白赓言[⑥]，初榷成都茶课。十三年，江南平[⑦]，左丞吕文焕首以主茶税为言[⑧]，以宋会五十贯准中统钞一贯[⑨]。次年，定长引、短引[⑩]。是岁，征一千二百余锭。十七年[⑪]，置榷茶都转运使司于江州路[⑫]，总江淮、荆湖、福广之税[⑬]，而遂除长引，专用短引。二十一年，免食茶税以益正税[⑭]。二十三年，以李起南言[⑮]，增引税为五贯[⑯]。二十六年，丞相桑哥增为一十贯[⑰]。

延祐五年[18],用江西茶运副法忽鲁丁言[19],减引添钱[20],每引再增为一十二两五钱。次年,课额遂增为二十八万九千二百一十一锭矣[21]。天历己巳[22],罢榷司而归诸州县,其岁征之数,盖与延祐同。至顺之后[23],无籍可考。他如范殿帅茶[24],西番大叶茶[25],建宁銙茶[26],亦无从知其始末,故皆不著。

【注释】

①《元史》:一百一十卷,宋濂、王祎主编。录元朝太祖至顺帝十四朝历史的纪传体史书。宋濂(1310—1381),字景濂。浦江(今属浙江)人。洪武九年(1376),除翰林学士承旨,知制诰,兼修国史。另著有《宋学士文集》。王祎(1322—1373),字子允。义乌(今属浙江)人。拜翰林待制,同知制诰,兼国史院编修官。另著有《王忠文公集》。

②茶课:茶税。

③由约而博:由简约而广博。

④至元六年:1269年。至元,元世祖年号(1264—1294)。

⑤交钞:元纸币名称,源于宋代的交子。元太宗八年(1236)、宪宗三年(1253)发行交钞,中统元年(1260)发行中统元宝交钞,使用较久。至正十一年(1351)发行至正交钞。

⑥白赓:元朝官员。

⑦十三年,江南平:此指至元十三年(1276)元灭南宋。

⑧左丞吕文焕:宋末元初寿州安丰(今安徽寿县)人。咸淳三年(1267),以功累擢知襄阳府兼京西安抚副使,抵御蒙古阿术、刘整围攻,坚守襄阳达五年之久。咸淳九年(1273),受元阿里海牙招降,以襄阳附元。至元十一年(1274),拜参知政事,行省荆湖,攻破及招降沿江诸州。至元十四年(1277),为中书左丞。

⑨宋会:即南宋会子。南宋纸币。"会子"之名起于北宋,至南宋初民间已经行用,亦称"便钱会子",类似汇票。准:折价。中统钞:元中统年间颁行的钞票。有交钞、元宝钞二种。

⑩长引:茶引品种之一,始于宋代崇宁四年(1105),蔡京推行新茶法,发行两种茶引:长引,限一年,可行销外路;短引,限一季,只能行销本路。短引:茶引品种之一,始于宋代崇宁四年(1105),蔡京推行商销茶法之际。其特点是贩茶地域近,限在本路;规定有效时间短,不超过一季即三个月;贩茶数量少且价格较长引低。

⑪十七年:底本为"泰定十七年",查《元史》等典籍,"泰定"二字为衍。

⑫江州路:元至元十四年(1277)升江州为路,治德化县(今江西九江)。属江西行省。至正二十一年(1361),朱元璋改江州路为九江府。

⑬江淮:即江南路和淮南路。荆湖:即荆湖南路、荆湖北路。荆湖南路,简称湖南路。北宋初置。雍熙二年(985)与荆湖北路合并为荆湖路,至道三年(997)析荆湖路南部又置,治潭州(今湖南长沙)。荆湖北路,简称湖北路。北宋初置。雍熙二年(985)与荆湖南路合并为荆湖路。至道三年(997)析荆湖路北部复置,治江陵府(今湖北荆州)。福广:即福建路和广南路。福建路,北宋雍熙二年(985)改两浙西、南路置,治福州(今福建福州)。广南路,又称岭南路。北宋开宝四年(971)置,治广州(今广东广州)。端拱元年(988)分为东、西二路;至道三年(997年)划分十五路,定称为广南东路、广南西路。广南东路简称广东,辖今广东大部,治广州;广南西路简称广西,辖今广西、海南以及广东部分地区,治桂州(今广西桂林)。

⑭益:增加。正税:旧指主要赋税,与各种杂税相对。如清代称田

赋、丁赋为正税,称盐课、茶课、牙税、当税等为杂税。

⑮李起南:元朝官员,曾任江西榷茶转运使。

⑯引税:即茶税。

⑰桑哥(? —1291):又译桑葛。元畏吾儿人。至元中,擢为总制院使。至元二十四年(1287)十一月,升右丞相,检核前中书省亏欠库财。至元二十八年(1291)七月被处死。

⑱延祐五年:1318 年。延祐,元仁宗年号(1314—1320)。

⑲法忽鲁丁:元成宗大德年间,为军储所宣慰使。元武宗即位,由河南江北行省平章政事入为中书平章政事。

⑳减引添钱:元代江西推行的增加茶税方法之一。

㉑课额:赋税的数额。

㉒天历己巳:即天历二年,1329 年。天历,元文宗和元明宗年号(1328—1330)。

㉓至顺:元文宗、元宁宗年号(1330—1333)。

㉔范殿帅茶:元代贡茶名。产于浙江慈溪四明山开寿寺。范殿帅,即范文虎,南宋时任殿帅,故云。

㉕西番大叶茶:即西番茶。古代西部少数民族饮料。

㉖建宁銙茶:不详,待考。

【译文】

宋濂等《元史》记载:本朝的茶税,由简约而变得广博,大都因袭宋朝旧例而形成的制度。至元六年,开始使用元交钞。同知运使白赓建议,开始征收成都茶税。至元十三年,平定南宋,采用左丞相吕文焕为首主张茶叶税收的建议,以南宋会子五十贯折价中统钞一贯。第二年制定长引、短引。这一年,征收一千二百余锭。十七年,设立榷茶都转运使司于江州路,统管江淮、荆湖、福广的茶税,于是废除长引,专用短引。二十一年,免食茶税以增加正税。二十三年,以李起南的建议,每引茶税增加为五贯。二十六年,丞相桑哥将每引茶税增加为十贯。延祐五年，采用江西茶运副使法忽鲁丁的建议，建立减引添钱之法，每引再增税为十二两五钱。第二年，赋税的数额于是增为二十八万九千二百一十一锭了。天历二年，废除榷茶都转运使司而归于各个州县，其中每年征收的数额，大概与延祐年间相同。至顺年间以后，没有经籍可以考证。其他如范殿帅茶，西番大叶茶，建宁锛茶，也无法知道它的始末，因此都不著录。

《明会典》[①]：陕西置茶马司四[②]：河州、洮州、西宁、甘州[③]，各司并赴徽州茶引所批验[④]，每岁差御史一员巡茶马[⑤]。

【注释】

①《明会典》：二百二十八卷，明代官修典章制度汇纂。该书以六部官制为纲，以事则为目，分述明代开国至万历十三年（1585）二百余年间各行政机构的建置沿革及所掌职事。

②陕西：即陕西行都司。洪武十二年（1379）置，驻甘州左卫（今甘肃张掖）。

③河州：十六国前凉分凉州东部六郡地置，治枹罕县（今甘肃临夏）。西秦末地入吐谷浑。北魏太平真君六年（445）于此置枹罕镇，太和十六年（492）复改州。以后屡经改易。北宋熙宁六年（1073）复置河州。蒙古至元六年（1269）改为河州路。明洪武三年（1370）改置河州卫，五年（1372）升为河州府。洮州：北宋大观二年（1108）置，治所在今临潭县（旧城）。元属吐蕃等处宣慰司。明洪武四年（1371）改置洮州千户所。州境邻接蕃地，宋由此输入蕃马，金曾置榷场，明置茶马司于此。西宁：元符二年（1099）以青唐城置鄯州，崇宁三年（1104）改为西宁州。明洪武六年（1373）置西宁卫。甘州：西魏废帝三年（554）以西凉州改名，治

永平县(今甘肃张掖西北)。其后屡有伸缩。唐永泰二年(766)地入吐蕃,大中后为回鹘所据,甘州回鹘牙帐驻此。北宋天圣六年(1028)又入西夏,称宣化府。蒙古复为甘州,至元元年(1264)升为甘肃路,八年(1271)改为甘州路。明洪武五年(1372)改置甘肃卫。

④徽州茶引所批验:即梅口批验茶引所。明初地方官署名。明初置于安徽歙县梅口镇的茶引批验所,职司查验茶引,如茶引相符,则截角放行。

⑤茶马:我国历史上汉藏民族间一种传统的以茶易马或以马换茶的贸易往来。

【译文】

《明会典》记载:陕西行都司在河州、洮州、西宁、甘州设置四所茶马司,各茶马司一并前往徽州批验茶引所检验,每年派一名御史巡视茶马贸易。

明洪武间[①],差行人一员[②],赍榜文于行茶所在悬示以肃禁[③]。永乐十三年[④],差御史三员,巡督茶马[⑤]。正统十四年[⑥],停止茶马金牌[⑦],遣行人四员巡察。景泰二年[⑧],令川、陕布政司各委官巡视[⑨],罢差行人。四年,复差行人。成化三年[⑩],奏准每年定差御史一员陕西巡茶。十一年,令取回御史,仍差行人。十四年,奏准定差御史一员,专理茶马,每岁一代,遂为定例。弘治十六年[⑪],取回御史,凡一应茶法,悉听督理马政都御史兼理[⑫]。十七年,令陕西每年于按察司拣宪臣一员驻洮[⑬],巡禁私茶[⑭];一年满日,择一员交代[⑮]。正德二年[⑯],仍差巡茶御史一员兼理马政。

【注释】

①洪武:明太祖年号(1368—1398)。

②行人:明行人司行人省称。佐本司长贰司正与左、右司副,专捧节、奉使之事。正八品。

③赍(jī):送。行茶:递送茶水。此应指茶肆。所在:地方,处所。肃禁:严正禁止。

④永乐十三年:1415 年。永乐,明成祖年号(1403—1424)。

⑤巡督:巡视督察。

⑥正统十四年:1449 年。正统,明英宗年号(1436—1449)。

⑦茶马金牌:亦名金牌信符。明初用于与西北少数民族茶马贸易中的勘合信物。初颁于洪武元年(1368),以金或铜制作,一式两号,上号为阳文,藏于内府;下号为阴文,发给各部族首领,均为篆文,上书"皇帝圣旨",左曰"合当差发",右曰"不信者斩"。分发洮州、河州、西宁各部族首领,凡四十一面,三年一次遣官合符进行茶马贸易,以防诈伪。洪武二十六年(1393),松潘地方思囊日等族进马,亦给金牌信符。永乐十四年(1416)停给;宣德十年(1435)复给,听其以马易茶而已。这是春秋战国时代以兵符合验为发兵凭证遗制的发展和灵活运用,对于防止私茶易马有一定作用。

⑧景泰二年:1451 年。景泰,明代宗年号(1450—1457)。

⑨川、陕布政司:即四川布政使司与陕西布政使司。

⑩成化三年:1467 年。成化,明宪宗年号(1465—1487)。

⑪弘治十六年:1503 年。弘治,明孝宗年号(1488—1505)。

⑫马政:亦作"马正"。指我国历代政府对官用马匹的牧养、训练、使用和采购等的管理制度。

⑬宪臣:明都察院与按察司官通称。洮:洮州。

⑭巡禁:巡查禁止。私茶:未经官许私自贩卖茶。

⑮交代：指前后任相接替，移交。

⑯正德二年：1507年。正德，明武宗年号（1506—1521）。

【译文】

明洪武年间，派一名行人司行人，送榜文于茶肆所在悬贴告示以严正禁止私茶交易。永乐十三年，派三名御史，巡视督察茶马贸易。正统十四年，不再发放茶马金牌，派遣四名行人司行人巡视察访。景泰二年，诏令四川、陕西布政司各自委派官员巡行视察，停止派遣行人司行人。景泰四年，重新派遣行人司行人。成化三年，奏请皇帝批准每年固定派遣一名御史到陕西监督茶叶交易。成化十一年，命令撤回御史，仍旧派遣行人司行人。成化十四年，奏请皇帝批准固定派遣一名御史，专门管理茶马贸易，每年一更替，于是成为定例。弘治十六年，撤回御史，凡是一切关于茶的政策，全部听从监督治理的马政都御史兼理。弘治十七年，命令陕西每年于按察司选派一名按察司使驻扎洮州，巡查禁止私自贩卖茶；到满一年的日子，选择一名按察司使移交。正德二年，仍派一名巡茶御史兼理马政。

光禄寺衙门[①]，每岁福建等处解纳茶叶一万五千斤[②]，先春等茶芽三千八百七十八斤，收充茶饭等用[③]。

【注释】

①光禄寺：官署名。

②解纳：解送缴纳。

③茶饭：指饮食。

【译文】

光禄寺衙门，每年从福建等地解送缴纳茶叶一万五千斤，先春等茶芽三千八百七十八斤，以满足饮食等用。

《博物典汇》云[①]:本朝捐茶利予民[②],而不利其人。凡前代所设榷务、贴射、交引、茶由诸种名色[③],今皆无之,惟于四川置茶马司四所,于关津要害置数批验茶引所而已[④]。及每年遣行人于行茶地方,张挂榜文,俾民知禁。又于西番入贡[⑤],为之禁限[⑥],每人许其顺带有定数[⑦],所以然者,非为私奉,盖欲资外国之马,以为边境之备焉耳[⑧]。

【注释】

①《博物典汇》:一百一十九卷,明黄道周撰。该书博采群书典籍,分为天文、历象、礼制、乐制、钟律等共六十八类,排列为四百八十多条,每条之下略有注解,是具有"百科"性质的类书。黄道周(1585—1646),字幼玄,一作幼平或幼元,又字螭若、螭平,号石斋。福建漳州府漳浦县(今福建东山)人。南明隆武时(1645—1646),任吏部尚书兼兵部尚书、武英殿大学士(首辅)。另著有《儒行集传》《石斋集》《易象正义》等。

②茶利:茶叶生产、流通过程中产生的利润。

③榷务:即榷货务。宋代设立的管理贸易和税收的机构。贴射:宋代所实行的一种有关茶叶买卖的税收制度。商人直接向园户买茶,茶官居中估价,以估定价与园户的实际售出价之间的差额入官。茶亦须先经官验定,园户不得私售。交引:宋代采办军粮使用的代价证券。茶由:又称"由贴""由票"。元代以后政府发售给商人的贩茶凭证。由于茶引贩茶多为整数,有时过秤产生零茶,明称"畸零"。遂在元代时开始发行茶由,初,每由计茶九斤,收钞一两,至元三十年(1293),改为每由三斤至三十斤,分为十等。明代立国之前就已发行茶由,后于洪武初规定每由输钱六百,照茶六十斤。无引由者以私茶论处。名色:名目,名称。

④关津：水陆要道的关卡。要害：喻紧要的关键的部分。

⑤西番：亦作西藩。我国古代对西域一带及西部边境地区的泛称。

⑥禁限：限制。

⑦顺带：顺便捎带。定数：规定的数目。

⑧以为：作为，用作。焉耳：亦作“焉尔”。于是，而已。

【译文】

黄道周《博物典汇》记载：本朝捐茶利给予百姓，而不把茶利列为其收入。凡是前代所设榷货务、贴射法、交引、茶由各种名目，如今都没有，只是在四川设置四所茶马司，在水陆要道的关卡设置几个批验茶引所而已。每年派遣行人司行人到地方茶肆，张挂官府的文告，使百姓知道禁令。又于西域一带少数民族向朝廷进献贡品时，为了限制，每人准许顺便捎带有规定的数目，所以这样，不是为私自进献，大概是想买外国的良马，作为边境的防备而已。

洪武五年，户部言[①]：四川产巴茶凡四百四十七处[②]，茶户三百一十五，宜依定制，每茶十株官取其一。岁计得茶一万九千二百八十斤，令有司贮，候西番易马[③]。从之。至三十一年，置成都、重庆、保宁三府及播州宣慰司茶仓四所[④]，命四川布政司移文天全六番招讨司[⑤]，将岁收茶课[⑥]，仍收碉门茶课司[⑦]，余地方就送新仓收贮，听商人交易及与西番易马[⑧]。茶课岁额五万余斤，每百加耗六斤[⑨]，商茶岁中率八十斤[⑩]，令商运卖，官取其半易马。纳马番族洮州三十，河州四十三，又新附归德所生番十一[⑪]，西宁十三。茶马司收贮，官立金牌信符为验。洪武二十八年，驸马欧阳伦以私贩茶扑杀[⑫]，明初茶禁之严如此。

【注释】

①户部:官署名。隋唐至明清中央行政机构的六部之一。掌管全国土地、户籍、赋税、财政等事。

②巴茶:巴蜀之茶。宋时称“蜀茶”或“川茶”,明多称“巴茶”。

③令有司贮,候西番易马:即储边易马。明代指将本色茶(即官茶)于边地建仓储存以易少数民族马的制度。清沿明制,同西北、西南边疆少数民族实行茶马贸易。政府将茶商、茶户交纳之本色茶于边地建仓收储,以备易马。

④成都:成都府。唐至德二载(757),以蜀郡为玄宗幸蜀驻跸之地升为成都府,建号南京,上元元年(760)罢京号。治成都县、蜀县(今四川成都)。剑南西川节度使驻此。蒙古入蜀,改为成都路。明洪武四年(1371)复为成都府。重庆:重庆府。南宋淳熙十六年(1189)升恭州置,治巴县(今重庆)。属夔州路。元至元十六年(1279)改为重庆路。辖境扩大。明洪武初复改为府。保宁:保宁府。元至元十三年(1276)升阆州置,治阆中县(今四川阆中),属广元路。二十年(1283)改为保宁路,旋复为府。播州宣慰司:明洪武六年(1373)改播州宣抚司置。治今贵州遵义。茶仓:古代贮茶的仓库。

⑤移文:文体名。指行于不相统属的官署之间的公文。也泛指行于平级官署部门、官吏之间的文书。天全六番招讨司:明洪武六年(1373)并天全、六番二招讨司置。治今四川天全。属四川都司。

⑥岁收:一年的收入。茶课:茶税。

⑦碉门:地名,在今四川天全。茶课司:明代于产茶地设立的税署。

⑧听:任凭。

⑨加耗:古代在租税正额以外加收的损耗费。

⑩率:大概,大约。

⑪归德所:即归德千户所。明洪武三年(1370)置,属河州卫。驻地即今青海贵德。

⑫欧阳伦(1359—1397):洪武十四年(1381)被明太祖朱元璋招为驸马,与安庆公主结婚。洪武末年,茶叶实行专卖,私人不得私下贩运茶叶。欧阳伦数次派遣手下走私茶叶出境,屡犯茶禁,被朱元璋下令赐死。扑杀:摔死,击杀。

【译文】

明太祖洪武五年,户部向皇帝进呈奏章说:四川生产巴茶的共四百四十七处,茶户三百一十五户,宜依照拟定的制度,每十株茶官府征取其中一株。一年共计得茶一万九千二百八十斤,令官吏储存,等候与西番换取马匹。明太祖采纳了这个建议。到洪武三十一年,设置成都府、重庆府、保宁府及播州宣慰司四所贮茶的仓库,命四川布政司移文天全六番招讨司,将一年收入的茶税,仍收归碉门茶课司,其他的地方就送新仓收藏,任凭商人交易及与西番换取马匹。茶税每年定额五万余斤,每百斤加耗六斤,茶商向园户购买后行销各地的茶一年大概八十斤,令商人贩运买卖,官府收取其中的一半换取马匹。交付马匹番族洮州三十匹,河州四十三匹,又新近附入的归德千户所生番十一匹,西宁十三匹。茶马司收藏,官府设立金牌信符为凭证。洪武二十八年,驸马欧阳伦以私自贩茶被赐死,明朝初期的茶禁就是如此严厉。

《武夷山志》①:茶起自元初,至元十六年②,浙江行省平章高兴过武夷③,制石乳数斤入献④。十九年,乃令县官莅之⑤,岁贡茶二十斤,采摘户凡八十。大德五年⑥,兴之子久住为邵武路总管⑦,就近至武夷督造贡茶。明年创焙局,称为御茶园。有仁风门、第一春殿、清神堂诸景。又有通仙井,覆以龙亭,皆极丹雘之盛⑧,设场官二员领其事。后岁额浸广[9]，增户至二百五十，茶三百六十斤，制龙团五千饼。泰定五年[10]，崇安令张端本重加修葺[11]，于园之左右各建一坊，扁曰茶场。至顺三年[12]，建宁总管暗都剌于通仙井畔筑台[13]，高五尺，方一丈六尺，名曰喊山台。其上为喊泉亭，因称井为呼来泉。旧志云：祭后群喊，而水渐盈，造茶毕而遂涸，故名。迨至正末，额凡九百九十斤。明初仍之，著为令。每岁惊蛰日，崇安令具牲醴诣茶场致祭[14]，造茶入贡。洪武二十四年[15]，诏天下产茶之地，岁有定额，以建宁为上，听茶户采进，勿预有司。茶名有四：探春、先春、次春、紫笋[16]，不得碾揉为大小龙团，然而祀典贡额犹如故也。嘉靖三十六年[17]，建宁太守钱嵘因本山茶枯[18]，令以岁编茶夫银二百两及水脚银二十两赍府造办[19]。自此遂罢茶场，而崇民得以休息。御园寻废，惟井尚存。井水清甘，较他泉迥异。仙人张邋遢过此饮之[20]，曰："不徒茶美，亦此水之力也。"

【注释】

①《武夷山志》：二十四卷，清董天工撰。

②至元十六年：1279年。至元，元世祖年号(1264—1294)。

③浙江行省：浙江等处行中书省的简称。元至正二十六年(1366)朱元璋置，洪武九年(1376)改浙江承宣布政使司。平章：古代官名。元代之行中书省置平章政事，即地方高级长官。高兴(1245—1313)：字功起。蔡州(今河南汝南)人。初为宋将，至元十二年(1275)降元，从伯颜灭宋。后官至浙西道宣慰使、左丞相。

④石乳：即石乳茶。

⑤莅：亲临。

⑥大德五年:1301年。大德,元成宗年号(1297—1307)。

⑦邵武路:元至元十三年(1276)升邵武军置,治邵武(今福建邵武)。属江浙行省福建道宣慰司。至正二十七年(1367)朱元璋改为邵武府。

⑧丹雘(wò):比喻君王的恩泽。

⑨浸广:逐渐增大。

⑩泰定五年:1328年。泰定,元泰定帝年号(1324—1328)。

⑪崇安:崇安县。五代南唐保大九年(951)置崇安场,北宋淳化五年(994)改崇安县,治今福建武夷山。属建宁军,后属建宁府。张端本:元朝官员,曾任崇安县令。修葺:修理。

⑫至顺三年:1332年。至顺,元文宗、元宁宗年号(1330—1333)。

⑬暗都剌:即梁德珪(1259—1304),一名暗都剌,字伯温。良乡(今属北京)人。累迁至参议尚书省事。大德二年(1298),拜中书平章政事。

⑭牲醴(lǐ):指祭祀用的牺牲和甜酒。

⑮洪武二十四年:1391年。洪武,明太祖年号(1368—1398)。

⑯探春:明代贡茶名。明太祖朱元璋建立政权后,以团饼贡茶扰民,下令罢造,只许进贡少量芽茶,即散茶、草茶,可直接冲泡饮用,实开近代以水冲泡茶之先河,是茶文化史上饮用方式的一次重大革新。先春:茶名。因其在春社前即入贡,故称先春茗。次春:明代贡茶名。芽茶,可直接冲泡饮用。紫笋:茶名。紫色,叶似笋芽,故名。

⑰嘉靖三十六年:1557年。嘉靖,明世宗年号(1522—1566)。

⑱钱嵥(yè):字君望。通州(今江苏南通)人。协任抚州推官、建宁知府、监察御史、广西巡按等。

⑲茶夫银:明代因御茶园茶枯而将贡茶折征为银。由官府将茶夫银二百两解京,改用延平茶充贡,始行于明嘉靖年间(1522—1566)。

是实物贡进化为货币贡的一种方式。水脚银:疑为运费。

⑳张邋遢:即张三丰。《明史·张三丰传》:"张三丰,辽东懿州人,名全一,一名君宝,三丰其号也。以其不饰边幅,又号张邋遢。"

【译文】

《武夷山志》记载:武夷茶起自元初,至元十六年,浙江行省平章高兴路过武夷山,制造石乳茶数斤入朝进献。至元十九年,诏令县官亲自监督造茶,每年进贡茶叶二十斤,采茶户共有八十户。大德五年,高兴的儿子高久住为邵武路总管,就近至武夷山督造贡茶。第二年创设焙局,称为御茶园。有仁风门、第一春殿、清神堂众多景观。又有通仙井,上面遮以龙亭,都极具皇家气势,设二名场官统领此事。后来每年贡额逐渐增大,增采茶户至二百五十户,茶叶三百六十斤,制造龙团五千饼。泰定五年,崇安县令张端本重新加以修缮,在御茶园的左右各建一坊,匾额题为茶场。至顺三年,建宁总管暗都剌在通仙井畔筑台,高五尺,方一丈六尺,名为喊山台。其上为喊泉亭,因称井为呼来泉。旧志记载:祭祀后众多人一起喊,而水逐渐充盈,制造完贡茶后随即干涸,因此得名。等到至正末年,贡额达九百九十斤。明朝初年仍按旧制,记录下来作为法令。每年惊蛰,崇安县令备办祭祀用的牺牲和甜酒到茶场致祭,制造贡茶向朝廷进献。明太祖洪武二十四年,下诏令天下产茶的地方,每年贡茶都有定额,以建宁茶为上品,听任茶户采制进贡,不受官府干预。茶名有探春、先春、次春、紫笋四种,不得碾碎研末制成大小龙团茶,然而祭祀礼仪的贡额还跟原来一样。嘉靖三十六年,建宁太守钱嵘因本山茶枯,下令以岁编茶夫银二百两及水脚银二十两送至府中造办。自此就废除茶场,而崇安百姓得以休息。御茶园不久也被废除,只有通仙井还保留着。井水清澈甘甜,与其他泉水大不相同。仙人张三丰经过此地饮用,说:"不但茶美,也有水的功劳。"

我朝茶法,陕西给番易马,旧设茶马御史,后归巡抚兼理。各省发引通商，止于陕境交界处盘查[①]。凡产茶地方，止有茶利，而无茶累，深山穷谷之民[②]，无不沾濡雨露[③]，耕田凿井，其乐升平，此又有茶以来希遇之盛也。

雍正十二年七月既望陆廷灿识[④]。

【注释】

①止：到达。

②深山穷谷：距离远、人迹罕至的山岭、山谷。

③沾濡(rú)：沾润。雨露：喻恩泽。

④雍正十二年：1734 年。雍正，清世宗年号(1723—1735)。既望：指望日的次日，通常指农历每月十六日。

【译文】

本朝茶法，陕西用茶叶与西番换取马匹，以前设置茶马御史，后来归巡抚兼理。各省分发茶引通商，到达陕西与西番边境交界处盘查。凡是产茶的地方，只有因茶得到的利益，而没有因茶受到拖累，地处遥远、人迹罕至的山岭、山谷的百姓，也沾润恩泽，耕田掘井，其乐融融，这又是有茶以来极少遇上的盛世。

雍正十二年七月十六日陆廷灿记。

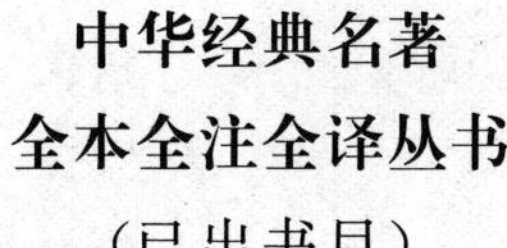

中华经典名著
全本全注全译丛书
（已出书目）

周易
尚书
诗经
周礼
仪礼
礼记
左传
春秋公羊传
春秋穀梁传
孝经·忠经
论语·大学·中庸
尔雅
孟子
春秋繁露
说文解字
释名
国语
晏子春秋
穆天子传
战国策
史记
吴越春秋
越绝书
华阳国志
水经注
洛阳伽蓝记
大唐西域记
史通
贞观政要
东京梦华录
唐才子传
廉吏传
徐霞客游记
读通鉴论
宋论
文史通义

老子
道德经
鹖冠子
黄帝四经·关尹子·尸子
孙子兵法
墨子
管子
孔子家语
吴子·司马法
商君书
慎子·太白阴经
列子
鬼谷子
庄子
公孙龙子(外三种)
荀子
六韬
吕氏春秋
韩非子
山海经
黄帝内经
素书
新书
淮南子
九章算术(附海岛算经)
新序
说苑
列仙传
盐铁论
法言
方言
潜夫论
政论·昌言
风俗通义
申鉴·中论
太平经
伤寒论
周易参同契
人物志
博物志
抱朴子内篇
抱朴子外篇
西京杂记
神仙传
搜神记
拾遗记
世说新语
弘明集
齐民要术
刘子
颜氏家训
中说

帝范·臣轨·庭训格言
坛经
大慈恩寺三藏法师传
茶经·续茶经
玄怪录·续玄怪录
酉阳杂俎
化书·无能子
梦溪笔谈
北山酒经(外二种)
容斋随笔
近思录
传习录
焚书
菜根谭
增广贤文
呻吟语
了凡四训
龙文鞭影
长物志
天工开物
溪山琴况·琴声十六法
温疫论
明夷待访录·破邪论
陶庵梦忆
西湖梦寻
幼学琼林
笠翁对韵
声律启蒙
老老恒言
随园食单
阅微草堂笔记
格言联璧
曾国藩家书
曾国藩家训
劝学篇
楚辞
文心雕龙
文选
玉台新咏
词品
闲情偶寄
古文观止
聊斋志异
唐宋八大家文钞
浮生六记
三字经·百家姓·千字文·弟子规·千家诗
经史百家杂钞